MANUEL

LÉGISLATIF ET ADMINISTRATIF

DE LA

GARDE NATIONALE,

APPROUVÉ ET ADOPTÉ

PAR M. LE MINISTRE DE L'INTÉRIEUR,

CONTENANT

1° La loi du 22 mars 1831 sur l'organisation de la garde nationale;
2° Les articles des divers codes cités dans la loi;
3° Les extraits des lois et règlements antérieurs à la loi, sur le service et l'administration de la garde nationale, non abrogés par ladite loi;
4° Les exposés des motifs, les rapports et résumés des commissaires-rapporteurs des deux chambres, et les extraits des discussions, classés par ordre des numéros des articles;
5° Toutes les ordonnances, ordres du jour, circulaires et instructions pour l'exécution de la loi, publiés jusqu'au 30 avril 1831;
6° La Bibliographie des ouvrages utiles à l'instruction de la garde nationale;
7° Une table analytique et alphabétique propre à faciliter les recherches.

MIS EN ORDRE ET PUBLIÉ

PAR AMBROISE TARDIEU,

OFFICIER SUPÉRIEUR DANS LA GARDE NATIONALE DE PARIS,
(XIe LÉGION.)

Paris,

AMBROISE TARDIEU, RUE DU BATTOIR, N° 7.

AVRIL 1831.

MANUEL

LÉGISLATIF ET ADMINISTRATIF

DE LA

GARDE NATIONALE.

ERRATA.

Pag. 325, 1er alinéa, *M. Pillon*, lisez *M. Gillon*.

IMPRIMERIE D'HIPPOLYTE TILLIARD,
RUE DE LA HARPE, N° 88.

MANUEL

LÉGISLATIF ET ADMINISTRATIF

DE LA

GARDE NATIONALE,

APPROUVÉ ET ADOPTÉ

PAR M. LE MINISTRE DE L'INTÉRIEUR,

CONTENANT

1° La loi du 22 mars 1831 sur l'organisation de la Garde nationale ;
2° Les articles des divers codes cités dans la loi ;
3° Les extraits des lois et réglements antérieurs à la loi, sur le service et l'administration de la Garde nationale, non abrogés par ladite loi ;
4° Les exposés des motifs, les rapports et résumés des commissaires-rapporteurs des deux Chambres, et les extraits des discussions, classés par ordre des numéros des articles ;
5° Toutes les ordonnances, ordres du jour, circulaires et instructions pour l'exécution de la loi, publiés jusqu'au 30 avril 1831;
6° La Bibliographie des ouvrages utiles à l'instruction de la Garde nationale;
7° Une table analytique et alphabétique propre à faciliter les recherches.

MIS EN ORDRE ET PUBLIÉ

PAR AMBROISE TARDIEU,

OFFICIER SUPÉRIEUR DANS LA GARDE NATIONALE DE PARIS,
(XIᵉ LÉGION).

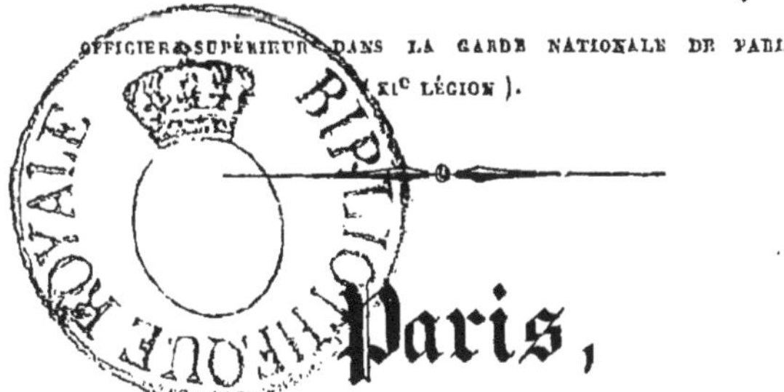

Paris,

AMBROISE TARDIEU, RUE DU BATTOIR, N° 7.

AVRIL 1831.

Ayant repris l'habit honorable de la Garde Nationale dès le 28 juillet dernier, je le portai le 29 sous le feu des Suisses, et m'en servis le même jour pour sauver la vie à plusieurs des défenseurs abusés du despotisme, et faire respecter dans le palais des rois les propriétés de la nation. Convaincu dès lors de l'urgence de la prompte réorganisation de cette garde civique, qui, vingt fois, sauva le pays de l'anarchie et du pillage de l'étranger, je me mis à l'œuvre dans mon arrondissement le 30 juillet, et de concert avec d'honorables amis (depuis lors officiers dans la XI^c Légion), il fut possible en 8 jours de montrer aux fauteurs de troubles et de désordres, 4,000 citoyens entièrement organisés et armés pour la défense de la liberté et le maintien de l'ordre public.

Poursuivant pendant deux mois consécutifs et presque jour et nuit un service aussi utile au pays, j'ai pu mieux qu'un autre sentir le besoin de l'ouvrage que j'offre aujourd'hui à mes camarades de

Paris et des départements, j'en soumis le plan à M. le ministre de l'intérieur, qui, l'approuva, et me fit donner communication de tous les documents nécessaires à sa rédaction.

Ne possédant sur la jurisprudence que des notions d'homme du monde, je n'ai point composé ce livre pour les jurisconsultes. Il appartient à plus instruit que moi en législation, de faire un traité ou un commentaire sur la matière; mon unique but a été de réunir avec une méthode intelligente et sur-tout avec promptitude tout ce qui, dans les premiers moments et jusqu'à ce que l'expérience ait donné à la loi la sanction du temps ou amené dans son texte les changements que l'usage nécessite en toute chose, pouvait aider les gardes nationaux et les fonctionnaires publics dans les nombreuses incertitudes que chaque loi nouvelle fait naître dans son application.

J'ai donc entrepris par zèle pour le bien public une tâche peut-être au-dessus de mes forces : j'ose espérer que mes camarades me sauront gré de l'intention et seront indulgents pour le travail que je soumets à leurs suffrages.

Ambroise Tardieu.

COPIE DE LA LETTRE

ANNONÇANT L'APPROBATION DONNÉE PAR M. LE MINISTRE DE L'INTÉRIEUR A LA PUBLICATION DU MANUEL LÉGISLATIF DE LA GARDE NATIONALE.

———

Paris , le 9 mars 1831.

MINISTÈRE DE L'INTÉRIEUR.

Le Maître des Requêtes, Chef de la Division des Gardes Nationales du Royaume et des Affaires militaires.

Monsieur ,

Monsieur le Ministre de l'intérieur a approuvé le 8 mars, que vous publiassiez un volume intitulé Manuel législatif de la Garde Nationale destiné à contenir la Loi du 22 mars 1831 avec les exposés des motifs qui ont été faits aux chambres.

Monsieur le Ministre a décidé qu'afin de rendre ce volume plus complet et plus utile pour MM. les Administrateurs et MM. les Gardes Nationaux, il vous serait donné communication de la partie de la législation antérieure que n'abroge pas le dernier article de la Nouvelle Loi dans plusieurs points qui se rapportent à l'administration et au service; il a permis également que vous comprissiez dans le volume dont il s'agit, les circulaires et instructions qui ont paru jusqu'à ce jour.

Afin de contribuer, autant que possible, à répandre l'ouvrage que vous êtes autorisé à préparer, et de concourir à son succès d'une manière profitable au service, Monsieur le le Ministre de l'Intérieur a décidé qu'il ferait acheter sur les fonds de son ministère, 500 *Exemplaires du Manuel Législatif de la Garde Nationale qui seront adressés à MM.* les préfets et sous-préfets.

Agréez, Monsieur, l'assurance de ma considération distinguée,

Signé YMBERT.

MANUEL LÉGISLATIF

DE LA

GARDE NATIONALE.

LOI

SUR L'ORGANISATION DE LA GARDE NATIONALE.

Louis-Philippe, Roi des Français, à tous présents et à venir, salut.

Les chambres ont adopté, nous avons ordonné et ordonnons ce qui suit:

TITRE PREMIER.

DISPOSITIONS GÉNÉRALES.

ARTICLE PREMIER.

La garde nationale est instituée pour défendre la royauté constitutionnelle, la Charte et les droits qu'elle a consacrés; pour maintenir l'obéissance aux lois, conserver ou rétablir l'ordre et la paix publique, seconder l'armée de ligne dans la défense des frontières et des côtes, assurer l'indépendance de la France et l'intégrité de son territoire.

Toute délibération prise par la garde nationale sur les affaires de l'état, du département et de la commune, est une atteinte à la liberté publique et un délit contre la chose publique et la constitution.

ARTICLE 2.

La garde nationale est composée de tous les Français , sauf les exceptions ci-après.

ARTICLE 3.

Le service de la garde nationale consiste :

1° En service ordinaire dans l'intérieur de la commune ;

2° En service de détachement hors du territoire de la commune ;

3° En service de corps détachés pour seconder l'armée de ligne, dans les limites fixées par l'article premier.

ARTICLE 4.

Les gardes nationales seront organisées dans tout le Royaume : elles le seront par communes.

Les compagnies communales d'un canton seront formées en bataillons cantonnaux lorsqu'une ordonnance du Roi l'aura prescrit.

ARTICLE 5.

Cette organisation sera permanente ; toutefois le roi pourra suspendre ou dissoudre la garde nationale en des lieux déterminés.

Dans ces deux cas, la garde nationale sera remise en activité ou réorganisée dans l'année qui s'écoulera à compter du jour de la suspension ou de la dissolution , s'il n'est pas intervenu une loi qui prolonge ce délai.

Dans le cas où la garde nationale résisterait aux réquisitions légales des autorités, ou bien s'immiscerait dans les actes des autorités municipales, administratives ou judiciaires, le préfet pourra provisoirement la suspendre.

Cette suspension n'aura d'effet que pendant deux mois, si, pendant cet espace de temps elle n'est pas maintenue, ou si la dissolution n'est pas prononcée par le roi.

ARTICLE 6.

Les gardes nationales sont placées sous l'autorité des maires, des sous-préfets, des préfets et du ministre de l'intérieur.

Lorsque la garde nationale sera réunie, en tous ou en partie au chef-lieu du canton, ou dans une autre commune que le chef-lieu du canton, elle sera sous l'autorité du maire de la commune où sa réunion aura lieu d'après les ordres du sous-préfet ou du préfet.

Sont exceptés les cas déterminés par les lois, où les gardes nationales sont appelées à faire, dans leur commune ou leur canton, un service d'activité militaire, et sont mises, par l'autorité civile sous les ordres de l'autorité militaire.

ARTICLE 7.

Les citoyens ne pourront ni prendre les armes, ni se rassembler en état de gardes nationales, sans l'ordre des chefs immédiats, ni ceux-ci donner un ordre sans une réquisition de l'autorité civile, dont il sera donné communication à la tête de la troupe.

ARTICLE 8.

Aucun officier ou commandant de poste de la garde nationale ne pourra faire distribuer des cartouches aux citoyens armés, si ce n'est en cas de réquisition précise; autrement, il demeurera responsable des événements.

TITRE II.

SECTION PREMIÈRE.

De l'obligation du service.

ARTICLE 9.

Tous les Français, âgés de vingt à soixante ans, sont appelés au service de la garde nationale, dans le lieu de leur domicile réel ; ce service est obligatoire et personnel, sauf les exceptions qui seront établies ci-après.

ARTICLE 10.

Pourront être appelés à faire le service les étrangers admis à la jouissance des droits civils, conformément à l'article 13 du Code civil, lorsqu'ils auront acquis, en France, une propriété, ou qu'ils y auront formé un établissement.

ARTICLE 11.

Le service de la garde nationale est incom-

patible avec les fonctions des magistrats qui ont
le droit de requérir la force publique.

ARTICLE 12.

Ne seront pas appelés à ce service,

1º Les ecclésiastiques engagés dans les ordres,
les ministres des différents cultes, les élèves des
grands séminaires et des facultés de théologie;

2º Les militaires des armées de terre et de
mer en activité de service, ceux qui auront reçu
une destination des ministres de la guerre ou de
la marine; les administrateurs ou agents com-
missionnés des services de terre et de mer également en activité; les ouvriers des ports, des arsenaux et des manufactures d'armes, organisés
militairement;

Ne sont pas compris dans cette dispense les
commis et employés des bureaux de la marine
au-dessous du grade de sous-commissaire;

3º Les officiers, sous-officiers et soldats des
gardes municipales et autres corps soldés;

4º Les préposés des services actifs des douanes,
des octrois, des administrations sanitaires; les
gardes champêtres et forestiers.

ARTICLE 13.

Sont exemptés du service de la garde nationale les concierges des maisons d'arrêt, les
geôliers, les guichetiers et autres agents subalternes de justice ou de police.

Le service de la garde nationale est interdit aux individus privés de l'exercice des droits civils, conformément aux lois.

Sont exclus de la garde nationale :

1° Les condamnés à des peines afflictives ou infamantes;

2° Les condamnés en police correctionnelle pour vol, pour escroquerie, pour banqueroute simple, abus de confiance, pour soustraction commise par des dépositaires publics, et pour attentats aux mœurs, prévus par les art. 331 et 334 du Code pénal;

3° Les vagabonds ou gens sans aveu, déclarés tels par jugement.

SECTION II.

De l'inscription au registre-matricule.

ARTICLE 14.

Les Français appelés au *service* de la garde nationale seront inscrits sur un registre-matricule établi dans chaque commune.

A cet effet, des listes de recensement seront dressées par le maire et revisées par un conseil de recensement, comme il est dit ci-après.

Ces listes seront déposées au secrétariat de la mairie; les citoyens seront avertis qu'ils peuvent en prendre connaissance.

ARTICLE 15.

Il y aura au moins un conseil de recensement

par commune dans les communes rurales ; et dans les villes qui ne forment pas plus d'un canton , le conseil municipal, présidé par le maire, remplira les fonctions du conseil de recensement.

Dans les villes qui renferment plusieurs cantons, le conseil municipal pourra s'adjoindre un certain nombre de personnes choisies à nombre égal, dans les divers quartiers, parmi les citoyens qui sont ou qui seront appelés à faire le service de la garde nationale.

Le conseil municipal et les membres adjoints pourront se subdiviser, suivant les besoins, en autant de conseils de recensement qu'il y aura d'arrondissements.

Dans ce cas, l'un des conseils sera présidé par le maire ; chacun des autres le sera par l'adjoint ou le membre du conseil municipal délégué par le maire.

Ces conseils seront composés de huit membres au moins.

A Paris, il y aura par arrondissement, un conseil de recensement présidé par le maire de l'arrondissement, et composé de huit membres choisis par lui, comme il est dit au troisième paragraphe de cet article.

ARTICLE 16.

Le conseil de recensement procédera immé-

diatement à la révision des listes et à l'établissement du registre-matricule.

ARTICLE 17.

Au mois de janvier de chaque année, le con—
seil de recensement inscrira au registre-matricule
les jeunes gens qui seront entrés dans leur
vingtième année pendant le cours de l'année précédente, ainsi que les Français qui auront nouvellement acquis leur domicile dans la commune; il rayera dudit registre les Français qui
seront entrés dans leur soixantième année pendant le cours de la même année, ceux qui auront
changé de domicile, et les décédés.

Toutefois le service ne sera pas exigé avant
l'âge de vingt ans accomplis.

ARTICLE 18.

Dans le courant de chaque année, le maire
notera en marge du registre-matricule, les mutations provenant, 1° des décès, 2° des changements de résidence, 3° des actes en vertu desquels les personnes désignées dans les articles 11,
12 et 13, auraient cessé d'être soumises au service
de la garde nationale, ou en seraient exclues.

Le conseil de recensement, sur le vu des pièces
justificatives, prononcera, s'il y a lieu, la radiation.

Le registre-matricule, déposé au secrétariat de

la mairie, sera communiqué à tout habitant de la commune qui en fera la demande au maire.

TITRE III.

DU SERVICE ORDINAIRE.

SECTION PREMIÈRE.

De l'inscription au contrôle du service ordinaire et de réserve.

ARTICLE 19.

Après avoir établi le registre-matricule, le conseil de recensement procédera à la formation du contrôle du service ordinaire et du contrôle de réserve.

Le contrôle du service ordinaire comprendra tous les citoyens que le conseil de recensement jugera pouvoir concourir au service habituel.

Néanmoins, parmi les Français inscrits sur le registre-matricule, ne pourront être portés sur le contrôle du service ordinaire que ceux qui sont imposés à la contribution personnelle, et leurs enfants, lorsqu'ils auront atteint l'âge fixé par la loi, ou des gardes nationaux non imposés à la contribution personnelle; mais qui, ayant fait le service postérieurement au 1er août dernier, voudront le continuer.

Le contrôle de réserve comprendra tous les citoyens pour lesquels le service habituel serait une charge trop onéreuse, et qui ne devront être requis que dans les circonstances extraordinaires.

ARTICLE 20.

Ne seront pas portés sur les contrôles du service ordinaire, les domestiques attachés au service de la personne.

ARTICLE 21.

Les compagnies et subdivisions de compagnie sont formées sur les contrôles du service ordinaire. Les citoyens inscrits sur les contrôles de réserve seront répartis à la suite desdites compagnies ou subdivisions de compagnies, de manière à pouvoir y être incorporés au besoin.

ARTICLE 22.

Les inscriptions et les radiations à faire sur les contrôles auront lieu d'après les règles suivies pour les inscriptions et radiations opérées sur les registres matricules.

ARTICLE 23.

Il sera formé, à la diligence du juge de paix, dans chaque canton, un jury de révision, composé du juge de paix président, et de douze jurés désignés par le sort, sur la liste de tous les officiers, sous-officiers, caporaux et gardes nationaux, sachant lire et écrire, et âgés de plus de vingt-cinq ans.

Il sera dressé une liste par commune de tous les officiers, sous-officiers, caporaux et gardes nationaux ainsi désignés ; le tirage définitif des jurés sera fait sur l'ensemble de ces listes, pour tout le canton.

ARTICLE 24.

Le tirage des jurés sera fait par le juge de paix, en audience publique. Les fonctions de juré et celles de membre du conseil de recensement sont incompatibles.

Les jurés seront renouvelés tous les six mois.

ARTICLE 25.

Ce jury prononcera sur les réclamations relatives,

1° A l'inscription ou à la radiation sur les registres-matricules, ainsi qu'il est dit art. 14,

2° A l'inscription ou à l'omission sur le contrôle du service ordinaire.

Seront admises les réclamations des tiers gardes nationaux, sur qui retomberait la charge du service.

Ce jury exercera, en outre, les attributions qui lui seront spécialement confiées par les dispositions subséquentes de la présente loi.

ARTICLE 26.

Le jury ne pourra prononcer qu'au nombre de sept membres au moins, y compris le président.

Ses décisions seront prises à la majorité absolue, et ne seront susceptibles d'aucun recours.

SECTION II.

Des remplacements, des exemptions, des dispenses du service
ordinaire.

ARTICLE 27.

Le service de la garde nationale étant obligatoire et personnel, le remplacement est interdit
pour le service ordinaire, si ce n'est entre les
proches parents, savoir : du père par le fils, du
frère par le frère, de l'oncle par le neveu, et réciproquement; ainsi qu'entre alliés aux mêmes
degrés, à quelque compagnie ou bataillon qu'appartiennent les parents et les alliés.

Les gardes nationaux de la même compagnie,
qui ne sont ni parents ni alliés aux degrés ci-dessus désignés, pourront seulement échanger leur
tour de service.

ARTICLE 28.

Peuvent se dispenser du service de la garde
nationale, nonobstant leur inscription,

1° Les membres des deux Chambres,

2° Les membres des cours et tribunaux,

3° Les anciens militaires qui ont cinquante ans
d'âge et vingt années de service,

4° Les gardes nationaux ayant cinquante-cinq
ans,

5° Les facteurs de poste aux lettres, les agents
des lignes télégraphiques, et les postillons de

l'administration des postes reconnus nécessaires au service.

ARTICLE 29.

Sont dispensées du service ordinaire les personnes qu'une infirmité met hors d'état de faire le service.

Toutes ces dispenses, et toutes les autres dispenses temporaires demandées pour cause d'un service public, seront prononcées par le conseil de recensement, sur le vu des pièces qui en constateront la nécessité.

Les absences constatées seront un motif suffisant de dispense temporaire.

En cas d'appel, le jury de révision statuera.

SECTION III.

Formation de la garde nationale, composition des cadres.

ARTICLE 30.

La garde nationale sera formée dans chaque commune, par subdivision de compagnie, par compagnies, par bataillons et par légions.

La cavalerie de la garde nationale sera formée, dans chaque commune ou dans le canton, par subdivision d'escadron et par escadrons.

Chaque bataillon aura son drapeau, et chaque escadron son étendard.

ARTICLE 31.

Dans chaque commune, la formation en compagnies se fera de la manière suivante :

Dans les villes, chaque compagnie sera composée, autant que possible, des gardes nationaux du même quartier; dans les communes rurales, les gardes nationaux de la même commune forment une ou plusieurs compagnies, ou une subdivision de compagnie.

ARTICLE 32.

La répartition en compagnie ou en subdivisions de compagnie des gardes nationaux inscrits sur le contrôle du service ordinaire sera faite par le conseil de recensement.

PARAGRAPHE PREMIER.

Formation des compagnies.

ARTICLE 33.

Il y aura par subdivision de compagnie de gardes nationaux à pied de toutes armes :

	NOMBRE TOTAL D'HOMMES.				
	jusqu'à 14.	de 15 à 20.	de 20 à 30.	de 30 à 40	de 40 à 50.
Lieutenant	»	»	»	1	1
Sous-lieutenant. .	»	1	1	1	1
Sergents.	1	1	2	2	3
Caporaux..	1	2	4	4	6
Tambours.	»	»	»	1	1

ARTICLE 34.

La force ordinaire des compagnies sera de

soixante à deux cents hommes; néanmoins la commune qui n'aura que cinquante à soixante gardes nationaux, formera une compagnie.

ARTICLE 35.

Il y aura par compagnie de gardes nationales à pied, de toutes armes :

	NOMBRE TOTAL D'HOMMES.			
	de 5o à 8o.	de 8o à 100.	de 100 à 14o.	de 14o à 2oo.
Capitaine en 1er.	1	1	1	1
Capitaine en 2e.	»	»	»	1
Lieutenants.	1	1	2	2
Sous-lieutenants.	1	2	2	2
Sergent-major.	1	1	1	1
Sergent-fourrier.	1	1	1	1
Sergents.	4	6	6	8
Caporaux.	8	12	12	16
Tambours.	1	2	2	2

ARTICLE 36.

Il pourra être formé une garde à cheval dans les cantons ou communes où cette formation serait jugée utile au service, et où se trouveraient au moins dix gardes nationaux qui s'engageraient à s'équiper à leurs frais, et à entretenir chacun un cheval.

ARTICLE 37.

Il y aura par subdivision d'escadron et par escadron :

	NOMBRE TOTAL D'HOMMES.						
	jusqu'à 17.	de 17 à 30.	de 30 à 40.	de 40 à 50	de 50 à 70.	de 70 à 100.	de 100 à 120 et au-dessus.
Cap. en 1er.	»	»	»	»	»	1	1
Cap. en 2e.	»	»	»	»	»	»	1
Lieuten.. .	»	»	1	1	1	2	2
Sous-lieut.	»	1	1	1	2	2	2
Mar.-d-l.c.	»	»	»	»	»	1	1
Fourrier. .	»	»	»	»	»	1	1
Mar.-d.-lo.	1	2	2	3	4	4	8
Brigadiers.	2	4	4	6	8	8	16
Trompet.	»	»	1	1	1	1	2

ARTICLE 38.

Dans toutes les places de guerre et dans les cantons voisins des côtes, il sera formé des compagnies ou des subdivisions de compagnie d'artillerie.

A Paris, et dans les autres villes, une ordonnance du roi pourra prescrire la formation et l'armement de compagnies ou de subdivisions de compagnie d'artillerie. L'ordonnance réglera l'organisation, la réunion ou la répartition des compagnies.

ARTICLE 39.

Les artilleurs seront choisis, par le conseil de recensement, parmi les gardes nationaux qui se présenteraient volontairement, et qui réuniraient, autant que possible, les qualités exigées pour entrer dans l'artillerie.

ARTICLE 40.

Partout où il n'existe pas de corps soldés de sapeurs-pompiers, il sera, autant que possible, formé par le conseil de recensement, des compagnies ou des subdivisions de compagnie de sapeurs-pompiers volontaires, faisant partie de la garde nationale. Elles seront composées principalement d'anciens officiers et soldats du génie militaire, d'officiers et agents des ponts et chaussées et des mines, et d'ouvriers d'art.

ARTICLE 41.

Dans les ports de commerce et dans les cantons maritimes, il pourra être formé des compagnies spéciales de marins et d'ouvriers marins, ayant pour service ordinaire la protection des navires et du matériel maritime situé sur les côtes et dans les ports.

ARTICLE 42.

Toutes les compagnies spéciales concourront, par armes, et suivant leur force numérique, au service ordinaire de la garde nationale.

PARAGRAPHE II.

Formation des bataillons.

ARTICLE 43.

Le bataillon sera formé de quatre compagnies au moins et de huit au plus.

ARTICLE 44.

L'état-major du bataillon sera composé,

D'un chef de bataillon,

D'un adjudant-major capitaine,

D'un porte-drapeau sous-lieutenant,

D'un chirurgien aide-major,

D'un adjudant sous-officier,

D'un tambour-maître.

A Paris, lorsque la force effective d'un bataillon sera de 1,000 hommes et plus, il pourra y avoir un chef de bataillon en second et un deuxième adjudant-sous-officier.

ARTICLE 45.

Dans toutes les communes où le nombre des gardes nationaux inscrits sur le contrôle du service ordinaire s'élèvera à plus de 500 hommes, la garde nationale sera formée par bataillons.

Lorsque, dans le cas prévu par l'article 4, une ordonnance du Roi aura prescrit la formation en bataillons des gardes nationales de plusieurs communes, cette ordonnance indiquera les communes dont les gardes nationales doivent participer à la formation du même bataillon.

La compagnie ou les compagnies d'une commune ne pourront jamais être réparties dans des bataillons différents.

ARTICLE 46.

Les bataillons formés par les gardes nationales

d'une même commune pourront seuls avoir chacun une compagnie de grenadiers et une de voltigeurs.

ARTICLE 47.

Les compagnies de sapeurs-pompiers et de canonniers volontaires ne seront pas comprises dans la formation des bataillons de gardes nationales : elles seront cependant, ainsi que les compagnies de cavalerie, sous les ordres du commandant de la garde communale ou cantonnale.

PARAGRAPHE III.

Formation des légions.

ARTICLE 48.

Dans les cantons et dans les villes où la garde nationale présente au moins deux bataillons de 5oo hommes chacun, elle pourra, d'après une ordonnance du Roi, être réunie par légions.

Dans aucun cas, la garde nationale ne pourra être formée par département ni par arrondissement de sous-préfecture.

ARTICLE 49.

L'état-major d'une légion sera composé ,
D'un chef de légion colonel,
D'un lieutenant-colonel,
D'un major chef de bataillon,
D'un chirurgien-major,
D'un tambour-major.

A Paris et dans les villes où la nécessité en sera reconnue, il pourra y avoir près des légions un officier payeur et un capitaine d'armement.

SECTION IV.

De la nomination aux grades.

ARTICLE 5o.

Dans chaque commune, les gardes nationaux appelés à former une compagnie ou subdivision de compagnie, se réuniront sans armes et sans uniforme, pour procéder, en présence du président du conseil de recensement, assisté par les deux membres les plus âgés de ce conseil, à la nomination de leurs officiers, sous-officiers et caporaux, suivant les tableaux des art. 33, 35 et 37.

Si plusieurs communes sont appelées à former une compagnie, les gardes nationaux de ces communes se réuniront dans la commune la plus populeuse pour nommer leur capitaine, leur sergent-major et leur fourrier.

ARTICLE 5i.

L'élection des officiers aura lieu pour chaque grade successivement, en commençant par le plus élevé, au scrutin individuel et secret, à la majorité absolue des suffrages.

Les sous-officiers et caporaux seront nommés à la majorité relative.

Le scrutin sera dépouillé par le président

du conseil de recensement, assisté, comme il est dit dans l'article précédent, par au moins deux membres de ce conseil, lesquels rempliront les fonctions de scrutateurs.

ARTICLE 52.

Dans les villes et communes qui ont plus d'une compagnie, chaque compagnie sera appelée séparément et tour-à-tour pour procéder à ses élections.

ARTICLE 53.

Pour nommer le chef de bataillon et le porte-drapeau, tous les officiers du bataillon réunis à pareil nombre de sous-officiers, caporaux ou gardes nationaux, formeront une assemblée convoquée et présidée par le maire de la commune, si le bataillon est communal, et par le maire délégué du sous-préfet, si le bataillon est cantonnal.

Les sous-officiers, caporaux et gardes nationaux chargés de concourir à l'élection, seront nommés dans chaque compagnie.

Tous les scrutins d'élection seront individuels et secrets; il faudra la majorité absolue des suffrages.

ARTICLE 54.

Les réclamations élevées relativement à l'inobservation des formes prescrites pour l'élection des officiers et sous-officiers, seront portées

devant le jury de révision, qui décidera sans recours.

ARTICLE 55.

Si les officiers de tout grade, élus conformément à la loi, ne sont pas, au bout de deux
mois, complètement armés, équipés et habillés,
suivant l'uniforme, ils seront considérés comme
démissionnaires, et remplacés sans délai.

ARTICLE 56.

Les chefs de légion et les lieutenants-colonels seront choisis par le roi, sur une liste de
dix candidats présentés à la majorité relative par
la réunion 1° de tous les officiers de la légion;
2° de tous les sous-officiers, caporaux et gardes
nationaux désignés dans chacun des bataillons de
la légion, pour concourir au choix du chef de
bataillon, comme il est dit, article 53.

ARTICLE 57.

Les majors, les adjudants-majors, chirur-
giens-majors et aides-majors seront nommés par
le roi.

L'adjudant sous-officier sera nommé par le
chef de légion ou de bataillon.

Le capitaine d'armement et l'officier payeur seront nommés par le commandant supérieur ou le
préfet, sur la présentation du chef de légion.

ARTICLE 58.

Il sera nommé aux emplois, autres que ceux

désignés ci-dessus, sur la présentation du chef
de corps, savoir :

Par le maire, lorsque la garde nationale sera
communale,

Et par le sous-préfet, pour les bataillons cantonnaux.

ARTICLE 59.

Dans chaque commune, le maire fera reconnaître à la garde nationale assemblée sous les
armes, le commandant de cette garde. Celui-ci,
en présence du maire, fera reconnaître les officiers.

Les fonctions du maire seront remplies, à
Paris, par le préfet.

Pour les compagnies et bataillons qui comprennent plusieurs communes, le sous-préfet ou
son délégué fera reconnaître l'officier commandant en présence de la compagnie ou du bataillon
assemblé.

Dans le mois de la promulgation de la loi, les
officiers de tout grade, actuellement en fonctions,
et à l'avenir ceux nouvellement élus au moment
où ils seront reconnus, prêteront serment de fidélité au roi des Français, et d'obéissance à la
charte constitutionnelle et aux lois du royaume.

ARTICLE 60.

Les officiers, sous-officiers et caporaux

seront élus pour trois ans. Ils pourront être réélus.

ARTICLE 61.

Sur l'avis du maire et du sous-préfet, tout officier de la garde nationale pourra être suspendu de ses fonctions pendant deux mois, par arrêté motivé du préfet pris en conseil de préfecture, l'officier préalablement entendu dans ses observations.

L'arrêté du préfet sera transmis immédiatement par lui au ministre de l'intérieur.

Sur le rapport du ministre, la suspension pourra être prolongée par une ordonnance du Roi.

Si , dans le cours d'une année, ledit officier n'a pas été rendu à ses fonctions, il sera procédé à une nouvelle élection.

ARTICLE 62.

Aussitôt qu'un emploi quelconque deviendra vacant, il sera pourvu au remplacement, suivant les formes établies par la présente loi.

ARTICLE 63.

Les corps spéciaux suivront, pour leur formation et pour l'élection de leurs officiers, sous-officiers et caporaux, les règles prescrites par les articles 33 et suivants.

ARTICLE 64.

Dans les communes où la garde nationale formera plusieurs légions, le roi pourra nommer un commandant supérieur.

Il ne pourra être nommé de commandant supérieur des gardes nationales de tout un département, ou d'un même arrondissement de sous-préfecture.

Cette disposition n'est pas applicable au département de la Seine.

ARTICLE 65.

Lorsque le roi aura jugé à propos de nommer, dans une commune, un commandant supérieur, l'état-major sera fixé, quant au nombre et aux grades des officiers qui devront le composer, par une ordonnance du roi.

Les officiers d'état-major seront nommés par le roi, sur la présentation du commandant supérieur, qui ne pourra choisir les candidats que parmi les gardes nationaux de la commune.

ARTICLE 66.

Il ne pourra y avoir dans la garde nationale aucun grade sans emploi.

ARTICLE 67.

Aucun officier exerçant un emploi actif dans les armées de terre ou de mer, ne pourra être nommé officier ni commandant supérieur des gardes nationales en service ordinaire.

SECTION V.

De l'uniforme, des armes et des préséances.

ARTICLE 68.

L'uniforme des gardes nationales sera déterminé par une ordonnance du roi. Les signes distinctifs des grades seront les mêmes que ceux de l'armée.

ARTICLE 69.

Lorsque le gouvernement jugera nécessaire de délivrer des armes de guerre aux gardes nationales, le nombre d'armes reçu sera constaté dans chaque municipalité, au moyen d'états émargés par les gardes nationaux à l'instant où les armes leur seront délivrées.

L'entretien de l'armement est à la charge du garde national, et les réparations, en cas d'accident causé par le service, sont à la charge de la commune.

Les gardes nationaux et les communes sont responsables des armes qui leur auront été délivrées ; ces armes restent la propriété de l'état.

Les armes seront poinçonnées et numérotées.

ARTICLE 70.

Les diverses armes dont se compose la garde nationale sont assimilées, pour le rang à conserver entre elles, aux armes correspondantes des forces régulières.

ARTICLE 71.

Toutes les fois que la garde nationale sera réunie, les différents corps prendront la place qui leur sera assignée par le commandant supérieur.

ARTICLE 72.

Dans tous les cas où les gardes nationales serviront avec les corps soldés, elles prendront le rang sur eux.

Le commandement, dans les fêtes ou cérémonies civiles, appartiendra à celui des officiers des divers corps qui aura la supériorité du grade, ou, à grade égal, à celui qui sera le plus ancien.

SECTION VI.

Ordre du service ordinaire.

ARTICLE 73.

Le réglement relatif au service ordinaire, aux revues et aux exercices, sera arrêté par le maire sur la proposition du commandant de la garde nationale, et approuvé par le sous-préfet.

Les chefs pourront, en se conformant à ce réglement et sans réquisition particulière, mais après en avoir prévenu l'autorité municipale, faire toutes les dispositions et donner tous les ordres relatifs au service ordinaire, aux revues et aux exercices.

Dans les villes de guerre, la garde nationale

ne pourra prendre les armes ni sortir des barrières, qu'après que le maire en aura informé par
écrit le commandant de la place.

ARTICLE 74.

Lorsque la garde nationale des communes sera
organisée en bataillons cantonnaux, le règlement
sur les exercices et revues sera arrêté par le sous-
préfet, sur la proposition de l'officier le plus
élevé en grade du canton, et sur l'avis des maires
des communes.

ARTICLE 75.

Le préfet pourra suspendre les revues et exercices dans les communes et dans les cantons de
son département, à la charge d'en rendre immédiatement compte au ministre de l'intérieur.

ARTICLE 76.

Pour l'ordre du service, il sera dressé par les
sergents-majors un contrôle de chaque compagnie, signé du capitaine, et indiquant les jours
où chaque garde national aura fait un service.

ARTICLE 77.

Dans les communes où la garde nationale
est organisée par bataillons, l'adjudant-major
tiendra un état, par compagnie, des hommes
commandés chaque jour dans son bataillon.

Cet état servira à contrôler le rôle de chaque
compagnie.

ARTICLE 78.

Tout garde national commandé pour le service devra obéir, sauf à réclamer, s'il s'y croit
fondé, devant le chef du corps.

SECTION VII.

De l'administration.

ARTICLE 79.

La garde nationale est placée, pour son administration et sa comptabilité, sous l'autorité
administrative et municipale.

Les dépenses de la garde nationale sont votées,
réglées et surveillées comme toutes les autres dépenses municipales.

ARTICLE 80.

Il y aura dans chaque légion, ou dans chaque bataillon, formé par les gardes nationaux
d'une même commune, un conseil d'administration chargé de présenter annuellement au maire
l'état des dépenses nécessaires, et de viser les
pièces justificatives de l'emploi fait des fonds.

Le conseil sera composé du commandant de la
garde nationale, qui présidera, et de six membres choisis parmi les officiers, sous-officiers et
gardes nationaux.

Il y aura également par bataillon cantonnal,
un conseil d'administration chargé des mêmes

fonctions, et qui devra présenter au sous-préfet l'état des dépenses résultant de la formation du bataillon.

Les membres du conseil d'administration seront nommés par le préfet, sur une liste triple de candidats présentés par le chef de légion, ou par le chef de bataillon dans les communes où il n'est pas formé de légion.

Dans les communes où la garde nationale comprendra une ou plusieurs compagnies non réunies en bataillon, l'état des dépenses sera soumis au maire par le commandant de la garde nationale.

ARTICLE 81.

Les dépenses ordinaires de la garde nationale sont :

1° Les frais d'achat des drapeaux, des tambours et des trompettes ;

2° La partie d'entretien des armes qui ne sera pas à la charge individuelle des gardes nationaux ;

3° Les frais de registres, papiers, contrôles, billets de garde, et tous les menus frais de bureau qu'exigera le service de la garde nationale.

Les dépenses extraordinaires sont :

1° Dans les villes qui, d'après l'art. 64, recevront un commandant supérieur, les frais d'indemnités pour dépenses indispensables de ce commandant et de son état-major ;

2° Dans les communes et les cantons où seront formés des bataillons ou légions, les appointements des majors, adjudants-majors et adjudants-sous-officiers, si ces fonctions ne peuvent pas être exercées gratuitement;

3° L'habillement et la solde des tambours et trompettes.

Les conseils municipaux jugeront de la nécessité de ces dépenses.

Lorsqu'il sera créé des bataillons cantonnaux, la répartition de la portion afférente à chaque commune du canton, dans les dépenses du bataillon, autres que celles des compagnies, sera faite par le préfet en conseil de préfecture, après avoir pris l'avis des conseils municipaux.

SECTION VIII.

PARAGRAPHE PREMIER.

Des peines.

ARTICLE 82.

Les chefs de poste pourront employer contre les gardes nationaux de service, les moyens de répression qui suivent :

1° Une faction hors de tour, contre tout garde national qui aura manqué à l'appel, ou se sera absenté du poste sans autorisation ;

2° La détention dans la prison du poste, jusqu'à la relevée de la garde, contre tout garde national de service en état d'ivresse, ou qui se sera rendu coupable de bruit, tapage, voies de fait, ou de provocation au désordre ou à la violence, sans préjudice du renvoi au conseil de discipline, si la faute emporte une punition plus grave.

ARTICLE 83.

Sur l'ordre du chef du corps, indépendamment du service régulièrement commandé, et que le garde national, le caporal ou le sous-officier, doit accomplir, il sera tenu de monter une garde hors de tour, lorsqu'il aura manqué, pour la première fois au service.

ARTICLE 84.

Les conseils de discipline pourront, dans les cas énumérés ci-après, infliger les peines suivantes :

1° La réprimande ;

2° Les arrêts pour trois jours au plus ;

3° La réprimande avec mise à l'ordre :

4° La prison pour trois jours au plus

5° La privation du grade.

6° Si, dans les communes où s'étend la juridiction du conseil de discipline, il n'existe ni prison, ni local pouvant en tenir lieu, ce conseil pourra commuer la peine de prison en une amende d'une journée à dix journées de travail.

ARTICLE 85.

Sera puni de la réprimande , l'officier qui aura commis une infraction , même légère, aux règles du service.

ARTICLE 86.

Sera puni de la réprimande avec mise à l'ordre, l'officier qui , étant de service ou en uniforme , tiendra une conduite propre à porter atteinte à la discipline de la garde nationale ou à l'ordre public.

ARTICLE 87.

Sera puni des arrêts ou de la prison, suivant la gravité des cas, tout officier qui, étant de service, se sera rendu coupable des fautes suivantes :

1° La désobéissance et l'insubordination ;

2° Le manque de respect , les propos offensants et les insultes envers des officiers d'un grade supérieur ;

3° Tout propos outrageant envers un subordonné et tout abus d'autorité;

4° Tout manquement à un service commandé;

5° Toute infraction aux règles de service.

ARTICLE 88.

Les peines énoncées dans les articles 85 et 86 pourront, dans les mêmes cas, et suivant les circonstances, être appliqués aux sous-officiers, caporaux et gardes nationaux.

ARTICLE 89.

Pourra être puni de la prison, pendant un temps qui ne pourra excéder deux jours, et en cas de récidive, trois jours.

1° Tout sous-officier, caporal et garde national coupable de désobéissance et d'insubordination, ou qui aura refusé pour la seconde fois, un service d'ordre et de sûreté ;

2° Tout sous-officier, caporal et garde national qui, étant de service, sera dans un état d'ivresse, ou tiendra une conduite qui porte atteinte à la discipline de la garde nationale ou à l'ordre public;

3° Tout garde national qui, étant de service, aura abandonné ses armes ou son poste avant qu'il ne soit relevé.

ARTICLE 90.

Sera privé de son grade tout officier, sous-officier ou caporal, qui, après avoir subi une condamnation du conseil de discipline, se rendra coupable d'une faute qui entraîne l'emprisonnement, s'il s'est écoulé moins d'un an depuis la première condamnation. Pourra également être privé de son grade tout officier, sous-officier et caporal qui aura abandonné son poste avant qu'il ne soit relevé.

Tout officier, sous-officier et caporal privé de son grade, par jugement, ne pourra être réélu qu'aux élections générales.

ARTICLE 91.

Le garde national prévenu d'avoir vendu à son profit les armes de guerre, ou les effets d'équipement qui lui ont été confiés par l'État ou par les communes, sera renvoyé devant le tribunal de police correctionnelle, pour y être poursuivi à la diligence du ministère public, et puni, s'il y a lieu, de la peine portée en l'article 408 du Code pénal, sauf l'application, le cas échéant, de l'article 463 dudit Code.

Le jugement de condamnation prononcera la restitution au profit de l'État ou de la commune, du prix des armes ou effets vendus.

ARTICLE 92.

Tout garde national qui, dans l'espace d'une année aura subi deux condamnations du conseil de discipline pour refus de service, sera, pour la troisième fois, traduit devant les tribunaux de police correctionnelle, et condamné à un emprisonnement qui ne pourra être moindre de cinq jours ni excéder dix jours.

En cas de récidive, l'emprisonnement ne pourra être moindre de dix jours ni excéder vingt jours.

Il sera en outre condamné aux frais et à une amende qui ne pourra être moindre de 5 francs ni excéder 15 francs dans le premier cas, et dans le deuxième, être moindre de 15 francs, ni excéder 50 francs.

ARTICLE 93.

Tout chef de corps, poste ou détachement de la garde nationale, qui refusera d'obtempérer à une réquisition des magistrats ou fonctionnaires investis du droit de requérir la force publique, ou qui aura agi sans réquisition et hors des cas prévus par la loi, sera poursuivi devant les tribunaux, et puni conformément aux articles 234 et 258 du Code pénal.

La poursuite entraînera la suspension, et, s'il y a condamnation, la perte du grade.

PARAGRAPHE II.

Des conseils de discipline.

ARTICLE 94.

Il y aura un conseil de discipline,

1° Par bataillon communal ou cantonal ;

2° Par commune ayant une ou plusieurs compagnies non réunies en bataillon ;

3° Par compagnie formée de gardes nationaux de plusieurs communes.

ARTICLE 95.

Dans les villes qui comprendront une ou plusieurs légions, il y aura un conseil de discipline pour juger les officiers supérieurs de légion et officiers d'état-major non justiciables des conseils de discipline ci-dessus.

ARTICLE 96.

Le conseil de discipline de la garde nationale d'une commune ayant une ou plusieurs compagnies non réunies en bataillon, et celui d'une compagnie formée de gardes nationaux de plusieurs communes, seront composés de cinq juges, savoir :

Un capitaine, président; un lieutenant ou un sous-lieutenant, **un sergent, un caporal et un** garde national.

ARTICLE 97.

Le conseil de discipline du bataillon sera composé de sept juges, savoir : le chef de bataillon, président; un capitaine, un lieutenant ou un sous-lieutenant, un sergent, un caporal et deux gardes nationaux.

ARTICLE 98.

Le conseil de discipline, pour juger les officiers supérieurs et officiers d'état-major, sera composé de sept juges, savoir: d'un chef de légion, président; de deux chefs de bataillon, deux capitaines, et deux lieutenants ou sous-lieutenants.

ARTICLE 99.

Lorsqu'une compagnie sera formée des gardes nationaux de plusieurs communes, le conseil de discipline siégera dans la commune la plus populeuse.

ARTICLE 100.

Dans le cas où le prévenu serait officier, deux officiers du grade du prévenu entreront dans le conseil de discipline, et remplaceront les deux derniers membres.

S'il n'y a pas dans la commune deux officiers du grade du prévenu, le sous-préfet les désignera par la voie du sort, parmi ceux du canton, et, s'il ne s'en trouve pas dans le canton, parmi ceux de l'arrondissement.

S'il s'agit de juger un chef de bataillon, le préfet désignera, par la voie du sort, deux chefs de bataillon des cantons ou des arrondissements circonvoisins.

ARTICLE 101.

Il y aura, par conseil de discipline de bataillon ou de légion, un rapporteur ayant rang de capitaine ou de lieutenant, et un secrétaire ayant rang de lieutenant ou de sous-lieutenant.

Dans les villes où il se trouvera plusieurs légions, il y aura, par conseil de discipline, un rapporteur-adjoint et un secrétaire-adjoint, du grade inférieur à celui du rapporteur et du secrétaire.

ARTICLE 102.

Lorsque la garde nationale d'une commune ne formera qu'une ou plusieurs compagnies non réunies en bataillon, un officier ou un sous-officier remplira les fonctions de rapporteur, et un sous-officier celles de secrétaire du conseil de discipline.

ARTICLE 103.

Le sous-préfet choisira l'officier ou les sous-officiers-rapporteurs et secrétaires du conseil de discipline, sur des listes de trois candidats désignés par le chef de légion, ou, s'il n'y a pas de légion, par le chef de bataillon.

Dans les communes où il n'y a pas de bataillon, des listes de candidats seront dressées par le plus ancien capitaine.

Les rapporteurs, rapporteurs-adjoints, secrétaires et secrétaires-adjoints seront nommés pour trois ans; ils pourront être réélus.

Le préfet, sur le rapport des maires et des chefs de corps, pourra les révoquer; il sera, dans ce cas, procédé immédiatement à leur remplacement par le mode de nomination ci-dessus indiqué.

ARTICLE 104.

Les conseils de discipline seront permanents; ils ne pourront juger que lorsque cinq membres au moins seront présents dans les conseils de bataillon et de légion, et trois membres au moins dans les conseils de compagnie. Les juges seront renouvelés tous les quatre mois. Néanmoins, lorsqu'il n'y aura pas d'officier du même grade que le président ou les juges du conseil de discipline, ceux-ci ne seront pas remplacés.

ARTICLE 105.

Le président du conseil de recensement, assisté du chef de bataillon ou du capitaine commandant, si les compagnies ne sont pas réunies en bataillon, formera, d'après le contrôle du service ordinaire, un tableau général, par grade et par rang d'âge, de tous les officiers, sous-officiers et caporaux et d'un nombre double de gardes nationaux de chaque bataillon ou des compagnies de la commune, ou de la compagnie formée de plusieurs communes.

Ils déposeront ce tableau, signé par eux, au lieu des séances des conseils de discipline, où chaque garde national pourra en prendre connaissance.

ARTICLE 106.

Lorsque la garde nationale d'une commune ou d'un canton n'aura qu'un seul conseil de discipline, les gardes nationaux faisant partie des corps d'artillerie, de sapeurs-pompiers et de cavalerie, seront justiciables de ce conseil.

S'il y a plusieurs bataillons dans le même canton, les gardes nationaux ci-dessus désignés seront justiciables du même conseil de discipline que les compagnies de leur commune.

S'il y a plusieurs bataillons dans la même commune, le préfet déterminera de quels conseils de discipline les mêmes gardes nationaux seront justiciables.

Dans ces trois cas, les officiers, sous-officiers, caporaux et gardes nationaux des corps ci-dessus désignés concourront pour la formation du tableau du conseil de discipline.

Lorsqu'en vertu d'une ordonnance du roi les corps d'artillerie et de cavalerie seront réunis en légion, ils auront un conseil de discipline particulier.

ARTICLE 107.

Les juges de chaque grade ou gardes nationaux seront pris successivement d'après l'ordre de leur inscription au tableau.

ARTICLE 108.

Tout garde national qui aura été condamné trois fois par le conseil de discipline, ou une fois par le tribunal de police correctionnelle, sera rayé, pour une année, du tableau servant à former le conseil de discipline.

ARTICLE 109.

Toute réclamation pour être réintégré sur le tableau, ou pour en faire rayer un garde national, sera portée devant le jury de révision.

PARAGRAPHE III.

De l'instruction et des jugements.

ARTICLE 110.

Le conseil de discipline sera saisi , par le renvoi que lui fera le chef de corps, de tous les rapports, ou procès-verbaux, ou plaintes, constatant les faits qui peuvent donner lieu au jugement de ce conseil.

ARTICLE 111.

Les plaintes, rapports et procès-verbaux seront adressés à l'officier rapporteur, qui fera citer le prévenu à la plus prochaine des séances du conseil.

Le secrétaire enregistrera les pièces ci-dessus.

La citation sera portée à domicile par un agent de la force publique.

ARTICLE 112.

Les rapports, procès-verbaux ou plaintes constatant des faits qui donneraient lieu à la mise en jugement devant le conseil de discipline, du commandant de la garde nationale d'une commune, seront adressés au maire, qui en référera au sous-préfet. Celui-ci procédera à la composition du conseil de discipline, conformément à l'article 100.

ARTICLE 113.

Le président du conseil convoquera les membres, sur la réquisition de l'officier rapporteur, toutes les fois que le nombre et l'urgence des affaires lui paraîtront l'exiger.

ARTICLE 114.

En cas d'absence, tout membre du conseil de discipline non valablement excusé, sera condamné à une amende de cinq francs par le conseil de discipline, et il sera remplacé par l'officier, sous-officier, caporal ou garde national qui devra être appelé immédiatement après lui.

Dans les conseils de discipline des bataillons cantonnaux, le juge absent sera remplacé par l'officier, sous-officier, caporal ou garde national du lieu où siège le conseil, qui devra être appelé d'après l'ordre du tableau.

ARTICLE 115.

Le garde national cité comparaîtra en personne ou par un fondé de pouvoirs.

Il pourra être assisté d'un conseil.

ARTICLE 116.

Si le prévenu ne comparaît pas au jour et à l'heure fixés par la citation, il sera jugé par défaut.

L'opposition au jugement par défaut devra être formée dans le délai de trois jours, à compter de la notification du jugement. Cette opposition pourra être faite par déclaration au bas de la signification. L'opposant sera cité pour comparaître à la plus prochaine séance du conseil de discipline.

S'il n'y a pas opposition, ou si l'opposant ne comparaît pas à la séance indiquée, le jugement par défaut sera définitif.

ARTICLE 117.

L'instruction de chaque affaire devant le conseil sera publique, à peine de nullité.

La police de l'audience appartiendra au président, qui pourra faire expulser ou arrêter quiconque troublerait l'ordre.

Si le trouble est causé par un délit, il en sera dressé procès-verbal.

L'auteur du trouble sera jugé de suite par le conseil, si c'est un garde national ; et si la faute n'emporte qu'une peine que le conseil puisse prononcer.

Dans tout autre cas, le prévenu sera renvoyé, et le procès-verbal transmis au procureur du Roi.

ARTICLE 118.

Les débats devant le conseil auront lieu dans l'ordre suivant :

Le secrétaire appellera l'affaire.

En cas de récusation, le conseil statuera ; si la récusation est admise, le président appellera, dans les formes indiquées par l'article 114, les juges suppléants nécessaires pour compléter le conseil.

Si le prévenu décline la juridiction du conseil de discipline, le conseil statuera d'abord sur sa compétence ; s'il se déclare incompétent, l'affaire sera renvoyée devant qui de droit.

Le secrétaire lira le rapport, le procès-verbal ou la plainte, et les pièces à l'appui.

Les témoins, s'il en a été appelé par le rapporteur et le prévenu, seront entendus.

Le prévenu ou son conseil sera entendu.

Le rapporteur résumera l'affaire et donnera ses conclusions.

L'inculpé ou son fondé de pouvoirs, et son conseil, pourront proposer leurs observations.

Ensuite le conseil délibérera en secret et hors de la présence du rapporteur, et le président prononcera le jugement.

ARTICLE 119.

Les mandats d'exécution de jugement des conseils de discipline seront délivrés dans la même forme que ceux des tribunaux de simple police.

ARTICLE 120.

Il n'y aura de recours contre les jugements définitifs des conseils de discipline que devant la cour de cassation , pour incompétence , ou excès de pouvoirs ou contravention à la loi.

Le pourvoi en cassation ne sera suspensif qu'à l'égard des jugements prononçant l'emprisonnement, et sera dispensé de la mise en état.

Dans tous les cas , ce recours ne sera assujéti qu'au quart de l'amende établie par la loi.

ARTICLE 121.

Tous actes de poursuites devant les conseils de discipline, tous jugements, recours et arrêts rendus en vertu de la présente loi, seront dispensés du timbre, et enregistrés gratis.

ARTICLE 122.

Le garde national condamné aura trois jours francs , à partir du jour de la notification , pour se pourvoir en cassation.

TITRE IV.

MESURES EXCEPTIONNELLES ET TRANSITOIRES POUR LA GARDE NATIONALE EN SERVICE ORDINAIRE.

ARTICLE 123.

Dans les trois mois qui suivront la promulgation de la présente loi, il sera procédé à une nouvelle élection d'officiers , sous-officiers et caporaux, dans tous les corps de la garde nationale.

Néanmoins le Gouvernement pourra suspendre pendant un an la réélection des officiers dans les localités où il le jugera convenable.

ARTICLE 124.

Le Roi pourra suspendre l'organisation de la garde nationale pour une année, dans les communes qui forment un ou plusieurs cantons, et dans les communes rurales pour un temps qui ne pourra excéder trois ans.

Les délais ne pourront être prorogés qu'en vertu d'une loi.

ARTICLE 125.

Les organisations actuelles de la garde nationale, par compagnies, par bataillons et par légions, qui ne se trouveraient pas conformes aux dispositions de la présente loi, pourront être provisoirement maintenues par une ordonnance du Roi, sans toutefois que cette autorisation puisse dépasser l'époque du 1er janvier 1832.

ARTICLE 126.

Les compagnies qui dépassent le maximum fixé par la présente loi ne recevront pas de nouvelles incorporations, jusqu'à ce qu'elles soient rentrées dans les limites voulues par cette loi, à moins que toutes les compagnies du bataillon ne soient au complet.

TITRE V.

DES DÉTACHEMENTS DE LA GARDE NATIONALE.

SECTION PREMIÈRE.

Appel et service des détachements.

ARTICLE 127.

La garde nationale doit fournir des détachements dans les cas suivants :

1° Fournir par détachement, en cas d'insuffisance de la gendarmerie et de la troupe de ligne, le nombre d'hommes nécessaire pour escorter d'une ville à l'autre les convois de fonds ou d'effets appartenant à l'État, et pour la conduite des accusés, des condamnés et autres prisonniers ;

2° Fournir des détachements pour porter secours aux communes, arrondissements et départements voisins qui seraient troublés ou menacés par des émeutes ou des séditions, ou par l'incursion de voleurs, brigands et autres malfaiteurs.

ARTICLE 128.

Lorsqu'il faudra porter secours d'un lieu dans un autre, pour le maintien ou le rétablissement de l'ordre et de la paix publique, des détachements de la garde nationale en service ordinaire seront fournis, afin d'agir dans toute l'étendue de l'arrondissement, sur la réquisition du sous-préfet ; dans toute l'étendue du département, sur la réquisition du préfet ; enfin, s'il faut agir hors

du département, en vertu d'une ordonnance du
roi.

En cas d'urgence, et sur la demande écrite du
maire d'une commune en danger, les maires des
communes limitrophes, sans distinction de département, pourront néanmoins requérir un
détachement de la garde nationale de marcher
immédiatement sur le point menacé, sauf à rendre
compte, dans le plus bref délai, du mouvement
et de ses motifs à l'autorité supérieure.

Dans tous ces cas, les détachements de la
garde nationale ne cesseront pas d'être sous l'autorité civile. L'autorité militaire ne prendra le
commandement des détachements de la garde
nationale, pour le maintien de la paix publique,
que sur la réquisition de l'autorité administrative.

ARTICLE 129.

L'acte en vertu duquel, dans les cas déterminés par les deux articles précédents, la garde
nationale est appelée à faire un service de détachement, fixera le nombre des hommes requis.

ARTICLE 130.

Lors de l'appel fait conformément aux articles
précédents, le maire, assisté du commandant de
la garde nationale de chaque commune, formera
les détachements parmi les hommes inscrits sur

le contrôle du service ordinaire, en commençant par les célibataires et les moins âgés.

ARTICLE 131.

Lorsque les détachements des gardes nationales s'éloigneront de leur commune pendant plus de vingt-quatre heures, ils seront assimilés à la troupe de ligne pour la solde, l'indemnité de route et les prestations en nature.

ARTICLE 132.

Les détachements à l'intérieur ne pourront être requis de faire un service hors de leurs foyers, de plus de dix jours, sur la réquisition du sous-préfet; de plus de vingt jours, sur la réquisition du préfet; et de plus de soixante jours, en vertu d'une ordonnance du roi.

SECTION II.

Discipline.

ARTICLE 133.

Lorsque, conformément à l'article 127, la garde nationale devra fournir des détachements en service ordinaire, sur la réquisition du sous-préfet, du préfet, ou en vertu d'une ordonnance du roi, les peines de discipline seront fixées ainsi qu'il suit :

Pour les officiers ,

1° Les arrêts simples, pour dix jours au plus;

2° La réprimande, avec mise à l'ordre ;

3° Les arrêts de rigueur, pour six jours au plus ;

4° La prison pour trois jours au plus.

Pour les sous-officiers , caporaux et soldats :

1° La consigne , pour dix jours au plus ;

2° La réprimande , avec mise à l'ordre ;

3° La salle de discipline, pour six jours au plus ;

4° La prison, pour quatre jours au plus.

ARTICLE 134.

Les peines des arrêts de rigueur, de la prison et de la réprimande avec mise à l'ordre, ne pourront être infligées que par le chef du corps ; les autres peines, pourront l'être par tout supérieur à son inférieur, à la charge d'en rendre compte dans les vingt-quatre heures, en observant la hiérarchie des grades.

ARTICLE 135.

La privation du grade, pour les causes énoncées dans les articles 90 et 93, sera prononcée par un conseil de discipline, composé ainsi qu'il est dit à la section VIII du titre III.

Il n'y aura qu'un seul conseil de discipline pour tous les détachements formés d'un même arrondissement de sous-préfecture.

ARTICLE 136.

Tout garde national désigné pour faire partie d'un détachement, qui refusera d'obtempérer à la réquisition, ou qui quittera le détachement sans autorisation, sera traduit en police correctionnelle, et puni d'un emprisonnement qui ne pourra excéder un mois ; s'il est officier, sous-officier ou caporal, il sera, en outre, privé de son grade.

Disposition commune aux deux titres précédents.

ARTICLE 137.

Les gardes nationaux blessés pour cause de service, auront droit aux secours, pensions et récompenses que la loi accorde aux militaires en activité de service.

TITRE VI.

DES CORPS DÉTACHÉS DE LA GARDE NATIONALE POUR LE SERVICE DE GUERRE.

SECTION PREMIÈRE.

Appel et service des corps détachés.

ARTICLE 138.

La garde nationale doit fournir des corps détachés pour la défense des places fortes, des côtes et des frontières du royaume, comme auxiliaires de l'armée active.

Le service de guerre des corps détachés de la garde nationale comme auxiliaires de l'armée, ne pourra pas durer plus d'une année.

ARTICLE 139.

Les corps détachés ne pourront être tirés de la garde nationale qu'en vertu d'une loi spéciale, ou, pendant l'absence des Chambres, par une ordonnance du roi, qui sera convertie en loi lors de la première session.

ARTICLE 140.

L'acte en vertu duquel la garde nationale est appelée à fournir des corps détachés pour le service de guerre, fixera le nombre des hommes requis.

SECTION II.

Désignation des gardes nationaux pour la formation des corps détachés.

ARTICLE 141.

Lors de l'appel fait en vertu d'une loi ou d'une ordonnance, conformément à l'article 139, les corps détachés de la garde nationale se composeront ,

1° Des gardes nationaux qui se présenteront volontairement, et qui seront trouvés propres au service actif;

2° Des jeunes gens de dix-huit à vingt ans qui se présenteront volontairement, et qui seront également reconnus propres au service actif.

3° Si ces enrôlements ne suffisaient pas pour compléter le contingent demandé, les hommes seront désignés dans l'ordre spécifié dans l'article 143 ci-après.

ARTICLE 142.

Les jeunes gens de dix-huit à vingt ans, enrôlés volontaires, ou remplaçants dans les corps détachés de la garde nationale, resteront soumis à la loi de recrutement ;

Mais le temps que les volontaires auront servi dans les corps détachés de la garde nationale, leur comptera en déduction de leur service dans l'armée régulière, si plus tard ils y sont appelés.

ARTICLE 143.

Les désignations des gardes nationaux pour les corps détachés seront faites par le conseil de recensement de chaque commune, parmi tous les inscrits sur le contrôle du service ordinaire, et sur celui du service extraordinaire, dans l'ordre qui suit :

1re classe : Les célibataires ;

Seront considérés comme célibataires tous ceux qui, postérieurement à la promulgation de la présente loi, se marieraient avant d'avoir atteint l'âge de vingt-trois ans ;

2e. Les veufs sans enfants ;

3e. Les mariés sans enfants ;

4e. Les mariés avec enfants.

ARTICLE 144.

Pour la classe des célibataires, les contingents seront répartis proportionnellement au nombre d'hommes appartenant à chaque année depuis vingt jusqu'à trente-cinq ans.

Dans chaque année, la désignation se fera d'après l'âge.

Pour chaque année depuis vingt ans jusqu'à vingt-trois, les veufs et mariés seront considérés comme plus âgés que les célibataires de cette année, auxquels ils sont assimilés par l'art. 143, paragraphe premier.

Dans chacune des autres classes successives, les appels seront toujours faits en commençant par les moins âgés, jusqu'à l'âge de trente ans.

ARTICLE 145.

L'aîné d'orphelins mineurs de père et de mère, le fils unique ou l'aîné des fils, ou, à défaut de fils, le petit-fils, ou l'aîné des petits-fils d'une femme actuellement veuve, d'un père aveugle, ou d'un vieillard septuagénaire, prendront rang, dans l'appel au service des corps détachés, entre les mariés sans enfants et les mariés avec enfants.

ARTICLE 146.

En cas de réclamations pour les désignations faites par le conseil de recensement, il sera statué par le jury de révision.

ARTICLE 147.

Ne sont point aptes au service des corps détachés ,

1° Les gardes nationaux qui n'auront pas la
taille fixée par la loi de recrutement (1) ;

2° Ceux que des infirmités constatées rendront
impropres au service militaire.

ARTICLE 148.

L'aptitude au service sera jugée par un conseil
de révision, qui se réunira dans le lieu où devra se former le bataillon.

Le conseil se composera de sept membres,
savoir :

Le préfet, président, et, à son défaut, le conseiller de préfecture qu'il aura délégué;

Trois membres du conseil de recensement, désignés par le préfet, parmi les membres des conseils de recensement des communes qui concourront à la formation du bataillon ;

Le chef de bataillon ,

Et deux des capitaines dudit bataillon , nommés par le général commandant la subdivision
militaire ou le département.

ARTICLE 149.

Les conseils de révision apprécieront les motifs
d'exemption relatifs au nombre des enfants.

---

(1) Un mètre 54 centimètres (4 pieds 9 pouces).

ARTICLE 150.

Les gardes nationaux qui ont des remplaçants à l'armée ne sont pas dispensés du service de la garde nationale dans les corps détachés ; toutefois ils ne prendront rang dans l'appel qu'après les veufs sans enfants.

ARTICLE 151.

Le garde national désigné pour faire partie d'un corps détaché pourra se faire remplacer par un Français âgé de dix-huit à quarante ans.

Le remplaçant devra être agréé par le conseil de révision.

ARTICLE 152.

Si le remplaçant est appelé à servir pour son compte dans un corps détaché de la garde nationale, le remplacé sera tenu d'en fournir un autre ou de marcher lui-même.

ARTICLE 153.

Le remplacé sera, pour le cas de désertion, responsable de son remplaçant.

ARTICLE 154.

Lorsqu'un garde national porté sur le rôle du service ordinaire, se sera fait remplacer dans un corps détaché de la garde nationale, il ne cessera pas pour cela de concourir au service ordinaire de la garde nationale.

SECTION III.

Formation, Nomination aux emplois et Administration des corps détachés de la Garde nationale.

ARTICLE 155.

Les corps détachés de la garde nationale, en vertu des articles 138 et 139, seront organisés par bataillon d'infanterie, et par escadron ou compagnie pour les autres armes. Le roi pourra ordonner la réunion de ces bataillons ou escadrons en légions.

ARTICLE 156.

Des ordonnances du roi détermineront l'organisation des bataillons, escadrons et compagnies; le nombre, le grade des officiers; la composition et l'installation des conseils d'administration.

ARTICLE 157.

Pour la première organisation, les caporaux et sous-officiers, les sous-lieutenants et lieutenants, seront élus par les gardes nationaux. Néanmoins les fourriers, sergents-majors, maréchaux des-logis-chefs et adjudants-sous-officiers, seront désignés par les capitaines et nommés par les chefs de corps.

Les officiers comptables, les adjudants-majors, les capitaines et les officiers-supérieurs, seront à la nomination du roi.

ARTICLE 158.

Les officiers à la nomination du roi pourront être pris indistinctement dans la garde nationale, dans l'armée ou parmi les militaires en retraite.

ARTICLE 159.

Les corps détachés de la garde nationale, comme auxiliaires de l'armée, sont assimilés pour la solde et les prestations en nature à la troupe de ligne.

Une ordonnance du roi déterminera les premières mises, les masses et les accessoires de la solde.

Les officiers, sous-officiers et soldats jouissant d'une pension de retraite, cumuleront, pendant la durée du service, avec la solde d'activité des grades qu'ils auront obtenus dans les corps détachés de la garde nationale.

ARTICLE 160.

L'uniforme et les marques distinctives des corps détachés seront les mêmes que ceux de la garde nationale en service ordinaire.

Le gouvernement fournira l'habillement, l'armement et l'équipement aux gardes nationaux qui n'en seraient pas pourvus, ou qui n'auraient pas le moyen de s'équiper et de s'armer à leurs frais.

SECTION IV.

Discipline des corps détachés.

ARTICLE 161.

Lorsque les corps détachés de la garde natio--

nale seront organisés, ils seront soumis à la discipline militaire.

Néanmoins, lorsque les gardes nationaux refuseront d'obtempérer à la réquisition, ils seront punis d'un emprisonnement qui ne pourra excéder deux ans ; et lorsqu'ils quitteront leurs corps sans autorisation, hors de la présence de l'ennemi, ils seront punis d'un emprisonnement qui ne pourra excéder trois ans.

Dispositions générales.

ARTICLE 162.

Sont et demeurent abrogéees toutes les dispositions des lois, décrets et ordonnances relatives à l'organisation et à la discipline des gardes nationales.

Sont et demeurent abrogées les dispositions relatives au service et à l'administration des gardes nationales qui seraient contraires à la présente loi.

La présente loi, discutée, délibérée et adoptée par la chambre des Pairs et par celle des Députés, et sanctionnée par nous cejourd'hui, sera exécutée comme loi de l'Etat.

DONNONS EN MANDEMENT à nos cours et tribunaux, préfets, corps administratifs, et tous autres, que ces présentes ils gardent et maintiennent, fassent garder, observer et maintenir, et, pour les rendre plus notoires à tous, ils les fassent, publier et enregistrer partout où besoin sera ; et, afin que ce soit chose ferme et stable à toujours, nous y avons fait mettre notre sceau.

Fait à Paris, au Palais-Royal, le vingt-deuxième jour du mois de mars, l'an 1831.

Signé LOUIS-PHILIPPE.

Par le Roi :

Le Président du conseil, ministre-secrétaire d'État au département de l'intérieur,

CASIMIR PÉRIER.

Vu et scellé du grand sceau ; le Garde-des-sceaux de France, ministre-secrétaire d'Etat au département de la justice,

BARTHE.

Certifié conforme par nous, garde-des-sceaux de France, ministre-secrétaire d'Etat au département de la justice,

A Paris, le 25 mars 1831,

BARTHE.

ARTICLES DES DIVERS CODES AUXQUELS LA PRÉSENTE LOI RENVOIE.

ART. 10. Renvoi à l'article 13 du *Code civil*, que voici :

L'étranger qui aura été admis par l'autorisation du roi à établir son domicile en France, y jouira de tous les droits civils, tant qu'il continuera d'y résider.

ART. 13. Renvoi au *Code pénal*, article 331 :

Quiconque aura commis le crime de viol, ou sera coupable de tout autre attentat à la pudeur, consommé ou tenté avec violence contre des individus de l'un ou de l'autre sexe, sera puni de la réclusion.

Et article 334 : Quiconque aura attenté aux mœurs, en excitant, favorisant ou facilitant habituellement la débauche ou la corruption de la jeunesse de l'un ou l'autre sexe au-dessous de vingt-un ans, sera puni d'un emprisonnement de six mois à deux ans, et d'une amende de cinquante francs à cinq cents francs.

Si la prostitution ou la corruption a été excitée, favorisée ou facilitée par leurs pères, mères, tuteurs ou autres personnes chargées de leur surveillance, la peine sera de deux ans à cinq ans d'emprisonnement, et de 300 francs à 1000 francs d'amende.

Art. 91. Renvoi au *Code pénal*, article 408 :

Quiconque aura détourné ou dissipé, au préjudice du propriétaire, possesseur ou détenteur, des effets, deniers, marchandises, billets, quittances ou tous autres écrits contenant ou opérant obligation ou décharge, qui ne lui auraient été remis qu'à titre de dépôt ou pour un travail salarié, à la charge de les rendre ou représenter, ou d'en faire un usage ou un emploi déterminé, sera puni des peines portées dans l'article 406. Ces peines sont :

L'emprisonnement de deux mois au moins, de deux ans au plus, et d'une amende qui ne pourra excéder le quart des restitutions et des dommages-intérêts qui seront dus aux parties lésées, ni être moindre de vingt-cinq francs;

Et article 463 : Dans tous les cas où la peine d'emprisonnement est portée par le présent code, si le préjudice causé n'excède pas vingt-cinq francs, et si les circonstances paraissent atténuantes, les tribunaux sont autorisés à réduire l'emprisonnement, même au-dessous de six jours, et l'amende, même au-dessous de 16 francs. Ils pourront aussi prononcer séparément l'une ou l'autre de ces peines, sans qu'en aucun cas elle puisse être au-dessous des peines de simple police.

Art. 93. Renvoi au *Code pénal*, art. 234 : Tout commandant, tout officier ou sous-officier de la force publique, qui, après en avoir été légalement requis par l'autorité civile, aura refusé de faire agir la force à ses ordres, sera puni d'un emprisonnement d'un mois à trois mois, sans préjudice des réparations civiles qui pourraient être dues, aux termes de l'article 10 du présent code, que voici :

La condamnation aux peines établies par la loi, est toujours prononcée sans préjudice des restitutions et dommages-intérêts, qui peuvent être dus aux parties;

Et article 258 : quiconque, sans titre, se sera immiscé dans des fonctions publiques, civiles ou militaires, ou aura fait les actes d'une de ces fonctions, sera puni d'un emprisonnement de deux à cinq ans, sans préjudice de la peine de faux, si l'acte porte le caractère de ce crime.

ART. 120. L'amende désignée est de 150 francs, ou de la moitié de cette somme si l'arrêt est rendu par contumace ou par défaut; le quart est donc 37 fr. 50 c., ou 18 fr. 75 c.; l'amende n'est encourue que par les personnes qui succombent dans leurs recours.

Sont dispensées de consigner l'amende, les personnes qui joindront à leur demande en cassation, 1° un extrait du rôle des contributions, constatant qu'elles paient moins de 6 francs, ou un certificat du percepteur de leur commune, portant qu'elles ne sont point imposées.....;

L'article 162 de la loi du 22 mars 1831, porte que, *les dispositions des lois, décrets et ordonnances relatives au service et à l'administration des gardes nationales, qui seraient contraires à cette loi, sont et demeurent abrogées.*

Pour épargner de longues recherches aux fonctionnaires publics et aux officiers des gardes nationales, on a réuni dans les pages suivantes les dispositions de la législation antérieure auxquelles ils pourront avoir besoin de recourir.

EXTRAITS

DES LOIS ET RÈGLEMENTS

ANTÉRIEURS A LA LOI DU 22 MARS 1831,

SUR LE SERVICE ET L'ADMINISTRATION DE LA
GARDE NATIONALE.

DE LA GARDE NATIONALE

CONSIDÉRÉE COMME FAISANT PARTIE DE LA FORCE PUBLIQUE.

(Loi du 12 décembre 1790 , relative à l'organisation de la
force publique.)

TITRE PREMIER.

DE LA FORCE PUBLIQUE EN GÉNÉRAL.

L'Assemblée nationale : déclare comme principes constitutionnels, ce qui suit :

. . . .

5° Nul corps armé ne peut exercer le droit de
délibérer ; la force armée est essentiellement
obéissante.

6° Les citoyens actifs ne pourront exercer le
droit de suffrage dans aucune des assemblées
politiques, s'ils sont armés, ou séulement vêtus
d'un uniforme (1).

---

(1) Modification de cet article, du moins quand à l'élection des Députés, par un article de la nouvelle loi électorale,
qui n'exclut du collége que les citoyens *en armes*.

7° Les citoyens ne peuvent exercer aucun acte de la force publique établie par la constitution, sans en avoir été requis; mais lorsque l'ordre public troublé ou la patrie en péril demanderont l'emploi de la force publique, les citoyens ne pourront refuser le service dont ils seront requis légalement.

8° Les corps armés ou prêts à s'armer pour la chose publique, ou pour la défense de la liberté et de la patrie, ne formeront point un corps militaire.

En conséquence, l'assemblée nationale décrète ce qui suit :

. . . .

Art. 2. L'organisation de la garde nationale n'est que la détermination du mode suivant lequel les citoyens doivent se rassembler, se former et agir lorsqu'ils seront requis de remplir leur service.

Art. 3. Les citoyens requis de défendre la chose publique et armés en vertu de cette réquisition, ou s'occupant des exercices qui seront institués, porteront le nom de *Gardes nationales*.

Art. 4. Comme la nation est une, il n'y a qu'une seule garde nationale, soumise aux mêmes règlements et à la même discipline, et *revêtue du même uniforme* (1).

____

(1) Modification de cette dernière disposition relative à

DES FONCTIONS DES CITOYENS SERVANT EN QUALITÉ DE GARDES NATIONALES.

(Loi du 14 octobre 1791 , relative à l'organisation des gardes nationales. Section III.)

ART. 2. Les citoyens et leurs chefs, requis au nom de la loi, ne se permettront pas de juger si les réquisitions ont dû être faites, et seront tenus de les exécuter provisoirement sans délibération ; mais les chefs pourront exiger la remise d'une réquisition par écrit , pour assurer la responsabilité des requérants.

. . . .

ART. 4. Toute délibération prise par les gardes nationaux sur les affaires de l'état, du district, de la commune , même de la garde nationale, à l'exception des affaires expressément renvoyées au conseil de discipline (1) qui sera établi ci-après, est une atteinte à la liberté publique et un délit contre la constitution , dont la responsabilité sera encourue par ceux qui auront provoqué l'assemblée , et par ceux qui l'auront présidée (2).

. . . .

---

l'uniforme. L'article 68 de la loi nouvelle en laisse la fixation au Roi , et ne l'oblige pas à ne pas le varier.

(1) Ou au jury de révision et au conseil d'administration , établis par les articles 23 et 70 de la loi nouvelle.

(2) Cet article se trouve développé par l'ordonnance du 10 juillet 18.6, portant, article unique : « A l'avenir, aucun

Art. 7. En cas de flagrant délit, ou de clameur publique, tous Français, sans exception, doivent secours à ceux qui sont attaqués dans leurs personnes ou dans leurs propriétés. Les coupables seront saisis sans qu'il soit besoin de réquisition.

Art. 8. Dans le cas de réquisition permanente, qui aura lieu aux époques d'alarmes et de troubles, les chefs donneront les ordres pour que les citoyens se tiennent prêts à un service effectif : les patrouilles seront renforcées et multipliées.

. . . .

Art. 10. Les gardes nationales, légalement requises, dissiperont toutes émeutes populaires et attroupements séditieux; ils saisiront et livreront à la justice les coupables d'excès et violences, pris

---

don, aucun hommage, aucune récompense ne pourront être votés, offerts, décernés, comme témoignage de la reconnaissance publique, par les conseils généraux, conseils municipaux, gardes nationales, ou tout autre corps civil ou militaire, sans l'autorisation préalable du Roi. »

Et par l'ordonnance du 17 juillet 1817, portant, art. 9 : « Les différents corps de la garde nationale ne peuvent, sous aucun prétexte, correspondre entre eux, ni se réunir pour voter des adresses, ou pour prendre aucune espèce de délibération. »

Et encore, art. 10 : « Les commandants des différents corps de la garde nationale, ne doivent faire d'ordre du jour, que pour ce qui est relatif au service; aucun ordre du jour ne peut être imprimé, s'il ne porte l'approbation du Préfet. »

« Ces commandants ne peuvent, dans aucun cas, faire ni proclamation, ni adresse. »

en flagrant délit, ou à la clameur publique ;
ils emploieront la force des armes, dans les cas
où ils en seront spécialement requis par les officiers civils aux termes, soit de la loi martiale (1),
soit des art. 25, 26, 27, 28 et 29 de la loi sur
la réquisition de la force publique.

. . . .

Art. 21. Il ne sera fait à l'avenir aucune fédéra-
tion particulière: tout acte de ce genre est déclaré
un attentat à l'unité du royaume, et à la fédéra-
tion constitutionnelle de tous les Français.

ACTION DE LA FORCE PUBLIQUE CONTRE LES ATTROUPEMENTS.

(Loi du 3 août 1791, relative à l'emploi de la force publique
contre les attroupements.

Art. 1er. Toutes personnes surprises en flagrant
délit, ou poursuivies par la clameur publique,
seront saisies et conduites devant l'officier de police.

Tous les citoyens, inscrits ou non sur le rôle
de la garde nationale, sont tenus, par leur serment civique, de prêter secours à la gendarmerie
nationale, à la garde soldée des villes et à tout
fonctionnaire public, aussitôt que les mots *force
à la loi* auront été prononcés, et sans qu'il soit
besoin d'autre réquisition.

. . . .

____

(1) La loi martiale a été abrogée.

Art. 3. Si des voleurs et des brigands se portent en troupe sur un territoire quelconque, ils seront repoussés, saisis et livrés aux officiers de police, par la gendarmerie nationale et la garde soldée des villes, sans qu'il soit besoin de réquisiti

Ceux des citoyens qui se trouveront en activité de service de garde nationale, prêteront main-forte au besoin, et si un supplément de forces est nécessaire, les troupes de ligne, ainsi que tous les citoyens inscrits, seront tenus d'agir sur la réquisition du procureur de la commune (1), ou, à son défaut, de la municipalité.

Art. 4. Alors la réquisition des communes limitrophes continuera d'être autorisée ; celles qui n'auront pas agi d'après la réquisition, demeureront responsables du dommage envers les personnes lésées, et seront poursuivies sur la réquisition du procureur général du département, à la diligence du procureur syndic du district, devant le tribunal du district le plus voisin.

Art. 5. Les dépositaires de la force publique qui, pour saisir ces dits brigands ou voleurs, se trouveront réduits à la nécessité de déployer la force des armes, ne seront pas responsables des événements.

. . . .

Art. 10. Les attroupements séditieux contre la

____

(1) Le maire.

perception des cens, redevances, agriers et champarts; contre celle des contributions publiques ; contre la liberté absolue de la circulation des subsistances , des espèces d'or et d'argent ou toutes autres espèces de monnaies; contre celle du travail et de l'industrie, ainsi que des conventions relatives au prix des salaires , seront dissipées par la gendarmerie nationale, les gardes soldées des villes, et les citoyens qui se trouveront de service en qualité de gardes nationales : les coupables seront saisis pour être jugés et punis selon la loi.

. . . .

ART. 13. La même forme de réquisition et d'action énoncée aux trois articles précédents , aura lieu dans le cas d'attroupements séditieux et d'émeutes populaires contre la sûreté des personnes, quelles qu'elles puissent être ; contre les propriétés ; contre les autorités , soit municipales , soit administratives, soit judiciaires; contre les tribunaux civils, criminels et de police ; contre l'exécution des jugements, ou pour la délivrance des prisonniers ou condamnés ; enfin contre la liberté ou la tranquillité des assemblées constitutionnelles.

. . . .

ART. 22. Les réquisitions adressées aux commandants soit des troupes de ligne, soit des gardes nationales, soit de la gendarmerie nationale, seront faites par écrit et dans la forme suivante :

« Nous. . . . . . requérons, en vertu de la loi,
» N. . . . . commandant, etc., de prêter le se-
» cours des troupes de lignes *ou* de la gendar-
» merie *ou* des gardes nationales nécessaires pour
» repousser les brigands, etc., prévenir ou dis-
» siper les attroupements, etc., *ou* pour assurer
» le paiement de, etc., *ou* pour procurer l'exé-
» cution de tel jugement *ou* telle ordonnance de
» police, etc.

» Pour la garantie dudit *ou* desdits comman-
» dants, nous apposons notre signature. »

. . . .

ART. 25. Les dépositaires des forces publiques
appelées, soit pour assurer l'exécution de la loi,
des jugements et ordonnances, ou mandements
de justice ou de police; soit pour dissiper les
émeutes populaires et attroupements séditieux,
et saisir les chefs, auteurs et instigateurs de l'é-
meute ou de la sédition, ne pourront déployer la
force des armes que dans trois cas.

Le premier : si des violences, ou des voies de
fait étaient exercés contre eux-mêmes.

Le second : s'ils ne pouvaient défendre autrement le terrain qu'ils occuperaient, ou les postes
dont ils seraient chargés ;

Le troisième : s'ils y étaient expressément autorisés par un officier civil, et dans ce troisième
cas, après les formalités prescrites par les deux
articles suivants.

Art. 26. Si, par les progrès d'un attroupement ou émeute populaire, ou pour toute autre cause, l'usage rigoureux de la force devient nécessaire, un officier civil, soit juge de paix, soit officier municipal, procureur de la commune ou commissaire de police, soit administrateur de district ou de département, soit procureur syndic ou procureur-général syndic, se présentera sur le lieu de l'attroupement ou du délit, prononcera à haute voix ces mots : *Obéissance à la loi, on va faire usage de la force; que les bons citoyens se retirent.* Le tambour battra un ban avant chaque sommation.

Art. 27. Après cette sommation trois fois réitérée, et même dans le cas où, après une première ou seconde sommation, il ne serait pas possible de faire la seconde ou la troisième ; si les personnes attroupées ne se retirent pas paisiblement, et même s'il en reste plus de quinze assemblées en état de résistance, la force des armes sera à l'instant déployée contre les séditieux, sans aucune responsabilité des événements ; et ceux qui pourront être saisis ensuite, seront livrés aux officiers de police, pour être jugés et punis selon la rigueur des lois.

. . . .

Art. 29. Si aucun officier civil ne se présente pour faire les sommations, le commandant soit des troupes de ligne, soit de la garde nationale, sera tenu d'avertir, à son choix, l'un ou l'autre des officiers civils désignés aux articles 27 et 28.

. . . .

Art. 44. Indépendamment des réquisitions particulières, qui pourront être adressées, selon les règles ci-dessus prescrites, aux citoyens inscrits pour le service des gardes nationales, lorsque leur secours momentané deviendra nécessaire, ils seront mis en état de réquisition permanente, soit par les officiers municipaux dans les villes de 10,000 ames, soit partout ailleurs, par le directoire du département, sur l'avis de celui du district, lorque la liberté ou la sûreté publique sera menacée.

Art. 45. Cette réquisition permanente obligera les citoyens inscrits à un service habituel de vigilance : les patrouilles seront alors établies, ou renforcées et multipliées.

. . . .

RAPPORTS DE LA GARDE NATIONALE AVEC LA GENDARMERIE.

(Loi du 18 germinal an VI, relative à l'organisation de la gendarmerie. Titre IX, § IV.)

Art. 152. Les commandants de la garde nationale sédentaire, et de la garde nationale en activité ne peuvent intervenir, en aucune manière quelconque, dans les opérations journalières et le service habituel de la gendarmerie nationale, ni détourner les membres de ce corps des fonctions qui sont déterminées par la présente loi.

. . . .

Art. 156. A défaut et en cas d'insuffisance des troupes faisant partie de la garde nationale en activité, les officiers de la gendarmerie nationale seront autorisés à requérir toute main-forte nécessaire de la garde nationale sédentaire.

. . . .

Art. 157. Dans le cas de l'article précédent, les demandes des officiers de gendarmerie nationale seront adressées aux administrations municipales, qui, requerront les commandants de la garde nationale sédentaire de prêter la main-forte demandée par la gendarmerie nationale; dans ce cas, les détachements de la garde nationale sédentaire seront toujours aux ordres de l'officier de gendarmerie chargé de l'expédition.

RAPPORTS DE LA GARDE NATIONALE AVEC LES TROUPES DE LIGNE.

(Loi du 10 juillet 1791 , titre III , *du commandement et du service des troupes en garnison* , etc.)

Art. 36. Lorsque les gardes nationales serviront avec les troupes de ligne, l'honneur du rang qui est réservé aux premières, n'empêchera pas que le commandement général ne soit toujours déféré à l'officier le plus ancien dans le grade le plus élevé desdites troupes de ligne.

. . . .

Art. 39. Lorsque les gardes nationales feront le service militaire, les honneurs militaires se rendront réciproquement entre elles et les troupes de ligne, suivant ce qui sera réglé pour ces dernières.

. . . .

Art. 45. Dans les garnisons de l'intérieur, et dans tous les lieux qui ne seront ni places de guerre, ni postes militaires, lorsque les troupes de ligne seront requises pour faire le service conjointement avec les gardes nationales, ou, que lesdites troupes de ligne en seront chargées seules, le commandement, l'ordre et le mot seront donnés conformément à ce qui est prescrit aux articles ci-dessus (1).

Art. 46. Mais lorsque dans les villes ou autres lieux qui ne sont ni places de guerre, ni postes militaires, les gardes nationales seront seules chargées de la garde et de la police desdits lieux, sans participation des troupes de ligne, alors le

____

(1) Art. 44. Dans les places de guerre et postes militaires, l'ordre et le mot seront toujours donnés par le commandant militaire ; et, dans le cas où les gardes nationales feront quelque service dans la place, le mot sera porté par l'officier ou sous-officier des gardes nationales qui l'aura reçu à l'ordre, au principal officier municipal, ou au commandant des gardes nationales, selon ce qui sera réglé, à cet égard, par le décret d'organisation des gardes nationales (*).

(*) Ce décret n'a rien réglé : il est d'usage que le mot se porte au maire et au commandant.

mot sera , selon l'usage, composé de deux autres mots , dont le premier sera donné par lé principal officier municipal , ou par le commandant des troupes nationales, selon ce qui sera ultérieurement réglé , et le second par le commandant des troupes de ligne.

Art.47. Dans les places de guerre et postes militaires en état de paix , et dans les garnisons de l'intérieur, lorsque les autorités civiles et militaires seront dans le cas de faire battre la générale ou sonner le boute-selle , pour le rassemblement des gardes nationales ou des troupes de ligne , elles devront, au préalable, s'en prévenir réciproquement , sauf le cas de surprise , d'incendie ou d'inondation.

SERVICE DE LA GARDE NATIONALE DANS LES PLACES DE GUERRE.

La garde nationale peut se trouver assujétie au service des places de guerre dans deux cas :

1° La garde nationale d'une commune qui est place de guerre , ou poste militaire ;

2° Les corps détachés de la garde nationale appelés, en vertu de l'art. 138 de la loi nouvelle , à défendre les places fortes , comme auxiliaires de l'armée active.

Les corps détachés, appelés à la défense des places fortes , étant considérés comme auxiliaires de l'armée, sont soumis aux mêmes règles de service que les troupes de ligne, et placés sous les ordres des chefs militaires.

Les gardes nationales sédentaires des places de guerre, ne sont pas assimilées aux troupes de ligne, mais se trouvent soumises à des règles exceptionnelles que nécessite le service.

L'ordonnance du 1er mars 1768 règle tout ce qui est relatif au service des places de guerre. C'est le point de départ de la matière : Elle est toujours en vigueur dans toutes celles de ses dispositions que n'ont pas modifiées la loi du 10 juillet 1791 et le décret du 24 décembre 1811.

La loi du 10 juillet 1791 statuait, art. 2 et 4, « qu'on ne devait réputer place de guerre et » postes militaires que ceux énoncés au tableau » annexé à la loi, et que nulle construction nou- » velle de places de guerre ou postes militaires, » et nulle suppression ou démolition de ceux » alors existants, ne pourrait être ordonnée que » d'après l'avis d'un conseil de guerre, confirmé » par *une loi.* »

La loi du 17 juillet 1819 a dérogé, par son art. 1er, à la loi de 1791 et a attribué au Roi le droit d'ordonner, soit des constructions nouvelles de places de guerre, ou postes militaires, soit la suppression ou la démolition de ceux existants, soit des changements dans le classement ou dans l'étendue desdites places ou postes.

L'ordonnance du 1er août 1821, rendue en exécution de la loi précédente, est suivie d'un tableau général des places et postes de guerre, homologué par l'art. 76 de cette ordonnance.

C'est donc dans les places désignées dans ce tableau et dans celles que, depuis, une ordonnance royale aurait déclarées *places de guerre*, que doivent trouver leur application les dispositions qui vont suivre.

Les places de guerre et postes militaires sont considérés sous trois rapports :

1° L'état de paix ;

2° L'état de guerre ;

3° L'état de siége.

Selon que la place est dans un de ces trois états, les règles du service sont différentes.

C'est dans le décret impérial du 24 décembre 1811, titre III, chap. I, art. 51, 52, 53, qu'il faut chercher quelles circonstances déterminent chacun de ces trois états.

Il faut recourir à l'ordonnance du 1er mars 1768, à la loi du 10 juillet 1791 et au décret du 24 décembre 1811, pour trouver les règles du service qui s'appliquent indistinctement à toutes les troupes qui font le service dans les places de guerre. Nous ne donnerons ici que celles qui sont particulières à la garde nationale.

DISPOSITIONS COMMUNES A L'ÉTAT DE PAIX, A L'ÉTAT DE GUERRE, A L'ÉTAT DE SIÈGE.

Les commandants militaires, dans les places

où les gardes nationales feront le service, demanderont à qui il appartiendra, le nombre d'officiers et de soldats desdites gardes nationales nécessaires au service; mais lesdits commandants ne pourront s'ingérer dans le détail des officiers, sous-officiers et gardes nationales qui devront marcher; toutes les difficultés de ce genre devant être portées à la décision de leurs officiers supérieurs ou des municipalités, selon qu'il sera réglé par le décret concernant l'organisation des gardes nationales. (*Loi du* 10 *juillet* 1791, *art.* 38).

Dans les places de guerre et postes militaires, l'ordre et le mot seront toujours donnés par le commandant militaire; et dans le cas où les gardes nationales feront quelque service dans la place, le mot sera porté par l'officier ou le sous-officier des gardes nationales qui l'aura reçu à l'ordre, au principal officier municipal, ou au commandant des gardes nationales (1), selon ce qui sera réglé à cet égard par le décret d'organisation des gardes nationales. (*Loi du* 10 *juillet* 1791, *art.* 44).

ÉTAT DE PAIX.

Dans les places de guerre et postes militaires, lorsque ces places et postes seront en état de paix, la police intérieure et tous les autres actes du

____

(1) Il doit se donner à l'un et à l'autre.

pouvoir civil n'émaneront que des magistrats et autres officiers civils préposés par la constitution pour veiller au maintien des lois ; l'autorité des agents militaires ne pouvant s'étendre que sur les troupes, et sur les autres objets dépendants de leur service, qui seront désignés dans la suite du présent décret. (*Loi du* 10 *juillet* 1791, *art.* 6.)

Dans les places de guerre et postes militaires en état de paix, et dans les garnisons de l'intérieur, lorsque les autorités civiles et militaires seront dans le cas de faire battre la générale ou sonner le boute-selle, pour le rassemblement des gardes nationales ou des troupes de ligne, elles devront, au préalable, s'en prévenir réciproquement, sauf le cas de surprise, d'incendie ou d'inondation. (*Loi du* 10 *juillet* 1791, *art.* 47).

Lorsque la garnison recevra un ordre subit de départ, ou quand elle sera faible et ne pourra fournir les postes et sentinelles indispensables à la police et à la conservation de la place, le service se fera en tout ou en partie par la garde municipale, ou par la garde nationale de la commune et de l'arrondissement.

Les maires et sous-préfets seront tenus de déférer aux réquisitions des commandants d'armes, provisoirement et jusqu'à ce qu'un ordre définitif de service ait pu être concerté avec le général commandant la division et le préfet.

Les postes et détachements fournis par la garde

municipale et la garde nationale en conséquence du présent article, passeront sous les ordres du commandant d'armes, pendant toute la durée de leur service. (*Décret du 24 décembre 1811 , art. 66.*)

Dans les rassemblements ou passages extraordinaires ou imprévus, mais licites et déterminés par des événements ou des circonstances qui ne constituent pas la place en état de guerre, le commandant d'armes, outre les mesures prescrites et rappelées dans l'article précédent, fera, de concert avec l'autorité civile, toutes les dispositions nécessaires à la police militaire de la place. (*Même décret, art.* 77).

Dans les cas prévus par les articles précédents, le maire et le sous-préfet mettront à la disposition du commandant d'armes le nombre d'hommes de la garde municipale ou de la garde nationale nécessaire pour suppléer au défaut ou à l'insuffisance de la garnison. (*Même décret, art.* 78.)

ÉTAT DE GUERRE.

Dans les places en état de guerre, la garde nationale et la garde municipale passent sous le commandement du gouverneur ou commandant, et l'autorité civile ne peut ni rendre aucune ordonnance de police sans l'avoir concertée avec lui, ni refuser de rendre celles qu'il juge nécessaires à la sûreté de la place, ou à la tranquillité publique. (*Décret du 24 décembre 1811, art. 92.*)

Dans toutes les places en état de guerre, les gardes-pompiers, s'il en est établi, passent, avec les pompes, machines et ustensiles sous l'autorité du commandant d'armes.

Les ouvriers charpentiers et autres, qui peuvent servir à couper les incendies, sont syndiqués et formés, sous leurs syndics et quartiers-maîtres, en compagnies, sections et ateliers.

Le service d'incendie, en cas de siége ou de bombardement, est réglé par le gouverneur ou commandant, de concert avec le commandant du génie et l'autorité civile. (*Méme décret, art.* 94.)

Dans toute place en état de guerre, si le ministre ou le général d'armée en donne l'ordre, ou si les troupes ennemies se rapprochent à moins de trois journées de marche de la place, le gouverneur ou commandant est, sur-le-champ et sans attendre l'*état de siége*, investi de l'autorité nécessaire,

. . . .

3° Pour faire détruire par la garnison et la garde nationale tout ce qui peut, dans l'intérieur de la place, gêner la circulation de l'artillerie et des troupes; à l'extérieur, tout ce qui peut offrir quelque couvert à l'ennemi et abréger ses travaux d'approche. (*Méme décret, art.* 95.)

Le général commandant une armée dans le tableau de laquelle la garnison d'une place sera comprise, veillera,

1° A ce qu'il reste dans la place la garnison nécessaire pour la garder, conjointement avec les gardes municipales et nationales;

2° A ce qu'il s'y trouve, dans l'état de siège, une garnison suffisante. (*Même décret, art.* 96.)

ÉTAT DE SIEGE.

Dans les places en état de siége, l'autorité dont les magistrats étaient revêtus pour le maintien de l'ordre et de la police , passe tout entière au commandant d'armes, qui l'exerce, ou leur en délègue telle partie qu'il juge convenable. (*Même décret , art.* 101.)

Dans l'état de siège, le gouverneur ou commandant détermine le service des troupes, de la garde nationale, et celui de toutes les autorités civiles et militaires, sans autre règle que ses instructions secrètes , les mouvements de l'ennemi et les travaux de l'assiégeant. (*Même décret , art.* 104.)

HISTORIQUE.

EXPOSÉS DES MOTIFS,

RAPPORTS DES COMMISSIONS

ET EXTRAITS DES DISCUSSIONS DES CHAMBRES.

———

Dans la séance du 9 octobre 1830 , M. Guizot, ministre de l'intérieur, présente deux projets de loi sur la garde nationale, l'un en cinq sections et vingt-cinq articles sur la garde nationale mobile, l'autre en six titres et soixante-deux articles sur la garde nationale sédentaire. L'article 62 spécifiait qu'une loi ultérieure réglerait le service et le mode de discipline de la garde nationale.

Une commission , chargée d'examiner ces deux projets de loi , est nommée et composée de MM. le comte de Bondy, le général Lamarque, Becquey, le général Garbé, Maille, Rodat d'Olemps, le baron Ternaux, le général Brenier, Saglio, le général Mathieu Dumas, le baron Ch. Dupin, le général Bonnemains, Clément, le baron Lepelletier d'Aunay, Amat, Benoit, Agier, Montguyon.

Dans la séance du 29 novembre 1830, le ministre de l'intérieur présente le projet de loi sur le service et la discipline de la garde nationale, en deux titres et quarante-un articles, en annonçant que la pensée du gouvernement serait que les trois lois présentées n'en fissent qu'une seule divisée en plusieurs titres, la chambre renvoie ce dernier projet de loi à la commission chargée d'examiner les deux autres.

Le rapport du travail de la commission donné ci-après, fera connaître les changements proposés et la refonte des trois projets en un seul, composant le Code unique et complet de la garde nationale.

La discussion générale commencée dans la séance du 11 décembre se prolonge dans celle du 13, MM. Jacqueminot, Lepelletier d'Aunay, de Lezardière, Aubernon, Agier, de Laborde, Brenier, Alex. de Larochefoucault, Eusèbe Salverte, Blin de Bourdon, Victor de Tracy et Gillon sont entendus.

Dans la séance du 14, M. Charles Dupin, rapporteur, résume la discussion générale(1). La discussion sur les articles s'ouvre ensuite, et se prolonge pendant les séances des 15, 16, 17, 18, 20, 21, 22, 23, 24, 27, 28, 30, 31, décembre 1830 ; 3, 5 et 6 janvier 1831; dans cette séance le projet de loi est adopté à la majorité de 245 voix contre 70.

Dans la séance du 20 janvier 1831, la loi

––––––––––

(1) Ce résumé est imprimé en tête de l'extrait des discussions.

adoptée par la chambre des députés est présentée à la chambre des pairs ; l'exposé des motifs fait connaître les changements qu'une longue et consciencieuse discussion a fait entrer dans la loi ; une commission, composée de MM. le comte d'Ambrugeac, le duc Decazes, le duc de Choiseul, le comte Cholet, le duc de Doudeauville, le vicomte Dode, le maréchal comte Jourdan, le comte St.-Aulaire et le comte de Sussy, est chargée de l'examen du projet de loi.

Dans la séance du 21 février, M. le comte de St.-Aulaire fait le rapport au nom de la commission spéciale, et propose de nombreux amendements (ce rapport est à la suite de l'exposé des motifs présenté à la chambre des pairs.)

La discussion commence dans la séance du 23 février par la question de savoir si on votera la loi sans amendement, ou si le projet amendé par la commission aura la priorité; ce dernier parti est adopté, et la chambre passe à la discussion des articles sans avoir entamé de discussion générale. Cette discussion continue dans la séance du 24, et la chambre adopte la loi à la majorité de 100 voix contre 3.

Les amendements adoptés par la chambre des pairs nécessitent une nouvelle présentation à la chambre des députés faite par le ministre de l'intérieur dans la séance du 26 février, l'exposé des motifs est un résumé du travail de la chambre des pairs.

La loi est renvoyée à la commission chargée d'examiner le projet primitif; M. le baron Charles Dupin fait son rapport dans la séance du 1er mars, et propose, au nom de la commission, quelques changements que ce rapport fera connaître.

La chambre, dans sa séance du 5 mars, s'occupe de la discussion des articles amendés par la chambre des pairs, et adopte la loi, à la majorité de 194 voix, contre 30, avec des modifications qu'on trouvera exprimées dans l'exposé des motifs présenté à la chambre des pairs, dans sa séance du 8 mars, par M. le ministre de l'intérieur; le projet amendé par la chambre des députés est renvoyé à la 1re commission dans laquelle M. le duc de Broglie remplace M. le comte de St.-Aulaire absent; dans sa séance du 10 mars la chambre entend les observations verbales de M. le général d'Ambrugeac, rapporteur de la commission, sur les divers articles amendés par la chambre des députés, et adopte tous ces articles; la loi est ensuite adoptée à la majorité de 99 voix contre 12.

La loi sanctionnée par le Roi le 22 mars 1831, est promulguée le 25 du même mois.

CHAMBRE DES DÉPUTÉS.

Séance du 9 octobre 1830.

EXPOSÉ DES MOTIFS DU PROJET DE LOI SUR L'ORGANISATION
DE LA GARDE NATIONALE SÉDENTAIRE.

Messieurs, le Roi nous a ordonné de vous présenter un projet de loi sur la garde nationale, et de vous en exposer les motifs.

La garde nationale n'est point une institution nouvelle, et qui date seulement de la révolution. Elle a pris sa première origine dans les milices des communes. Créées à l'époque où les communes réussirent à s'affranchir et à défendre leurs libertés, les milices communales protégèrent les villes, et souvent la couronne elle-même, contre la tyrannie féodale ou contre les invasions de l'étranger; et dans plusieurs batailles, les bannières des communes ont flotté avec gloire sur le front des armées royales. Mais lorsque les rois eurent détruit l'anarchie féodale, les communes perdirent graduellement le privilége de se garder elles-mêmes. Des milices communales furent, dans le service des places, suppléées par des garnisons, et des citadelles servirent d'appui aux garnisons contre les habitants. Toutefois, lorsque la révolution éclata, les simulacres de ces milices existaient encore dans beaucoup de villes où des compagnies à pied et à cheval, armés d'arcs,

8

d'arbalêtes et d'arquebuses, s'exerçaient au tir et figuraient dans les fêtes publiques ou religieuses. La loi du 18 janvier 1790 incorpora dans la garde nationale ces restes des milices communales, et leurs étendards furent, en signe d'union, appendus aux voûtes des églises. Dès ce moment, la garde nationale devint une grande et nouvelle institution, unique, homogène et commune à tout le royaume.

Les services que la garde nationale a rendus depuis quarante ans ne sont ignorés de personne. Lille et tant d'autres places, défendues ou secourues par les gardes nationales; Paris et tant d'autres villes, protégées par elles en des instants de désordre ou pendant l'occupation étrangère, attestent leur courage, leur sage fermeté et leur patriotisme. Notre dernière révolution rappelle et a reproduit en partie les anciens services, et ceux-ci sont, pour ainsi dire, vivants et sous vos yeux.

Mais vous connaissez aussi, Messieurs, toutes les vicissitudes de cette grande institution. Vous savez avec quelle étude, suivant qu'ils la jugèrent favorable ou contraire à leurs principes, les divers Gouvernements ont modifié, suspendu ou essayé de détruire un corps qui, par son essence même, ne peut servir l'anarchie ni le despotisme. Vous avez vu comment, dans les derniers périls de l'ordre social, la garde nationale s'est levée et réorganisée d'elle-même. Mais, dans cette crise politique, une partie de la législation subsistante avait cessé d'être applicable, et la nécessité a prescrit de remettre en vigueur, des lois qui ne satisfont qu'imparfaitement aux besoins de la France. Il importe, il est pressant, qu'une loi nouvelle sorte du milieu de ces ruines législatives, coordonne à la Charte constitutionnelle l'institution des gardes nationales, et soit, comme la Charte, une vérité.

Tel est l'objet de la loi que nous avons l'honneur de vous soumettre.

Le plan en est simple : un titre premier renferme quelques *dispositions générales* : les titres suivants embrassent successivement l'*organisation* et l'*administration* de la garde nationale sédentaire.

Nous suivrons, dans cet exposé, les mêmes divisions, en nous attachant aux articles qui établissent des règles ou résolvent des questions de quelque importance.

TITRE PREMIER.

DISPOSITIONS GÉNÉRALES.

Le titre premier intitulé : *Dispositions générales*, ne renferme qu'un petit nombre d'articles, mais il n'en est aucun qui ne soit digne de votre attention.

L'article 1er définit ou plutôt énumère les objets pour lesquels la garde nationale est instituée.

Nous en avons recueilli l'expression dans la Charte même, ou dans des lois qui n'ont pas cessé d'être en vigueur.

Défendre la Charte constitutionnelle et les droits qu'elle a consacrés ; maintenir l'obéissance aux lois ; conserver ou rétablir l'ordre et la paix publique ; seconder l'armée dans la défense des places, des frontières et des côtes ; assurer enfin l'indépendance de la France et l'intégrité de son territoire : tels sont les services auxquels la patrie appelle les gardes nationales : c'est aussi l'expression de ceux qu'elles ont rendues.

Les articles suivants déterminent le rang que la garde nationale, par sa constitution, occupe dans le système de la force publique.

Suivant la définition de l'Assemblée constituante, la force publique, considérée d'une manière générale, est la réunion des forces de tous les citoyens. Mais lorsque cette force n'est point organisée, elle n'agit avec succès que dans ces instants de crise où la grandeur du péril, la simplicité du but et l'accord des sentiments donnent aux masses cette unité d'action qui soutient la défense, anime l'attaque et décide la victoire. Dans toute autre circonstance, l'unité d'action exige que les masses soient organisées, c'est-à-dire réparties en des cadres réguliers, soumises à des chefs, et retenues sous leur commandement par le double lien de la hiérarchie et de la discipline.

La force publique organisée est divisée en deux grands corps, inégaux, mais distincts et régis par des législations différentes : ces deux corps sont la garde nationale et l'armée.

En nous attachant à sa définition légale, l'armée est une force permanente, extraite de la force publique, et dont la destination spéciale est d'agir contre l'ennemi extérieur. Dans l'acception générale de ce mot, l'armée comprend toutes les forces de terre et de mer qui sont entretenues par l'État, et soumises aux lois spéciales de la discipline et de la justice militaire ou maritime.

La garde nationale renferme, dans ses cadres nombreux et variés, tous les citoyens qui ne font point partie des armées de terre et de mer : c'est la force publique, moins l'armée.

La *garde nationale est sédentaire*, quand elle agit dans les limites de la commune ou du canton.

La garde nationale sédentaire, composée sans distinction d'âge, de tous les citoyens qui sont étrangers à l'armée, puise, dans la diversité même des âges, le mélange de force et de prudence qui la rendent éminemment propre au maintien de la paix publique, et ne nuit point (assez d'exemples l'attestent), à la fermeté, au courage dont elle a besoin dans la répression du désordre, dans la défense des places , et dans ces efforts momentanés qu'exige une descente, une invasion locale et facile à repousser. Mais cette association de tous les âges, et sur-tout les liens nombreux et puissants qui attachent au sol de la commune ou du canton les pères de famille et les chefs d'établissements agricoles ou industriels, rendent la garde nationale sédentaire moins propre aux efforts plus étendus que peut exiger la défense active du territoire. Lors donc que la garde nationale est appelée à faire , hors de la commune ou du canton, un service d'activité militaire, cette jeunesse qui, dans les cadres sédentaires, est un principe de vigueur et de mobilité, entre en des cadres spéciaux et temporaires, et ces corps, détachés de la garde nationale sédentaire, prennent le nom de *gardes nationales mobiles*. Une loi spéciale qui vous sera , Messieurs, incessamment présentée, pose les bases de leur formation et les limites de leur service.

La loi qui vous est soumise est donc renfermée dans le cercle d'action de la garde nationale sédentaire.

La nature et les limites de cette action exigent que les cadres militaires de la garde nationale sédentaire soient circonscrits dans les divisions civiles de la commune ou du canton. La garde sédentaire sera donc organisée en gardes communales dans les communes qui forment un ou plusieurs cantons; en gardes cantonnales dans les cantons composés de plusieurs communes. C'est le dernier état de la législation; c'est celui où la garde nationale sédentaire a été replacée par l'ordonnance du 30 septembre 1818.

Cette même ordonnance a rétabli la subordination de la garde nationale à l'autorité civile, écrite dans toutes les lois, et développée dans l'instruction législative du 20 août 1790. Il nous a paru essentiel de transcrire, en tête de la loi, ce principe fondamental.

Nous regardons comme une conséquence rigoureuse de ce principe d'appliquer à la nomination du chef de la garde communale ou cantonnale, qui doit agir sous l'autorité immédiate du maire, les règles qui seront probablement adoptées pour la nomination de ces magistrats dans la loi municipale. Vous apercevrez, Messieurs, les rapports de cette loi avec celle de la garde nationale sédentaire ; vous regretterez avec nous de ne point l'avoir pour guide, et vous ajouterez ce motif à tous ceux qui en établissent l'importance et la nécessité.

Le mode de nomination du chef est une combinaison du choix et de l'élection. Le chef de la garde communale ou cantonnale ne peut être choisi que dans le nombre des officiers ou sous-officiers *elus* par les gardes nationaux dans les formes que la loi détermine pour la nomination aux grades.

Cette combinaison consacre le principe de l'élection écrit dans la Charte comme une des bases de la loi sur la garde nationale.

Cette base déjà posée nous dispense de justifier le principe. Mais il n'est point inutile de réfuter une erreur qui tend à regarder cette élection comme une innovation de l'Assemblée constituante. Ce mode de nomination remonte à l'établissement des milices communales : il est écrit dans les chartes des communes, et dans plusieurs réglemens émanés de l'autorité royale. « Les capitaines seront élus d'abord, » dit le réglement du 14 août 1587, et plus bas il ajoute : « Les capitaines et lieutenants s'assembleront en leurs quartiers, afin d'élire un colonel. » Il n'y avait point alors de grade intermédiaire.

Les derniers articles du titre I.er règlent des points d'une haute importance.

Ces articles consacrent, comme un principe fondamental, l'organisation générale et permanente de la garde nationale sédentaire sur tous les points du royaume.

Mais en même temps, ils réservent au roi le pouvoir de suspendre ou de dissoudre cette organisation, en des lieux déterminés où l'esprit de parti et d'autres causes locales ne permettraient pas que la garde communale ou cantonnale, eût cette unité d'esprit et d'action sans laquelle elle serait, non-seulement inutile, mais dangereuse à la paix publique.

Toutefois, Messieurs, le roi ne cherche, dans ce pouvoir discrétionnaire, qu'une faculté utile à l'ordre social, et non l'exercice d'une vaine prérogative : une loi seule pourra proroger la suspension ou la dissolution au-delà d'une année.

Tel est, Messieurs, le titre premier.

Les titres suivants, embrassent tous les détails de l'organisation. Je n'arrêterai votre attention que sur les généralités.

L'inscription aux registres-matricules de la garde nationale sédentaire a pour base *l'obligation du service personnel*. La loi impose cette obligation à tous les citoyens ou fils de citoyens qui ont commencé leur vingtième année; elle cesse pour les sexagénaires.

Il nous a paru utile que les jeunes citoyens fussent admis dans la garde nationale, une année avant d'être appelés au tirage pour le recrutement de l'armée. Ceux que le sort désignera auront passé, dans la garde nationale, un temps suffisant pour s'y exercer et s'y habituer aux règles du service. Leur recensement sera d'ailleurs un travail tout fait pour celui qu'exige la loi de recrutement.

Dans l'état actuel de la législation, le service n'est obligatoire que pour les imposés ou fils d'imposés au rôle des contributions directes ; mais l'acte législatif du 22 frimaire an 8, dont les dispositions relatives aux droits civiques, ont encore force de loi, ne fait dépendre d'aucuns cens la qualité de citoyen. Il nous a paru impossible d'exclure de la garde nationale aucun des citoyens que la loi appelle à servir dans l'armée, et l'expérience a prouvé que le cens est inutile comme garantie des sentiments d'ordre et d'honneur qui animent toutes les classes de la société.

Loin d'exclure aucun citoyen, nous ne repoussons pas même l'étranger, et nous croyons qu'on peut l'appeler à un service d'ordre et de sûreté, lorsqu'il devient propriétaire en France ou chef d'établissement, si d'ailleurs il est admis par le gouvernement à y jouir de ses droits civils.

L'inscription aux registres-matricules reste confiée aux conseils de recensement : nous modifions seulement la composition de ces conseils, de manière que l'intérêt public et les intérêts privés y trouvent également des défenseurs.

Les réclamations auxquelles cette inscription pourrait donner lieu seront portées devant un jury d'équité, présidé par le juge de paix, et composé de jurés pris parmi les plus anciens gardes nationaux. Ses décisions seront définitives. Ce tribunal, placé près des justiciables, remplacera les deux degrés de juridiction qu'ils étaient obligés de parcourir devant le conseil de préfecture et devant le conseil d'état.

L'inscription au registre-matricule aura lieu dans l'ordre des âges ; on commencera par les sexagénaires, et l'on finira par les jeunes gens qui entreront dans leur vingtième année. Les mutations, autres que les décès et les changements de domicile, se réduiront à inscrire chaque année la classe de vingt ans, et à rayer celle de soixante. De cette manière, le registre-matricule sera perpétuel, et présentera dans l'ordre des âges les quarante séries qui composeront la garde nationale sédentaire.

L'inscription au registre-matricule ne détermine que l'obligation du service commun à tous les citoyens, et les registres ne sont, à proprement parler, que les contrôles du service extraordinaire; des conseils de recensement en extrairont le contrôle du service habituel.

Ce dernier contrôle doit, dans le système de la loi, comprendre tous les citoyens qui, par leur fortune et l'état de leur santé, peuvent supporter les sacrifices et les fatigues qu'impose le service ordinaire. Ceux-là seuls doivent en être dispensés, à qui le service serait trop pénible ou trop onéreux. La loi laisse cette appréciation au conseil de recensement, et place dans le jury d'équité la garantie qu'elle doit aux citoyens contre l'abus de ce pouvoir discrétionnaire.

Ici, Messieurs, se reproduit la question du cens, dans lequel plusieurs publicistes croient trouver une meilleure garantie que dans le discernement et la justice du conseil de recensement et du jury d'équité. C'est d'après un cens, que l'autorité locale déterminait sous l'approbation de l'autorité supérieure, qu'ont été appelés au service ordinaire les gardes nationaux de Paris et des départements, en vertu des décrets et des ordonnances de 1814 et de 1815.

Mais, il faut l'avouer, le cens régulateur du service ordinaire est difficile à déterminer. Il doit être faible, pour atteindre, en assez grand nombre, les citoyens nécessaires et propres au service. Mais une faible contribution, loin d'être un signe d'aisance, est une charge de plus ajoutée à celles qui pèsent sur le père de famille. Enfin, quelque faible que soit le cens, il laisse hors de la garde nationale les citoyens dont le revenu échappe, par sa nature, à toute espèce de contribution directe. Il nous a paru que les erreurs du cens l'emportaient sur celles du double arbitrage des conseils de recensement et du jury d'équité.

Lorsque le contrôle du service ordinaire est définitivement établi, le conseil de recensement répartit dans les cadres les gardes nationaux inscrits sur ce contrôle. La loi ne pose ici qu'un petit nombre de règles ou de limites, dont l'objet est de ne pas trop multiplier les cadres et de les coordonner aux divisions du territoire. Tout ce qui tient à la formation militaire peut et doit être laissé aux soins du gouvernement.

Lorsque les citoyens sont répartis dans les cadres, ceux de la même compagnie se réunissent, sans uniformes et sans armes, pour élire leurs officiers ou sous-officiers. Ils y procèdent en présence du conseil de recensement, dont les membres remplissent les fonctions de président et de scrutateurs.

Les officiers des compagnies élisent ensuite le chef de bataillon.

L'élection directe n'a lieu que pour les emplois autres que celui de commandant de la garde communale ou cantonnale. Cet emploi doit être, suivant l'importance du commandement, au choix du roi; mais le choix doit avoir lieu parmi les officiers que l'élection désigne comme investis de la confiance des gardes nationaux. Cette confiance est un principe d'autorité; elle fortifie le commandement. Mais le choix parmi les élus est nécessaire pour maintenir le commandant de la garde communale ou cantonnale dans l'état de subordination où il doit être à l'égard de l'autorité civile.

L'élection ne confère point le commandement. L'autorité civile en investit, au nom du roi, le commandant de la garde communale ou cantonnale, en le faisant reconnaître à la garde assemblée, et le commandant fait ensuite reconnaître les officiers et les sous-officiers. Ainsi l'élection fait remonter la confiance des subordonnés jusques au chef de la garde communale ou cantonnale; et le choix du chef, la reconnaissance des officiers et des sous-officiers font descendre le commandement jusqu'aux derniers degrés de la hiérarchie. Vous examinerez, Messieurs, si ce système concilie, comme nous le pensons, la confiance nécessaire à des chefs qui commandent à leurs égaux, et l'autorité que le roi doit conserver sur toutes les parties de la force publique.

TITRE VI.

DE L'ADMINISTRATION.

Ce titre ne change rien à l'état actuel de la législation. Il conserve à l'autorité civile l'action qu'elle doit avoir sur l'administration des gardes nationales, et sur la comptabilité de leurs dépenses. Mais en même temps elle associe à cette action la surveillance d'un conseil d'administration créé dans l'intérêt de la garde communale et cantonnale. Les fonctions de ce conseil sont d'ailleurs subordonnées à celles du conseil municipal dont il n'est que l'auxiliaire pour la préparation du budget, l'emploi des fonds et la vérification des dépenses.

Telles sont, Messieurs, les principales dispositions de la loi qui vous est soumise. Le temps nous a manqué pour lui donner une perfection qu'elle recevra de vos lumières. Mais vous distinguerez des imperfections réelles, celles qui tiennent aux circonstances, aux habitudes, aux préjugés mêmes du temps où nous vivons. Il est plus facile à des esprits élevés de devancer leur siècle que de l'entraîner à leur suite. Législateurs, vous vous rappelerez le mot d'un législateur et d'un sage qui avait donné aux Athéniens, non les meilleures lois possibles, mais les meilleures qu'ils pussent supporter. Quel que soit le mérite d'institutions analogues en d'autres pays de l'Europe, il s'agit de savoir si elles conviennent à la France. Nous ne sommes ni Helvétiens ni Germains : nous sommes Français. Le système tout français de la garde nationale sédentaire convient à nos mœurs et suffit à nos besoins; il suffit au maintien de l'ordre et à la défense des places; il rend l'armée disponible pour la guerre de campagne. La loi peut en tirer des gardes nationales mobiles pour aider l'armée à repousser une grande et subite invasion. Hâtons-nous, Messieurs, de donner à la France cette grande et belle institution.

CHAMBRE DES DÉPUTÉS.

Séance du 29 novembre 1830.

EXPOSÉ DES MOTIFS DU PROJET DE LOI SUR LA DISCIPLINE
DE LA GARDE NATIONALE.

Messieurs, les retards inévitables qu'a subis la présentation de la loi sur le service et la discipline de la garde nationale, ont eu, grâce au patriotisme des citoyens, moins de gravité qu'on n'aurait pu le craindre. L'élan spontané qui a fait lever cette milice citoyenne sur tous les points du sol a été presque partout soutenu par un zèle qui en assure le service, et, pour beaucoup de localités, une loi pénale pourra paraître superflue; toutefois la nécessité de pourvoir à l'avenir, et de ne pas rendre précaire la durée d'une si belle institution; justifie pleinement le désir que vous avez manifesté. La France n'en appréciera que mieux le dévouement des gardes nationales, qui, suppléant par le sentiment de l'honneur et du devoir à l'absence de dispositions pénales, nous ont permis de mûrir avec calme cette loi et de la rendre plus digne de vous être présentée.

Le Gouvernement a senti que le projet actuel ne pouvait être considéré que comme le complément, ou, pour mieux dire, la sanction des lois déjà soumises à vos méditations. Peut-être penserez-vous aussi, Messieurs, que, portion d'un même tout, ce projet ne doit former qu'un des titres du Code de la garde nationale.

Peu de mots suffiront sur le titre 1er. Il se borne à quelques mesures nécessaires pour assurer le service intérieur. La fixation d'un tour de rôle spécial à chacun des services, soit ordinaire, soit extraordinaire, et la tenue d'un contrôle, ont paru propres à répartir également les charges, et à pourvoir à tout ce que des circonstances imprévues pourraient exiger. La présomption légale de la régularité des appels, non moins que le bien du service, permettent d'imposer à tout garde national l'obligation d'obéir préalablement, sauf à se pourvoir en cas d'abus d'autorité.

Ce titre règle ensuite la mise en activité militaire dans le petit nombre de cas prévus par la loi du 3 août 1791 et le décret du 24 décembre 1811. Quant à la désignation des hommes destinés à marcher hors des limites de la commune et du canton, et pour les cas d'exemption et de remplacement, il renvoie aux dispositions de la loi sur les gardes nationales mobiles.

Destinées à réprimer les désordres excités par les ennemis du dedans, ou à repousser l'agression d'un ennemi extérieur, les gardes nationales détachées deviennent momentanément partie intégrante de la force militaire. Dès lors elles participent, pendant la durée de ce service, à la solde et aux prestations en nature que l'Etat doit à ses défenseurs. Mais l'emploi de cette force extraordinaire, réclamée par une nécessité urgente, doit être momentanée comme les causes qui l'ont provoquée. Nulle nécessité dès lors de modifier en rien l'armement et l'uniforme de ces détachements. Ils ne cessent pas d'appartenir aux localités, qui n'ont fait que les prêter aux points menacés.

La détermination des peines de discipline présentait plus de difficultés. Elles devaient se renfermer dans le but unique d'assurer le bon ordre et l'exactitude du service. Il fallait éviter le double écueil d'un relâchement qui énervait l'institution, et d'une sévérité que réprouvaient nos habitudes et nos mœurs. Ce serait en effet méconnaître l'essence de l'institution de la garde nationale que de la soumettre à l'inflexible sévérité de la discipline militaire. Le citoyen, quand il fait partie de l'armée régulière, engage sa vie et sa personne au service du pays : pour remplir dignement sa mission, il doit être assujéti aux règles les plus étroites d'une obéissance de tous les instants. Mais ce n'est pas un instrument d'action que nous devons voir dans une institution où le citoyen est subordonné, mais où le soldat reste

libre. La garde nationale n'est pas une force permanente au service de l'État, c'est la France elle-
même, la France toujours agricole, industrielle
et commerçante, mais armée pour le maintien de
l'ordre, l'exécution des lois, la défense des libertés publiques.

De là, Messieurs, une différence nécessaire
dans le genre des peines applicables au régime
guerrier de notre armée, ou au régime presque
bourgeois de nos soldats citoyens.

Sans nous prononcer ici sur le degré de sévérité
des lois militaires, nul doute que la pénalité
d'exception n'y soit indispensable. Il n'en est pas
de même du garde national au corps-de-garde,
d'où il voit peut-être sa demeure, d'où il entend
peut-être le bruit de son atelier; les idées d'ordre,
de tranquillité, de paix domestique, n'ont pas
cessé de le suivre.

Ces habitudes lui sont chères : c'est pour s'assurer tous ces bienfaits d'un gouvernement libre,
qu'un jour sur quinze, sur trente même, il revêt
un habit militaire, qui ne lui rappelle que l'obligation de veiller une nuit pour la défense des
lois, pour protéger le sommeil de ses concitoyens
et de sa famille. Ces considérations nous ont déterminés à rejeter une partie des peines que les
lois de la matière ont successivement introduites
dans la discipline de la garde nationale.

Vous jugerez facilement par un tableau suc-
cinct de l'état où nous avons pris la législation,
jusqu'à quel point la loi nouvelle a dû porter l'empreinte d'une civilisation plus avancée. Les premières lois organiques de 1791, passées ensuite
dans la constitution de l'an 3 , avaient cru ne pouvoir mieux assurer le service de la garde nationale qu'en allant jusqu'à prononcer la suspension
de l'exercice des droits de citoyen actif. A une
peine si grave , elles ajoutaient encore la taxe de
deux journées de travail. D'ailleurs, en exagérant
ainsi les peines , elles restaient insuffisantes dans
la classification des délits.

Les décrets de 1806 et 1813 se bornèrent à porter la pénalité jusqu'à un mois d'arrêt ou de prison ; et comme ils restaient muets sur la gradation
des peines et sur les cas d'application, leur effet
fut d'investir d'un pouvoir discrétionnaire les
conseils de discipline. Tant d'inconvénients s'ag-
gravaient par la composition vicieuse des conseils. Enfin, l'ordonnance de 1816, sans rien
amender sous ce rapport, restreignait assez sagement la peine de la prison; mais elle ramena le
régime vicieux des amendes , et des amendes exagérées, puisque les conseils pouvaient les prononcer jusqu'à concurrence de 50 francs. Elle
introduisit un vice de plus , la faculté de s'affranchir de la détention, en payant par chaque jour

une somme dont le *maximum* s'élevait à 20 francs. L'examen de tous ces systèmes adoptés sous des influences si diverses, en révèle aisément les vices : sévérité excessive sous le régime républicain, arbitraire sous l'empire, privilége sous la restauration, tels étaient les écueils à éviter. En reprenant comme point de départ la première législation organique de la garde nationale, le Gouvernement du roi a reconnu qne sa pénalité, trop rigoureuse aujourd'hui, compromettrait l'avenir de l'institution. Il s'est attaché à faire dominer le principe constitutif en cette matière, tel qu'il dérive de la distinction développée plus haut. C'est que la loi commune qui, pour le soldat sous les drapeaux, est l'exception, doit toujours rester la règle pour le garde national.

Les conséquences s'en déduisaient naturellement. Ainsi la suspension de l'exercice des droits du citoyen, déclarée peine infamante par notre Code pénal, ne pouvait subsister comme peine disciplinaire prononcée sans appel par un tribunal d'exception. La peine des arrêts, maintenue par les législations successives, a dû être supprimée comme incompatible avec le caractère réel de l'institution. Enfin la déchéance du droit de servir en personne, sous une taxe de remplacement, nuisait à la dignité du service en y introduisant des salariés et en le faisant considérer comme une corvée personnelle rachetable à prix d'argent.

Les amendes semblaient se présenter avec plus de faveur. On pouvait alléguer pour elles que la garde nationale ayant pour objet de veiller à la sûreté des biens comme des personnes, il était juste de punir dans leurs propres biens ceux qui, par leur refus ou leur inexactitude au service, manquaient à protéger la sûreté commune. Toutefois nous avons considéré que la garde nationale appelant également tous les citoyens, elle devait les astreindre tous à une force égale ; que l'usage des amendes, par son égalité même, constituerait un privilége d'exemption au profit des riches, c'est-à-dire de ceux-là précisément qui ont le plus d'intérêt à la protection qu'elle assure aux propriétés. Graduer les amendes d'après l'importance des fortunes, c'était s'engager dans une voie d'arbitraire et de difficultés. C'était de plus donner un caractère fiscal à une loi toute patriotique. Les amendes ont disparu de la pénalité.

De toutes les législations antérieures, il ne restait donc plus que deux ressorts, mais d'une énergie puissante en France sur toutes les conditions, la liberté et l'honneur. Il n'est pas besoin de vous faire remarquer combien, même dans une pénalité basée sur ces deux principes, la loi a dû apporter de discrétion et de mesure. Jamais les peines disciplinaires qui touchent la liberté , ne pourront excéder cinq jours.

En autorisant l'application des peines qui intéressent l'honneur , la loi a bien pris garde de ne pas sortir de la spécialité du service qu'elles doivent assurer. Ainsi la réprimande simple ou avec mise à l'ordre, la privation du grade , la radiation du tableau dressé pour la formation du conseil, telles sont les seules peines qui, sans excéder le pouvoir des conseils de discipline, ont semblé garantir suffisamment l'assiduité des citoyens et le bon ordre du service.

Des peines d'un autre genre ont dû atteindre le refus obstiné du service. Plus elles sont graves, plus il était important de laisser au prévenu la garantie de la loi commune et l'épreuve des deux degrés de juridiction. Aussi la loi , qui étend pour ce cas la durée de l'emprisonnement et y ajoute après plusieurs condamnations l'expulsion de la garde nationale, avec affiche du jugement, en attribue-t-elle la connaissance aux tribunaux correctionnels.

La détermination des infractions qui donneront lieu à l'application des peines est entrée aussi dans la prévoyance de la loi. Elle a dû se borner à indiquer les délits spéciaux en matière de discipline sous le caractère moins militaire que bourgeois qui distingue la garde nationale. Ces infractions sont : le manquement au service, le refus de service, les mauvais propos ou abus d'autorité, la désobéissance ou insubordination ; enfin de la part des officiers le refus d'obtempérer à une réquisition de l'autorité civile. Toutes les autres contraventions ou infractions restent dans le domaine commun de la loi pénale.

La composition des conseils devait se ressentir des progrès réels de notre époque dans les vrais principes de liberté. Ce n'était pas assez de consacrer le respect aux habitudes paisibles du citoyen; d'appliquer le principe d'égalité si impérieux dans un corps où les grades ne sont pas des titres, et où l'honneur d'obéir égale l'honneur de commander; il fallait sur-tout y introduire la garantie précieuse du jugement par jurés, si propre à corriger les abus d'une juridiction exceptionnelle, et à donner à des sentences en dernier ressort la sanction même du pays ; enfin, pour assurer l'impartialité que tous ont droit de réclamer, la loi devait avoir égard au grade du prévenu, lorsqu'il sera supérieur à celui du président du conseil. Nous nous sommes attaché à concilier toutes les nécessités, toutes les convenances.

Le tirage au sort des jurés par l'autorité municipale et la permanence du tableau d'inscription, maintiendront l'observation des règles d'équité qui président à la composition des conseils. Ce tableau formera de plus un moyen de discipline sur ceux qui. en auraient encouru la radiation : ils ne pourront s'y faire rétablir que par des preuves d'assiduité au service.

La loi a dû restituer aux chefs de poste la faculté d'infliger des peines provisoires dans certains cas expressément définis. Dans les autres cas, même de flagrant délit, ils s'en référeront à la loi commune. Cela résulte de la différence que nous avons signalée entre la garde nationale et l'armée. Le rapport du chef de poste et le renvoi du prévenu devant le conseil de discipline, si le fait est de sa compétence, ou devant les tribunaux ; voilà tout ce qu'exige le bon ordre et l'exemple.

Un dernier paragraphe détermine les formes de l'instruction. On ne pouvait pas, comme l'ont voulu quelques lois, s'en référer simplement aux formes des tribunaux de simple police ; elles ne contiennent d'ailleurs rien de relatif à l'emploi du jury; et les règles prescrites par le code d'instruction criminelle ne pouvaient, à raison de la gravité de la matière, être d'aucune application.

Les autres dispositions sont relatives à l'exécution des jugements du conseil de discipline.

Dans les temps les plus difficiles, l'intervention des autorités administratives a suffi pour assurer force et obéissance à leurs décisions, nous proposons de maintenir cet état de choses. Avec les garanties dont la loi l'a entourée, la juridiction des conseils de discipline a pu être rendue définitive sans aucun inconvénient. Permettre l'appel, c'eût été introduire la confusion et multiplier les procédures sans utilité. Le recours en cassation prévient les conflits qui se sont souvent élevés entre diverses autorités, refusant de connaître des pourvois formés contre des jugements de discipline. Aucune objection ne s'est fait entendre contre l'ordonnance du 6 février 1822, qui reconnaît à la cour suprême l'attribution de statuer sur ces pourvois. En maintenant ce recours, la loi le déclare suspensif.

Telles sont, Messieurs, les dispositions qui nous ont paru suffisantes pour fixer les principes sur cette matière. Vous apprécierez dans votre sagesse si elles complètent la tâche grave, utile et patriotique que vous avez voulu remplir au nom et par le vœu de la France entière. Le Gouvernement du Roi éprouve quelque fierté à s'associer à cet élan admirable qui, en quelques jours, a couvert notre sol de citoyens en armes.

L'institution de la garde nationale porte déjà ses fruits. En voyant un peuple brave qui, ap-

puyé sur plus d'un million de baïonnettes, se
borne à veiller dans un calme imposant, à l'intégrité de son territoire, et qui contient ses ennemis intérieurs, moins par la rigueur des lois
que par le bonheur qu'il leur impose, l'Europe,
sûre de notre force, croira mieux à sa modération. Nous ne voulons point de conquêtes ; nous
savons que l'accroissement de territoire profite
rarement à la liberté. La France n'aspire qu'à
rester agricole, industrielle, commerçante et
libre. Elle ne veut pas la guerre, mais elle ne la
redoute pas. Dans les richesses de son sol et de
son travail elle possède tout ce qui fait désirer la
paix. Dans l'élite de sa population armée, elle
trouvera tout ce qui suffit à en garantir la durée.

Voici le texte du projet de loi que le gouvernement du roi a l'honneur de soumettre à votre
délibération.

RAPPORT

DE LA COMMISSION CHARGÉE DE L'EXAMEN DES PROJETS DE LOI SUR LA GARDE NATIONALE.

M. LE BARON CHARLES DUPIN, RAPPORTEUR (1).

Messieurs, deux lois vous avaient été présentées sur l'organisation des gardes nationales divisées en sédentaires et mobiles.

Vous avez décidé que deux commissaires nommés par chacun de vos bureaux s'occuperaient simultanément de ces lois.

Les dix-huit membres ainsi désignés se sont réunis ; ils ont reconnu l'impossibilité de scinder une législation dont tous les éléments doivent être mis en harmonie d'après les mêmes principes.

Bientôt après ils ont apprécié l'avantage et la nécessité de réunir dans une seule et même loi, qu'embrasserait une seule discussion de la chambre, les deux projets relatifs à l'organisation des gardes nationales.

Cet ensemble présentait encore une grande lacune, parce qu'il ne contenait aucune des mesures disciplinaires qui sont la sanction légale de toute organisation de la force publique.

Les vœux exprimés en tous lieux par les gardes

----

(1) Séance de la chambre des députés du 3 décembre 1830

nationales sont parvenus à la commission, qui s'en est appuyée pour inviter, avec instances, M. le ministre de l'intérieur à faire disparaître cette lacune dans une législation qu'il est d'une haute importance de fonder dès à présent, avec tous ses éléments de puissance et de durée.

M. le ministre de l'intérieur vous a présenté le projet de loi qui concerne les mesures disciplinai_ res, il a reconnu et déclaré à cette tribune la nécessité de joindre ce projet aux deux premiers, pour former la loi générale, le code unique et complet de la garde nationale.

En renvoyant à la commission le troisième projet de loi, pour en faire un seul tout avec les deux premiers, vous avez, de concert avec le Gouvernement, rempli l'objet de nos vœux.

Nous n'avons donc pas de question préalable à vous soumettre sur ce premier point. Vous voulez comme nous, la réunion des trois lois en une seule.

Dans cette loi générale, nous allons donner l'organisation de la garde nationale, promise par la Charte constitutionnelle. La loi que vous voterez prendra rang parmi les actes organiques qui doivent compléter les garanties de nos institutions ; et voici le premier de tous les actes fondamentaux que vous avez à créer pour accomplir votre ouvrage. Cette pensée a rendu plus grands encore l'intérêt et l'attention que nous devons porter à l'accomplissement de la mission dont vous nous avez chargés. Nous avons fait toutes les recherches et recueilli tous les documents nécessaires pour mettre à profit les leçons de l'expérience et les vues des hommes habiles. De tous les points du royaume, votre commission a reçu des réclamations sur les imperfections des projets de loi , des indications de lacunes essentielles à remplir, ou d'améliorations importantes à produire. Nous avons tout analysé , tout examiné , et tout discuté ; nous devons sur-tout exprimer notre reconnaissance envers les officiers des légions de la banlieue et les officiers des légions de la garde nationale de Paris : une commission centrale a réuni et mis en harmonie les observations les plus importantes présentées par chaque légion. Nous avons reçu ces documents riches d'expérience, de vues utiles et d'améliorations ; nous en avons soigneusement tiré parti.

Nous avons eu l'intention de suppléer, par ce seul acte législatif, à toutes les lois, à toutes les ordonnances, à tous les décrets antérieurs; nous avons tâché de transporter, dans la loi nouvelle, toutes les mesures utiles que nous avons remarquées dans ces actes, dont le plus ancien remonte à plus de quarante années.

Il y a quarante-un ans, en juillet, des troupes soldées, des régiments étrangers, une artillerie considérable , s'approchaient méthodiquement de

Versailles et de Paris, qu'ils menaçaient d'investir et d'occuper militairement.

Un projet d'adresse est discuté dans l'Assemblée nationale, pour réclamer l'éloignement de ces forces. Une voix toute-puissante alors, rappelle les souvenirs et fait entendre le nom de milices bourgeoises, et propose de rétablir la force armée des communes. C'était le 8 juillet; dès le 12, Paris avait constitué sa garde nationale; le 13, elle était armée; le 14, la Bastille était prise; et peu de jours après, la France entière avait, dans toutes ses villes importantes, une garde civique.

Il est digne de remarque que l'organisation improvisée par les électeurs de Paris consacra, dès le premier jour, la formation par légions, qui s'est conservée jusqu'à ce moment.

Il fallait une loi régulatrice pour instituer, sur des bases uniformes, toutes les gardes nationales du royaume. Avant de la donner au pays, l'Assemblée constituante crut devoir poser des principes généraux, qui seront éternellement ceux des peuples qui veulent conserver leurs libertés (1); les voici :

ARTICLE 1er.

« L'Assemblée nationale déclare, comme prin-
» cipes constitutionnels, ce qui suit :

______

(1) Décembre 1790.

» 1° La force publique, considérée d'une ma-
» nière générale, est la réunion de la force de tous
» les citoyens ;

» 2° L'armée est une force habituelle, extraite
» de la force publique, et destinée essentiellement
» à agir contre les ennemis du dehors ;

» 3° Les corps armés, pour le service intérieur,
» sont une force habituelle, extraite de la force
» publique, et essentiellement destinée à agir
» contre les perturbateurs de l'ordre et de la
» paix;

» 4° La nation ne forme point un corps mili-
» taire, mais les citoyens seront obligés de s'ar-
» mer aussitôt que l'ordre public troublé, ou la
» patrie attaquée, demandera l'emploi de la force
» publique, ou lorsque la liberté sera en péril ;

» 5° Ceux-là seuls jouiront des droits de ci-
» toyens actifs qui, réunissant d'ailleurs les con-
» ditions prescrites, auront pris l'engagement de
» rétablir l'ordre au-dedans, quand ils en seront
» légalement requis, et de s'armer pour la dé-
» fense des libertés de la patrie ;

» 6° La force armée est essentiellement obéis-
» sante;

» 7° Nul corps armé ne peut exercer le droit
» de délibérer ;

» 8° Les citoyens ne pourront exercer le droit
» de suffrage dans aucune des assemblées politi-

» ques, s'ils sont armés ou seulement vêtus d'un
« uniforme ;

» 9° Les citoyens ne peuvent exercer aucun
» acte de force publique établie par la constitu-
» tion, sans y avoir été requis.

» 10° Les citoyens ne pourront refuser le ser-
» vice dont ils auront été requis légalement.

ARTICLE 2.

» En conséquence, l'Assemblée nationale dé-
» clare que les citoyens actifs et leurs enfants mâ-
» les âgés de 18 ans, déclareront solennellement
» la résolution de remplir au besoin ce devoir,
» en s'inscrivant sur les registres à ce destinés.

ARTICLE 3.

» L'organisation de la garde nationale n'est
» que la détermination du mode suivant lequel
» les citoyens doivent se rassembler, se former
» et agir, lorsqu'ils sont requis de remplir ce ser-
» vice.

ARTICLE 4.

» Les citoyens requis de défendre la chose pu-
» blique, et armés en vertu de cette réquisition,
» ou s'occupant des exercices qui seront insti-
» tués, porteront le nom de *gardes nationales*.

ARTICLE 5.

» Comme il n'y a qu'une nation, il n'y aura
» qu'une même garde nationale, soumise aux

» mêmes règles, à la même discipline et au même
» uniforme. »

Ces principes ont servi de base à votre commission. Mais nous n'avions pas seulement des maximes abstraites à discuter ; nous avions des faits accomplis que nous ne pouvions perdre de vue. De même qu'après les trois grandes journées de juillet 1789, les gardes nationales furent instituées avant l'œuvre régulatrice du législateur ; de même, après les trois journées de juillet 1830, les gardes nationales, dissoutes ou désorganisées à dessein par le gouvernement déchu, se sont reformées par la volonté, par le besoin de tout un peuple, pour défendre les lois et maintenir la paix publique.

Presque partout, après les journées de juillet, les préfets, les sous-préfets, les maires de l'ancienne administration abandonnèrent les rênes du pouvoir civil ; par là le royaume, jusqu'à l'installation, trop souvent tardive, de fonctionnaires nouveaux, s'est trouvé sans autre pouvoir social que la force conservatrice de la garde nationale.

Pour donner des bases uniformes et des principes d'action à cette force tutélaire, l'on s'est servi provisoirement de l'ancienne loi du 14 octobre 1791. Aujourd'hui, dans la plupart des localités, la formation des gardes nationales s'est plus ou moins conformée à cette loi.

Un tel fait nous obligeait à faire une étude approfondie de cet acte législatif.

Toutes les fois que nous avons pu nous en rapprocher en ce qu'il avait de conservateur pour l'état social, nous l'avons fait.

Mais nous n'avons pu complétement introduire les dispositions qui convenaient à l'époque d'octobre 1791 (le mois des fatales journées du 5 et du 6 octobre), dans la législation qui convient au peuple, au Gouvernement, à la Charte, à la dynastie de 1830.

Ici, nos vues se sont trouvées d'accord avec celles du grand citoyen dont la carrière fut illustrée, dès le début, par la liberté d'un Monde; celui dont la vie politique s'est en quelque sorte identifiée avec la création et l'existence de la garde nationale.

Nous nous rappelons, avec une émotion profonde, qu'il y a peu de jours, il faisait entendre à cette tribune ces paroles, qui, dans sa bouche, étaient une belle action : « J'ai dit autrefois que, » sous un gouvernement despotique, l'insurrec- » tion était le plus saint des devoirs ; j'ajoute au- » jourd'hui que, sous un gouvernement libre et » juste, le plus saint des devoirs est l'obéissance » aux lois. » Eh bien ! la loi de 1791 était moins propre à prévenir l'insurrection ; celle de 1830 le sera plus à préparer l'obéissance aux lois.

Notre illustre collègue nous a donné la mesure de ce que nous pouvions retenir et rejeter d'un premier ordre de choses, après quarante ans d'expériences si souvent cruelles, et par cela même funestes. Il a voulu qu'une devise toute pacifique, *Liberté, ordre public*, remplaçât, sur les drapeaux de la garde nationale parisienne, une autre devise que la loi d'octobre 1791 inscrivait d'office sur les drapeaux de la garde nationale : *Liberté ou la mort*; cri d'héroïsme d'abord, cri de fureur ensuite, et qu'on fit retentir pour livrer à la mort les amis de la liberté.

Après avoir indiqué les motifs qui nous ont dirigés dans les emprunts que nous pouvions, que nous devions faire à la loi de 1791, afin d'améliorer la loi nouvelle, et dans les innovations utiles que nous devions adopter en faveur d'une institution régénérée ; examinons l'esprit général et les amendements nécessaires de l'acte législatif que vous allez discuter.

La garde nationale est instituée pour défendre la charte constitutionnelle et les droits qu'elle a consacrés ; disons mieux encore, la garde nationale s'est reconstituée pour défendre la charte, violée par le despotisme. *Vive la charte !* ce fut son cri de bataille, et ce fut son cri de victoire. Aujourd'hui, toutes les gardes nationales du royaume, représentées par des députations librement élues, ont exprimé le même vœu pour la défense du pacte fondamental. C'est la France organisée répondant de sa fidélité pour les lois, devant le roi citoyen, et lui rendant serment pour serment.

Aux termes de l'article 1er, la garde nationale est instituée pour maintenir l'obéissance aux lois, et pour conserver, pour rétablir au besoin l'ordre public. Voilà ce qu'elle a fait depuis sa renaissance ; et ce qu'elle fait chaque jour avec une sagesse, une modération, une fermeté, qui, sans descendre jusqu'à verser du sang, a réduit les plus factieux à rentrer sous le joug de l'ordre et de la loi. Six semaines sont à peine écoulées depuis l'instant où la garde nationale, par sa seule présence, a fait sentir cette puissance de la raison sous les armes.

Enfin la garde nationale, pour dernier devoir, est appelée à conserver l'intégrité du territoire et l'indépendance nationale, c'est-à-dire la propriété de la patrie même, et la première de toutes les richesses sociales, la propriété de nos lois et de nos libertés.

Pour remplir ces trois ordres de devoirs, la loi nouvelle appelle, au moment du besoin, suivant leur âge, leurs forces et leurs facultés, tous les Français, depuis 20 ans jusqu'à 60. Aujourd'hui, ce cadre comprend le quart de la population totale du royaume.

C'est donc sur les obligations, les droits et les devoirs de la moitié de la population mâle, supposée convocable pour le service de la garde nationale, que notre examen a dû s'étendre, que votre vote va porter. Quelle attention religieuse n'est pas commandée par d'aussi vastes intérêts, qui sont ceux de nos pères, de nos frères, de nos enfants, et de toute la patrie !

Jugez par là des sentiments dont devait être animée la commission que vous avez chargée d'examiner les projets de loi, qui peuvent influer sur la sécurité, sur l'existence de toutes les parties viriles de la population ; alors vous vous rendrez compte des nombreuses et longues séances préparatoires consacrées à la revue consciencieuse, à l'amélioration, nous le croyons du moins, de cette importante législation.

Les trois projets, réunis en une seule loi, formeront neuf titres, dont les six premiers appartiennent au premier projet, qui portait le titre de *Gardes nationales sédentaires* ; le septième à l'ensemble des titres précédents, sous la désignation de *Mesures exceptionnelles et transitoires* ; le huitième à l'ancien projet de loi relatif à *l'organisation des colonnes mobiles* ; le neuvième contient les dispositions utiles du projet de loi *sur le service et la discipline de la garde nationale.*

Nous avons, dès le principe, aboli la séparation établie par le premier projet de loi dans le titre Ier *Dispositions générales*, entre les gardes nationales sédentaires et les gardes nationales mobiles. En nous rappelant le principe posé par l'assemblée constituante : *comme il n'y a qu'une nation , il n'y aura qu'une même garde nationale, soumise aux mêmes règles et au même uniforme* , nous avons voulu que la garde nationale faisant le service dans ses foyers, et la garde nationale détachée hors de ses foyers fussent une même garde , sans distinction de nom ni d'uniforme. C'est pourquoi nous proposons d'abolir les distinctions nominales de sédentaires et de mobiles. En conséquence , nous supprimons les art. 3 et 4 du titre Ier.

Les deux articles suivants , se rapportant à l'organisation , nous ont paru mieux placés , avec les modifications convenables , dans le titre qui traite de la formation des cadres.

L'un des points les plus délicats et les plus importants est la fixation de la limite des pouvoirs et de leur exercice , entre l'autorité civile et l'autorité des officiers chargés de commander la garde nationale.

Aujourd'hui sur-tout qu'un nouveau gouvernement s'établit et se consolide , il importe de faire disparaître les dernières traces d'anarchie , qui sur quelques points du territoire , ont entravé tour-à-tour le pouvoir civil par la garde nationale encore ignorante de ses devoirs, ou la garde nationale par le pouvoir civil mal instruit et mal administré.

Nous avons conservé l'art. 7, qui place la garde nationale sous l'autorité civile des maires, des sous-préfets, des préfets et du ministre de l'intérieur.

Sans doute, les effets d'une disposition pareille changeraient beaucoup, si l'organisation municipale de la France devait elle-même éprouver de grandes modifications : il serait à désirer que la loi communale promise à la chambre vous fut déjà communiquée. Vous pourriez alors embrasser d'un coup d'œil les bases principales du système général de l'administration française.

Mais, dans toute hypothèse, il faudra, pour chaque commune, un premier magistrat municipal. La garde nationale, chargée de maintenir la paix dans les communes, et d'y faire respecter la paix publique, l'ordre, le droit inviolable de la propriété, n'en restera pas moins soumise aux réquisitions légales de ce premier magistrat municipal. Par conséquent, vous n'aurez rien à modifier dans les rapports de cette garde avec l'administrateur de la cité.

La garde nationale est agglomérée, 1° par communes ; 2° par cantons.

Suivant le projet de loi , la garde cantonnale réunie , sans distinction de lieu , était placée sous l'autorité civile du maire de la commune chef-lieu du canton.

Votre commission n'a pas trouvé possible de donner au maire d'une commune, juridiction, autorité sur la garde nationale réunie hors du territoire de cette commune : c'est dans cet esprit qu'elle a rédigé ses amendements au second alinéa de l'art. 7.

Il est des cas spéciaux où la garde nationale , pour agir contre des pirates , des malfaiteurs , des étrangers organisés, a besoin d'être mise sous les ordres de l'autorité militaire. Cette mesure est consacrée par le troisième alinéa de l'art. 7 ; mais le projet de loi n'indiquait pas la nécessité d'un acte du pouvoir civil pour l'autoriser : nous avons imposé cette nécessité.

Afin d'éviter tout froissement entre l'autorité des maires et celle des commandants de la garde nationale, nous avons pris, dans la loi d'octobre 1791, deux articles qui distinguent les cas où ces commandants doivent agir avec réquisition préalable pour assembler leur troupe , et les cas de service ordinaire et journalier, ainsi que les cas d'exercice pour lesquels cette réquisition n'est pas nécessaire.

Afin que les exercices ne deviennent pas plus

multipliés que ne l'exigeraient les circonstances, les localités et l'état d'instruction de la garde nationale, nous avons soigneusement réservé l'intervention supérieure du préfet et du ministre de l'intérieur, pour restreindre la durée, et même, au besoin, pour suspendre la continuation des exercices.

Enfin, nous avons expressément exigé l'autorisation du pouvoir civil, pour que les chefs de la garde nationale puissent distribuer des cartouches à leur troupe armée dans le service ordinaire.

Telles sont les précautions que nous avons prises dans l'intérêt des libertés publiques, et pour le bon ordre du service.

Nous avons conservé sans modification les art. 8 et 9, qui laissent à l'autorité royale la faculté de suspendre pour un an la première organisation de la garde nationale en certaines localités.

Nous avons aussi reconnu la nécessité d'accorder au Roi la faculté de dissoudre la garde nationale d'une commune ou d'un canton, mais avec la précaution tutélaire d'exiger la réorganisation de cette garde dans le délai d'une année, si, par une loi spéciale, le terme de la suspension n'est pas reculé davantage.

Par là, nous accordons au Gouvernement la

faculté d'ôter les armes à des citoyens qui se montreraient indignes de les porter, par l'abus qu'ils en auraient fait, en oubliant qu'ils sont armés pour prêter force à la loi, et non pas pour dicter la loi dans la cité.

Par une sage prévoyance, le terme strict d'une année, imposé pour plus grande limite avant la réorganisation de toute garde nationale qui sera dissoute, nous assure que le pouvoir royal, même entre les mains de ministres ennemis de nos libertés, ne pourrait pas rendre illusoire le droit des communes, par une suspension sans limites de leurs gardes nationales, ainsi que l'ont fait en 1827, pour la première commune du royaume, les ministres de Charles X.

Par un excès contraire, la loi de 1791 ne conservait pas au Roi le droit de dissolution nécessaire à la conservation de la monarchie, en des temps où les passions et les factions emportent les hommes.

Un article de plus à l'ordonnance des gardes nationales, sous la restauration, un de plus à la loi, sous l'Assemblée constituante, et peut-être deux trônes n'eussent pas péri par des excès opposés.

Le titre second du projet de loi traite de l'*obligation du service personnel et de l'inscription aux registres-matricules.*

Nous n'avons fait aucun changement essentiel aux articles du premier paragraphe, qui concerne l'obligation du service personnel.

Nous avons seulement classé dans un ordre plus logique les incompatibilités, les exceptions, les dispenses facultatives, les exclusions et les interdictions prononcées à l'égard des vagabonds, des gens sans aveu, et des individus privés de l'exercice de leurs droits civils, par application des lois.

Les magistrats ayant droit de requérir la force publique, exercent des fonctions incompatibles avec le service de la garde nationale : ils pourraient sans cela se requérir eux-mêmes.

Les ecclésiastiques et les ministres des cultes non catholiques ne sont pas appelés au service de la garde nationale.

Plusieurs personnes ont demandé, dans leurs pétitions, qui nous ont été renvoyées par la chambre, que la loi ne fasse pas cette faveur à l'Eglise, d'en distinguer, d'en favoriser les ministres, sous la désignation, selon eux trop étendue, d'*ecclésiastiques;* ils ne voudraient pas que des séminaristes de vingt ans fussent exempts du service de la garde nationale. En considérant que les ecclésiastiques sont institués pour défendre aussi dans la chaire, au pied des autels, la paix de la cité, en considérant que la loi du recrutement excepte les élèves des grands séminaires du service de l'armée active, nous avons pensé que le législateur leur doit la même exemption pour la garde nationale. Que le maniement des armes soit donc interdit à l'Eglise, en tout temps, en tout lieu, même pour le service de la garde nationale.

Les militaires qui sont en activité de service et ceux qui restent encore à la disposition des ministres de la guerre et de la marine sont, de doit, exempts du service de la garde nationale.

Les officiers démissionnaires et les officiers en retraite ayant moins de soixante ans d'âge et de vingt ans de service, s'ils sont valides encore, sont soumis au service de la garde nationale. Que sont-ils, en effet? Des citoyens momentanément ou définitivement retirés dans leurs foyers. Qu'est la garde nationale? La réunion des citoyens, armés pour protéger et défendre les foyers de tous. C'est dans leurs rangs que la patrie doit retrouver les anciens officiers qui peuvent encore porter les armes, lorsque les citoyens paisibles s'arment tous pour défendre la cité.

Reconnaissons donc que les réclamations adressées à la chambre des députés par plusieurs anciens officiers, sous forme de pétitions, sont des réclamations qui ne sauraient soutenir un examen sérieux. Néanmoins, comme ces pétitions nous ont été transmises par M. le président de la chambre, nous croyons devoir en parler, et vous exprimer les motifs qui nous ont fait les repousser.

On a demandé d'exempter, sans condition, du service de la garde nationale, comme attachés au service de la guerre et de la marine, les ouvriers et les chefs de travaux régulièrement employés dans les arsenaux militaires. La commission a repoussé cette demande; mais elle a reconnu que, si les ministres de la guerre et de la marine voulaient organiser et armer les ouvriers de leurs arsenaux pour la garde et la défense de ces établissements, ces hommes seraient alors, de fait et de droit, hors de la garde nationale.

MM. les ministres de la marine et de la guerre nous ont annoncé qu'ils se proposaient de faire cette organisation militaire. Ils ont seulement demandé que, dans le court intervale, le service des ports, des arsenaux et des manufactures d'armes, ne reçût aucune perturbation par un appel subit du personnel de ces établissements dans la garde nationale : rien de plus naturel et de plus équitable.

Le paragraphe qui suit est relatif à l'inscription des gardes nationaux sur les listes de recensement et les registres-matricules.

Tous les citoyens appelés à faire partie de la

garde nationale seront inscrits sur un registre-matricule établi dans chaque commune, au moyen de listes de recensement préparées par le maire de chaque commune, et revisées par *le conseil de recensement*.

Dans le système actuel d'organisation des gardes nationales, ce conseil remplit des fonctions importantes.

Il est établi par cantons de justice de paix; il siège au chef-lieu de canton; il est présidé par le maire du chef-lieu.

C'est dans un esprit analogue que le maire du chef-lieu de canton préside aux opérations de recensement et de tirage des jeunes gens appelés au service de l'armée régulière.

Les fonctions nouvelles attribuées à ce magistrat sont par conséquent dans l'esprit de nos lois; elles sont justifiées à la fois par les raisons de convenance et d'utilité.

Le projet de loi réservant l'action des tiers contre les personnes mal-à-propos omises ou rayées dans le registre-matricule et les listes de recensement, il était néccesssaire de leur assurer la connaissance de ces listes et de ce registre; c'est ce qu'a fait votre commission, par des amendements aux anciens articles 14 et 18.

Le titre III établit *les contrôles spéciaux pour*

le service ordinaire et pour la réserve de la garde nationale.

Le service ordinaire de la garde nationale, c'est le maintien de la paix publique, c'est la protection des propriétés et des personnes, c'est la protection de la loi dans son exercice habituel.

Pour ce service, une portion des citoyens suffit ; il serait absurde de dire : huit millions de Français seront habituellement sous les armes en service ordinaire, pour s'assurer qu'ils resteront en paix les uns à l'égard des autres.

Par conséquent on ne doit appeler au service ordinaire qu'une partie des citoyens. Mais quelle règle suivra-t-on dans le choix de cette partie? La règle de leurs facultés.

Que font les gardes nationaux en service ordinaire? Ils sacrifient leur temps et leur travail pour garder les fruits du travail et du temps de leurs concitoyens.

La patrie doit choisir les citoyens pour qui ce sacrifice est le plus supportable ; tel est le sens, tel est le texte de la nouvelle loi. Afin d'offrir quelque limite au-dessous de laquelle les conseils de recensement ne pussent pas descendre, et dont l'autorité ne pût pas être contestée par les amis des intérêts populaires, nous avons adopté la base établie par l'Assemblée constituante dans la loi d'octobre 1791.

Toutefois, pour élargir encore ce cercle, nous avons cru nécessaire de présenter une réserve spéciale en faveur des gardes nationaux qui ne paient aucun impôt, s'ils sont inscrits depuis les journées de juillet 1830 jusqu'au jour où la présente loi sera promulguée, *et s'ils ne croient pas trop onéreux de continuer leur service.*

C'est ainsi que l'Assemblée constituante avait fait exception pour tous les gardes nationaux combattants du 14 juillet.

Nous venons d'expliquer les opérations du conseil de recensement pour établir les contrôles du service ordinaire et de la réserve ; nous avons vu qu'à cet égard il jouit d'un pouvoir discrétionnaire.

Mais dans l'exercice d'un tel pouvoir, ce conseil peut se tromper, quelques passions peuvent l'égarer ; il importe qu'en pareil cas les citoyens aient un recours.

Ce recours, les citoyens le trouveront dans le *jury de recensement*, très mal-à-propos désigné sous le nom de *jury d'équité* ; car, si tel *devait* être son nom propre, quel *devrait* donc être le nom des autres *jurys* ? Suivant le projet, les jurés seront choisis par le sort entre le quart des plus âgés pris sur le contrôle du service ordinaire.

Cette mesure n'a pas paru suffisante à votre commission ; elle a voulu, de plus, que les jurés *sussent lire et écrire*, afin qu'ils aient au moins les faibles notions que suppose le moindre degré d'instruction primaire. Aujourd'hui, depuis vingt jusqu'à soixante ans, près de trois millions de Français savent lire et écrire; il sera donc toujours facile de trouver dans chaque canton, pour le jury d'équité, assez de candidats qui sachent lire et écrire. Ajoutons que l'honneur de pouvoir être membre du jury qui décidera sur l'appel des plus graves questions de la garde nationale, stimulera les citoyens pour s'élever à la classe d'élite ainsi constituée par la loi.

Au lieu du quart des plus âgés, la commission propose d'adopter une base plus large, et de prendre pour jurés, au choix des gardes nationales des compagnies, une personne sur dix, sachant lire et écrire, et ayant de trente-cinq à soixante ans. On appréciera plus tard la raison des limites de cet âge, plus larges que celles de la commission.

On tirera par la voie du sort entre tous les élus du même canton, pour former le jury du canton, composé de douze membres.

Les membres du conseil de recensement ne pouvant pas comme jurés prononcer sur leurs propres décisions, il fallait les exclure du jury de recensement; le projet de loi ne l'avait pas fait. La commission a réparé cet oubli.

Dans les cantons ruraux, beaucoup de causes diverses, de maladies et de voyages, pourront diminuer le nombre des jurés; la commission établit *qu'ils peuvent juger au nombre de sept, y compris le président.*

Dans le titre IV, sont compris *les remplacements, les exemptions et les dispenses du service ordinaire.* Le remplacement offre une des questions les plus graves qui puissent occuper le législateur; s'il est rendu trop facile, les hommes opulents ou de quelque influence s'exempteront promptement du service de la garde nationale; les autres citoyens, degoûtés par ce privilége, et rougissant de marcher avec des remplaçants mercenaires, abandonneront à leur tour un service où l'on éluderait le principe le plus cher aux Français, l'égalité devant la loi.

D'un autre côté, ce serait souvent pour les citoyens une gêne insupportable que celle qui ne leur permettrait, dans aucun cas, de se faire suppléer pour le service ordinaire.

Le projet de loi propose d'étendre la faculté du remplacement aux gardes nationaux du même bataillon.

La commission trouve trop large cette faculté qui s'étendrait aux gardes nationaux de tout un bataillon.

En même temps, nous avons emprunté à la loi

de l'Assemblée constituante le remplacement mutuel entre le père et le fils, le frère et le frère, l'oncle et le neveu, ainsi qu'entre les alliés au même degré, de quelque bataillon, de quelque compagnie qu'ils soient; jamais entre ces proches degrés de parenté, le remplacement ne peut devenir abusif et nuisible au service.

Après avoir offert au remplacement cette facilité plus étendue que celles du projet de loi, quant aux proches parents, la commission a senti la nécessité, pour le bien du service, de restreindre le remplacement ordinaire entre les gardes nationaux de la même compagnie, qui se connaissent tous et se surveillent mutuellement. Nous devons même ajouter que des réclamations nombreuses et dignes de l'attention la plus sérieuse nous sont parvenues du sein des gardes nationales de Paris, des banlieues et départements, pour interdire toute espèce de remplacement. Nous avons cru devoir tenir un juste milieu entre cette sévérité sans bornes et la facilité trop grande du projet de loi.

La chambre a reçu de nombreuses pétitions pour obtenir des exemptions du service de la garde nationale en faveur de personnes exerçant diverses professions privées ou publiques. La commission, nonobstant ces pétitions, n'a pas cru devoir agrandir le cercle des exemptions tracé par le projet de loi ; elle vous doit compte de ses opinions à cet égard.

Une partie des réclamations était relative à l'âge ; on a demandé sur-tout que, pour les citoyens de cinquante à soixante ans, le service de la garde nationale fût simplement facultatif. La majorité de la commission a rejeté cette demande.

On a demandé que les citoyens âgés de cinquante à soixante ans ne soient pas assujettis au service ordinaire des gardes, des factions et des patrouilles, lorsque la paix publique n'est pas troublée, et ne menace pas d'être troublée, en réservant leur présence et leur efficacité pour les moments décisifs, où tout ce qu'il y a de sage et de respectable dans la société doit descendre sur la place publique, pour prêter force à la loi, et maintenir et rétablir la tranquillité générale. Une majorité de trois voix a fait rejeter cette nouvelle demande.

On a réclamé, pour les ingénieurs des corps royaux des ponts et chaussées et des mines, d'être, ainsi que leurs principaux agents, exemptés du service ordinaire de la garde nationale.

On a cité les textes d'arrêtés du Gouvernement, pris aux époques où la France avait le plus grand besoin de mettre tous les citoyens sous les armes ; en nivose an 11, en pluviose an 7, les ingénieurs des ponts et chaussées étaient exempts du service de la garde nationale.

Les ingénieurs des ponts et chaussées, par l'organe du conseiller d'état directeur de ce corps, témoignent le désir de remplir les fonctions d'officiers du génie militaire, pour les fortifications passagères, pour la surveillance, l'entretien et la réparation des différents postes ou bâtiments dépendantsd e la garde nationale.

La commission a pensé qu'elle assimilerait les officiers des ponts et chaussées et des mines au service correspondant qu'ils réclament, en les appelant à la formation des compagnies de sapeurs-pompiers, où seront naturellement réunis les ouvriers d'arts qu'ils sont aptes à diriger.

L'administration des ponts et chaussées réclame aussi l'exemption du service pour ses conducteurs et ses piqueurs, et pour les gardes des mines. Elle signale les inconvénients graves qu'éprouvent dès à présent les travaux dont ils ont la surveillance, par un fréquent appel au service de la garde nationale. Cet inconvénient, réel pour les travaux publics, n'est pas moindre pour les travaux de l'industrie particulière ; et quand le chef d'un atelier est obligé de quitter sa maison et ses ouvriers, la direction de son ouvaage ne souffre pas moins que si l'ouvrage était pour le Gouvernement.

Enfin, l'administration demande, dans l'intérêt de la conservation des routes et de l exécution des lois, que les préposés des ponts à bascule, les éclusiers, les pontonniers et les cantonniers soient exemptés du service de la garde nationale.

La commission n'a pas voulu traiter ces employés plus favorablement que ceux des routes et des canaux possédés par des compagnies particulières ; elle a rejeté toute exception à leur égard.

Elle a pris la même décision à l'égard des réclamations qu'elle a reçues pour les gardes forestiers. Sans doute des forêts pourront être dévastées, si les gardes d'un canton doivent être, à jour fixe, et *connu*, réunis au chef-lieu, comme faisant partie du bataillon de la garde nationale ; mais les conseils de recensement pourront prononcer sur l'exemption du service, pour tout ou partie de gardes forestiers de chaque canton.

D'autres réclamations ont été faites par des maîtres d'école, des maîtres de pensionnat, des professeurs de collèges royaux et d'écoles spéciales, par des percepteurs et des receveurs des finances, par des médecins, des chirurgiens, des accoucheurs et des pharmaciens.

La majorité de la commission s'est fait une obligation stricte de n'augmenter, à l'égard d'aucune classe de personnes, les exemptions accordées par le projet de loi.

Les pétitions relatives aux réclamations qui

viennent d'être indiquées, sont dans les mains du rapporteur de votre commission. Lors de la discussion générale, il aura soin de les tenir prêtes et classées, avec une analyse des motifs essentiels allégués par les réclamants de chaque profession. Par-là, la chambre pourra sur-le-champ prendre communication des documents nécessaires pour éclairer ses décisions, et les citoyens qui se sont adressés à la chambre n'auront pas lieu de supposer qu'on rende illusoire leur droit de pétition, pour le resserrer dans l'enceinte d'une simple commission.

En terminant l'exposé des motifs de la commission sur les exemptions du service de la garde nationale, nous devons présenter une observation qui nous paraît grave, dans l'intérêt du Gouvernement.

L'article 29 du projet de loi réserve au conseil de recensement de chaque canton, le pouvoir discrétionnaire d'accorder ou de refuser les dispenses temporaires demandées pour cause d'un service public.

Jusqu'à ce jour, le Gouvernement s'est réservé de juger lui-même si les services publics auxquels il appelle les citoyens, devaient les exempter de quelques fonctions civiques; et, dans les cas où cette autorité semblerait trop grande, il a fait prononcer la loi.

Ici le pouvoir abdique en entier la faculté de faire accomplir le service général de l'Etat de préférence à des services municipaux, tels que le service cantonnal ou municipal de la garde nationale.

Ce n'est pas à votre commission qu'il appartient de vous proposer de rendre au Gouvernement une faculté réservée jusqu'à ce jour à tous les gouvernements ; mais nous avons dû signaler à l'attention de la chambre une disposition qui seule constituerait une révolution dans les principes de l'administration générale du royaume. Le ministère s'expliquera sur les besoins plus ou moins impérieux des services de chaque ministère, et la chambre prononcera.

Le titre V de la loi traite, § 1er, *de la formation des cadres; § 2, de la nomination aux grades.*

Le projet de loi laissait beaucoup à désirer sur la formation des cadres ; il n'imposait de limite qu'à la moindre force des compagnies et des bataillons, sans fixer la plus grande force de ces agglomérations de gardes nationaux.

Le mot de *légion* n'était pas même prononcé dans un paragraphe qui traite de la formation des cadres.

Ces omissions ont disparu par nos amendements.

Le projet de loi ne donnait ni la désignation des grades, ni le nombre des officiers et des sous-officiers pour la compagnie, ni pour le bataillon, ni pour la légion. Nous avons soigneusement réparé cet oubli.

Par ce moyen, dans toute l'étendue de la France, les gardes nationales s'organiseront d'après des cadres uniformes, et rien ne sera plus abandonné à l'arbitraire.

Nous n'avons pas voulu que les gardes nationales pussent être agglomérées par plus grandes portions de territoire que la commune et le canton, et par plus grandes forces que la légion. Nous l'avons fait afin d'éviter des frais d'état-major, trop dispendieux pour les fortunes de la plupart de nos départements. Nous l'avons fait afin d'éviter des déplacements de gardes nationaux à de trop grandes distances, pour la simple réunion des corps.

Cependant nous avons cru devoir faire une exception pour les cantons *extra muros* du département de la Seine. Les seuls arrondissements de Saint-Denis et de Sceaux ont présenté le spectacle d'un effort de zèle qui, nulle part, ne pourrait être surpassé. Pour une population qui ne s'élève pas même à cent soixante mille habitants de tout sexe et de tout âge, une garde nationale bien armée, complètement habillée, et manœuvrant avec un ensemble qu'ont admiré les militaires les plus expérimentés, présente un effectif supérieur à vingt et un mille hommes, c'est-à-dire, une garde qui surpasse le quart des habitants de tout âge et de tout sexe!... La population si belliqueuse de la campagne de Rome ne fournissait pas une aussi grande proportion de citoyens sous les armes, pour seconder les forces urbaines, dans les plus beaux temps de la république qui devint maîtresse du Monde.

Par une mesure spéciale, la loi autorise le Gouvernement à conserver la belle organisation des légions de la banlieue de Paris; elles seraient, au moment du besoin, l'avant-garde de l'armée nationale formée dans l'enceinte de Paris.

En permettant la formation d'une garde à cheval dans chaque canton, le projet de loi voulait qu'il se présentât au moins soixante gardes nationaux équipés et montés à leurs frais : c'était vouloir l'impossible pour la majeure partie des cantons de la France.

Aussi des réclamations nombreuses sont-elles parvenues à la chambre par voie de pétition, ou comme avis officieux adressés de toutes parts à la commission en général et à ses membres en particulier.

La commission a senti la haute importance,

pour le maintien de la paix publique , sur-tout dans les cantons ruraux, de favoriser la formation de la garde nationale à cheval , et de préparer, pour la défense du territoire, une ressource formidable.

Elle vous propose d'autoriser la formation de la garde à cheval dans tous les cantons qui pourront présenter vingt cavaliers.

La loi prescrit la formation de compagnies d'artillerie de la garde nationale dans toutes nos places de guerre. Nous désirons et nous proposons en outre qu'on forme de pareilles compagnies dans les cantons maritimes, au voisinage de toutes nos batteries de côtes, qu'elles apprendront à servir.

Le projet de loi permet d'établir des compagnies d'artillerie de garde nationale dans les places de l'intérieur où elles seraient jugées utiles au service.

Cette disposition est grave; elle a fait l'objet des recherches et des discussions les plus suivies dans le sein de votre commission. Nous vous devons compte du résultat de nos travaux à cet égard.

Toutes les armes dont se compose la garde nationale sont utiles à la cité par le seul aspect de leurs armes ; les gardes à pied et à cheval, pour maintenir le bon ordre et la paix, presque tou-

jours les sapeurs pompiers, pour éteindre les incendies occasionés par l'imprévoyance ou la malveillance.

C'est ainsi que l'on conçoit des rangs de fusiliers gardes nationaux poussant sans violence,
mais irrésistiblement, devant eux, des masses
ameutées, et forçant à la retraite des factieux qui
tenteraient d'assaillir une enceinte publique ou le
palais du souverain : vous l'avez vu.

Mais l'artillerie, mais des batteries de canons,
comment peuvent-elles avoir dans la cité une action coërcitive et pourtant inoffensive ?

L'utilité de l'artillerie, au sein de nos cités de
l'intérieur, ne peut donc jamais être de service à
maintenir, par des moyens de douceur, le bon
ordre et la paix publique.

Quel est donc le but d'une artillerie accordée à
des villes qui ne sont pas places de guerre ? Ce
ne peut être que de former des canonniers capables quelque jour de servir, non pas comme gardes
de la commune, pour la paix intérieure, mais
comme défenseurs de la patrie, contre les ennemis du dehors.

Ainsi, l'artillerie accordée à des gardes nationales de l'intérieur ne peut avoir qu'un seul but
utile : celui d'exercer, dans la prévision de la
guerre, un certain nombre d'hommes robustes,
qui seront une réserve précieuse pour l'artillerie
régulière.

Les bouches à feu concédées à ces gardes nationales ne doivent par conséquent être que des armes prêtées pour le simple usage de l'exercice, et rester à la discrétion du ministre de la guerre; car, je le répète, le boulet de canon, l'obus, la mitraille, sont essentiellement projectiles de guerre, et non pas moyens habituels pour le maintien de la paix publique, but essentiel de la garde nationale.

Après avoir posé ces principes, nous avons pensé qu'il ne convenait pas, dans les grandes cités, et sur-tout dans la capitale, de concentrer dans une même masse, et les gardes nationaux appelés au service des bouches à feu, et ces bouches à feu formant un parc de guerre au milieu des habitations paisibles.

Nous proposons que les gardes nationaux formés aux exercices de l'artillerie soient placés par subdivisions au sein de chaque légion.

Si quelque jour les légions doivent marcher pour un grand besoin social, dans le sein de la cité, les artilleurs et leurs pièces marcheront en arrière de la légion; s'il faut sortir de la cité pour affronter l'étranger, l'artillerie prendra la tête, et ses lauriers ne coûteront pas des larmes à la patrie.

Conduits par les mêmes pensées sur la gravité des conséquences d'une artillerie accordée aux citoyens, dans une ville sans défense, nous avons voulu qu'une ordonnance spéciale du roi fût nécessaire pour accorder nominativement des bouches à feu aux villes de l'intérieur, d'après la demande préalable des conseils municipaux.

Enfin, nous avons voulu qu'un examen spécial assurât la parfaite composition des compagnies d'artillerie, sous le double rapport de la bonne conduite et de l'instruction, pour s'assurer que cette arme d'élite sera toujours également recommandable pour sa sagesse et son habileté.

Avant de fixer des conditions d'admission, nous avons eu soin de consulter les généraux d'artillerie, qui, par leur position, pouvaient nous donner les lumières les plus sûres.

Nous apportons aussi plus de soins à la formation des sapeurs-pompiers volontaires, qui peuvent rendre des services journaliers dans les villes et les campagnes.

Dans les grands ports de commerce, on a senti l'importance de former des compagnies spéciales de marins et des ouvriers de marine, dont les officiers naturels ont été les capitaines des bâtiments de commerce, et les ingénieurs civils constructeurs de navires. A Bordeaux, cette organisation a produit déjà d'heureux résultats pour garder le riche matériel de ce grand port, et sur le fleuve, et sur ses abords.

L'autorité municipale de Bordeaux a réclamé pour conserver, comme partie intégrante de la garde nationale, des compagnies spéciales aussi précieuses pour la garde des propriétés flottantes et pour le maintien de la paix publique parmi la population si vivace, si turbulente, des rivages de la mer.

Indépendamment de cette utilité de tous les moments en chaque localité dépositaire des trésors de notre commerce maritime, il est une utilité d'un ordre supérieur, que nous ne pouvions omettre de prendre en considération.

Depuis l'introduction des bateaux à vapeur dans la navigation maritime du commerce et de la guerre, les transports des armées entières sont devenues possibles à de grandes distances, non pas seulement en attendant le caprice des vents et de la mer, mais à jour fixe, avec une vitesse réglée comme une marche de terre.

Aujourd'hui, l'Angleterre possède plus de trois cents bateaux à vapeur, qui transporteraient au besoin soixante mille hommes d'Angleterre jusqu'aux côtes de Gascogne en moins de quatre-vingts heures, et qui seraient rendus promptement sur tout autre point des côtes de l'Océan, en remontant vers le nord jusqu'à Dunkerque. Pour défendre un littoral de quatre cents lieues d'étendue contre une telle force d'agression, il n'y a point de camps possibles assez rapprochés et munis d'assez de troupes régulières.

La population seule, convenablement organisée dans tous nos cantons maritimes, pourra présenter une résistance de tous les lieux et de tous les moments. Pour repousser l'ennemi avant même qu'il débarque, les compaguies maritimes de gardes nationales seront les seules efficaces pour mettre hors de combat les navires à vapeur ; nos batteries de côte recevront les artilleurs fournis au besoin par les gardes nationaux, et seront soutenues par les bataillons cantonnaux.

Des compagnies maritimes, semblables à celles dont nous vous proposons d'adopter la formation, ont été créées en Angleterre, lorsque cette puissance était menacée par la grande armée, qui devait s'embarquer à Boulogne en 1803 : c'étaient les *sea-fencibles*, les défenseurs de la mer ; ils conviendront au salut de nos côtes comme ils convenaient au salut des côtes de l'Angleterre.

Les ministres de l'intérieur, de la marine et de la guerre, ayant reconnu l'utilité de ces compagnies spéciales, nous en avons compris la formation facultative dans le paragraphe relatif aux cadres de la garde nationale.

Le second paragraphe du titre dont nous rendons compte traite *de la nomination aux grades.*

Le projet de loi nécessitait le déplacement

successif de tous les citoyens portés au contrôle de service ordinaire, et leur présence au chef-lieu de chaque canton, pour la nomination des officiers de leurs compagnies.

Nous avons simplifié et facilité cette opération, en transférant l'élection des officiers de chaque compagnie, dans les communes mêmes qui concourent à les former.

Pour la nomination de l'officier-rapporteur des conseils de discipline, le projet de loi laisse au maire la présentation des candidats, et réserve le choix au chef de bataillon. C'est reconnaître que la garde nationale est placée sous l'autorité du magistrat civil. Nous avons ramené cette élection aux véritables principes, en attribuant au contraire la désignation des candidats au commandant de la légion, et la nomination à l'autorité civile.

Le projet de loi n'a point fait mention des majors, officiers supérieurs dont les fonctions dans les légions sont fort importantes ; nous avons réparé cette omission.

La nomination des chefs de légion et des lieutenants-colonels est réservée au roi ; seulement le projet restreint ces choix parmi les chefs de bataillon et les capitaines de chaque légion.

La loi de 1791 attribuait aux seuls gardes nationaux la nomination de leurs officierss dans tous les grades. Quelques personnes auraient voulu conserver cette mesure, et ne rien laisser au choix du gouvernement.

La charte constitutionnelle place au rang des droits nouvellement consacrés par notre glorieuse révolution *l'intervention* des gardes nationaux dans le choix de leurs officiers. (Dispositions particulières , art 5.)

Le mot *intervention* , employé dans la charte , montre que les gardes nationaux ne doivent pas faire seuls la nomination , mais qu'ils sont appelés à venir y prendre part, *à intervenir* dans cette nomination.

On peut établir l'intervention de deux manières : 1° dans la nomination à tous les grades , alors il faudrait que le gouvernement intervînt de son côté pour tous les grades ; 2° en partageant les nominations entre le gouvernement et les gardes nationaux ; tel est le système qui nous semble le meilleur.

Vous allez voir maintenant si, dans ce système nous laissons une large part aux citoyens.

Lorsque les gardes nationales du royaume seront entièrement organisées, c'est-à-dire, au plus tard, dans un an, elles présenteront un effectif d'au moins 2,700 bataillons, comptant plus de 1,360,000 hommes. Sur ce nombre, les officiers de tous grades, commandant à 1,200,000 hom-

mes, seront exclusivement nommés par les citoyens; et pour 150,000 hommes au plus, 130
officiers seulement seront réservés au choix du
roi; tandis que les citoyens nommeront plus de
50,000 officiers. Telles seront les parts respectives dans l'intervention des citoyens et du Gouvernement.

Plusieurs membres de la commission ont trouvé
beaucoup trop faible cette part du roi dans le
choix des officiers; ils ont trouvé que c'était donner aux gardes nationales une faculté exorbitante que celle de laisser les citoyens nommer
exclusivement leurs chefs dans les gardes nationales organisées par bataillons, dans les communes et dans les cantons. Ils ont vu la violation
de la Charte dans *le refus d'intervention royale*,
dans cette exclusion du roi à toute nomination
d'officiers, pour l'immense majorité des gardes
nationales formant des corps isolés et indépendants les uns des autres.

En conséquence, ils auraient voulu réserver à
la Couronne le choix d'un seul officier par bataillon, celui du chef de bataillon.

La majorité de la commission n'a pas adopté
cette proposition; mais elle a pensé qu'il serait
dans l'intérêt des légions que le roi pût en choisir
les chefs sans être obligé de les prendre parmi les
chefs de bataillon et les capitaines. Souvent des

généraux et des colonels, après s'être illustrés dans les combats, retirés dans leurs foyers et sortis du service, répandront un grand éclat sur la garde nationale qu'ils seront appelés à commander, sans avoir besoin de recommencer à servir comme capitaines dans la garde nationale.

Enfin quelques personnes ont pensé que, pour laisser aux gardes nationaux une intervention effective dans le choix des officiers de tout grade, il fallait que le roi ne pût choisir les chefs de légion et les lieutenants-colonels que parmi des citoyens ayant été déjà nommés officiers par les gardes nationaux, mais sans être exclusivement limité dans les rangs de chef de bataillon et de capitaine.

Sur un sujet aussi grave, pour savoir si la Couronne doit ou ne doit pas conserver quelque part dans le choix des officiers du peuple sous les armes, nous avons cru ne pas pouvoir nous dispenser d'exposer à la chambre tous les partis proposés. La discussion portera ses lumières sur ce grand objet d'intérêt national, et la chambre prononcera dans sa sagesse.

Nous avons supprimé, comme superflu, l'article qui distingue les aides-de-camp des officiers dont se compose l'état-major des commandants supérieurs.

Nous avons supprimé la faculté donnée au Gouvernement, par le projet de loi, de nommer des commandants supérieurs dans les simples cantons. Nous voulons éviter aux communes rurales toutes dépenses d'états-majors, et rapprocher les gardes nationales de la garde municipale, base essentielle de toute bonne organisation.

La dernière section du titre V dont nous rendons compte, porte pour titre vague : *Dispositions spéciales*, et traite *de l'uniforme, des armes et des préséances* ; nous avons adopté ce dernier titre.

Au lieu de laisser les signes distinctifs des grades à l'arbitraire des ordonnances, nous proposons qu'ils soient en tout conformes à ceux de l'armée. C'est déjà la règle générale ; mais nous voulons bannir les exceptions.

Ainsi, nous pensons que des gardes nationaux à cheval ne doivent pas, s'ils sont simples cavaliers, porter les signes distinctifs propres aux officiers de l'armée. C'est blesser le principe d'égalité avec les gardes nationaux des autres armes.

Nous avons cru devoir exprimer positivement que les communes demeureront responsables des armes qui leur auront été délivrées des arsenaux de l'État, et qui resteront toujours la propriété du Gouvernement.

Le sixième titre règle *l'administration de la garde nationale.*

Nous avons plus complètement et plus rigoureusement défini l'intervention de l'autorité et de la surveillance municipale dans cette organisation.

Nous avons classé dans un ordre plus méthodique et plus complet les dépenses nécessaires et les dépenses facultatives de la garde nationale.

Telle est l'organisation générale et constante de la garde nationale.

Dans un septième titre, intitulé *Mesures exceptionnelles et transitoires pour la garde nationale en service ordinaire*, nous avons cru devoir présenter des mesures que le projet n'avait pas prévues.

Depuis le 1er août, des gardes nationales se sont formées sur une foule de points du territoire; elles ont pris en général pour base l'organisation fixée par la loi de 1791, abrogée, mais temporairement remise en vigueur, à titre d'instruction. D'autres gardes nationales existaient sur les bases établies par les ordonnances et les lois de la Restauration.

Nous n'avons pas pensé qu'il fût utile ni politique de dissoudre toutes les gardes nationales pour les recomposer sans délai, conformément aux bases de la nouvelle loi.

Les compagnies et les bataillons actuellement formés n'offrent pas non plus une régularité, une proportion de nombres qui convienne à la meilleure formation; il y a des bataillons, et sur-tout des compagnies, où l'on compte beaucoup trop de soldats et d'officiers.

Les officiers et les sous-officiers choisis dans un moment de ferveur et d'urgence, avant qu'on pût connaître à l'essai, pour tous, leur instruction, leur capacité et leurs qualités pour le commandement, peuvent, dans quelques localités, laisser beaucoup à désirer.

Et pourtant ne serait-il pas également injuste et ingrat, après que ces officiers ont pris tous les soins, ont essuyé toutes les fatigues, et fait tous les sacrifices qu'exige la première formation d'un corps armé, de prononcer l'annullation de leurs fonctions, et l'appel à des élections nouvelles?

Nous avons pensé, Messieurs, que nous obvierions à tous les inconvénients, en réservant au roi, la faculté de conserver provisoirement, par ordonnance, les organisations des gardes nationales existantes, sans que cette autorisation puisse dépasser l'époque fixée du renouvellement triennal des sous-officiers et des officiers; cette époque est fixée au mois de janvier 1833.

Au lieu de réduire immédiatement les compagnies et les bataillons aux cadres nouvellement prescrits, nous nous contentons d'exiger que les corps trop nombreux ne recevront plus d'adjonctions, et tendront graduellement à se réduire par les extinctions et les mutations.

Le titre VII traite successivement des détachements et des corps détachés, comme auxiliaires
de l'armée pour la défense du territoire.

Nous avons commencé par définir avec soin les
cas dans lesquels des détachements de garde nationale, en service ordinaire, peuvent être requis
et envoyés. C'est une omission que nous avons
réparée dans les projets de loi que nous avons
examinés.

Nous avons senti l'importance de limiter la durée du service qu'on peut exiger d'un détachement et d'un corps détaché; nous en avons fait
une condition nécessaire.

En cas d'urgence, un sous-préfet, dans tout son
arrondissement, pourra requérir d'un détachement, jusqu'à cinq jours de service ;

Un préfet, dans tout son département, pourra
requérir d'un détachement, jusqu'à dix jours de
service ;

Enfin, le ministre de l'intérieur pourra prescrire jusqu'à trente jours de service au détachement, que lui seul peut faire sortir des limites du
département.

Par ce moyen, dans presque tous les cas, avant
que le service du détachement expire dans l'arrondissement, le sous-préfet aura pu prendre les
ordres du préfet; avant que le service du détachement expire dans le département, le préfet aura

pu prendre et transmettre les ordres du ministre de l'intérieur.

Nous avons voulu que chaque réquisition fixât toujours le nombre des gardes nationaux appelés en détachement.

Telles sont les précautions que nous avons cru devoir prendre pour assurer, dans tous les cas, et pour régulariser les secours que la garde nationale peut porter au maintien de la paix publique, hors du foyer domestique, dans l'arrondissement, le département et la France entière.

Il est un dernier service consacré par le premier article de la loi sur les gardes nationales, et qui doit maintenant appeler toute notre attention : c'est le concours que la garde nationale peut prêter aux troupes de l'armée active, pour défendre l'intégrité du territoire, et maintenir l'indépendance du royaume.

Sous les gouvernements précédents, on avait attendu l'instant d'un besoin pressant pour demander, par une mesure transitoire, le secours des populations entières, afin d'assurer la défense et le salut du pays.

Aujourd'hui, c'est en pleine paix, au milieu des assurances les plus affectueuses (avant-hier on vous les rappelait encore); c'est à l'aspect d'une harmonie que les étrangers, bien conseillés, auraient un si grand intérêt à ne jamais troubler', que le Gouvernement vous demande de lui confier, pour le jour du danger, la faculté d'appeler sous le drapeau militaire tous les gardes nationaux, c'est-à-dire tous les Français âgés de vingt à trente ans.

Sans doute, chacun de nous s'est aussitôt rappelé le cruel abus qui s'est fait, il y a dix-huit ans, d'une semblable faculté, par une dynastie qui finissait dès son aurore, en épuisant, à force de combats, sa propre gloire et notre sang.

Mais aujourd'hui nous prenons part à notre gouvernement; nos libertés sont dans nos mains comme nos armes, et le remède est toujours à côté du mal.

Ce qui ne vaut pas moins, c'est que la nature même de notre nouvel état monarchique ne laisse plus au trône que l'appui du peuple, et de salut contre des haines extérieures que dans l'amour du pays.

Après avoir pesé tous ces motifs, et sans perdre jamais de vue la grandeur du don que nous faisions à la patrie, ni la confiance qu'il suppose dans le Prince qui combattrait à notre tête, une commission de dix-huit membres a résolu, à l'unanimité, d'accepter le principe d'appel fait aux gardes nationales pour servir d'auxiliaires à l'armée, quand le territoire est en danger.

Mais, en même temps, nous avons pris toutes

les précautions que pouvait inspirer le désir d'a-
doucir, dans cette mesure, les rigueurs qui ne
sont pas indispensables.

Le projet de loi, par une mesure empruntée à
la décadence de l'Empire français, obligeait à
servir, comme auxiliaire de l'armée, le garde national pour lequel un remplaçant combattait déjà
dans les rangs de l'armée régulière ; nous avons
supprimé ce double impôt des existences, pour
conserver l'égalité des sacrifices.

Le projet de loi ne permettait au garde national
désigné pour faire partie d'un corps détaché, de
prendre un remplaçant que dans les limites de
son arrondissement ; nous demandons qu'il puisse
en choisir un dans toute l'étendue de son département.

Le projet de loi comprenait dans les gardes
nationaux qu'on peut envoyer au secours de
l'armée active jusqu'aux veufs pères de famille.
Et qui donc resterait pour protéger et nourrir
leurs enfants ? Et si le père mourait dans le combat, la patrie aurait laissé sans appui sur la terre
les débris d'une famille ! C'est au contraire pour
empêcher de tels malheurs que nous combat-
trions tous. Nous avons exempté les veufs ayant
des enfants.

Le projet de loi se tait sur les célibataires soutiens de parents âgés, et sur tous ceux que la loi

du recrutement exempte du service pour l'armée active ; en conséquence, aux termes de la loi nouvelle, ils devraient partir au rang indiqué par leur âge, et sans autre distinction que les autres célibataires.

Nous avons pensé qu'il était juste de les appeler après ces derniers et les veufs qui n'ont pas d'enfants, mais avant les pères de famille. Dans notre pensée, dans notre espoir, nous sauverons la patrie des plus formidables périls, avant qu'on ait besoin d'appeler à son secours les pères de plusieurs enfants.

Nous avons exigé que l'acte en vertu duquel un appel serait fait à la formation des corps détachés de la garde nationale, pour aller défendre nos frontières, porterait toujours le nombre total des gardes nationaux requis ; par là nous éviterons cet abus infâme commis autrefois par des administrateurs sans pitié, qui dépassaient les bornes de tout contingent, pour plaire mieux, et s'avancer aux dépens de leurs administrés.

Nous avons voulu que l'enrôlement volontaire vînt en déduction des contingents par commune et par canton ; nous avons plus fait, nous avons élargi le cadre des remplaçants, en les admettant depuis dix-huit ans jusqu'à vingt, et sans exception depuis vingt ans jusqu'à quarante.

Par ces moyens, dans toute guerre nationale,

nous ouvrons à la jeunesse ardente et patriotique des rangs que nous appellerons des rangs de famille et de compatriotes, où les habitants des mêmes localités combattront à côté les uns des autres. Cette foule de volontaires empêchera qu'on ait besoin de recourir à d'autres classes qu'à celle des célibataires et des veufs sans enfants.

Enfin, pour assurer davantage que ces dernières n'auront pas besoin d'être requises, nous étendrons jusqu'à trente-cinq ans l'âge où les premières peuvent être appelées.

Le projet de loi rejetait les gardes nationaux ayant au-dessous d'un mètre cinquante-sept centimètres; nous n'exigeons qu'un mètre cinquante-quatre centimètres, et le gouvernement vous a proposé de le faire pour l'armée. Cela rendra d'autant plus nombreuse la classe des célibataires qui doivent marcher les premiers, et rendra moins probable encore l'appel des classes subséquentes.

Un vague effrayant était laissé par le projet de loi sur la durée du service exigible des gardes nationaux appelés au secours de l'armée : nous avons fixé la plus longue durée du service au terme d'un an. C'est en hiver qu'on les réunira pour résister à des invasions qui commencent d'ordinaire avec les premiers jours de printemps. Une campagne suffira pour que les agresseurs, attaqués sur tous les points par une population armée, prennent la fuite ou soient ensevelis dans nos champs.

Le garde national sera certain qu'après avoir chassé l'ennemi, la passion des conquêtes ne pourra pas entraîner au-delà des frontières des troupes essentiellement défensives, et dont le service expire quand la patrie n'a plus d'alarme sur son propre territoire.

Puissiez-vous, messieurs, être satisfaits de ces nombreux adoucissements apportés à la grande et salutaire mesure dont le vote est indispensable à la conservation, à la sécurité de nos institutions.

Après avoir posé soigneusement toutes les limites de l'appel des gardes nationaux dans les corps détachés comme auxiliaires de l'armée, nous avons apporté tous nos soins et notre prévoyance aux moyens d'assurer l'efficacité et la plus grande utilité possible de cette force civique.

Rappelez-vous, messieurs, que, par la constitution des armes spéciales, telle que nous l'avons améliorée, la garde nationale, en service ordinaire, présente la plus riche pépinière pour tous les services qu'exige la défense du territoire, celle des places fortes, des frontières et des côtes.

Des compagnies d'artillerie de la garde nationale seront organisées dans toutes nos places fortes ; elles rivaliseront avec cette artillerie de

Lille, qui dès le quinzième siècle défendit les libertés brabançonnes avec autant d'héroïsme qu'à
la fin du dix-huitième elle défendait les libertés
de la France.

D'autres compagnie d'artilleries, formées dans
beaucoup de villes de l'intérieur, et particulièrement le superbe corps d'artillerie parisienne,
fourniront de nombreux volontaires, et peut-être
iront en masse, comme l'ont offert ceux du
Hâvre, rivaliser avec les compagnies des places
fortes. Alors on reconnaîtra la sagesse et l'utilité
des mesures que nous proposons, pour n'avoir
dans toutes ces compagnies que des sous-officiers
capables et des officiers instruits.

Dans nos cantons maritimes, tous les marins
du commerce, exercés à manœuvrer des bouches
à feu, serviront les batteries de côtes ; des gardes
nationales maritimes veilleront pour empêcher
des débarquements imprévus. L'armée n'aura plus
besoin d'avoir des camps d'observation sur un
littoral ainsi défendu ; elle se portera tout entière
aux frontières menacées.

Pour donner au génie militaire de nouveaux
moyens de multiplier ses travaux de défense dans
les places et dans les camps, il sortira des dix-
sept cents compagnies de sapeurs-pompiers que
possède aujourd'hui la France, des compagnies
spéciales, en grande partie volontaires. Quand il

s'agira de parer au ravage des bombardements et des fusées incendiaires, des hommes habitués à braver, à détourner les incendies, rendront les plus utiles services. Ils seront propres à tous les travaux d'art dans les places assiégées.

Enfin cette cavalerie légère, dont nous avons préparé l'organisation par sections et par compagnies, dans plus de deux mille cantons, fournira des ressources inappréciables pour désoler l'ennemi qui tenterait d'avancer dans notre pays, couper ses convois, enlever ses fourrageurs, faire prisonnier tout ennemi qui s'éloignerait du gros de l'armée, couvrir les retraites et rendre sans remède la défaite de nos ennemis.

Nous ne parlons ici que des ressources offertes pour les corps réguliers détachés de la garde nationale; mais ce qui restera de la garde nationale de service ordinaire ne déposera pas ses armes quand la patrie en aura le plus besoin. Partout nous retrouverons la vieille expérience des guerriers de Jemmapes et de Fleurus, d'Arcole et de Marengo, d'Austerlitz et d'Iéna, unie de cœur et d'intention avec la gloire nouvelle des vainqueurs de la Morée et d'Alger. Près d'un million d'hommes encore vivants et valides ont servi depuis quarante ans sous les drapeaux de la France, et sont disponibles pour elle sur tous les points du territoire. On les retrouvera partout comme on les a trouvés au sein de Paris , dans chaque quartier, dans chaque rue, faisant chacun sa barricade , organisant son peloton , et retrouvant son drapeau national pour le planter sur les tours , sur les clochers et sur les ponts en face de l'ennemi. Voilà la réserve de la patrie.

Nous avons peu de chose à vous dire sur les amendements relatifs à la partie de la loi qui concerne l'organisation des corps détachés.

Le projet de loi n'avait songé qu'aux grenadiers et aux voltigeurs; il n'avait pas même supposé l'existence des armes spéciales : nous avons soigneusement réparé cette omission.

Il nous reste à vous parler des mesures disciplinaires. Pour les corps détachés , la nature même de leur service militaire exige qu'ils soient soumis aux mêmes peines que les troupes régulières , à côté desquelles nous les appelons à combattre.

Nous avons cru seulement nécessaire d'adoucir les peines portées contre le garde nationale retardataire et réfractaire, et contre celui qui quitterait son corps avant d'être en présence de l'ennemi. Un peu d'indulgence pour quelques citoyens retenus peut-être par des affections trop puissantes, n'aura jamais de conséquences dangereuses chez un peuple belliqueux, cette indulgence ramènera sous les drapeaux des hommes que la loi n'aura pas frappés d'un irrémédiable déshonneur.

Nous n'avons plus à vous rendre compte que de notre examen de la loi disciplinaire, laquelle formera, sous la désignation de *Mesures discipli-naires*, le titre IX de la loi générale sur la garde nationale.

Nous avons trouvé dans les dispositions péna-les un esprit de douceur qui convient essentiel-lement au service d'une garde nationale établie pour assurer la paix , le bien-être moral et la sécurité des citoyens. Nous chérissons la liberté ; nous ne pouvons donc pas vouloir la sacrifier sous l'habit de garde national , pour en garder le simulacre sous un habit de citoyen , que nous serions obligés de déposer à chaque instant et sans motif.

N'oublions jamais que le service de la garde nationale est une des dettes les plus onéreuses que les citoyens puissent payer à la cité.

N'oublions jamais que ce serait une démence, pour assurer la paix de tous , de mettre à tous les armes à la main : ce serait trop souvent orga-niser la discorde.

N'oublions pas qu'au sein de nos campagnes , pour éviter d'avoir trop de peines , et de peines graves à infliger , il ne faut pas mettre les armes à la main des hommes qui n'ont rien à conserver.

Si , dans le service ordinaire , nous voulons

n'armer, selon l'esprit de la loi, que les citoyens pour lesquels la perte des jours et des nuits de garde, d'exercice, de patrouille et de piquet, ne soit pas trop onéreuse, l'institution des gardes nationales ne deviendra pas une oppression, une taxe exorbitante pour le citoyen sans fortune.

Si dans le service ordinaire nous avons la sagesse plus rare encore de ne pas fatiguer les gardes nationaux en les employant sans indispensable nécessité, l'institution ne fatiguant pas les citoyens, les citoyens ne se fatigueront pas de l'institution.

L'assemblée constituante avait justement apprécié cette condition de vie pour la garde nationale ; elle avait senti le besoin de prémunir l'administration contre toute tendance des chefs de la garde nationale à multiplier sans nécessité le service qui les fait chefs ; en conséquence, elle avait déclaré, par un article exprès (loi d'octobre 1791), que les gardes nationales ne devaient être requises, pour des services *même ordinaires*, qu'à défaut des troupes régulières, de la gendarmerie et des gardes municipales soldées.

Si l'on fait de cette prescription un principe administratif, les occasions d'appliquer les mesures disciplinaires deviendront de plus en plus rares, non-seulement parce que le service sera moins fréquent, mais sur-tout parce qu'il sera commandé dans la pensée visible et constante de n'exiger du citoyen le sacrifice de son temps qu'au jour où ce sacrifice est nécessaire à la cité.

Alors on verra qu'au premier signal, pour rétablir la paix troublée, ou pour prévenir des troubles imminents, les gardes nationales, avec leur zèle et leur dévouement admirable, se précipiteront au-devant du besoin public, et rempliront dignement l'objet de leur institution.

Nous avons cru nécessaire de bien établir ce qu'il est juste d'exiger de la garde nationale, en parlant de la pénalité qui châtie l'oubli, la violation de ses devoirs, afin que, dans tous les départements, les administrateurs, les officiers municipaux et les chefs de cette force municipale se pénètrent de l'esprit du législateur, dans *la sage parcimonie* que nous leur recommandons, à l'égard du temps et des fatigues de la garde nationale, pour le service ordinaire.

Dans le titre Ier du projet de loi disciplinaire, nous avons supprimé les articles relatifs aux détachements, parce qu'ils ont été classés avec plus de méthode et de clarté dans le titre VIII, par lequel nous remplaçons la loi des gardes mobiles.

Le projet de loi sur les mesures disciplinaires n'avait pas fait mention des officiers rapporteurs; nous avons réparé cette omission.

Nous n'avons pas voulu qu'un citoyen récalci-

trant, et peu sensible à l'honneur, pût se soustraire au service de la garde nationale, en se
faisant condamner de récidive en récidive par la
police correctionnelle ; il nous a paru préférable
qu'il subît autant d'emprisonnements successifs ,
qu'il lui plaira , par récidive, de fouler aux pieds
la loi.

Tel est l'ensemble des amendements auxquels
la commission est arrivée par ses travaux ; elle
fini mardi soir la dernière séance de discussion:
la rédaction définitive des articles amendés a
demandé jusqu'à mercredi au milieu de la nuit.
Hier au soir seulement nous avons pu communiquer à MM. les ministres de l'intérieur , de la
guerre et de la marine , le système complet de la
loi telle que nous l'avons amendée.

Après toutes ces séances et ces conférences , le
rapporteur n'a pu disposer que de ce qui restai;
du jour et de la nuit pour exposer le système général et les opinions principales de la commission. Cette insuffisance du temps sera peut-être
un motif pour que la chambre daigne accueillir
et juger avec indulgence un travail pour lequel
me manquaient à la fois le loisir et la tranquillité.

Dans la conférence que nous avons eue avec
MM. les ministres , c'est avec une vive satisfaction que nous avons vu nos amendements , malgré leur grand nombre et leurs conséquences

graves, approuvés en général, et regardés, pour la plupart, comme des améliorations, par les ministres auxquels nous avons communiqué nos motifs.

La commission m'a chargé de prier la chambre, lorsque s'ouvrira la discussion des articles, d'exiger que chaque membre présente, dès la veille, et par écrit, les amendements qu'il propose, afin que ces amendements puissent être imprimés et distribués au moins quelques heures avant qu'on les discute.

C'est le seul moyen d'éviter que des résolutions subites viennent, contre l'intention même de la chambre qui les voterait, détruire le système et l'harmonie de la loi.

EXPOSÉ DES MOTIFS

SUR LE PROJET DE LOI

RELATIF A L'ORGANISATION DE LA GARDE NATIONALE.

Fait à la Chambre des Pairs, dans la séance du 20 janvier 1831,
par M. le ministre de l'intérieur, comte de Montalivet.

Messieurs,

Le Gouvernement a l'honneur de vous apporter le projet de loi sur la garde nationale, adopté par la Chambre des Députés. Une longue et consciencieuse discussion y a fait entrer plusieurs changements, dont le Gouvernement s'est souvent empressé de reconnaître la convenance ou la nécessité. En les soumettant aujourd'hui à l'appréciation de votre haute expérience et de votre patriotisme, il doit se borner à vous exposer rapidement les modifications introduites et les motifs qui ont déterminé son assentiment.

Trois projets partiels, réunis en un seul, forment le corps de la loi unique que vous êtes appelés à examiner. De là une assez longue série d'articles, d'ailleurs facile à éclaircir par la distinction des chapitres divers qui composent la loi. Mais il importait sur-tout que les dispositions de cette matière fussent coordonnées en un seul code, mis en harmonie avec les besoins et les lumières actuelles, revisé sous leurs ins-

pirations, rendu accessible à tous et débarrassé
de ce qui est ou formellement abrogé ou implicitement devenu inapplicable. La garde nationale attendait, en effet, non quelques articles
complémentaires destinés à se fondre dans les
lois, décrets et ordonnances émanés confusé-
ment de pouvoirs d'origines diverses, mais une
loi complète d'organisation, rattachée à un système sincère et unique, et à ce dogme impéris-
sable d'ordre dans la liberté, dont la révolution
de juillet 1830 a été la consécration. Quant aux
grands principes posés par la loi du 14 octobre
1791, principes si bien compris dès l'origine de
la liberté en France, ils domineront également
la garde nationale de 1830. C'est ainsi que l'autorité civile continuera d'être la pensée qui ani-
mera ou mettra en mouvement la force publique ; c'est ainsi qu'aucun citoyen ne devra
perdre de vue cet axiôme salutaire inscrit en ces
termes dans la loi dont nous venons de parler :

« Toute délibération prise par les gardes nationales sur les affaires de l'État, du département, du district, de la commune, même de la
garde nationale, à l'exception des affaires expressément renvoyées au conseil de discipline qui
sera établi ci-après, est une atteinte à la liberté
publique et un délit contre la constitution, dont
la responsabilité sera encourue par ceux qui auront provoqué l'assemblée et par ceux qui l'auront présidée. »

Une autre disposition générale , que notre
glorieuse révolution a rendue aussi une vérité ,
forme le frontispice de la loi. Les devoirs de la
garde nationale, sa paisible et patriotique mission , y sont largement tracés :

« La garde nationale est instituée pour défendre la Charte constitutionnelle et les droits
qu'elle a consacrés, pour maintenir l'obéissance
aux lois, conserver ou rétablir l'ordre et la paix
publique , seconder l'armée de ligne dans la
défense des frontières et des côtes, assurer l'indépendance de la France et l'intégrité de son
territoire. »

L'institution comprend la nation entière. L'organisation appelle les citoyens par commune.
La commune est l'élément de la société politique ; c'est le second degré d'association après la
famille : le service de la garde nationale y ajoutera la fraternité d'armes et l'émulation des devoirs civiques. Toutefois, en adoptant le principe d'organisation communale, la loi a eu soin
de réserver la faculté de maintenir ou d'introduire l'organisation cantonnale, qui peut satisfaire un besoin d'association plus large , et
concentrer l'unité d'action que doit en certains
cas exercer la garde nationale. Ainsi, la section
communale étant la base , il pourra être formé
des compagnies, en réunissant plusieurs sections, s'il en est besoin, et des bataillons, en

réunissant plusieurs compagnies. On avait pensé
d'abord qu'un système uniforme, l'organisation
par bataillons cantonnaux , par exemple, était
préférable ; mais, en descendant à la pratique ,
il apparaît aisément que la position de frontière
ou d'intérieur d'un département, que sa con-
figuration géographique , que l'esprit de ses
habitants, peuvent nécessiter ou conseiller des
combinaisons différentes dans l'organisation de
la garde nationale.

J'insiste sur ce point, Messieurs, parce qu'on
n'a pas bien compris partout qu'en posant
comme principe l'organisation communale, le
Gouvernement ne voulait en aucune manière
proscrire celle par bataillons cantonnaux ; bien
au contraire, il s'empressera , et déjà nous en
avons donné l'assurance dans les départements,
il s'empressera d'autoriser tous les bataillons
cantonnaux déjà formés. Ce sont des faits nés
de la révolution de 1830 , que nous sommes
heureux de constater, et auxquels nous serons
heureux de rendre hommage. Les dispositions
relatives à l'observation du service personnel
ont reçu quelques amendements. Leur objet a été
de rendre plus explicites, dans l'intérêt des divers cultes légalement reconnus, les dispenses
auxquelles ont droit les citoyens qui s'y consacrent; de limiter convenablement l'exemption
accordée à quelques agents des services de terre

et de mer et à quelques corps d'ouvriers, exemption dont l'application indéfinie eût compromis, dans la plupart de nos ports, l'organisation de la garde nationale. Les exceptions ont dû être étendues à certaines administrations revêtues d'un caractère municipal, telles que celles des octrois et les administrations sanitaires, et à des agents qui, dans certains cas, sont investis des fonctions de police judiciaire. Vous ne verrez dans ces nouvelles dispositions qu'une conséquence appliquée du principe d'incompatibilité, d'ailleurs posé formellement dans la loi, entre le service de la garde nationale et le caractère des fonctionnaires qui ont le droit de requérir la force publique.

L'énoncé de plusieurs cas d'exclusion avait été justement critiqué comme vague, et pouvant laisser quelque embarras aux conseils de recensement chargés de les appliquer. Les développements dans lesquels est entré le projet ont dissipé toute incertitude à cet égard.

Le principe de l'organisation communale une fois adopté, il en résultait une modification indispensable dans l'établissement des conseils de recensement. Le projet actuel les institue uniformément par commune. Il en confie l'élection au corps municipal. C'est en effet dans ses attributions que rentre la répartition d'une charge publique, telle que le service de la garde nationale;

et les appréciations auxquelles elle donne lieu
lui sont plus particulièrement praticables. Les
listes dressées primitivement par les maires sont
revisées par les conseils de recensement : ils établissent le registre-matricule, prononcent les inscriptions ou radiations, jugent sur les dispenses
proposées même pour cause de service public.
Des pouvoirs si étendus peuvent dans leur exercice motiver des réclamations. La loi a pourvu
au moyen de les juger par l'institution des jurys
de révision. Érigés en quelque sorte en tribunal
de second ressort, il n'était pas aussi nécessaire
de les multiplier; mais ils ne cesseront pas d'être
accessibles à tous. En ce point rien n'a été innové au projet primitif. Les jurys de révision
sont en nombre égal à celui des cantons.

Vous apprécierez à cet égard avec quel sentiment des droits de tous, ces deux juridictions ont
été organisées. Le conseil de recensement, pouvoir de premier degré et délégué du pouvoir de
la commune, devait être nommé par le conseil
municipal. Le jury de révision, jugeant sans recours, sera tiré des rangs des gardes nationaux
eux-mêmes. Le nouveau projet a déterminé les
garanties de lumières et d'autorité dont cette
juridiction devait être entourée. Des listes de
candidats égales au dixième de chaque compagnie seront formées de gardes nationaux ayant
les qualités déterminées par la loi. Le sort décidera entre ces candidats.

La nature des fonctions attribuées à ces deux conseils exige qu'elles ne puissent être réunies dans les mêmes membres. Le nouveau projet déclare cette incompatibilité. Il a diminué aussi le nombre des membres nécessaires pour valider les délibérations du jury ; il suffira de la majorité absolue des membres.

Le remplacement entre gardes de même compagnie se réduira à un échange de tour : il n'aura lieu réellement qu'entre très proches parents. Plus de remplacements à prix d'argent, plus de ces avilissants marchés, qui, en énervant l'institution, affaiblissaient aussi la considération si légitimement attachée au service de la garde nationale.

Comme nous l'avons dit, les cas d'exemption ont subi peu de modifications ; néanmoins la dispense facultative a été étendue aux gardes nationaux âgés de cinquante-cinq ans. Cette tolérance entrait dans le caractère bienveillant et paternel de la loi. Le remplacement a été réduit à des limites plus restreintes encore que ne le permettait le projet primitif. Le gouvernement n'a pu qu'applaudir au principe conservateur que cette restriction consacre.

Le principe de l'élection des officiers était proclamé par notre charte de 1830. Le projet de loi l'a adopté avec franchise. Le roi conserve la faculté de nommer un commandant supérieur dans les communes où la garde nationale forme plusieurs légions. Ainsi se trouvent combinés, suivant le vœu de la loi constitutionnelle, l'intervention des gardes nationaux dans le choix de leurs officiers, et le commandement de la force publique, dont le roi doit rester investi. Des considérations du même genre ont fait déléguer aux fonctionnaires administratifs la nomination à quelques emplois salariés.

Les mesures d'ordre relatives au mode des élections ont été mises en harmonie avec la base d'organisation communale. Le projet a dès lors adopté l'élection par compagnie. Partout où la commune forme une compagnie, point de difficultés. S'il y a concours de plusieurs communes pour former une compagnie, c'est dans la commune la plus populeuse que se fait l'élection. Il fallait imposer aux officiers élus l'obligation de s'équiper et de s'habiller. La loi, en leur accordant un délai de deux mois, a eu pour objet de tenir compte de toutes les circonstances. Elle leur impose un devoir plus grave, c'est de prêter le serment civique au moment de leur élection. La patrie ne peut avouer pour ses défenseurs ni les citoyens pour chefs, que ceux qui rendent hommage à la nation et à ses lois dans la personne du roi qu'elle a proclamé.

Le reste de ce titre traite de l'uniforme et des armes; il assure, par la responsabilité des communes, et par d'autres mesures, la conservation des armes délivrées par l'état; enfin, il détermine avec netteté l'ordre de préséance entre les différents corps de la garde nationale, ou entre cette garde et d'autres troupes, suivant les circonstances où elle se trouve placée.

Les dispositions relatives à l'administration n'ont reçu aucun amendement notable. Il n'en a pas été de même des mesures transitoires. Les réélections d'officiers, qui ne devaient avoir lieu que dans deux ans, auront lieu trois mois après la promulgation de la loi. Cette mesure a l'avantage d'abréger le provisoire, et de régulariser la position des officiers à l'égard de leurs subordonnés. Loin de s'en plaindre, ils la regardent comme favorable, et l'on peut dire que c'est dans leur intérêt même que cette disposition a été adoptée. Les mêmes motifs ont fait restreindre à une année le maintien facultatif de l'organisation actuelle.

Le caractère général d'unité que doit conserver l'institution de la garde nationale a déterminé la suppression d'une partie du titre Ier, qui la distinguait en garde sédentaire et en garde mobile. Les dispositions qu'il contenait à cet égard ont été fondues dans le titre consacré aux détachements et corps détachés. Il ne doit y avoir en France qu'une seule garde nationale. L'institution sera assez large, assez puissante, pour répondre aux besoins multipliés d'une grande nation ; et les bienfaits que la France en attend dériveront d'une source unique, seront l'œuvre d'une seule force, celle de la nation même, veillant armée à la sûreté de son territoire contre les ennemis du dedans et du dehors, et prêtant son appui à l'exécution des lois.

Les services attribués dans la pensée primitive de la loi à une garde mobile seront rendus par les corps détachés de la garde nationale revêtus du même uniforme, soumis aux mêmes règles, sauf quelques exceptions momentanées, et rentrant, après la cessation des circonstances qui les ont nécessités, au sein de la nation dont ils sont la force la plus jeune, la plus active et la plus disponible.

La loi ne se borne plus à renvoyer à des décrets antérieurs l'indication des cas où il y aura lieu à fournir des détachements et des corps détachés ; elle les énonce expressément, et prévient ainsi toute obscurité. Elle détermine dans quelles limites les autorités qui les auront requis pourront disposer des détachements ; mais elle ne permet qu'à l'autorité législative de les employer à un service d'activité militaire. Elle fixe enfin avec précision l'ordre et la proportion dans lesquels les gardes nationaux peuvent être appelés à ce service. Sous ce rapport la loi contient de notables améliorations. Vous remarquerez

celle qui tend à encourager les engagements volontaires. Ils auront l'heureux résultat de ménager la garde nationale, et de rendre peut-
être inutiles les appels généraux sur les contrôles
de service ordinaire et de réserve.

Les corps détachés seront organisés par bataillons. Le Gouvernement pourra les réunir en légions.

Le service militaire dont ils sont chargés, permettait moins de latitude dans le droit d'élection. La loi ne l'a restreint que dans une juste
mesure.

Elle permet aussi au Gouvernement d'autoriser dans les corps détachés la formation de
compagnies spéciales; enfin elle adoucit, à l'é-
gard de ces corps, les rigueurs de la discipline
militaire à laquelle d'ailleurs elle a dû les assu-
jettir, lorsqu'ils seront en présence de l'ennemi.

La durée du service des détachements et des
corps détachés ne pouvait rester dans le vague.
La loi, en la fixant, s'est déterminée d'après les
circonstances qui le plus ordinairement en né-
cessiteront l'emploi.

La dernière partie de la loi comprend la discipline. Elle a subi, dans le cours de la discussion,
une modification importante. Le Gouvernement
s'y est convaincu que l'introduction d'un jury
de jugement était inutile pour la garantie des
prévenus, suffisamment rassurés par l'institution

de juges qui sont déjà leurs pairs, et que les formes empruntées à nos lois criminelles présenteraient trop de solennité et entraîneraient trop de lenteurs. La composition des conseils a d'ailleurs été empruntée à la loi de 1791. La nouvelle loi a seulement pourvu d'une manière convenable aux garanties nécessaires, lorsque le prévenu est un officier. Une longue expérience a permis d'apprécier l'utilité du mode adopté: car, dans le cours d'une existence qui a duré jusqu'à la dissolution de la garde nationale parisienne, les conseils de discipline n'ont pas soulevé une critique sérieuse.

La pénalité est restée ce qu'elle était dans l'esprit du premier projet. Les amendes ont dû être écartées comme peine trop inégale, injuste, quand le chiffre en est invariablement fixé; arbitraire, quand il ne l'est pas. L'emprisonnement a paru trop prodigué à l'égard des officiers. Des vues de convenance lui ont fait substituer les arrêts simples et de rigueur, peine fondée sur le sentiment de l'honneur, et dont l'efficacité n'en sera que plus assurée.

L'esprit de douceur qui caractérise la pénalité n'a pu exiler les mesures plus sévères qui punissent la violation des devoirs, et vous penserez sans doute que la loi a su allier ce qu'il y a d'inflexible dans son exigence, à tout ce qu'il y a de facile dans la nature de l'institution qu'elle organise.

En vous indiquant les améliorations que le projet actuel présente, le Gouvernement ne se dissimule pas tout ce que les progrès du temps et de l'expérience pourront y ajouter. Tel qu'il est, nous pouvons espérer qu'il prouvera à la France quelles patriotiques intentions animent les corps politiques chargés du précieux dépôt de ses destinées.

La loi organique de la garde nationale est un premier pas dans la carrière de liberté que nos trois journées ont ouverte. Cette liberté, conquise par une juste insurrection contre un pouvoir injuste, va passer dans nos lois. Les armes que les citoyens ont saisies d'inspiration pour protéger leurs biens, leur existence, leur dignité d'homme lâchement attaquée, la Patrie va les leur remettre pour sa défense.

La Patrie, heureuse aujourd'hui d'une émotion passagère qui a pu lui faire connaître la force immense dont elle est entourée, va parler, en quelque sorte, par la loi nouvelle, pour dire à la garde nationale que les devoirs qu'elle lui impose, ce sont ceux qu'elle a remplis, et que le plus beau modèle de sa conduite à venir, c'est sa conduite passée.

Quant à nous, Messieurs, interprètes du vœu du pays pour une loi organisatrice, dont le retard lui semblerait un plus grand mal peut-être que quelques imperfections, nous nous confions

avec lui dans votre empressement à satisfaire son
impatience, car il s'agit d'une institution dans
laquelle se réunissent les pensées de tous les
nobles cœurs, d'une institution chère au Roi
comme à la nation qui l'a élevé sur le trône,
d'une institution à laquelle se rattache d'une
manière ineffaçable le nom d'un citoyen vénérable, qui a emporté dans sa retraite l'amitié de
son Roi et le respect de tous, et à qui Paris ne
pouvait trouver un digne successeur que dans
l'un de ces guerriers dont le nom, déjà consacré
dans nos fastes militaires, s'est rajeuni de gloire,
en juillet, dans la conquête de la liberté.

CHAMBRE DES PAIRS.

Séance du 21 février 1831.

RAPPORT FAIT A LA CHAMBRE PAR M. LE COMTE DE SAINT-AULAIRE, AU NOM D'UNE COMMISSION SPÉCIALE, CHARGÉE DE L'EXAMEN DU PROJET DE LOI RELATIF A L'ORGANISATION DE LA GARDE NATIONALE.

Messieurs, l'art. 69 de la Charte de 1830 a promis au peuple français une loi sur l'organisation de la garde nationale, avec intervention des gardes nationaux dans le choix de leurs officiers. Devançant l'effet de cette promesse, partout la milice citoyenne a saisi ses armes, formé ses rangs, choisi ses chefs. Ce grand mouvement de la population tout entière s'est accompli quand le pouvoir était sans force ; et loin qu'aucun désordre en ait marqué la trace, l'intervention puissante et protectrice de ces masses armées a paré la révolution de 1830 de sa plus belle gloire, la modération dans le succès.

Honneur à l'institution si souvent éprouvée depuis quarante ans dans les crises diverses, et qui ne trompa jamais la confiance qu'elle inspirait. A cet hommage que lui rendra l'histoire, la chambre des pairs doit ajouter celui de sa reconnaissance. C'est au tranquille courage de la garde nationale de Paris dans une circonstance récente, que vous avez dû, Messieurs, la sûreté de vos personnes ; et, ce qui vous intéressait bien davantage, la possibilité de remplir un devoir. Sans doute, après les journées du mois de décembre dernier, après celles de juillet 1830, après les batailles de Valmy et de Jemmapes, on peut signaler à bon droit la garde nationale comme une garantie puissante de la liberté et de l'indépendance de la patrie. Vous aurez à reconnaître si les dispositions de la loi sur laquelle vous allez délibérer, répondent dignement à de si grands intérêts.

Le projet primitif du gouvernement a subi de nombreux amendements à la chambre des députés. Nous vous en proposons nous-mêmes quelques-uns, sans nous flatter cependant qu'il ait atteint la perfection désirable. Un grand nombre de ces articles restent chargés de dispositions réglementaires, fâcheuse confusion qui peut depuis long-temps être justement reprochée à notre législation politique. Dans les premières années de la révolution, des assemblées délibérantes usurpant sans scrupule les attributions du pouvoir exécutif, confondirent les principes législatifs et les détails d'exécution, qui sont le domaine de l'ordonnance. Plus tard, l'empereur Napoléon se montra moins scrupuleux encore ; sa seule volonté faisait la loi sur toutes choses, et personne ne songeait à s'enquérir si l'acte qui la proclamait avait pour titre *décret* ou *sénatus-consulte*. Enfin, dans les dernières années de la restauration, les fraudes audacieuses de l'administration ont porté la méfiance à l'excès, et, pour le besoin d'une légitime défense, on a souvent multiplié outre mesure les prescriptions législatives.

Aujourd'hui que de tels motifs n'existent plus, il est à désirer qu'une division plus méthodique soit établie dans nos Codes. Inscrivons-y seulement les dispositions essentielles qui comportent une sanction pénale ou dont l'omission emporterait nullité. Laissons ensuite aux ministres du roi le soin de prescrire les moyens d'exécution, de concert avec les autorités municipales, auxquelles il convient en pareil cas de laisser une grande latitude : ce serait le plus souvent aux dépens des intérêts locaux qu'on parviendrait à maintenir dans l'exécution d'une mesure générale, une uniformité symétrique. Puisque de bonnes lois nous donneront bientôt enfin des pouvoirs municipaux dignes de la confiance des peuples et du gouvernement, ne craignons plus de leur abandonner des détails placés trop loin de l'autorité centrale pour qu'elle puisse convenablement y pourvoir.

Nous ne vous proposons pas, Messieurs, d'appliquer ces principes à la loi sur la garde nationale, parce que nous ne le pourrions sans altérer l'esprit dans lequel elle a été conçue, et sans multiplier les amendements outre mesure. Nous aurions craint de compromettre le sort d'une loi impatiemment attendue, et qui, malgré ses imperfections, assure de justes droits sur notre reconnaissance à ceux qui l'ont discutée avec tant de bonne foi et de talent. Par cette même réserve, nous avons conservé plusieurs articles qui manquent peut-être de précision et de clarté; conséquence nécessaire d'une rédaction improvisée au milieu d'une discussion dans laquelle quatre cent sept amendements ont été proposés. Sans doute l'inconvénient de laisser subsister ces taches vous paraîtra moindre que celui de provoquer entre les deux chambres une controverse puérile sur des formes grammaticales ou sur des détails d'un intérêt minime. Nous n'avons pas craint cependant d'apporter des changements considérables à la division des titres et à l'ordre des articles du projet de loi. L'ordre que nous proposons est évidemment plus méthodique, plus conforme à la nature des choses, et nous ne doutons pas que la chambre des députés ne l'eût adopté, si, comme nous, elle avait pu d'abord juger l'ensemble des projets qui lui ont été présentés à des époques différentes, et qu'elle a réunis dans une loi unique.

Le 9 octobre de l'année dernière, le ministre de l'intérieur lui porta deux projets de loi, l'un sur l'organisation de la garde nationale sédentaire, l'autre sur l'organisation de la garde nationale mobile. La commission nommée pour l'examen de ces deux projets de loi avait terminé son travail, et l'habile rapporteur allait le soumettre à la chambre, lorsque, le 29 novembre suivant, le Gouvernement fit présenter une loi sur le service et la discipline de la garde nationale sédentaire. Renvoi de ce nouveau projet à la même commission, qui, quatre jours après, proposa de ne faire des trois lois qu'une seule; et qui n'ayant pas eu le temps de changer toute l'économie des deux premières pour intercaler convenablement la troisième, la plaça, suivant l'ordre de sa présentation, à la suite des deux autres. D'où il est résulté que le projet dont vous nous avez confié l'examen est divisé en neuf titres : les sept premiers règlent seulement l'organisation de la garde nationale sédentaire; le huitième règle la formation, le service, la discipline et l'administration de la garde nationale mobile; et enfin un neuvième titre, séparé fort mal à propos des sept premiers, revient à la garde sédentaire, pour traiter de son service, de son administration et de sa discipline.

On aperçoit ici un désordre en quelque sorte matériel, et la nécessité de déplacer les titres était évidente. De plus, en réunissant en un seul les deux projets du 9 octobre, la chambre des députés a supprimé les qualifications de *garde nationale sédentaire* et de *garde nationale mo-*

bile. Elle distingue, conformément à la nature des choses, le service ordinaire qui consiste à maintenir l'ordre et à faire exécuter les lois dans l'intérieur de la commune, du service extraordinaire pour lequel les gardes nationaux peuvent être appelés plus ou moins loin de leurs foyers. Dans le service extraordinaire, elle distingue encore les cas où la garde nationale concourt à la défense du territoire, de ceux où, suppléant à l'insuffisance de la gendarmerie, elle escorte, d'une ville à l'autre, des envois de fonds et de prisonniers, ou s'emploie à rétablir l'ordre momentanément troublé dans une localité voisine. Suivant la définition donnée par la chambre, les gardes nationaux ainsi employés servent *en détachements;* ils servent sous le nom de *corps détachés,* s'ils sont appelés comme auxiliaires de l'armée active pour la défense des places fortes, des côtes et des frontières du royaume. Peut-être aurait-on pu choisir des mots qui accusassent plus nettement la différence des choses; mais pour changer le moins possible au travail si respectable de la chambre des députés, nous acceptons les définitions données par elle. Comme elle, nous distinguons trois natures de service : 1° le service ordinaire; 2° le service des détachements; 3° le service des corps détachés. Établissant sur cette base toute l'économie du projet, nous réunissons sous un même titre les dispositions relatives à l'organisation et à la discipline du service ordinaire; puis, procédant de même pour les détachements et les corps détachés, nous obtenons une classification méthodique, nécessaire sur-tout pour une loi d'une telle étendue.

Ces changements, Messieurs, ne touchant qu'à l'ordonnance extérieure de la loi, j'arrive à ceux qui modifient ses dispositions essentielles; mais sans vous fatiguer d'amendements de détails, qui seront plus justement expliqués lors de la discussion des articles auxquels ils se rapportent, j'aurai l'honneur de vous exposer seulement ceux qui méritent par leur importance une attention particulière.

TITRE PREMIER.

DISPOSITIONS GÉNÉRALES.

Le titre Ier définit les devoirs de la garde nationale, les bases et le mode de son organisation; il fixe ses rapports de subordination envers l'autorité civile. Tout ici est d'une extrême importance, la commission a pesé chaque parole, et malgré la résolution de restreindre le nombre de ses amendements, elle s'est crue obligée à vous en proposer plusieurs. *La garde nationale est instituée pour défendre la Charte constitutionnelle et les droits qu'elle a consacrés.* Ce texte de l'art. 1er garantit implicitement les droits du

Roi. Comme ceux des simples citoyens, les droits du Roi s'appuient sur la loi ; ils ne réclament qu'au nom de la loi le respect et l'obéissance. Mais le plus cher intérêt de la société se recommande à une sollicitude particulière. Votre commission propose de confier explicitement à la garde nationale la défense *de la royauté constitutionnelle*, et quand on ne voudrait voir dans cette addition qu'une profession de principes, pourquoi craindrions-nous de proclamer des principes monarchiques, quand nous avons le bonheur de vivre sous une monarchie constitutionnelle?

Une seconde lacune nous a paru plus nécessaire encore à réparer. Les devoirs de la garde nationale sont de défendre l'ordre, la liberté et l'indépendance de la patrie; mais en outre de ces devoirs positifs exprimés dans l'article premier, elle a des devoirs négatifs également sacrés. C'est un principe universellement admis dans tous les pays civilisés, que la force publique ne doit jamais délibérer ; les constitutions de la république sont sur ce point aussi explicites que les décrets impériaux; un article spécial de la loi de 1791, sur l'organisation de la garde nationale, porte en termes formels cette prohibition qu'on ne retrouvait pas dans la présente loi. Nous la rétablissons dans l'article premier dont elle formera le second paragraphe, et nous adoptons pour la rédaction les termes mêmes de la loi de 1791; parce que, cette loi ayant été suivie presque partout en France pour l'organisation actuelle, ses dispositions sont généralement connues et populaires, et qu'il est bon d'avertir le public que nous ne réclamons rien de nouveau.

Nous avons dit que le projet primitif du Gouvernement distinguait la garde nationale en garde sédentaire et en garde mobile. La chambre des députés ayant supprimé cette distinction et les articles qui l'établissaient, il semble utile, pour l'intelligence du projet de loi, d'y insérer un nouvel article qui exprime ses divisions principales. Nous l'avons ainsi rédigé :

« ART. 3. Le service de la garde nationale consiste » 1° en service ordinaire dans l'intérieur de la » commune; 2° en service de détachements hors » du territoire de la commune ; 3° en service de » corps détachés pour seconder l'armée de ligne. »

Après avoir défini les devoirs de la garde nationale, les divers services auxquels elle ne peut être appelée, nous sommes naturellement conduits à rechercher quel doit être le principe de son organisation, et ici nous rencontrons deux systèmes contradictoirement soutenus à la chambre des députés avec une grande chaleur, et qui divisent encore aujourd'hui beaucoup de bons esprits : *l'organisation par commune et l'organisation par cantons.*

Le gouvernement avait d'abord proposé l'organisation par cantons. C'était au chef-lieu de canton qu'on établissait le registre-matricule, que l'aptitude des citoyens au service était jugée, qu'on procédait à leur classement par compagnies. C'était encore au chef-lieu de cantons que tous les gardes nationaux des communes se réunissaient pour nommer leurs officiers. Ainsi, l'individualité de la commune était effacée, l'influence du chef-lieu devenait presque exclusive, et l'autorité municipale s'affaiblissait dans le plus grand nombre des communes rurales du royaume.

Ces objections ont été présentées avec force à la chambre des députés, et, en outre de ces inconvénients pratiques, l'organisation de la garde nationale par cantons a été attaquée comme contraire à tous les principes d'une bonne théorie. En effet, si la garde nationale de France n'est autre chose que la réunion de tous les citoyens français armés, cette société armée doit avoir le même élément que la société civile. Or, on ne conteste pas que l'unité politique ne soit la commune; donc, pour rester dans la réalité des choses, l'unité de la garde nationale doit être la compagnie ou fraction de compagnie communale. A la vérité, plusieurs compagnies communales peuvent former un bataillon cantonnal, de même que plusieurs communes réunies forment le canton; mais si l'unité du canton est une fiction de la loi qui ne saurait détruire la réalité de l'existence des communes , de même, quand il convient de former des bataillons cantonnaux, ce ne peut être aux dépens de l'existence et de l'individualité des compagnies communales.

Ces raisons n'ont point été méconnues par la chambre des députés , et bientôt on est tombé d'accord que , dans tous les cas , le registre-matricule s'établirait par commune ; que l'aptitude des citoyens serait jugée par leurs magistrats municipaux ; que ces mêmes magistrats formeraient les compagnies et présideraient à l'élection des officiers. Dès lors, la question de principe était décidée , l'organisation avait lieu par commune , et n'en subsistait pas moins , si , par la réunion des gardes de plusieurs communes, on venait ensuite à former un bataillon de canton.

Mais convenait-il d'opérer de telles réunions et de former ainsi des masses nombreuses de population armée , ou fallait-il de préférence laisser dans chaque commune une fraction débile et isolée de la garde nationale ? A juger les choses sans prévention , il semble difficile de méconnaître que chacun de ces systèmes porte avec lui des avantages et des inconvénients réels. Sous le rapport militaire , la formation par canton est assurément préférable : les gardes natio-

naux réunis en grand nombre, prendront plus de
confiance en leurs forces ; l'émulation des compagnies tournera au profit de l'instruction , et ,
dans le cas d'une invasion menaçante de la part
de l'étranger , ou d'une attaque impie contre la
liberté , les éléments d'une puissante résistance
se trouveront mieux préparés.

Ces concessions doivent être faites aux partisans du système cantonnal ; mais il faut reconnaître aussi que l'état paisible et normal de la
société profite peu de tant d'exaltation guerrière.
Les arts de la paix s'éloignent quelquefois au
bruit des armes , et telle population industrieuse
qui s'élancerait au combat , pleine de zèle pour
repousser l'ennemi , trouverait bientôt intolérable d'être arrachée de ses ateliers pour aller
parader, à plusieurs lieues de ses foyers , au gré
d'un commandant désœuvré, et jaloux d'acquérir
à bon marché un renom militaire.

D'ailleurs , et c'est ici l'argument principal ,
la garde nationale doit être maintenue, à l'é-
gard du magistrat civil , dans un état de subordination ; et quoi de plus contraire à cette subordination , que de donner au capitaine de la
commune un chef militaire étranger à cette
commune ? Qu'arrivera-t-il si l'officier inférieur
reçoit à la fois une réquisition de son maire et
un ordre direct de son chef ? N'est-il pas à craindre que l'esprit de corps ne forme quelquefois ,

entre le commandant du bataillon cantonal et les capitaines des communes, une alliance formidable pour le pouvoir modeste et désarmé d'un conseil municipal? Préoccupés de cette idée, que l'avenir de la liberté en France est intéressé à favoriser le développement de l'esprit municipal, et à fortifier l'influence de ces magistratures inoffensives, nous vous proposons, Messieurs, que les conseils municipaux soient entendus avant qu'il soit procédé à la formation cantonnale, et nous amendons en ces termes l'art. 3 du projet de loi :

» Les gardes nationales seront organisées par commune ; les compagnies communales d'un canton seront formées en bataillons cantonnaux lorsque la demande en aura été faite par les conseils municipaux du canton, et qu'une ordonnance du Roi l'aura permis. »

Cette demande des conseils municipaux et la nécessité de l'ordonnance royale, nous ont semblé réunir toutes les garanties désirables. Les convenances de localités seront ainsi appréciées par leurs juges naturels, et après s'être éclairé de leurs avis, le Roi prononcera comme arbitre des nécessités publiques. Des raisons bien puissantes sans doute seraient nécessaires pour le déterminer au refus quand les conseils auront provoqué la mesure, et s'ils s'y étaient opposés, il est probable que la réunion exécutée contrairement à leurs vœux, ne produirait pas un bon résultat.

La puissance laissée au Roi pour permettre ou pour interdire la réunion des gardes nationales par canton, lui était plus nécessaire encore dans les cas où l'existence même des gardes communales deviendrait un danger. Non-seulement le Roi pourra les dissoudre alors pour une année dans certaines localités, mais, en cas d'urgence, la chambre des députés a voulu que le préfet pût aussi les suspendre pendant deux mois; nous ne pouvons qu'applaudir à cette sollicitude éclairée. Les articles suivants, inspirés par la même prudence, règlent les rapports de la garde nationale avec l'autorité civile, et la maintiennent dans cet état de subordination dont il importe que jamais elle ne puisse s'écarter. Quelques dispositions sur les revues et les exercices nous ont paru plus convenablement placées dans le chapitre relatif aux détails du service ordinaire, et nous les y avons renvoyées; mais nous avons maintenu dans le premier, comme disposition fondamentale, la défense de distribuer des cartouches aux citoyens armés, si ce n'est en cas de réquisition précise. La modération et la patience doivent être le caractère de la milice citoyenne; on ne saurait lui rappeler trop souvent que, si son devoir est de maintenir l'ordre, sa gloire est de le maintenir sans recourir aux moyens extrêmes.

TITRE II.

OBLIGATION DU SERVICE PERSONNEL. INSCRIPTION AU REGISTRE-MATRICULE.

Le titre second se compose, comme le premier, de dispositions générales, et présente des moyens également applicables aux trois natures de service que nous avons distinguées. Il appelle tous les Français à l'un de ces services, sauf des incompatibilités suffisamment justifiées par leur énoncé. Les magistrats ayant droit de requérir la force publique, les ministres des cultes, les militaires en activité de service se classent naturellement dans cette catégorie. Quelques exemptions viennent ensuite, pour des employés subalternes que la garde nationale verrait avec défaveur dans ses rangs. Enfin, des exclusions sont prouoncées contre des hommes flétris, indignes de s'y présenter.

Tous les Français appelés au service seront inscrits sur des listes de recensement dressées par les maires; ces listes, revisées par des conseils, deviendront le registre-matricule qui, chaque année(au mois de janvier), subira une révision nouvelle, dont l'exactitude est garantie par des formes réglées au projet de loi, avec des détails peut-être minutieux.

Votre commission ne vous proposera qu'un

amendement de quelque importance sur tous les articles du titre II; il s'applique à la composition des conseils de recensement. Dans les communes rurales et dans les villes qui ne fournissent pas plus d'un bataillon, le projet de loi propose de confier la révision des listes au conseil municipal, et les citoyens ne peuvent, ce nous semble, obtenir une meilleure garantie; cependant pour les villes qui fournissent une légion, on veut composer le conseil de huit membres pris en dehors de la municipalité; mais la révision des listes précédant la formation des cadres, on ignorera encore, au moment de cette révision, s'il doit exister dans une ville une légion ou un bataillon. Pourquoi, d'ailleurs, quand le travail devient plus difficile, diminuerait-on le nombre et l'importance de ceux qui doivent y concourir? Le conseil municipal d'une ville, petite ou grande, sera toujours une autorité plus imposante que celle d'un conseil de recensement, composé de huit gardes nationaux. Il nous paraît donc préférable que, dans tous les cas, le conseil municipal soit le fonds du conseil de recensement, l'autorisant au besoin à se faire assister par des citoyens de son choix, avec lesquels il fera telle répartition du travail qu'il jugera convenable; c'est toujours avec confiance que nous invoquons le zèle et l'intelligence de l'autorité, gardienne et protectrice des intérêts locaux.

TITRE III.

DE LA GARDE NATIONALE EN SERVICE ORDINAIRE.

Après avoir formé les registres-matricules, le conseil de recrutement, procédant à un nouvel examen, fait un partage de tous les citoyens inscrits. Il porte sur le contrôle du service ordinaire ceux qu'il juge en état de subvenir aux charges habituelles que le service impose ; il maintient les autres sur le contrôle de réserve pour être appelés seulement dans les cas extraordinaires. La nécessité de cette distinction admise (et elle ne peut être contestée, tant dans l'intérêt public que dans l'intérêt privé), peut-être eût-il été mieux d'abandonner l'exécution à la prudence de l'autorité municipale, sans la gêner par une prescription légale. Cependant la chambre des députés a cru devoir indiquer spécialement au choix du conseil de recensement, tous les Français imposés à la contribution personnelle et leurs enfants ; à la vérité, une large exception a été faite en faveur des braves citoyens qui, depuis le 31 août dernier, ont donné tant de preuves de zèle et de patriotisme : tout sentiment de méfiance à leur égard eût été aussi injuste qu'offensant.

Des réclamations auxquelles pourra donner lieu la formation des deux contrôles, seront sou-

mises à la révision d'un jury, dont la composition a donné lieu à de longues discussions.
Plusieurs d'entre nous pensaient qu'il était impossible de fournir aux intéressés de meilleures garanties que celles qu'ils avaient trouvées dans le
conseil de recensement ; la majorité de la commission n'a pas cru cependant qu'on pût supprimer le jury de révision, mais elle est tombée
d'accord que le mode proposé pour sa formation
serait inexécutable dans beaucoup de localités.

Comment concevoir en effet, Messieurs, la
réunion, dans une commune rurale, de tous les
gardes nationaux appelés à choisir entre eux (jusqu'à concurrence du dixième de leur nombre)
des candidats pour le jury, avec l'obligation de
les choisir parmi des hommes de trente-cinq ans
sachant lire et écrire ? Il est triste de l'avouer,
mais dans beaucoup de communes rurales l'embarras de ce choix serait extrême. Quelle confusion, d'ailleurs, dans un scrutin de liste chargé
de vingt noms ! Quel embarras pour le dépouil-
ler ! Quel moyen de constater la régularité de
l'opération ? Craignons de parodier des formes
d'élection qui, pour rester entourées du respect
public, ne doivent être pratiquées qu'avec dignité. Il nous a semblé plus à propos de tirer au
sort les jurés de révision parmi tous les officiers
et sous-officiers des gardes nationales du canton :
c'est en ce sens que nous avons amendé l'article 17

du projet, devenu l'article 15 de la commission.

Les citoyens inscrits sur le contrôle ordinaire pourront cependant se trouver empêchés, les uns en raison de leurs fonctions, les autres en raison de leur âge ou de leur santé, quelques-uns seront absents pour leurs affaires. Par qui leur sera-t-il permis de se faire remplacer ? Dans quels cas leurs excuses seront-elles admises comme valables?

Il est difficile de résoudre *à priori* de telles questions. Les véritables juges des remplacements et des dispenses temporaires ou définitives, sont les magistrats municipaux. Le projet de loi le reconnaît et leur renvoie le jugement de ces sortes d'affaires, mais après avoir essayé une nomenclature exceptionnelle, et nécessairement très incomplète, à laquelle nous proposons d'ajouter les postillons de poste. Ils ont bien autant de droit à cette faveur que les facteurs de la poste aux lettres, auprès de qui nous les plaçons. A la vérité, d'autres auraient à présenter des réclamations non moins légitimes. Tel est l'inconvénient d'étendre outre mesure les prévisions de la loi, qu'on ne sait plus où les arrêter.

Les contrôles sont dressés, on a prononcé sur les demandes de dispenses et d'exemptions. Pour organiser le service, il reste à former les corps et à nommer aux grades. C'est l'objet du titre V de projet de loi qui, d'après l'ordonnance adoptée par votre commission, devient une section du titre III, sous lequel nous réunissons tout ce qui est relatif à la garde nationale en service ordinaire. Ce même désir d'arriver à une classification plus méthodique, nous a conduits à déplacer plusieurs des dispositions comprises dans le chapitre. Ayant à déterminer la formation des subdivisions de compagnie, des compagnies, des bataillons et des légions, nous classerons dans des articles successifs, tout ce qui est relatif à ces différents corps. Fixant d'abord les cadres d'une subdivision de compagnie, eu égard au nombre des gardes nationaux dont elle se compose, nous épuisons ensuite tout ce qui est relatif aux compagnies, puis aux bataillons, et enfin aux légions.

Les dispositions minutieuses introduites dans le projet ont partout été respectées, bien que nous ne puissions comprendre la convenance d'imposer législativement à la garde nationale d'une commune, l'obligation d'avoir un ou deux tambours, de fixer invariablement le nombre de compagnies dont elle formera ses bataillons, le nombre des hommes dont elle formera ses compagnies. Une ordonnance du Roi n'eût-elle pas suffi pour régler ces détails? Ne pouvait-on pas aussi s'en remettre aux autorités municipales du soin de reconnaître les cas où les besoins et les ressources de leurs communes fourniraient les moyens et indiqueraient l'utilité d'organiser des compagnies de sapeurs-pompiers et d'ouvriers de la marine? Les auteurs de ces amendements à la chambre des députés se sont laissés séduire par la pensée d'organiser toute la garde nationale sur un plan régulier, et de ne rien abandonner à l'arbitraire. Peut-être ont-ils trop oublié que l'ordre et la symétrie ne sont pas toujours même chose, et que l'intervention d'une loi minutieuse, qui brise des convenances locales, est une sorte de tyrannie.

Par les motifs exposés en commençant, nous signalons le mal sans appliquer le remède. Les seuls amendements de quelque importance proposés par nous à ce chapitre, portent sur les articles 45 et 48. Le premier prescrit la nomination d'un chef de bataillon dans toutes les villes qui fournissent plus de cinq cents gardes nationales; la nécessité d'un officier supérieur, en pareil cas, est évidente. Le second laisse au Roi la faculté de nommer un chef de légion dans tous les cantons qui fournissent plusieurs bataillons. Cette faculté était limitée au département de la Seine, et nous n'avons pas aperçu de motifs suffisants pour cette restriction.

Le chapitre suivant traite de la nomination aux grades. Les capitaines et les officiers inférieurs, de même que les sous-officiers, sont choisis par leurs compagnies. Les chefs de bataillon le sont

par les officiers des bataillons auxquels s'ad-
joignent, en nombre égal, des sous-officiers et
des soldats. Enfin la nomination des colonels et
lieutenants-colonels est attribuée par le projet au
Roi, avec cette restriction qu'il devra les choisir
parmi les chefs de bataillon et les capitaines de la
légion.

On objecte que souvent, et notamment dans
les grandes villes, la position sociale de ces officiers ne leur permettait pas de subvenir aux frais,
ou de suffire au travail que nécessite le commandement d'une légion. De plus, tel candidat que
la confiance de ses concitoyens appellerait à ce
poste supérieur, ne deviendrait apte à recevoir
le choix du Roi que s'il avait été placé à la tête
d'un bataillon ou d'une compagnie. Les électeurs
peuvent avoir d'autres vues pour ce poste subordonné, et s'arrangeraient difficilement pour une
nomination éventuelle. Pourquoi ne pas leur demander d'abord et directement leur avis?

Faire concourir à cette candidature les gardes
nationaux de tous les bataillons n'ayant pas semblé possible, il ne restait que l'alternative de
fractionner la légion en faisant voter par compagnie, ou de demander le candidat aux votes
des officiers réunis. Ce dernier mode a été écarté
comme peu populaire, en ce qu'il ne tenait
compte des simples gardes nationaux. La présentation par compagnies a cet autre inconvénient

que les candidats élus dans chacune des compagnies, ne représentent qu'une bien faible partie
des suffrages de la légion. Nous avons cependant adopté ce dernier mode, en conservant la
candidature déjà établie. Le choix du Roi, pour
le chef de légion et le lieutenant-colonel, pourra
ainsi se fixer entre les chefs de bataillon et les capitaines, plus, entre les candidats spéciaux qui
auront été présentés par chacune des compagnies.

Arrêtons-nous un moment ici, Messieurs : nous
touchons à une des grandes difficultés de notre
tâche. Cette nomination des officiers par la garde
nationale est une grande innovation, une épreuve,
il faut l'avouer, que beaucoup de bons esprits
trouveront hasardée. Comprise d'une manière
absolue, elle serait en effet contraire aux principes monarchiques et au texte de la Charte, qui
porte, articles 12 et 13 : *Au Roi seul appartient la
puissance exécutive... Il nomme à tous les emplois
d'administration publique.* Remarquons encore
que l'article de la Charte de 1830, qu'il s'agit
aujourd'hui d'exécuter, a promis seulement aux
gardes nationaux l'intervention dans le choix de
leurs officiers, et non la nomination péremptoire
sans recours à l'autorité royale, pour les cas où
une destitution deviendrait nécessaire. S'il fallait
interpréter dans ce dernier sens la Charte de 1830,
que deviendrait la responsabilité des ministres et
celle de la magistrature municipale? Dans chaque

commune de France, on placerait en présence du maire un commandant nominalement dans sa dépendance, mais qui pourrait, par le fait, braver impunément toutes les autorités administratives. Le recours aux tribunaux serait un remède bien insuffisant, car la privation du grade et de l'emploi par jugement ne peut être prononcée que pour des délits caractérisés; or, il s'agit moins ici de punir des délits que de pourvoir à des incompatibilités possibles entre des hommes honorables et même bien intentionnés.

Personne ne suppose assurément que, pour se débarrasser d'un maire ou d'un préfet mal habile, le ministre de l'intérieur puisse être réduit à lui faire un procès. Voudrait-on qu'il ne lui restât d'autre ressource contre un chef de la garde nationale en hostilité déclarée contre les magistrats de son département, ou qui conduirait avec plus ou moins d'adresse une opposition habituelle contre le Gouvernement du Roi? Il est impossible d'exagérer les conséquences possibles et même probables d'un tel ordre de choses. La liberté serait compromise plus encore que le pouvoir royal, car la magistrature municipale, principale garantie des droits du citoyen dans les communes rurales serait avilie la première, et s'il restait un moyen pour la défendre, on ne pourrait le trouver que dans la dissolution de la garde nationale tout entière; contradiction bizarre du projet de loi dont l'art. 5 permet l'usage de ce remède héroïque contre des populations entières, et qui ne permettrait pas une destitution individuelle dans des cas que le cours naturel des affaires ne peut manquer de ramener fréquemment.

Vous éviterez cette inconséquence, Messieurs, si vous adoptez l'art. 61 proposé par votre commission. Vous remarquerez de combien de précautions nous l'avons entouré pour obtenir l'assurance que la privation de l'emploi ne serait jamais prononcée qu'après un mûr examen. Nous avons senti que l'élection commandait de grands égards; mais nous n'avons pas admis qu'elle pût conférer une indépendance qui infirmerait tous les pouvoirs de la société, et qui placerait le commandant d'une force armée au-dessus de toute magistrature civile.

Le chapitre de l'uniforme, des armes et de la préséance n'a donné lieu qu'à des critiques de détail. Le suivant a pour titre *Ordre du service ordinaire*, et se trouvait bizarrement jeté dans le troisième projet de loi qui traite de la discipline. Nous l'avons placé ici avec plus de convenance, et aux trois articles dont il se composait, nous en joignons trois autres ayant un objet analogue, et que nous extrayons du titre Ier. Dans les communes, le réglement de service sera arrêté par le maire. Une disposition spéciale, pour

les places de guerre, pourvoit à ce que la garde
nationale ne puisse prendre les armes sans que
le commandant de place ait été prévenu. Quand
des bataillons cantonnaux seront formés, c'est
au sous-préfet qu'il appartiendra d'arrêter le réglement pour les revues et exercices. Le projet
de loi voulait que le préfet fixât à l'avance le
nombre de jours dans l'année qui y seraient consacrés. Nous n'avons point aperçu de motifs
pour cette mesure minutieuse : il nous a semblé
plus utile d'appeler MM. les maires des communes à donner leur avis sur le réglement.

C'est toujours à l'autorité municipale que nous
aimons à recourir : aussi applaudissons-nous au
projet de loi qui lui a soumis l'administration et
la comptabilité de la garde nationale. La garde
nationale, pour son administration et sa comptabilité, reste naturellement soumise à l'autorité
municipale. Ses dépenses sont votées, réglées,
surveillées, comme toutes les autres dépenses
de sa commune : elles seront peu considérables
là où il n'existera que des compagnies réunies
en bataillon. En ce cas, la présence d'un conseil
d'administration n'a pas paru nécessaire. Le capitaine de la compagnie ou le plus ancien des
capitaines présentera directement son budget au
conseil municipal. Les frais peuvent devenir plus
coûteux dans les communes organisées en légions ou en bataillons. S'ils sont calculés avec

économie, on ne peut cependant supposer que le conseil fasse difficulté d'y pourvoir; c'est à la loi municipale qu'il appartiendra de fixer les moyens d'obliger, en cas de refus, les communes à satisfaire aux dépenses indispensables : celles de luxe ou de fantaisie doivent toujours rester facultatives.

Quelque embarras s'est rencontré pour les bataillons composés de plusieurs communes, quand il existe des dépenses d'état-major. C'est alors le sous-préfet qui devra régler d'office les budgets, et déterminer la part afférente à chacun dans la charge commune. On aperçoit, dans cette circonstance, un motif de plus pour prendre l'avis des conseils municipaux, ainsi que nous l'avons proposé avant de former les bataillons cantonnaux ; les dépenses causées par cette formation ne pourront motiver aucune plainte quand elles auront été provoquées. Des conseils d'administration existeront dans chaque légion et bataillon ; ils seront nommés par le préfet, sur une liste de candidats présentés par le chef de corps. Toutes ces dispositions sont celles du projet, nous n'avons fait à sa rédaction que de légers changements nécessaires pour réparer quelques inadvertances évidentes.

DISCIPLINE DE LA GARDE NATIONALE EN SERVICE ORDINAIRE.

Les dispositions dont je viens de vous présenter l'analyse, complète l'organisation de la garde nationale pour le service ordinaire. Je dois maintenant appeler votre attention, Messieurs, sur la sanction pénale à donner aux devoirs dont cette loi a pour objet de proclamer le principe et de régulariser la pratique. Aucune partie de notre tâche ne présentait des questions plus difficiles et plus ingrates ; peut-être n'a-t-il pas été au pouvoir de votre commission de les résoudre d'une manière complétement satisfaisante ; quoi qu'il en soit, son rapporteur a pour mission de vous les exposer toutes avec sincérité.

Les devoirs du simple garde national, Messieurs, sont les devoirs du citoyen. Ils ne supposent pas une aptitude spéciale. Celui qui les remplit le mieux est celui qui aime le mieux son prince, son pays et les institutions qui le régissent. Le patriotisme est donc la vie de l'institution ; elle ne peut s'appuyer que sur des vertus civiques : elle périrait si ces vertus venaient à s'éteindre, et ces vertus ne sont pas inspirées par la crainte des châtiments. Une confiance exagérée dans les sentiments d'honneur et de dévouement de tous les individus qui composent une population nombreuse serait cependant une utopie contredite par l'expérience de tous les jours. En fait, après les premiers moments d'effervescence, le zèle de quelques-uns se ralentit, les contraventions se multiplient, et le fardeau du service, réparti entre un petit nombre d'hommes, devient pour eux un poids accablant. Est-il juste d'accorder alors une prime à l'égoïsme? et n'a-t-on pas le droit de punir une indifférence dont l'effet est dommageable et l'exemple contagieux? Rien de plus légitime sans doute, mais peut-être peut-on tirer encore une autre conclusion des prémisses de l'argument.

Si dans la garde nationale le zèle et le courage se sont toujours rencontrés au niveau des dangers et des nobles fatigues; si la lassitude et le dégoût apparaissent seulement quand ces dangers sont dissipés, concluons-en, Messieurs, qu'on peut demander beaucoup à la garde nationale dans les temps de crise, et qu'il faut lui demander fort peu dans un ordre de choses paisible et régulier. Ayons donc recours aux châtiments, s'il le faut, pour triompher de certaines résistances exceptionnelles; mais à l'instant où leur usage devient fréquent, tenons pour certain que leur effet est manqué; ils aggravent alors le mal au lieu de le guérir. C'est dans la diminution du service qu'il faut chercher le remède et non pas dans la pénalité que nous allons vous proposer.

Le chapitre de la discipline formait la loi tout

entière portée à la chambre des députés le 29 novembre dernier. Il se divise en trois sections : les peines, les conseils de discipline, la procédure. Quelques peines légères sont laissées à la discrétion des chefs. Ils ordonneront une faction, une garde hors de tour, et au besoin la détention, pendant quelques heures, dans la prison du poste. Les peines plus sérieuses, prononcées par les conseils de discipline, sont, les arrêts, la réprimande, la privation du grade et la prison. Nous avons conservé la première de ces peines, bien que d'une exécution difficile, parce qu'elle nous a paru, ainsi que les deux suivantes, analogue à l'esprit de la garde nationale. Toutes trois parlent à l'honneur et punissent sans irriter. La prison, au contraire, est une ressource extrême à laquelle il nous a coûté de recourir. Le maximum était de cinq jours dans le projet de loi, nous l'avons réduit à trois; mais ce léger adoucissement est plus que compensé par l'aggravation des peines, qu'après plusieurs récidives le tribunal de police correctionnelle est appelé à prononcer pour les fautes de discipline. Le maximum de la prison est, en ce cas, de vingt jours. Le tribunal peut y ajouter 50 fr. d'amende, la condamnation aux frais, et, ce qui est bien plus sévère, la privation du droit d'élection, d'éligibilité et de port d'armes pendant deux ans.

Ces nouvelles rigueurs ont été combattues comme excessives dans le sein de la commission. On a objecté que, les droits politiques n'étaut pas conférés au citoyen dans son intérêt personnel, il ne pouvait en être privé par forme de punition, mais seulement pour cause d'indignité; or, cette indignité impliquerait l'infamie et dans l'état de nos mœurs, l'infamie ne s'attache ni en droit, ni en fait, au refus, même obstiné, du service de la garde nationale. La majorité a persisté à croire qu'il y avait analogie entre la privation des droits civiques, et le mépris des obligations imposées par la loi. On a soutenu que le service était une dette d'honneur, et que le réfractaire devenait coupable d'une sorte de banqueroute envers le pays.

A la vérité, les refus de service entraîneront seulement de si graves conséquences, lorsqu'ils intéresseront l'ordre et la sûreté. Votre commission a ajouté cette condition à l'article. 89. Elle n'a pas cru que, pour les cas de revues et de manœuvres, il pût y avoir lieu à tant de sévérité.

D'autres fautes encore peuvent être commises dans la garde nationale; des corps peuvent agir sans réquisition ou refuser d'obtempérer à la réquisition des magistrats; des voies de fait, des abus d'autorité, des actes d'insubordination peuvent avoir lieu de la part des supérieurs ou des subordonnés; ces differents cas prévus au proje ont été disposés par nous plus méthodiquement, eu égard au grade des délinquants , et dans l'ordre progressif des peines qui leur seront appliquées , soit par les tribunaux ordinaires, soit par les conseils de discipline.

Ainsi que nous l'avons fait remarquer, l'emprisonnement pendant trois jours limite la compétence des conseils de discipline. Ces conseils correspondent, dans l'ordre civil, aux tribunaux de police qui connaissent des contraventions, et sous le rapport militaire, ils représentent l'autorité des chefs de corps qui prononcent contre leurs subordonnés des peines dont le maximum est fixé à deux mois de prison. On a jugé avec raison qu'une telle autorité serait ici exorbitante. La hiérarchie des grades dans l'armée établit, entre le supérieur et l'inférieur, des rapports qu'il faut bien nous garder d'introduire dans la milice citoyenne ; rien ne serait plus contraire à son esprit , et plus fatal à la liberté. Peut-être aussi des magistrats civils, tels que les juges de paix ou les maires, seraient peu propres à connaître des délits commis le plus souvent sous les armes , ou à l'occasion d'une consigne. L'Assemblée constituante, adoptant cette idée, avait créé les conseils de discipline que nous rétablissons aujourd'hui; mais la loi d'octobre 1791 limitait leur compétence aux délits commis sous les armes , et n'enlevait point les citoyens à leurs juges naturels, en cas de refus de service. Cet accroissement de juridiction que la loi actuelle propose en faveur des conseils, provoque un examen plus sévère de leur composition, et il nous en coûte d'avouer qu'elle n'offrira pas toujours des garanties satisfaisantes.

La loi admet un conseil de discipline par bataillon, et aussi dans chaque commune qui fournit une compagnie de garde nationale; dans les deux cas, le conseil prononce sans appel : il est composé de sept ou de cinq membres; il peut juger au nombre de trois. Le capitaine et un officier sont membres obligés du conseil; de sorte que le renouvellement périodique des juges voulu par la loi, devient inexécutable toutes les fois qu'il se trouve seulement trois officiers dans la compagnie.

Ainsi, dans chacune des 38,000 communes du royaume se rencontrerait un tribunal souverain où la mojorité se formerait par deux juges, le plus souvent siégeant en permanence, et connaissant des contraventions aux ordres émanés d'eux. Il est assurément permis de s'effrayer d'un tel pouvoir jusqu'ici sans exemple dans la législation civile et militaire. Les juges de paix condamnent à l'emprisonnement, mais ils sont désintéressés dans les causes dont ils connaissent, et leurs jugements sont soumis à l'appel. Dans l'armée, les officiers prononcent arbitrai-

rement des peines, mais la garantie des subordonnés se trouve dans la hiérarchie des grades,
qui assure un protecteur au soldat contre la tyrannie de son chef immédiat.

Dans les conseils de discipline au contraire,
nul recours, nulle garantie. S'il arrivait même
que la haine où l'esprit de parti vinssent à agrandir le cercle de la compétence et qu'un citoyen
fût condamné pour un fait étranger au service,
il faudrait qu'il subît sa peine ; le pourvoi en
cassation n'en suspendrait pas l'effet.

Si les raisons que je viens d'avoir l'honneur
de vous soumettre ont échappé aux méditations
des auteurs du projet de loi et de la nombreuse
commission de la chambre des députés, dans
laquelle tant de lumières étaient réunies à tant
de talents, c'est que, dans le projet primitif du
Gouvernement, les conseils de discipline avaient
été conçus sur un plan très différent. Il n'en
existait point par compagnie dans les communes
rurales, mais seulement par bataillon et au
chef-lieu de canton. Dès lors leurs actes rece-
vaient plus de publicité, garantie puissante en
pareille matière. De plus, le renouvellement des
juges, prescrit par la loi, pouvait avoir lieu.
Enfin huit jurés étaient adjoints au juge pour
prononcer sur le fait, et dès lors l'appel était
impossible et superflu. On s'est effrayé de la
fatigue de ce grand nombre de citoyens en per-

manence au chef-lieu de canton, pour y juger
de petits procès. D'ailleurs l'organisation communale ayant été adoptée comme règle générale,
chaque commune réclamait son conseil de discipline au même titre que son conseil de recensement. Le jury a donc été abandonné, la justice
cantonnale fractionnée, et, sans doute par inad-
vertance, on a maintenu les conséquences de
l'ancien système, bien que peu en harmonie
avec le nouveau.

Quelque obscurité dans la rédaction de l'article 119 du projet, permet de douter que l'intention de la chambre des députés ait été de refuser
les conseils de discipline aux communes qui ne
fournissent qu'une compagnie, lorsque les compagnies sont formées en bataillons cantonnaux.
Une longue discussion a eu lieu dans votre commission, tant sur le sens du texte que sur la préférence à donner à l'un ou à l'autre des modes
qu'il pouvait indiquer. La majorité s'est décidée
pour les conseils cantonnaux, lorsque les compagnies de plusieurs communes seront réunies.
Elle a cru trouver au chef-lieu de canton des éléments plus nombreux et mieux choisis pour la
composition du tribunal. Les opposants ont persisté à croire cet avantage moindre que l'inconvénient de *déplacer le forum*, et de soustraire
les juges et les parties à l'influence paternelle de
l'autorité municipale.

Le projet de loi n'établissant de conseil de discipline que par compagnie ou bataillon, laissait une lacune pour le cas où la garde nationale est formée en légion. Nous y avons pourvu, sans porter atteinte cependant à la justice de bataillon. Le conseil de légion, proposé par nous, jugera seulement les officiers d'état-major qui n'appartiennent à aucun bataillon. Il fallait aussi pourvoir au cas où le commandant d'un corps serait mis en jugement; les analogies civiles ou militaires s'opposaient à ce que ce jugement fût prononcé par des juges subordonnés à l'accusé. L'autorité supérieure administrative choisira donc, soit dans le canton, soit dans l'arrondissement, des officiers d'un grade convenable, qui remplaceraient dans le conseil les deux membres du grade le moins élevé.

Le conseil de discipline est saisi par le renvoi que le commandant du corps fait à l'officier rapporteur de toutes les plaintes et procès-verbaux. L'officier rapporteur fait citer le prévenu et requiert la convocation du conseil. S'il arrivait cependant que la plainte fût dirigée contre le commandant lui-même, nous proposons qu'elle soit alors adressée au maire de la commune, pour qu'il la transmette au sous-préfet, qui procédera à la composition du conseil, conformément à l'article 100. Toutes les formes de l'instruction et du jugement, conformes aux analogies de la

procédure, ne nous fournissent aucune observation jusqu'à l'article 120. C'est ici que se reproduit la grande question sur laquelle j'ai déjà
appelé votre attention : quelle garantie donne-
rez-vous à la liberté individuelle ?

Le projet n'admettant aucun appel des jugements rendus par les conseils de discipline, of-
frait seulement aux condamnés la ressource du
pourvoi en cassation, dans des cas déterminés.
La commission a pensé que cette ressource serait
dérisoire, si le jugement devait recevoir préalablement son exécution. Elle propose donc que
le pourvoi soit suspensif, au moins quant à l'emprisonnement. Elle assujétit ce pourvoi au dépôt
du quart des amendes exigées par les lois et réglements en matière ordinaire. Vous jugerez,
Messieurs, si cette mesure remédie suffisamment
aux dangers que je vous ai signalés.

Avant de passer aux titres de la loi relatifs au
service des détachements, et des corps détachés,
nous avons placé ici quelques dispositions transitoires, dont le projet avait prévu sagement la
convenance. La garde nationale existe déjà depuis six mois; peut-être la pratique immédiate
de la loi nouvelle ne donnerait-elle pas partout
d'aussi bons résultats que ceux déjà obtenus. On
propose, et nous y consentons sans scrupule,
d'autoriser le Gouvernement du Roi à différer,
pendant trois années, l'organisation de la garde

nationale dans certaines localités où elle n'existe
pas encore ; à conserver jusqu'à 1832, les officiers actuellement en fonctions ; enfin, à laisser
subsister ce qui existe actuellement , bien que
non conforme aux règles tracées par cette loi ,
lorsque la convenance des localité le requerra.
Vous encouragerez sans doute, Messieurs, la prudence qui conseille de ne point se précipiter dans
des expériences hasardeuses , et de ne point
échanger trop hâtivement ce qui est bon et
éprouvé contre un inconnu toujours incertain.

TITRE IV.

DES DÉTACHEMENTS DE LA GARDE NATIONALE.

Le deuxième projet de loi , présenté le 9 octobre dernier, à la chambre des députés , avait
pour titre : *Des gardes nationales mobiles*, et
disposait pour tous les cas où la garde nationale
est appelée à rendre, *hors de ses foyers*, un service quelconque, soit que ce service la conduisît
seulement à quelques lieues de sa commune pour
escorter des convois ou apaiser une émeute, soit
qu'elle eût à accomplir la plus glorieuse partie
de sa tâche, à repousser l'invasion étrangère. La
chambre des députés a judicieusement pensé qu'il
serait à propos de tenir compte d'une différence
si considérable; elle a assujéti à des règles distinctes le service des détachements et celui des corps
détachés.

Mais son travail perd quelque chose de sa clarté, parce qu'elle a laissé confondues souvent, dans le même article, des dispositions sans analogie, et qui, si elles appartiennent à la même loi, doivent au moins être classées sous des titres divers. C'est cet ordre que nous vous proposons de rétablir. Vous trouverez réuni dans le titre IV tout ce que la chambre des députés a prescrit pour les détachements de la garde nationale. Sur la réquisition du sous-préfet, elle devra se mouvoir dans le cercle de l'arrondissement; se transporter sur un point quelconque du département, quand le préfet le jugera nécessaire; mais elle ne franchira ses limites que sur l'ordre du ministre de l'intérieur. Dans ce dernier cas, son service pourra durer deux mois : il durera vingt ou dix jours seulement, sur la réquisition des autorités locales. Les détachements seront formés, dans chaque commune, par le commandant, qui choisira parmi les célibataires et les hommes les moins âgés. Ainsi détournés de leurs travaux, ils toucheront la solde des troupes de ligne. Toujours soumis aux magistrats civils, ils ne recevront d'ordre des chefs militaires, que si la nécessité de les y soumettre a été reconnue et proclamée par les autorités administratives.

Tous ces moyens nous ont paru d'une grande sagesse, et nous ne proposons d'y rien changer. Mais la position nouvelle où le service de détachements place la garde nationale, exige des moyens de coaction plus énergiques et sur-tout plus rapides que dans le service ordinaire. Il ne peut plus être question d'un procès entre l'officier et le soldat, quand celui-ci aura refusé d'exécuter un ordre duquel dépendra peut-être le succès d'une manœuvre. Les conseils de discipline ne pouvant plus être assemblés que pour des cas rares et graves, dans l'habitude du service journalier, il faut que la parole du chef porte avec elle sa sanction. Loin de nous cependant la pensée d'assimiler des positions essentiellement diverses, et d'assujétir aux rigueurs militaires des citoyens arrachés à leurs foyers pour quelques semaines. Les peines disciplinaires que nous croyons utile d'ajouter à ce titre, sont à une grande distance de celles en usage à l'armée. Elles restent les mêmes que dans le service ordinaire, avec cette seule différence qu'elles sont prononcées par les officiers et chefs de corps.

TITRE V.

DES CORPS DÉTACHÉS DE LA GARDE NATIONALE POUR LE SERVICE DE GUERRE.

Si votre attention n'a pas été entièrement épuisée par les fastidieux détails de ce long rapport, je la réclame avec instance pour le dernier titre de la loi. Les amendements proposés par nous, bien que peu nombreux, sont considéra-

bles. Ils se rapprochent du projet de loi primitivement présenté par le Gouvernement; mais ce
projet ayant été modifié depuis, à la suite d'une
discussion approfondie, nous avons dû peser,
avec le plus extrême scrupule, les raisons diverses qui avaient prévalu, d'abord dans le conseil
du Roi, puis dans la chambre élective. Obligés
de choisir entre deux autorités que nous vou-
drions concilier, nous remarquerons avec con-
solation, Messieurs, que la divergence se ren-
contre seulement dans l'application des principes
unanimement proclamés par tous. Aucune réclamation ne s'est élevée contre le premier article du projet de loi qui appelle la garde nationale
*à seconder l'armée de ligne pour assurer l'indé-
pendance de la France et l'intégrité de son
territoire.* L'article 75 du projet, amendé par la
chambre des députés, et qui n'a souffert jusqu'ici
aucune contestation, demande à la garde nationale *des corps détachés pour la défense des places
fortes, des côtes et des frontières du royaume,
comme auxiliaire de l'armée active.* Nous n'igno-
rons pas cependant que des hommes également
respectables par leurs lumières et leur patriotisme considèrent la garde nationale comme une
institution toute civile, à laquelle il ne faut
demander que des services municipaux. Ils ren-
voient à d'autres temps l'appréciation des besoins
de l'armée, pendant la paix et pendant la guerre;

la discussion des divers systèmes de réserve, du nombre et de l'âge des hommes dont il faut la composer, toutes questions militaires qui semblent en effet appartenir à la loi spéciale du recrutement.

Votre commission opposerait peu d'objections à ce système, Messieurs, s'il eût été adopté dès l'origine par les auteurs du projet sur lequel vous délibérez, mais puisque la milice citoyenne vous a été présentée comme gardienne à la fois de la paix publique et de l'indépendance nationale, puisqu'on a voulu lui confier les intérêts de notre repos et aussi de notre gloire, la chambre des pairs ne regardera pas sans doute comme possible de lui contester une partie de ce précieux dépôt.

La majorité de votre commission, interprétant ainsi vos intentions, s'est demandé encore si, après avoir inséré le principe dans la loi, il ne serait pas mieux d'attendre, pour en régler l'action que la nécessité s'en fît sentir. A la première apparence d'une invasion étrangère, les Français de tout âge et de toute condition se précipiteraient aux frontières ; il serait toujours temps, nous le savons, d'appeler d'immenses populations aux armes et de les lancer sur l'ennemi. Mais c'est précisément le désordre et les maux inséparables d'un tel mouvement que le législateur prévoyant doit éviter. Ici encore nous marcherons de concert avec la chambre des députés, qui , ne voulant rien abandonner à l'entraîne-ment de l'enthousiasme , a multiplié les disposi-tions réglementaires , et suppléé soigneusement à tout ce que le projet primitif laissait d'incom-plet sous le rapport de l'exécution.

Puisque la garde nationale est appelée à sub-venir à l'insuffisance possible de l'armée, et que l'objet de notre loi est de régler à l'avance les moyens par lesquels on réaliserait cette ressource extraordinaire , nous avions à constater quels peuvent être les besoins de la défense dans des circonstances extrêmes , qui , nous aimons à le croire , sont loin de se réaliser. Ici , Messieurs , veuillez ne point oublier que , si les paroles du rapporteur n'ont point d'autorité dans la matière, la commission dont il est l'organe comptait des hommes dont l'opinion commande la confiance et le respect. L'illustre maréchal qui a défendu la France contre la première coalition euro-péenne est juge compétent des moyens de forces qu'il faudrait développer pour repousser encore pareille agression. Des généraux dignes de secon-der M. le maréchal Jourdan pour un tel travail, se trouvaient avec lui dans la commission. Il leur appartient de justifier devant vous par des détails techniques leur conviction unanime et profonde. Je me bornerai ici , Messieurs , à vous en indiquer les principaux motifs.

La loi de la conscription, devenue impopulaire par l'abus qu'on en a fait, appelait au service militaire tous les Français de l'âge de vingt ans. Cette obligation continuait à peser sur eux jusqu'à la fin de leur vingt-cinquième année, bien que lors du tirage ils eussent été placés par le sort à la fin des classes. La loi du recrutement prononce au contraire la libération définitive de tous ceux dont les numéros sont en dehors du nombre nécessaire, pour compléter le contingent dont une loi récente a commandé le vote annuel.

Dans cet état de la législation, le recrutement doit fournir à l'armée, mise sur le pied de guerre, cinq cent mille combattants ; forces suffisantes pour lutter contre l'Europe entière, si elles sont disponibles et en état de tenir la campagne, mais qui ne suffiraient plus s'il fallait en distraire deux cent mille hommes pour garder les côtes et tenir garnison dans les places fortes. Ces deux cent mille hommes, le cas échéant, doivent être demandés à la garde nationale, puisque la libération définitive des classes paralyserait la loi de recrutement ; puisque d'ailleurs le vœu formel de la loi actuelle est que la garde nationale soit chargée de cet office, comme auxiliaire de l'armée active.

S'il arrivait cependant qu'une partie de nos frontières fût plus particulièrement menacée, ne pourrait-on pas s'en remettre à la population des départements voisins du soin de la défendre? Il semble que telle ait été la pensée de la chambre des députés, lorsqu'en amendant le projet de loi proposé, elle a imposé cette condition dans l'art. 78, *que les corps détachés seraient portés aux frontières menacées les plus voisines de leurs foyers*. Cette disposition restrictive n'a point été accueillie par la majorité. Elle lui a paru contraire à la solidarité de tous les Français pour la gloire et pour le danger. Elle a craint de plus qu'elle ne fît naître dans l'exécution des difficultés fâcheuses. Certes, quand la chambre des députés confiait au Roi, en l'absence des chambres, le droit d'appeler à la défense des frontières les Français de tous les départements, il n'a pas été dans sa pensée que la répartition fût soumise au contrôle des citoyens appelés. Qu'arriverait-il cependant si la garde nationale de tel département du centre refusait de marcher au nord, sous prétexte que la frontière du midi est plus voisine ou plus menacée? Cette prétention serait absurde sans doute. Pourquoi donc conserver dans la loi une restriction propre à l'encourager?

Disons-le franchement d'ailleurs, ou la garde nationale d'aucuns départements ne sera appelée aux frontières, ou cette condition sera commune à toute la France. C'est précisément parce que le

nom de garde nationale ne nous paraît pas sy-
nonyme de celui de soldat, que nous ne pré-
voyons pas de levées partielles. Dans les guerres
ordinaires, une armée de 5oo,ooo hommes doit
suffire à tout. Les ministres seraient coupables
d'une funeste imprévoyance, si, par de mauvaises
dispositions, dans une lutte contre deux ou trois
puissances, ils livraient à l'invasion une partie
de la frontière, ou ne savaient la défendre qu'en
appelant aux armes les populations voisines ?
C'est donc seulement pour résister aux efforts de
l'Europe entière coalisée contre la France que des
levées de gardes nationales pourraient devenir
nécessaires, et en ce cas, tous les départements
auraient le devoir et la volonté d'y concourir.

De telles circonstances, aujourd'hui bien éloignées de toute vraisemblance, seront rares dans
l'histoire des siècles; si cependant elles venaient
à se réaliser, personne assurément ne pourrait
en prévoir la durée. Il n'est donc pas de la dignité de la loi de s'engager par une vaine promesse, et de garantir à l'avance aux corps détachés que leur service ne durera pas plus d'une
année. Cette disposition étrangère au projet du
Gouvernement, a été introduite dans l'article 81
du projet amendé par la chambre des députés.
Nous la croyons inutile ou dangereuse, et nous
vous proposons, au nom de la commission, de
laisser à la loi qui appellerait les gardes natio-

nales au service de guerre, le droit de fixer la durée de ce service.

Il me reste à vous soumettre, Messieurs, un troisième amendement conforme aussi au projet primitif du Gouvernement, et qui complète les modifications que nous croyons nécessaires d'apporter à celui de la chambre des députés. La loi ou l'ordonnance royale qui appellera des corps détachés au service de guerre, fixera le nombre des hommes requis. Le contingent de chaque commune sera fourni par les désignations du conseil de recensement. Mais les désignations ne seront pas arbitraires; l'art. 84 détermine l'ordre dans lequel il y sera procédé. Les célibataires étaient placés en première ligne; nous proposons d'appeler avant eux et tous les autres, *les jeunes gens qui ont fait partie des classes dont se compose, au moment de l'appel, l'armée active.*

Nous avons considéré qu'en requérant d'abord les célibataires, nous rencontrerions un grand nombre d'anciens soldats, ce qui sans doute serait favorable aux intérêts de l'armée, mais contraire à l'égale répartition des charges publiques, qu'il convient de maintenir entre tous les citoyens. Dans le système du projet de loi amendé par la chambre des députés, il pouvait arriver qu'un militaire rentré dans ses foyers, après 16 ans de campagne, eu fût arraché de nouveau, tandis qu'un jeune homme de 20 ans échappe-

rait à tout service à la faveur d'un mariage pré-
maturé. Il n'est assurément pas dans les intérêts
économiques et moraux de la société de provoquer de tels mariages. Le cultivateur a bien plus
de chances pour le bonheur domestique, et aussi
pour élever dans l'aisance des enfants nombreux
et robustes, s'il n'entre en ménage qu'après plusieurs années d'un bon travail et d'une sage économie.

Toutes les considérations de justice et d'utilité
désignent donc, en cas de nécessité, pour le service militaire, les jeunes gens de vingt à vingt-
cinq ans. Si vous partagez sur ce point notre
conviction, Messieurs, il n'importe plus de savoir
dans quel ordre vous placerez ensuite les autres
classes de la population. Nous laisserons subsister les catégories subséquentes que la chambre
des députés a désignées, mais, en fait, aucune
d'elles ne peut jamais voir arriver son tour. Un
calcul bien simple suffira pour vous en convaincre.

Chaque classe de la conscription fournit au
tirage 284,000 jeunes gens. Admettons que sur
ce nombre une administration juste et paternelle
n'en reconnaisse que 150,000 propres au service:
les cinq classes donneront un total de 750,000
hommes. Je suppose que sur ce nombre, le recrutement ait prélévé pour l'armée active sur le
pied de guerre, 500,000 sabres ou baïonnettes,

250,000 resteront pour la réserve de la garde
nationale, et ces forces sont précisément celles
qui, d'après le témoignage des maîtres en l'art
de la guerre, suffisent pour mettre la France à
l'abri de tous les dangers que la prudence humaine peut prévoir.

A la vérité, des armées aussi nombreuses maintenues sur pied pendant plusieurs années seraient une horrible calamité pour le pays et pour
le Monde, et on pourra nous reprocher peut-être
qu'en offrant au Gouvernement cette faculté,
nous semblons l'engager à rentrer dans une carrière marquée par tant de débris. Peut-être nous
reprochera-t-on encore de rétablir indirectement
la conscription abolie par la Charte de 1814?
Sans nous attacher à faire ressortir les différences essentielles qui existent entre les deux systèmes, nous répondrons seulement que, si après
la libération des classes prononcée par la loi de
recrutement, on n'éprouve pas de nouveaux besoins, il n'y aura lieu à appeler personne; que
si, au contraire, le salut du pays réclame de nouveaux défenseurs, il faudra bien les aller chercher soit parmi les anciens soldats, qui déjà ont
payé leur dette, soit parmi les jeunes gens qui
n'ont point encore quitté leurs foyers. Ce ne serait pas, sans doute, au nom de l'équité qu'on
se plaindrait de la préférence que nous accordons
à ces derniers.

Quant au danger d'encourager l'esprit de conquête en mettant sous la main du Gouvernement de puissants moyens militaires, nous avons à offrir à la France, à vous-mêmes, une garantie rassurante. Vous serez là, Messieurs, quand on viendra proposer d'user ou d'abuser des ressources de la patrie. Vous ne laisserez pas dissiper les trésors dont la garde vous est confiée. Le plus précieux de ces trésors, n'est-ce pas cette belle jeunesse, ce printemps de la France, que les arts de la paix, que les progrès de la civilisation réclament ? Honte et malheur à ceux qui voudraient l'arracher à cette noble mission, pour l'employer encore à ravager le monde ! Jamais vous ne vous rendrez complice de ces projets insensés. Pas un soldat, pas un garde national ne peut être levé, équipé, soldé, que vous n'y ayez consenti ; et ce serait seulement pour la défense de la liberté et pour l'honneur de la patrie que vous sauriez imposer et subir les derniers sacrifices ; que s'il pouvait arriver jamais que le vote des deux chambres devînt une formalité vaine, c'est que déjà la liberté serait perdue, et nous ne saurions prévoir de malheurs après celui-là.

Les autres dispositions de ce dernier titre de la loi n'ayant point été contestées dans la commission, il semble superflu d'en devancer la discussion. Dans ce rapport, déjà trop chargé de détails peut-être, je ne pouvais cependant faire passer sous vos yeux les 150 articles du projet de loi ; si je suis parvenu à vous en faire saisir l'ensemble, et à vous donner une idée des principales améliorations dont vous l'avez jugé susceptible, il ne me restera, Messieurs, qu'à vous exprimer ma reconnaissance pour la bienveillante attention que vous avez bien voulu m'accorder.

CHAMBRE DES DÉPUTÉS.

Séance du 26 février 1831.

EXPOSÉ DES MOTIFS SUR LE PROJET DE LOI DE LA GARDE NATIONALE, AMENDÉ PAR LA CHAMBRE DES PAIRS, FAIT A LA CHAMBRE DES DÉPUTÉS, PAR M. LE MINISTRE DE L'INTÉRIEUR, COMTE DE MONTALIVET.

Messieurs, le roi nous a chargé de remettre sous vos yeux le projet de loi sur la garde nationale, avec les amendements adoptés par la chambre des pairs et consentis par sa Majesté.

Une discussion, à la fois lumineuse et rapide, et que nous avons évité de ralentir, a suffi pour apprécier des amendements élaborés dans une commission composée d'hommes qui sont ou ont été investis de commandements supérieurs dans la garde nationale ou dans l'armée, et présidée par l'illustre maréchal qui, dans les champs de Fleurus, conduisit à la victoire les premiers corps détachés de la garde nationale.

Je me bornerai, Messieurs, à vous exposer en peu de mots les motifs des principaux amendements ; car il en est qui ne sont relatifs qu'à des rectifications de peu d'importance, ou qui ne portent que sur la rédaction, et qui s'expliquent d'eux-mêmes.

Le projet de loi se trouve amendé dans son cadre et dans plusieurs articles.

L'amendement du cadre se réduit à un changement dans l'ordre des titres et des articles qui s'y rattachent. La chambre des pairs a pensé qu'il était convenable de mettre en première ligne tous les titres qui régissent le *garde nationale en service ordinaire*, de placer à la fin de la loi les titres relatifs aux *détachements* et aux *corps détachés*. Cette inversion avait été, dans votre sein, l'objet de plusieurs amendements (1); mais ils ont été écartés ou retirés, parce qu'elle eût exigé, dans le cours même de votre discussion, un travail trop considérable. Ce travail est tout fait; il a été fait avec soin, et vous le jugerez sans doute favorable à la clarté de la loi.

Je passe, en suivant l'ordre des titres, aux amendements principaux.

TITRE PREMIER.

DISPOSITIONS GÉNÉRALES.

L'article premier, qui définit le but de l'institution, place avant tout la défense de la Charte, et par conséquent de la *royauté constitutionnelle*, telle que la Charte l'a établie. La chambre des pairs a pensé que cet objet, implicitement compris dans la définition, mérite d'être explicitement énoncé. C'est un hommage rendu, tout en-

---

(1) Amendements de MM. Aubernon et Lesergent de Bayenghem.

semble au roi et à la garde nationale : car c'est à la fois l'expression de ce qu'elle doit faire et de ce qu'elle a fait.

La chambre des pairs a cru devoir ajouter ici une disposition, copiée dans la loi du 14 octobre 1791 (1), qui interdit à la garde nationale *toute délibération sur les affaires de l'État, du département et de la commune.* Il lui a paru qu'en définissant l'objet de l'institution, il était utile d'en signaler le principal écueil. Cette disposition n'était, dans la loi même du 14 octobre 1791, que le corollaire d'un principe écrit en d'autres lois (2). Vous reconnaîtrez, Messieurs, que si cette addition n'était point indispensable, elle rappelle utilement une de ces règles qui sont le fondement de l'ordre social.

La chambre des pairs adopte la réunion facultative pour le gouvernement des gardes communales en *bataillons cantonnaux* (art. 4). Il lui a

---

(1) Section troisième, art. 4.

(2) « Les gardes nationales ne peuvent, ni se mêler direc- » tement ou indirectement de l'administration municipale, ni » délibérer sur les objets relatifs à l'administration générale. » (Loi du 20 août 1790, portant *instruction sur les fonctions, des assemblées administratives,* chapitre Ier, paragraphe 9, gardes nationales.)

« Nul corps armé ne peut exercer le droit de délibérer. » (Loi du 12 décembre 1790, sur l'*organisation de la force publique.*)

paru même qu'on pouvait les former en *légions*, non-seulement dans le département de la Seine, mais dans tous ceux où cette aggrégation, favorable à l'instruction militaire, serait conforme à l'intérêt public et aux intérêts locaux (art. 48). Mais elle estime que cette formation, pour remplir son but, doit être déterminée par les besoins, les moyens et les vœux des communes, manifestés par les conseils municipaux. La loi, sur ce point, ne fait que prescrire ce que l'administration ferait d'elle-même, ou plutôt ce qu'elle a déjà fait, dans les instructions adressées aux préfets, sur les mesures préparatoires de l'organisation.

TITRE II.

DE L'INSCRIPTION AU REGISTRE-MATRICULE.

L'art. 15 généralise et applique à tous les *conseils de recensement*, le principe d'après lequel, suivant le projet primitif, le conseil municipal est appelé à former le conseil dans les communes qui n'ont qu'un bataillon de garde nationale. La chambre des pairs estime que le conseil municipal, assisté par ses citoyens pris dans la garde nationale et divisé en sections dans les grandes villes, peut et doit former partout le noyau des conseils de recensement.

TITRE III.

DU SERVICE ORDINAIRE.

L'institution du *jury de révision* (art. 23) a obtenu les suffrages de la chambre des pairs : mais l'élection spéciale des jurés par les gardes nationaux, lui a paru compliquer le système, et offrir, dans la pratique, des difficultés qui rendraient l'institution inapplicable à une partie des communes rurales. Les officiers et sous-officiers de la garde nationale offrent au contraire des jurés que l'élection a déjà investis de la confiance des gardes nationaux. Il suffira d'attendre cette élection, pour juger les réclamations auxquelles une première formation pourrait donner lieu.

La chambre des pairs a trouvé qu'il y aurait de l'inconvénient à circonscrire *le choix du chef de légion* (art. 56), parmi les chefs de bataillon et les capitaines que l'élection a investis de ses commandements. A cette candidature indirecte, elle ajoute une candidature directe, en appelant les gardes nationaux de chaque compagnie à désigner, sur toute la légion, le citoyen qu'ils jugent le plus digne d'être appelé par le Roi à ce commandement supérieur. Vous jugerez, Messieurs, combien le choix du Roi sera plus facile et plus sûr, si cette élection directe réunit, sur le même candidat, un grand nombre de suffrages dus à la seule influence du mérite et des services.

Le projet de loi qui donne au Roi la faculté de dissoudre un cadre de la garde nationale, en des cas et pour un temps déterminé, ne donnait pas à Sa Majesté le pouvoir de dissoudre un commandant de la garde nationale, dans le cas où il se mettrait en opposition constante avec l'autorité civile. La chambre des pairs a reconnu que le droit de suspension était nécessaire à l'action du Gouvernement ; mais qu'il fallait le restreindre et le régler d'après le principe de l'élection. C'est ce qu'elle a fait par un amendement, d'après lequel l'officier suspendu, pour un temps déterminé, sera, par la réélection, soumis au jugement de ses camarades. Ce jugement sera toujours bon, s'il n'est pas dicté par l'esprit de parti ; et, dans ce dernier cas, c'est dans le sein même de la garde communale que résiderait un mal qui appèlerait d'autres remèdes.

La chambre des pairs propose, pour le département de la Seine, une exception à la règle, qui défend de nommer *un commandant général des gardes nationales de tout un département* (article 64). Dans un département, les légions urbaines et rurales se prêtent journellement un mutuel appui, et les faubourgs extérieurs, Saint-Denis même, sont compris dans les lignes qui défendent la capitale.

Le projet de loi interdisait tout commandement dans la garde nationale, aux officiers de terre et de mer en *activité de service*. La chambre des pairs estime que cette exclusion doit être bornée aux militaires employés *activement*, à ceux qui remplissent des fonctions actives dans l'armée (art. 67). La sagesse de cette restriction est évidente; mais il n'est pas inutile de dire qu'elle a été inspirée à la chambre des pairs par la position de l'honorable député qui commande en ce moment la garde nationale de Paris.

La législation des *places de guerre* détermine les rapports qu'ont, dans les places, les autorités civiles et militaires, la garde nationale et les troupes de ligne (1). Mais la chambre des pairs a pensé qu'il était utile d'insérer, dans la loi même de la garde nationale, une règle dont quelques faits récents ont indiqué la nécessité. Cette règle prescrit au maire d'avertir le commandant de la place des mouvements intérieurs et extérieurs de la garde nationale (art. 73). L'avertissement, dans ce cas, est d'autant plus indispensable, qu'il donne lieu, presque toujours, à l'application des règles prescrites par l'ordonnance sur le service des places.

______

(1) Loi du 10 juillet 1790, titre III. — Décret du 14 décembre 1811 ; titre III. = Ordonnance du 1er mars 1768, sur le service des places, rappelée et appliquée dans ce décret.

.En adoptant les principes qui nous ont empêché de comprendre l'*amende* parmi les peines de discipline , la chambre des pairs l'admet par exception en deux cas particuliers :

1° Lorsqu'il n'y a dans le ressort d'un conseil de discipline, ni prison, ni salle de discipline, il faut bien, pour éviter l'impunité, autoriser le conseil à commuer la peine de l'emprisonnement en une amende d'une à dix journées de travail.

2° Lorsqu'un garde national, persévérant dans le refus de service, fait retomber sur ses concitoyens le service que la loi lui impose, n'est-il pas juste d'ajouter à la peine de l'emprisonnement une amende représentative de la charge personnelle dont il se dispense? (art. 92.)

Le *refus de service* , si justement odieux à la garde nationale , eût mérité peut-être que la loi attachât à la récidive la privation momentanée d'une partie des droits civiques. Mais la chambre des pairs a pensé que cette peine est aujourd'hui plus grave qu'à l'époque où la législation l'avait établie; et qu'il n'appartient peut-être qu'à la loi électorale de déterminer le cas où peuvent être suspendus l'exercice des droits d'élection et d'éligibilité.

Mais la chambre des pairs n'a point hésité à classer parmi les fautes de discipline (art. 89), *l'abandon des armes et du poste* , que vous ne

confondrez pas, Messieurs, avec la perte acci-
dentelle de l'arme, et avec l'absence momentanée
du poste, qui est, en de justes raisons, tolérée
dans le service de la garde nationale.

Le projet de loi ne disait pas si le *pourvoi en
cassation* contre les jugements des conseils de
discipline, était ou non suspensif de la peine
infligée.

La chambre des pairs a pensé que le pourvoi
devait suspendre la peine de l'emprisonnement.
Mais elle a craint que cette suspension ne multipliât les pourvois au préjudice de la discipline,
et il lui a paru nécessaire d'admettre, comme
limites et peines des pourvois téméraires, le dépôt
du quart de l'amende, restituable si le jugement
est cassé (art. 120).

Ici, Messieurs, finissent les amendements
relatifs à la *garde nationale en service ordinaire* ;
les autres, peu nombreux, mais importants,
concernent les *détachements* et les *corps détachés.*

TITRE V.

DES DÉTACHEMENTS.

La chambre des pairs n'admet pas que les
gardes nationaux appelés à former les *détachements*, soient désignés par la seule autorité du
chef militaire. Il lui paraît que le maire, assisté
du commandant de la garde communale, doit

veiller à ce que cette *désignation* soit régulière
et conforme aux règles courtes, mais essentielles,
qui sont prescrites par la loi (art. 130).

Le projet de loi ne contenait aucune disposition particulière à la *discipline des détachements.*
La chambre des pairs, dans plusieurs articles
(art. 133, 136), adopte plusieurs règles dont
l'objet est de fortifier l'autorité des chefs ; de ne
laisser au jugement des conseils de discipline
que les fautes les plus graves, et de renvoyer aux
tribunaux correctionnels l'application des peines
plus sévères qu'exige le refus d'obtempérer à la
réquisition, ou l'abandon repréhensible du détachement. Ces dispositions mêmes nous ont paru
justifiées par l'éloignement où les détachements
seront de la commune, et par le service temporaire, mais actif, pour lequel ils auront été
requis.

A la fin du titre V, la chambre des pairs a cru
devoir insérer une disposition commune à ce
titre, et au titre III du service ordinaire. Les
blessures reçues par des gardes nationaux, en
service ordinaire ou en détachement, leur donneront droit aux secours, pensions et récompenses que les lois accordent aux militaires blessés
(art. 137). Cette application était de droit sans
doute ; mais un article de la loi est nécessaire du
moins pour autoriser la liquidation et l'inscription d'une pension à la charge de l'Etat.

TITRE VI.

DES CORPS DÉTACHÉS.

La chambre des pairs a reconnu (articles 139 et 140), que la loi spéciale qui déterminera ou régularisera l'appel des *corps détachés*, pourra seule fixer le nombre d'hommes, la durée du service, et même la destination de ces corps. Il lui a paru que la loi constitutive ne devait pas limiter cette destination à la *défense des frontières les plus voisines*. Les détachements limitrophes ont droit et besoin d'être assistés, dans cette défense, par les autres départements, et les limites de l'appel ne dépendent, en pareil cas, que des circonstances. La loi, sans doute, était rédigée de manière que cette disposition pouvait être regardée, moins comme une règle que comme une recommandation. Mais cette recommandation, placée dans la loi fondamentale, pourrait être une source de difficultés qu'il vous paraîtra sans doute utile et sage d'éviter.

J'arrive, Messieurs, au dernier et au plus grave, peut-être, des amendements qu'il importait de signaler à votre attention.

Cet amendement consiste à désigner d'abord, pour les corps détachés, *les jeunes gens qui ont fait partie des classes dont se compose, au moment de l'appel, l'armée active, en les appelant par classes et selon l'ordre des numéros du tirage. La* chambre des pairs trouve, dans ce mode, les avantages suivants :

1° On évite ainsi tout arbitraire dans la désignation des jeunes gens de vingt à vingt-cinq ans ;

2° On échappe à l'injustice d'appeler avant eux les célibataires de vingt-cinq à trente ans, dont une partie aura déjà satisfait à la loi du recrutement ;

3° Les corps détachés ne seront presque jamais composés que des jeunes gens de vingt à vingt-cinq ans, et les corps seront, pour ces cas extraordinaires, de meilleurs auxiliaires de l'armée.

La chambre des pairs ne s'est pas dissimulé qu'on pourrait abuser de cette disposition, et dire qu'elle abolit la libération que les conseils de révision prononcent en vertu de la loi du recrutement. Mais cette libération ne s'applique évidemment qu'au service de l'armée active ; la loi du recrutement n'a jamais été considérée comme abrogatoire du service obligé de la garde nationale, et la loi du 14 octobre 1791, dont l'existence a été reconnue par des décrets antérieurs et par des ordonnances postérieures (1), contient

____

(1) Décret du 29 août 1809. — Ordonnance du 30 décembre 1818.

les règles suivant lesquelles les gardes nationales pouvaient et peuvent, jusqu'à la loi nouvelle,
être appelées à fournir, contre l'ennemi extérieur,
des corps auxiliaires de l'armée (1).

Tels sont, Messieurs, les principaux amendements adoptés par la chambre des pairs.

Dans les discussions d'une loi dont vous avez
posé les bases et réglé même les principaux détails, vous avez prouvé que l'examen de ces
amendements n'a rien pour vous d'impossible,
au milieu même des graves intérêts qui vous
préoccupent. Il sera facile à votre commission de
vous indiquer, et à vous-mêmes de reconnaître si
ces amendements doivent, en tout ou en partie,
obtenir votre adhésion. Quelle que soit votre

---

(6) Loi du 14 octobre 1791, section III, article 12, 13
et 14.

« En cas d'invasion du territoire français par une troupe
» étrangère, le roi pourra, par l'intermédiaire des préfets,
» faire parvenir ses ordres relativement au nombre de garde
» nationale qu'il jugera nécessaire (art. 12).

« Lorsque les gardes nationales, légalement requises, sor-
» tiront de leurs foyers pour aller contre l'ennemi extérieur,
» elles seront payées par le trésor public, et passeront sous
» les ordres du roi (art. 13).

» Les gardes nationales marchant en corps ne seront point
» individuellement incorporées dans les troupes de ligne ;
» mais elles marcheront toujours avec leurs drapeaux, ayant
» à leur tête des officiers à leur choix, sous le commandement
» du chef supérieur » (art. 14).

détermination, nous ne doutons pas que la chambre des pairs juge comme vous qu'il est digne de la sagesse et du patriotisme des chambres, de ne pas priver la France d'une loi si nécessaire à la défense du territoire, aux intérêts de la liberté et à cet ordre public pour le maintien duquel nous saurons déployer la plus grande énergie.

RAPPORT

SUR LA LOI DE LA GARDE NATIONALE, AMENDÉE PAR LA
CHAMBRE DES PAIRS, LU DANS LA SÉANCE DU 1ᵉʳ MARS
1831, AU NOM DE LA COMMISSION CHARGÉE D'EXAMINER
LE PROJET PRIMITIF, PAR M. LE BARON CHARLES DUPIN,
DÉPUTÉ DE LA SEINE.

Messieurs, vous avez chargé votre ancienne commission d'examiner le projet de loi sur la garde nationale, amendé par la chambre des pairs. Voici le résultat de cet examen.

La loi vous revient très-améliorée : une classification plus parfaite, des corrections sages, des additions essentielles, caractérisent les amendements de l'autre chambre ; elle a mérité par ce travail la reconnaissance nationale.

En même temps elle a justifié la chambre des députés contre d'injustes reproches. Vous aviez, disait-on, rendu la loi trop étendue par vos amendements ; loin de trouver vos additions superflues, les pairs ont voulu les étendre davantage pour les compléter. Vous aviez, disait-on encore, rendu la loi trop réglementaire ; ce sont les articles réglementaires que les pairs ont voulu généralement adopter sans modifications et sans suppression. Ce n'était point d'ailleurs pour rester sobres d'amendements, puisqu'ils en ont voté quatre-vingt-douze.

Examinons rapidement ce qu'ils offrent d'essentiel.

Vous déclariez, par le premier article, que la garde nationale est instituée pour défendre la Charte constitutionnelle et les droits qu'elle a consacrés ; c'est-à-dire, au même titre, les droits du trône et les droits des citoyens. On vous propose de dire qu'elle est instituée *pour défendre la royauté constitutionnelle*, *la Charte et les droits qu'elle a consacrés*. Ce n'est pas nous qui refuserons d'exprimer ce développement de notre pensée première, aujourd'hui sur-tout.

A la suite de l'article 1er nous trouvons ce paragraphe additionnel :

« Toute délibération prise par la garde natio-
» nale sur les affaires de l'Etat, du département
» et de la commune, est une atteinte à la liberté
» publique, et un délit contre la chose publique
» et la Constitution. »

Tout démontre la sagesse et la nécessité de cette disposition, l'une des plus salutaires qui soient dues à l'assemblée constituante ; elle retiendra la garde nationale dans les limites de ses attributions civiques, et la préviendra contre des suggestions qui tendraient à la détourner du but de son institution.

L'article 4 présente une modification sur laquelle nous appelons toute votre attention. Il s'agit des bataillons cantonnaux.

Dans le projet primitif, ils étaient nécessairement organisés dans tous les départements.

Vous avez rendu cette organisation facultative, et vous l'avez confiée à la prudence du gouvernement du Roi.

La chambre des pairs exigerait une condition différente, elle dispose :

Art. 4, § 2. « Les compagnies communales » d'un canton seront formées en bataillons cantonnaux, *lorsque la demande en aura été faite* » *par les conseils municipaux du canton,* et qu'une » ordonnance du Roi l'aura autorisée. »

Il faudrait donc que tous les conseils municipaux d'un canton fissent la demande d'un bataillon cantonnal, avant que le Roi pût en autoriser la formation.

Si l'on réfléchit que la plupart des cantons ont plus de vingt communes, que beaucoup en ont trente, trente-cinq et même au-delà de quarante, comment peut-on espérer qu'un aussi grand nombre de communes indépendantes et sans moyens légaux de communications, prendront à la fois la même décision, pour former la même demande ?

Nous rendons pleine justice au sentiment protecteur de l'intérêt municipal, qui se montre partout dans les amendements de la chambre des pairs. Mais n'aura-t-elle pas cru trop aisément

que des conseils de bourgs et de villages s'éléve-
ront à la fois, et sans exception, à l'instant pré-
cis du besoin, au-dessus de toute considération
rétrécie, de toute antipathie locale, et de tout
égoïsme? Une telle erreur n'appartiendrait sans
doute qu'à des ames élevées et généreuses ; ce
n'en est pas moins une erreur. Disons la vérité :
exiger l'unanimité des conseils municipaux de
tout un canton, c'est déclarer qu'en France il n'y
aura pas de bataillons cantonnaux.

Votre commission a toujours voulu, comme
vous, la réalité, l'efficacité des bataillons cantonnaux. Aujourd'hui, plus que jamais, elle en
apprécie la haute importance. En présence des
événements qui ébranlent l'Europe entière, la
France ne peut pas rester avec un simulacre de
garde nationale, partout ailleurs qu'en nos cités.
Vingt-cinq millions d'habitants de la campagne
doivent avoir le moyen d'agglomérer leurs compagnies en bataillons, toutes les fois que la prévoyance du gouvernement le jugera nécessaire,
sans qu'il soit besoin d'attendre l'initiative des
conseils municipaux de trente-sept mille villages.

L'ancien article 19, devenu le 17e, est l'objet
d'un amendement que nous ne croyons pas pouvoir accueillir. Selon votre article, au 1er janvier de chaque année, tout Français satisfaisant.

aux conditions requises d'ailleurs, et qui serait entré dans sa vingtième année, est immatriculé comme garde national. Ce qui comprend toute la jeunesse depuis dix-neuf ans et un jour, jusqu'à vingt ans.

Suivant l'article amendé, l'on n'inscrirait plus que les jeunes gens ayant de vingt ans et un jour à vingt-un ans.

Par conséquent, un simple amendement ferait perdre trois cent mille hommes à la classe où doit puiser la garde nationale ; il empêcherait de former, une année d'avance, à la discipline, au maniement des armes, les jeunes gens qui tomberont au sort, après vingt ans, pour le service militaire.

Dans l'intérêt de l'armée, de la garde nationale et de la société, nous demandons que la chambre revienne à sa disposition primitive, qui n'a pas été rejetée par les pairs, puisqu'ils n'ont voté que sur un amendement qui vous est étranger.

Le jury de recensement, d'après vous, choisissait indistinctement ses membres parmi les gardes nationaux de tout grade, sachant écrire. D'après le projet amendé, les officiers et les sous-officiers pourraient seuls être jurés. Ainsi les simples gardes nationaux ne seraient plus, en dernier ressort, jugés par leurs pairs.

Nous conservons pour le tirage du jury de recensement les candidats que nous avions d'abord indiqués et ceux qu'indique la chambre des pairs, savoir : les officiers et les sous-officiers, en y joignant les caporaux.

Nous n'avions voulu ni pour les compagnies, ni pour les bataillons, ni pour les légions, qu'on pût nommer deux officiers commandants; nous avions préféré des compagnies, des bataillons n'ayant pas un trop grand nombre de gardes nationaux. Par là, chaque officier eût exercé pour lui-même et constamment, les fonctions de son grade; il y aurait eu plus de zèle et plus d'ensemble; enfin, sous les armes, les bataillons n'auraient pas offert un front dont l'excessive étendue rendît impossible l'audition du commandement.

Un nouvel amendement accorderait deux chefs de bataillon et deux adjudants sous-officiers aux bataillons ayant au moins mille hommes.

Des considérations particulières à la ville de Paris peuvent seules faire consentir à cet amendement pour la capitale.

L'autre chambre a, comme vous, consacré, par son vote, l'intervention du Roi dans le choix des colonels et des lieutenants-colonels.

Elle propose une candidature qui nous paraît devoir être améliorée. Elle voudrait que chaque compagnie présentât son candidat. Les personnes ainsi choisies, n'auraient obtenu qu'un assentiment trop limité, trop partiel. Il en résulterait trop difficilement une manifestation qui pût éclairer le choix du prince.

Nous proposons de réunir dans chaque légion : 1° tous les officiers; 2° les sous-officiers, caporaux et soldats choisis dans chaque bataillon, pour concourir à nommer le chef de bataillon. Cette assemblée générale présentera dix candidats, entre lesquels le Roi choisira le colonel et le lieutenant-colonel.

Un nouvel article (61), indispensable à nos yeux, consacre les moyens par lesquels le gouvernement peut suspendre un officier qui violerait les lois, et même peut déclarer qu'il y a lieu de remplacer le délinquant : ces mesures sont entourées des précautions les plus sages.

La chambre des pairs sanctionne la résolution qui défend de réunir, sous un seul commandement, les gardes nationales d'un même département ou d'un même arrondissement de préfecture.

Pour le département de la Seine, l'autre chambre ajoute une disposition exceptionnelle qu'il devient indispensable d'accepter.

On fortifie Paris, non pas en entourant de murailles bastionnées une ville de neuf cent

mille âmes ; mais en construisant des lignes extérieures qui repoussent loin des habitations les
champs de bataille et la dévastation des feux incendiaires.

Par ce système, la banlieue de Paris entre en
réalité dans l'enceinte défensive annexée à la
place, et le département de la Seine devient un
immense camp retranché. La garde nationale
comprise dans cette enceinte, dans ce camp, ne
doit pas être scindée ; un seul commandant supérieur peut lui donner l'ensemble et la vigueur
d'action qui conduisent aux grands résultats.

Ajoutons qu'à toutes les occasions, quand des
troubles intérieurs agitent la capitale, les gardes
nationaux de la banlieue s'arment sur-le-champ
et viennent prendre poste partout où le péril se
montre, à côté de leurs frères d'armes et concitoyens de Paris.

C'est ce qu'ils ont fait en juillet, en décembre,
en février, toujours sous les ordres du commandant supérieur de la garde nationale parisienne.
Qu'ils soient en droit ce qu'ils sont en fait : la
raison le réclame, ainsi que la reconnaissance.

La chambre des pairs a fait deux utiles amendements sur l'administration des bataillons cantonnaux et des compagnies isolées.

Tout ce qui concerne la discipline a reçu des
modifications importantes.

La chambre des pairs a cru devoir abaisser le *maximum* des peines à prononcer par le conseil de discipline. Elle supprime les arrêts de rigueur ; elle réduit de cinq jours à trois le *maximum* des arrêts et de la prison.

Par compensation, elle établit que *tout officier, sous-officier et caporal, s'il est privé de son grade, ne pourra etre réélu qu'aux élections générales.*

Vous avez établi que la police correctionnelle jugeant un garde national récalcitrant, opiniâtre, pourrait prononcer d'abord six jours, puis quinze jours de prison, au *maximum*; la chambre des pairs fixe le *maximum* à dix jours la première fois, à vingt jours en récidive.

Vous aviez rejeté toute espèce d'amende à prononcer par les conseils de discipline : on vous propose aujourd'hui la même pénalité, mais prononcée par le tribunal de police correctionnelle, contre les gardes nationaux qui refusent obstinément de faire le service.

Nous vous proposons d'approuver ces divers amendements.

On ajoute à la loi la formation de conseils de discipline pour juger les officiers commandant les légions ; cela est utile.

Nous rectifions un amendement qui, dans certains cas, rendrait permanente une partie des membres des conseils de discipline, tandis que les autres membres seraient remplacés périodiquement (104 nouveau.)

Un article nouvellement introduit dans la loi, désigne avec soin les conseils de discipline qu devront juger les délits commis dans les compagnies spéciales. C'est encore une utile addition

La chambre des pairs adopte toutes les mesures exceptionnelles et transitoires que vous a dictées votre prudence pour l'organisation définitive de la garde nationale en service ordinaire.

Le service extraordinaire est celui des détachements et des corps détachés ; ils sont séparés en deux sections par les amendements de la loi.

Rien d'essentiel n'est innové pour l'appel et l service des détachements.

Vous n'aviez pas jugé nécessaire d'établir une pénalité différente pour les détachements et pour la garde nationale en service ordinaire.

La chambre des pairs a pensé qu'il fallait des peines plus graves pour le service extraordinaire des détachements ; elle en a fait une section nouvelle et spéciale : nous vous proposons de l'adopter.

Nous arrivons au dernier titre , qui comprend le service des corps détachés de la garde nationale pour défendre le territoire.

Deux articles nouveaux doivent attirer votre attention, et la fixer tout entière.

Il s'agit de l'appel au service des corps détachés.

Vous aviez voulu qu'on appelât par rang d'âge, en premier lieu les célibataires, ensuite les veufs, puis les hommes mariés.

Deux amendements renverseraient cet ordre.

On appellerait avant tout, jusqu'à leur complet épuisement, les hommes libérés par le tirage du recrutement, parmi les classes qui sont encore à l'armée.

Pour satisfaire aux exigences d'un cadre de cinq cent mille hommes appelés à l'armée de ligne, d'après le rapport de votre commission sur le projet de loi du recrutement, il faudra prendre désormais sept classes au lieu de cinq.

Par conséquent, en vertu des dispositions que nous rapprochons ici, mariés ou non mariés, veufs ou pères de famille, tous les hommes de vingt à vingt-sept ans seraient appelés aux frontières, avant qu'un seul célibataire de vingt-sept ans et un jour fût appelé pour défendre la patrie.

La chambre des pairs avait raisonné dans l'hypothèse où le service de l'armée régulière comprenait seulement cinq classes. Elle était frappée de l'inconvénient des mariages prématurés; elle craignait, qu'en évitant de faire partir des premiers les jeunes gens mariés entre vingt et vingt-cinq ans, on ne multipliât les unions mal assorties, indigentes et funestes par leurs conséquences aux époux, ainsi qu'à l'état social.

Il est un moyen terme qui ne reculerait pas jusqu'à vingt-cinq ans, et encore moins jusqu'à vingt-sept, l'époque où les jeunes hommes peuvent se marier sans craindre un prompt appel sous les drapeaux. C'est de ne faire partir, sans distinction de mariés et de célibataires, que les jeunes gens de vingt à vingt-trois ans. Ces trois années en effet comprennent le moins d'hommes mariés, et ne peuvent pas en comprendre qui soient chargés d'une famille nombreuse.

Ajoutons qu'il importe aux bonnes mœurs de ne pas apporter d'obstacles au mariage après cet âge de ving-trois ans, où les forces physiques ont pris leur entier développement, où l'apprentissage le plus long est terminé, où s'ouvre enfin pour l'homme laborieux et sage, la carrière de l'économie productive, si favorisée à son tour par les vertus du mariage.

A coup sûr, la chambre des pairs, en appelant en masse et par classes tous les jeunes gens libérés par le tirage, n'a pas eu la pensée de rétablir l'inévitable joug que la conscription faisait peser sur la jeunesse tout entière. Cependant les dispositions qu'elle adopte feraient de nouveau peser, en grande partie, le joug sur les classes conscriptibles.

En refusant de suivre aussi loin les propositions de l'autre chambre, nous avons dû nous demander avec sollicitude si nous ne faisions pas assez pour offrir au Gouvernement des secours inépuisables. Voici les ressources que nous vouons à la défense du sol de la patrie.

Au premier rang, tous les célibataires d'une population de trente-deux millions d'hommes, depuis vingt ans jusqu'à trente-cinq, lorsqu'on nous les demandait seulement depuis vingt jusqu'à trente. Nous prendrons proportionnellement parmi les célibataires de ces diverses années, pour n'épuiser aucune classe.

Ensuite viendront tous les veufs sans enfants, jusqu'à l'âge de trente ans; puis, dans la même limite, tous les hommes mariés sans enfants; et, pour dernière ressource, si la patrie n'a plus d'autre moyen de sauver son indépendance, les hommes ayant un enfant, puis ceux qui ont plus d'un enfant.

Avant d'arriver aux pères qui ont plus d'un enfant, nous offrons à l'Etat le choix entre plus d'un million de gardes nationaux : n'est-ce donc pas assez?

Au sujet de la proposition contre laquelle nous nous élevons, d'épuiser par classes la population conscriptible, entre vingt et vingt-sept ans, on a démontré que ce serait ouvrir un cadre si large, que jamais le ministère n'aurait besoin d'en sortir. Cependant ce cadre, qui comprend presque deux millions d'hommes, ne fournirait pas aux corps détachés un seul ancien militaire, puisque les militaires ne sont libérés qu'en sortant des classes qui seraient appelables, en premier lieu, pour former les corps détachés.

Tant mieux, dit-on; il est plus juste de faire partir ceux qui n'ont jamais marché.

Quand la France est en péril, quand nos frontières sont menacées et que l'ennemi met le pied sur notre territoire, la première justice, c'est que les plus capables de sauver la patrie marchent sans exception, sans retard, pour lui faire un rempart de leur corps. La première nécessité, c'est qu'au lieu d'avoir des bataillons de novices, commandés par des officiers qui n'aient jamais vu le feu, notre héroïque jeunesse soit mêlée aux hommes qui se sont fait, par des services antérieurs, une expérience que rien ne saurait remplacer dans des corps entièrement nouveaux.

Une dernière considération achèvera de déterminer la chambre.

Vous n'avez pas voulu que les corps détachés de la garde nationale puissent former une armée active indéfinie, levée dès l'approche des hostilités, pour rester hors de ses foyers aussi longtemps que pourrait le souhaiter la passion des combats et des conquêtes.

Vous n'avez vu, vous n'avez pu voir dans les

corps détachés, qu'une force convocable seulement pour les plus grands besoins et les périls extrêmes de la patrie. Vous avez pensé qu'une année entière suffirait, dans tous les cas, pour sortir l'Etat d'une crise imminente.

Toujours la loi générale qui soumet les Français au service de la guerre, réquisition, conscription, recrutement, a fixé la durée du service.

A coup sûr, une loi d'organisation doit faire pour les citoyens gardes nationaux, ou célibataires, ou veufs, ou pères de famille, ce qu'elle a fait pour les réquisitionnaires, les conscrits et les recrutés.

Revenons donc à notre fixation d'une année de service des corps détachés, fixation sur laquelle la chambre des pairs n'a pas prononcé négativement. C'est un gage sacré que nous donnerons à la patrie et à l'humanité, contre le danger des guerres indéfinies.

Il est un article additionnel qui détruirait la prérogative la plus précieuse de la chambre des députés; c'est l'initiative dans le vote de l'impôt.

Nouvel article 137. « Les blessures reçues pour » cause de service par les gardes nationaux en » service ordinaire ou de détachement, leur don- » neront droit aux secours, pensions et récom- » penses accordés par la loi aux militaires en ac- » tivité. »

Nous vous proposons de supprimer cet article, comme contraire aux priviléges de la chambre élective, puisqu'il instituerait un impôt dont l'initiative aurait pris naissance dans l'autre chambre.

En définitive, nous vous proposons d'adopter quatre-vingt-deux amendements, d'en rejeter quatre, d'en modifier six, et de n'en ajouter aucun.

Nous aurions voulu vous proposer moins de changements encore ; nous ne l'avons pas pu, dans l'intérêt de la chambre, de la garde nationale et de la France.

Si vous accueillez les propositions, si peu nombreuses et si simples de votre commission, vous aurez rendu possible l'organisation des bataillons cantonnaux, au moment du besoin, pour vingt-cinq millions d'habitants des campagnes; vous aurez rendu trois cent mille jeunes gens à la classe où doit puiser la garde nationale; vous aurez amélioré la candidature des colonels et des lieutenants-colonels, en y faisant concourir directement les élus de tous les gardes nationaux ; vous aurez tranquillisé tous les citoyens sur la durée du service de la garde nationale pour coopérer à la défense du territoire ; vous aurez enlevé à la malveillance, à la trahison tout moyen de faire accroire aux habitants de la campagne qu'on voudrait rétablir le joug de la conscription, sans ménagements, sans exception pour les pères de famille. Enfin vous aurez défendu la prérogative de la chambre, et transmis intact à vos successeurs le droit d'initiative pour le vote des impôts.

En même temps, l'un de nous dépose sur le bureau, comme article additionnel à la loi sur les pensions militaires, la disposition qui les rend applicables au service de la garde nationale.

Par conséquent, cette garde ne perdra rien au rejet d'un amendement qui ne devait partir que de cette enceinte.

EXPOSÉ DES MOTIFS

DE LA LOI SUR L'ORGANISATION DE LA GARDE NATIONALE, AMENDÉ PAR LA CHAMBRE DES DÉPUTÉS, PRÉSENTÉ A LA CHAMBRE DES PAIRS DANS LA SÉANCE DU 8 MARS 1831, PAR M. LE MINISTRE DE L'INTÉRIEUR, COMTE DE MONTALIVET.

Messieurs, le projet de loi sur l'organisation de la garde nationale avait reçu de votre sagesse des améliorations nombreuses. La chambre des députés s'est empressée de les adopter : elle n'a différé d'opinion avec vous que dans quelques dispositions sur lesquelles le gouvernement appelle aujourd'hui votre attention.

Un sentiment de confiance dans les autorités locales vous avait portés à exiger que la formation des compagnies communales en bataillons cantonnaux ne pût avoir lieu que sur la demande expresse de chaque conseil municipal. La difficulté de réunir l'avis de trente, trente-cinq et même quarante communes, sans moyens légaux de communication entre elles, a paru à la chambre des députés d'une exécution longue et difficile. Le gouvernement, comme la chambre des députés, estime donc qu'il convient de rentrer ici dans le projet primitif, et de se confier sans réserve, sur ce point important, à la sollicitude du gouvernement, qui n'agira jamais sans avoir pris l'avis des autorités locales.

L'article 17 doit recevoir une modification essentielle. Les citoyens, aussitôt qu'ils entrent dans leur vingtième année, et non lorsqu'ils ont atteint l'âge de vingt ans, pourront faire partie de la garde nationale. La nouvelle rédaction pourrra donc conserver à l'Etat jusqu'à 300,000 hommes appartenant à cet âge précieux, où le dévouement est toujours secondé par l'activité et par la force.

Le jury de recensement (art. 23), pour répondre complétement à son but et à l'esprit de son institution, doit être composé non-seulement d'officiers et de sous-officiers ; les caporaux et les simples gardes nationaux eux-mêmes seront admis à y siéger, lorsqu'ils sauront lire et écrire.

La chambre des députés a pensé qu'à Paris seulement la force des bataillons qui excèdent mille hommes, exigeait que la règle générale reçoive une exception : les besoins du service paraissent y rendre indispensable la création d'un *chef de bataillon en second* et d'un *deuxième adjudant-sous-officier.* (Article 44.)

D'après le projet de loi soumis à vos délibérations, le choix que le roi doit faire des colonels et des lieutenants-colonels serait encore plus rapproché du principe de l'élection, en élargissant, comme le propose la chambre des députés,

le cercle de la candidature directe. L'article 56,
avec ses amendements, y fait entrer, pour y
coopérer, tous les citoyens qui composent la
garde nationale.

Un nouvel article est ainsi conçu :

« Les blessures reçues pour cause de service
» par les gardes nationaux en service ordinaire,
» ou de détachement, leur donneront droit aux
» secours, pensions et récompenses accordés par
» la loi aux militaires en activité. »

Cet article a soulevé une grave question qui
se rattache aux droits et aux prérogatives de la
chambre des députés, celle de l'initiative dans le
vote de l'impôt.

La chambre des pairs s'est empressée plusieurs
fois elle-même de reconnaître cette prérogative de
l'autre chambre; et tout dernièrement encore, à
l'occasion d'un projet de loi sur l'instruction primaire, elle n'a pas hésité à le faire. Dans la loi
sur l'organisation de la garde nationale, vous
avez cédé seulement à la voix impérieuse de
votre conscience toute patriotique, en assurant
des droits aux gardes nationaux qui ont versé
leur sang pour la défense de tout ce que la
France a de plus sacré. La chambre des députés
a rendu hommage à votre pensée si honorable,
si noble, en l'adoptant sous une forme qui l'a
fait rentrer dans l'exercice de sa prérogative.

La chambre des députés a adopté les amendements que vous aviez faits aux dispositions relatives à la discipline de la garde nationale en
service ordinaire ou en *détachement.*

Le titre des *corps détachés* a été l'objet d'une
modification essentielle.

Vous aviez adopté, pour les appels, l'ordre
des classes et du tirage déjà fait pour l'exécution
de la loi du recrutement.

La chambre des députés a craint que l'appel
successif de ces classes, sans distinction des célibataires, des veufs, et des hommes mariés sans
enfants, avec un ou plusieurs enfants, ne fût
sujet, dans la pratique, à de graves inconvé-
niens ; que la malveillance n'y trouvât un texte
pour de fâcheuses discussions ; que ce mode sur-
tout ne se trouvât point en harmonie avec les
amendements déjà proposés au projet de loi sur
le recrutement de l'armée.

Ces considérations ont déterminé la chambre
des députés à maintenir l'appel successif des
célibataires de 20 à 35 ans, dans l'ordre des
classes, et à n'appeler que subsidiairement les
veufs et les hommes mariés. Seulement elle a
fait à son propre système deux modifications.

1° Le nombre d'hommes appelés sera réparti
proportionnellement au nombre des célibataires
de chacune des classes de 20 à à 35 ans, de telle

sorte que, dans les appels ordinaires, aucune classe ne soit épuisée ;

2° Les jeunes gens de 20 à 23 ans, qui contracteraient des mariages que'o n pourrait considérer comme prématurés et faits dans le but d'échapper aux appels, seront rangés, dans chaque classe, à la suite des célibataires de la même classe.

Le gouvernement a pensé que le temps manquait pour balancer les avantages et les inconvénients des sytèmes divers adoptés par les deux chambres. Dominé par le besoin de la loi, il adopte le système que la chambre des députés a regardé comme le plus favorable aux intérêts de la population ; et il ne doute pas que vous ne jugiez conforme à votre sagesse et à votre patriotisme de sacrifier aux mêmes considérations un système que vous regardiez comme plus favorable sous les rapports militaires et politiques.

Par égard pour les moments de cette chambre, je me suis borné à ces indications rapides : elle suppléera à leur insuffisance. Le gouvernement a d'ailleurs la conviction d'avoir été au-devant de ses désirs, en lui apportant de nouveau une loi appelée par tant de vœux conçus dans l'intérêt unique du maintien de notre indépendance, de la liberté et de l'ordre public.

EXTRAITS

DES DISCUSSIONS

DES CHAMBRES.

Cette partie du *Manuel législatif de la Garde nationale* contient tout ce qui, dans les discussions, a servi à éclairer les questions soulevées par les divers orateurs. Le résumé de M. le baron Charles Dupin, analysant avec une rare précision tous les arguments de la discussion générale, a dû tenir la tête de ce travail, qui est ensuite classé par numéros des articles de la loi définitive. Souvent des articles du projet primitif du gouvernement ont disparu de la loi actuelle, mais les raisons qui les ont fait rejeter n'en sont pas moins citées ici, quand elles consacrent quelques-uns des principes qui ont présidé à la rédaction dernière de la loi. Bien que les discours soient pour ainsi dire découpés par ce système de classement par articles, cependant on a évité de laisser jamais une série d'arguments incomplète, et de rien omettre de ce qui, dans la pensée des orateurs, a dû donner de la puissance de conviction à l'émission de leurs opinions.

CHAMBRE DES DÉPUTÉS.

Séance du 14 décembre 1830.

RÉSUMÉ DE LA DISCUSSION GÉNÉRALE, PAR M. LE BARON
CHARLES DUPIN , RAPPORTEUR.

Messieurs , le premier orateur entendu dans la
discussion générale que je dois maintenant résumer , est un de ces chefs les plus estimés et les
plus dignes de l'être, entre ceux qui conduisirent
nos régiments à la victoire , au temps de nos
triomphes immortels.

Nous étions par conséquent en droit d'attendre
beaucoup de son expérience militaire, pour améliorer le projet de loi, dont vous allez incessamment voter les articles.

Le discours prononcé par notre honorable
collègue nous a paru non moins remarquable ,
pour les sentiments du bon citoyen, que pour la
prudence appuyée sur la fermeté.

C'est dans cet esprit que notre honorable collègue s'inquiète pour la paix publique, de chercher en vain dans la loi , les moyens immédiats
de suspendre une garde nationale prête à faire
usage de ses armes dans tout autre intérêt que celui de l'ordre public ou de la sûreté des personnes et des propriétés.

Ce pouvoir de suspension , d'interdiction provisoire accordé contre la garde nationale , prête à

mésuser de sa force, c'est entre les mains du pouvoir civil que le remet avec raison M. le colonel Jacqueminot.

Il réclame cette mesure, moins encore pour les cas effectifs, rares, où l'autorité administrative sera forcée d'y recourir, que pour les cas beaucoup plus fréquents, dans lesquels la *seule pensée qu'un tel pouvoir existe, suffira pour contenir les perturbateurs, et leur enlever le crédit qu'obtiendraient leurs mauvais conseils sur les esprits faciles à égarer, quand ils peuvent s'appuyer sur les chances trop probables d'un châtiment éloigné.*

M. le colonel Jacqueminot considère, avec raison, le mode à suivre dans le choix des officiers et des sous-officiers, comme la base fondamentale de toute bonne organisation. Mais il établit au sujet de l'élection, des principes dont nous ne pouvons accepter l'absolutisme.

Il interdit, sans exception, toute participation du roi dans le choix des lieutenants-colonels, des colonels et même des officiers-généraux, commandants supérieurs de la garde nationale pour les plus grandes cités, et pour Paris même; examinant ensuite les élections des officiers supérieurs, il ne veut pas qu'elles soient faites uniquement par les officiers, depuis les capitaines jusqu'aux sous-lieutenants; il n'est pas même satisfait d'appeler les sergents; plus nombreux que

les officiers des compagnies, ainsi que le faisait
la loi de 1791; il va plus loin, il appelle en concurrence tous les caporaux des bataillons; il va
plus loin encore, il adjoint à cette première
masse d'électeurs, de simples gardes nationaux,
aussi nombreux en somme que les trois classes
réunies, des caporaux, des sous-officiers et des
officiers des compagnies. C'est avec des réunions
constituées ainsi, qu'il procède à l'élection des officiers supérieurs et des officiers-généraux.

Hâtons-nous de dire qu'en faisant intervenir
aux élections les plus importantes, les trois premiers degrés de la hiérarchie militaire dans la
garde nationale, M. le colonel Jacqueminot,
entraîné trop loin sans doute, est cependant
guidé par une grande et sage pensée. La voici :

« Une espèce de ligne de démarcation, tracée
» par le législateur, entre les gardes nationaux
» et les officiers, ne me plaît point, et le main-
» tien m'en paraîtrait préjudiciable à l'esprit
» même de l'institution. Il est très-essentiel, en
» effet, qu'il n'y ait de grade que pour la né-
» cessité du service; que hors de là, on recon-
» naisse hautement l'égalité de droit comme de
» position, et que chacun dans la garde nationale
» est citoyen avant tout. C'est l'idée qui doit
» dominer toute la législation sur cet objet : or,
» un acte d'élection est par-dessus tout l'exercice

24

» d'un droit politique, et je verrais avec peine
» que l'absence d'une épaulette ou d'un galon
» pût être admise comme cause valable d'une lé-
» gitime exclusion. »

Qui d'entre nous pourrait entendre sans émotion ces nobles principes qui consacrent hors des
rangs l'égalité des citoyens-soldats et des officiers-
citoyens, professés par un des officiers qui con-
quirent leurs grades successifs à Austerlitz, à
Friedland, à la Moskwa.

Après avoir rendu pleine justice aux sentiments
généreux de notre honorable collègue, signalons
aussi les illusions qu'il puise dans la générosité
même de ses sentiments. Ne se trompe-t-il pas?
n'est-il pas en désaccord complet avec l'expérience de tous les temps et de tous les peuples,
lorsqu'il nous dit, pour appuyer son système
exclusif d'élection? D'abord, *il est évident que
l'élection ne peut donner que de bons choix;* ensuite, *la prudence et la réflexion des hommes s'é-
lève dans toutes les circonstances, au niveau de la
mission qu'ils ont à remplir.* De là l'orateur conclut que les élections sont plus parfaites à mesure
que le nombre des électeurs devient plus considérable, et que le grade de l'officier à nommer
est plus élevé. Non, Messieurs, cela n'est pas
vrai dans toutes les circonstances et dans tous les
temps; cela n'était pas vrai pour l'élection du

colonel Santerre et de ses pareils; cela ne serait pas vrai si des temps d'orage et de tumulte agitaient de nouveau les passions et troublaient la raison des masses, fussent-elles gardes nationales.

Vous le voyez, Messieurs; notre honorable collègue a poussé jusqu'à l'extrême le mode d'élection dont il propose le système; parce qu'il a cru qu'en toutes les circonstances c'était la prudence, c'était la réflexion qui seules agissent sur les hommes assemblés en grand nombre pour éclairer et diriger leurs choix nécessairement bons; il n'a fait oubli que de trois choses : les préjugés, les intérêts et les passions des hommes, qui ne savent pas comme lui les dominer par la raison. [Nous n'avons point cru pouvoir méconnaître l'action de ces trois grands leviers des subversions politiques; c'est pour cela seulement que nous sommes arrivés à d'autres conséquences que notre honorable collègue.

Mais ce que nous n'oublierons jamais, et ce que la chambre non plus n'oubliera pas, c'est que l'élection des officiers de la garde nationale ne peut plus être confiée arbitrairement au choix unique des gardes nationaux. La Charte, telle que l'a consacrée l'acte fondamental du 7 août 1830, a décidé que les gardes nationaux interviendraient dans la nomination de leurs officiers;

la Charte, en leur accordant seulement le droit d'intervention, laisse aussi la part de la couronne; et quand nous avons prêté serment pour nous lier par la Charte envers le prince, quand le prince a prêté serment pour se lier envers la Charte et la France; ni le prince, ni vous, ni la France ne pouvez isolément annuler aucun article du contrat, et sous prétexte que la part de l'un serait trop petite, ravir en entier la part de l'autre.

Cette raison seule, devrait suffire pour commander votre vote au sujet d'une loi organique destinée à compléter et non pas à violer le pacte fondamental.

Mais ce n'est pas seulement comme obligés par le lien sacré du serment que nous voulons vous décider; c'est au nom des considérations d'une politique saine, équitable et prévoyante. Nous vous exposerons les vues dont elle se compose, lorsque vous discuterez le titre des nominations aux grades; et nous avons la ferme conviction que les mêmes idées d'ordre public et de stabilité sociale, vous paraîtront irrésistibles, comme elles nous ont paru l'être, après de longues et graves discussions. Daignez donc, Messieurs, ne porter à cet égard aucun jugement anticipé.

Nous aurions pu craindre de trop pencher en faveur de la couronne par la latitude complète

que nous lui donnons, pour choisir les colonels
et les lieutenants-colonels, dans quelque rang que
ce soit, et non pas seulement parmi les chefs de
bataillon et les capitaines. L'opinion de M. le
colonel Jacqueminot nous rassure à cet égard.
Citons ses paroles :

« L'instruction militaire proprement dite, qui
» souvent est un titre à la préférence des ci-
» toyens pour les grades inférieurs, n'arrive plus
» qu'en ligne très-secondaire parmi les qualités
» exigibles pour l'exercice des emplois plus éle-
» vés. Ici, ce qui domine et doit dominer par-
» dessus tout, c'est l'influence morale résultant
» d'une grande considération acquise ; ce sont
» des qualités plutôt administratives que mili-
» taires, et le sentiment profond de la destination
» essentiellement civique d'une garde natio-
» nale. »

Eh bien, Messieurs, ces personnes qu'entoure
une haute considération, et qui possèdent des
qualités plutôt administratives que militaires,
oserait-on nous dire que l'administration, que le
ministère, que le prince, sont éminemment impropres à les choisir?

Mais ici nous avons pour nous la puissance
des faits et leur témoignage irrécusable. Quels
hommes remplissaient le mieux les conditions si
patrioquement définies par notre honorable col-

lègue? les Ternaux, les Delessert, les Choiseul, les Salleron, les Odiot, les Delaborde, etc; et ces dignes citoyens, qui les avait tirés du sein du peuple pour les placer à la tête des légions? c'était le chef du gouvernement. Il a donc pu faire des choix qui réuniraient le suffrage de Paris et de la France. Oserait-on dire que sous Louis-Philippe, les choix seront moins éclairés, moins nationaux, moins civiques, qu'ils ne l'étaient sous Louis XVIII et même sous Napoléon? Cette opinion que notre honorable collègue repousserait, j'en suis sûr, ne serait partagée par personne.

Je m'arrête, Messieurs; j'attendrai la discussion des articles; j'attendrai que des hommes-d'état, plus habiles, plus éloquents, achèvent de vous montrer sous son jour le plus lumineux, la plus grave question qu'offre la loi des gardes nationales; et je ne désespère point de voir revenir à notre opinion l'excellent esprit de notre honorable et consciencieux collègue.

L'orateur que vous avez ensuite entendu répondant au vœu du colonel Jacqueminot, pour fortifier l'action de l'autorité civile à l'égard des actes de la garde nationale, a reproduit du haut de cette tribune, des maximes pleines de sagesse, qu'il a fait passer dans un grand nombre des amendements proposés par la commission. Qu'il

me soit permis , pour ma part du moins , d'exprimer ma reconnaissance à cet homme d'état ; souvent ses paroles ont été pour moi des préceptes et
des enseignements sur la science administrative ,
et sur la meilleure constitution des pouvoirs de la
cité.

M. Lepelletier d'Aulnay s'est exprimé le premier avec mesure et sagesse , sur un sujet délicat,
que vous serez obligé d'aborder , car un amendement formel vous y conduit. Il s'agit du commandement général des gardes nationales. La
loi se taisait à cet égard , et la commission s'était
imposé le devoir de ne rien supposer au-delà des
bornes de la loi. Hier seulement vous l'avez chargée d'examiner les amendements qu'on vous propose. Lorsqu'elle aura prononcé , j'aurai l'honneur de vous rapporter son opinion et ses motifs.
Jusque-là , sur une question devant laquelle je
craindrais de n'être pas un juge assez élevé pour
prononcer seul , qu'il me soit permis de garder
le silence; vous l'attribuerez je l'espère, non pas à la
crainte d'émettre mon avis ; mais au sentiment de
convenance qui me fait désirer d'exprimer avant
tout l'avis qu'adoptera la commission dont je
dois être l'organe.

M. de Lézardière , bien différent d'opinion
avec les orateurs qui l'ont précédé , désapprouve
la loi dans son ensemble, et la croit tellement vi-

cieuse, qu'il juge impossible de la rendre tolérable.

Il approuve, il est vrai, l'institution de la garde nationale dans le sein des cités, et proclame les services qu'elle y a rendus ; mais il désapprouve, il repousse, comme dangereux et superflu, l'établissement des gardes nationales dans les cantons ruraux. Reproduisons ses motifs dans toute leur énergie.

Selon lui : « nos campagnes ne renferment que des éléments de bon ordre et de paix ; des laboureurs et pas d'artisans ; des hommes adonnés aux tranquilles travaux de l'agriculture, et point d'aglomérations d'individus prompts au tumulte ; comme en réunit l'industrie dans les cités. »

Que de faits n'aurions nous pas à signaler pour prouver l'erreur de ces assertions ! la France n'a-t-elle pas encore présente à sa pensée ces troubles jetés dans les communes rurales du Midi, par des assosiations de malfaiteurs, déguisés sous des habits de femme, et luttant contre la force armée qu'on faisait venir des garnisons les moins éloignées, et qui n'arrivaient jamais qu'après les dégâts commis. Une garde nationale sagement organisée dans ces communes n'aurait-elle pas placé le remède à la source même du mal ?

Notre honorable collègue affirme que tous les artisans sont concentrés dans les villes ; ignoret-il donc que dans les départements du Rhône, de la Loire, de Saône-et-Loire, du Doubs, du Jura, du Haut-Rhin et du Bas-Rhin, du Nord, de l'Oise, de l'Aisne, de la Somme, de la Seine Inférieure, et dans beaucoup d'autres départements, une immense population manufacturière est dispersée dans les bourgs, les hameaux et même les habitations isolées ? Par conséquent, d'après la distinction même établie par M. de Lézardière pour cette importante partie de la France, les gardes nationales ne seraient pas moins utiles dans les campagnes que dans les cités.

M. de Lézardière affirme que, dans les communes rurales, la gendarmerie suffit parfaitement à la répression de quelques délits, à l'arrestation de quelques malfaiteurs.

Cela pouvait être, cela était avant que le gouvernement déchu, n'eût, à quelques égards, affaibli la force morale d'un corps qui avait rendu les plus grands services au pays, tant qu'il n'avait eu pour mandat que la conservation de la paix publique et la protection des propriétés. Mais, depuis qu'on a tenté d'en faire l'agent d'atteintes positives contre les libertés publiques, le corps de la gendarmerie, bien qu'il n'ait été que l'instrument involontaire et malheureux de la violence et de la persécution, et ne l'ait été qu'en un très-petit nombre de lieux ; ce corps, dis-je, a partagé

25

dans presque tous, le poids de la défaveur populaire.

Aujourd'hui, je le sais, en beaucoup de cantons ruraux, il est des services importants, essentiels, que la gendarmerie peut difficilement rendre, parce qu'elle craint la réaction injuste, aveugle si l'on veut, mais réelle, de la vindicte publique. C'est la garde nationale qui supplée à cette insuffisance actuelle d'un corps qu'il faut conserver, améliorer en le rendant à ces premières fonctions, essentiellement bienfaisantes et supérieures, étrangères à la lutte des partis.

Voilà donc une nécessité nouvelle pour l'établissement de la garde nationale dans la plupart des communes rurales.

Pourquoi notre honorable collègue représente-t-il la garde nationale des campagnes comme une ruine pour le laboureur, quand au contraire nous prenons toutes les précautions pour empêcher que cette garde lui fasse perdre d'autres instants que des instants consacrés au repos les jours de dimanche. Nous faisons mieux; nous choisissons entre tous les dimanches de l'année ceux où les récoltes n'appellent pas le laboureur à des travaux extraordinaires. Nous faisons mieux encore, en laissant à l'autorité civile le soin d'abréger, de suspendre ces exercices dans les jours, les saisons, les années, où l'on peut, en consultant l'intérêt des citoyens, leur apporter ce soulagement.

A part ces réunions, les gardes nationales des cantons ruraux n'auront plus qu'un service imprévu, rare, accidentel ; service qu'il faudrait faire, mais moins bien, si la garde nationale n'était pas organisée, toutes les fois que des malfaiteurs attaqueraient les propriétés privées ou publiques, sur le territoire de la commune.

M. de Lézardière reconnaît que nous avons pris des précautions pour restreindre aux citoyens qui possèdent quelque chose, la garde nationale des campagnes. Seulement, il ne trouve pas que nous poussions assez loin nos restrictions. Qu'il demande davantage, et nous verrons si sa nouvelle limite satisfait aux conditions d'existence pour une garde nationale efficace et bienfaisante.

M. de Lézardière veut se rendre l'interprète des sentiments de la France au sujet de la garde nationale.

Quant au peuple des campagnes, dit-il, à ces laboureurs, qu'un travail continuel accable, *leurs vœux unanimes* sont loin d'appeler un service dont leur simple bon sens aperçoit l'inutilité.

J'interpelle ici les députés de l'Est et du Nord de la France : aujourd'hui que le fléau de la guerre fait apparaître ses menaces, les laboureurs français courent aux armes ; ils s'organisent d'eux-

mêmes en gardes nationaux volontaires. Non-
seulement, ils s'exercent les dimanches sans loi
qui leur en fasse un devoir ; mais, dans les jours
de la semaine , au retour du travail , leur patriotisme trouve des forces nouvelles pour s'exercer
en plein air ou dans des granges ; c'est ce que
peuvent savoir beaucoup de députés du Nord et
de l'Est de la France. Voilà comment le bon sens
des laboureurs de ces départements dévastés jadis
par les ennemis de la France, comprennent l'inutilité de la garde nationale.

M. de Lézardière va plus loin ; c'est la France
entière qu'il appelle en témoignage au sujet des
lois qui constitueront la garde nationale : *j'affirme*,
dit-il , *que son vœu unanime les repousse.*

Que font donc les départements dont les députations affluent de toutes parts aux pieds du
trône, pour témoigner l'empressement des citoyens à se constituer en gardes nationales prêtes
à défendre les libertés, le territoire et le prince ?..
Que font ces gardes nationales qui se portent en
masse au-devant de l'héritier de la couronne,
sur les bords de la Saône , du Rhône, de l'Isère
et de l'Yonne ? Font-elles entendre des cris de
désapprobation contre des lois qu'elles ont au
contraire réclamées ? Depuis que le projet de ces lois
est connu , la chambre a reçu soixante pétitions
pour les améliorer, et pas une pour les réprouver.

Comment donc est il possible qu'on dise à cette tribune : la France est unanime dans sa réprobation à l'égard de ces lois.

M. de Lézardière s'élève avec raison contre le projet insensé d'armer neuf millions de Français pour en former la garde nationale effective ; mais il me semble qu'il interprète mal un discours de M. le général Mathieu-Dumas, pour prêter ce projet à lui et à ses amis. M. le général Mathieu-Dumas a dit que déjà 2,500 bataillons sont organisés et présentent un total de 13 à 1,400 mille gardes nationaux ; nombre approximatif conclu des états remis par le septième des cantons. Mais il n'a pas voulu dire que le septième des cantons présentait un effectif de 2,500 bataillons, et qu'on attendait pour la France un total général de sept fois 1,400 mille gardes nationaux. Le sens de son discours était évident, et je suis surpris que M. de Lézardière ait pu s'y méprendre.

Notre honorable collègue, se figurant la France couverte de huit à neuf millions de gardes nationaux, militairement organisés, s'alarme pour les libertés publiques. Une garde nationale, dit-il, formée comme on nous le propose, *est une armée*. Non, messieurs, la garde nationale, telle que nous proposons de l'organiser pour le service intérieur, ne peut pas être une armée. Deux mille huit cents corps isolés, soumis, dans chaque canton, à l'autorité civile ; ne pouvant jamais agir que par obéissance à la réquisition civile ; suspendus, au premier besoin, par le pouvoir civil ; dissous, s'il est nécessaire, par le simple effet de l'autorité royale ; cette garde, ou communale ou cantonnale, n'a rien qui fasse d'elle une armée. Si, contre notre attente, il se trouvait dans la loi proposée la moindre mesure qui tendrait vers ce but, qu'on nous le montre, et sur-le-champ, j'ose l'affirmer, chacun de nous appuiera, fortifiera tout amendement qui puisse rendre impossible ce fléau de la France courbée sous le joug d'une armée implantée dans le sol à la manière des janissaires ou des colons militaires de la Russie et de la Croatie.

M. de Lézardière ne s'arrête pas à des craintes contre nos libertés en général ; il voit dans les millions de gardes nationaux qu'on va constituer, une véritable armée qui jamais ne pourra sympathiser avec l'armée de ligne. *Quant à moi, s'écrie-t-il, je vois un germe de discorde éternelle entre ces deux armées, dans la différence de leur sort et de leur constitution !*

Et moi, j'aperçois, au contraire, dans l'institution des gardes nationales, un moyen de concorde entre les citoyens et l'armée régulière. Nous l'avons vu dans Paris, aux jours de juillet ; les troupes de ligne, stationnées sur les places,

refusaient tout accommodement avec les habitants
sans uniforme militaire, et formant des masses
sans ordre; mais partout où des gardes nationaux
en uniforme ont été mis en contact avec la troupe
de ligne, l'honneur militaire a traité soudain de
la paix publique avec la force civique régulièrement représentée par la garde nationale ; et la
fureur de la guerre civile a cessé.

De 1790 à 1794, de 1806 à 1815, les gardes
nationales ont souvent été mises en contact avec
l'armée de ligne et la cité, pour la défense de la
patrie, en face de l'ennemi. Messieurs, en 1813,
en 1814, les débris de la grande armée trouvaient
encore des amis et des frères d'armes sous les
drapeaux de la garde nationale , quand les famil-
les , fatiguées de la guerre, devenaient injustes ,
ingrates, et je dirais presque hostiles envers
nos héroïques défenseurs. Qu'on juge donc si
l'armée et la garde nationale sont ennemies par
leur nature.

Chose étrange ! ce qui révolte le plus notre
honorable collègue, dans l'action de la garde
nationale pour maintenir la paix publique, est
le plus grand bienfait de cette institution : c'est
de permettre à l'armée régulière de rester l'arme
au bras dans la plupart des discordes civiles , et
de laisser aux citoyens formés en gardes nationales, le soin de ramener, bien plus par la persua-

sion que par la force, la concorde et la paix momentanément troublées.

Sous le gouvernement déchu, le plus grand crime du pouvoir fut d'établir pour principe l'éducation militaire, l'obligation aveugle de verser le sang du peuple sur l'ordre simple des chefs de l'armée ou de la police. On ne rougissait pas de faire un point d'honneur de cet horrible précepte ; et pourtant ce point d'honneur n'a pu persuader les régiments de ligne ; et, dans la garde royale, c'était avec douleur et presque avec désespoir que la plupart des officiers se croyaient obligés d'obéir à ce barbare point d'honneur. Eh bien ! la garde nationale rend à l'armée l'immense service de l'affranchir du besoin d'intervenir dans les discordes civiles, autrement que pour défendre les établissements et les personnes dont le roi lui confie la garde.

Le croirons-nous ! notre honorable collègue regrette pour l'armée régulière cette mission si largement accomplie sous le gouvernement déchu, d'agir contre les citoyens en désordre ou soulevés. Ecoutez ses propres paroles :

« Les soldats envoyés pour combattre une po- » pulation insurgée, sont des hommes du même » pays, il est vrai. Mais la vie militaire suspend » pour eux la vie de la cité. Soumis à une dis- » cipline, à des lois spéciales, pendant la durée

du service, ils sont en quelque sorte un peuple
à part. Un régiment de ligne, combattant des
insurgés, présente un spectacle affligeant sans
doute. Mais la garde nationale du Cher marchant contre le département de l'Indre ! ce
sont des Français vivants de la même vie, des
frères contre des frères. »

Eh ! c'est précisément parce qu'ils sont des
frères, que la loi fait marcher les uns, non pas
pour exterminer, mais pour ramener, pour apaiser, pour concilier les autres. Cette garde du Cher,
que vous représentez marchant sur le département de l'Indre, par allusion sans doute à des
troubles très récents, a-t-elle procédé comme une
troupe qui, formant un peuple à part, tire de
sang-froid sur un autre peuple à part, c'est-à-
dire étranger? Non. Elle a procédé comme une
troupe civique doit procéder avec des citoyens
même égarés; elle a fait entendre la voix de la
raison, les conseils de l'amitié; l'éloquence du
patriotisme a touché les cœurs des citoyens égarés, et sans verser une goutte de sang, une insurrection coupable a cessé pour faire place au
bon ordre. Alors les gardes nationaux du Cher
sont retournés dans leurs foyers, plus amis que
jamais avec leurs voisins de l'Indre.

Après avoir attaqué dans son principe la garde
nationale en service ordinaire pour le maintien

de la paix intérieure, notre honorable collègue
censure également les mesures législatives ayant
pour but de régler à l'avance les conditions de
l'appel des gardes nationaux au secours du territoire contre l'étranger. Il commence par nous
rassurer sur l'excellent esprit des rois de l'Europe; tous ont reconnu notre nouveau gouvernement; il leur suffira de n'être point inquiétés sur
leurs trônes, pour nous laisser en paix jouir de
nos libertés. Sur quoi se fonde-t-on pour nous
parler ainsi?

Le gouvernement libre des cortès établi dans
les Espagnes, en Portugal, à Naples, n'avait-il
pas été reconnu par ces mêmes rois de l'Europe?
Le gouvernement constitutionnel de Naples du
Portugal et des Espagnes, portait-il atteinte à la
tranquillité, à la sécurité de leurs trônes?....
C'est, au contraire, parce que l'Espagne, Naples
et le Portugal n'étaient pas des états formidables
et ne pouvaient faire de mal, qu'on s'est concerté
pour les écraser. Voilà pour les intentions.

La France, il est vrai, demanderait plus d'efforts, plus de préparatifs, plus de protestations
amicales, avant d'être attaquée : peut-être ne le
sera-t-elle pas; mais peut-être aussi le sera-t-elle.
Pour ne pas l'être du tout, mettons-nous en mesure de ne pas l'être impunément : évitons qu'on
puisse nous prendre au dépourvu. Au lieu d'at-

tendre au dernier moment pour aviser aux meilleurs moyens d'improviser une résistance hâtive, préparons long-temps à l'avance une résistance qui s'organise d'elle même pour le moment du besoin, suivant les préceptes d'une loi prévoyante. Au lieu de révéler subitement aux citoyens qu'il faut marcher, comme autrefois les seigneurs révélaient à leurs vassaux la levée de l'arrière-ban, nous leur disons dès aujourd'hui : Soyez préparés à l'avance ; sachez à côté de qui vous marcherez, lorsqu'un jour il faudra marcher pour défendre le territoire ; jetez les yeux sur vos concitoyens, pour voir qui vous jugerez dignes d'être officier et sous-officier de votre compagnie ; exercez-vous, et quand viendra l'époque du péril, qu'en un moment la patrie vous trouve prêts, Nous osons penser qu'il n'y a rien là d'impopulaire, ni pour la loi, ni pour ceux qui la défendent.

On prête au législateur l'intention puérile de vouloir effrayer l'étranger par nos démonstrations de défense ; non, messieurs, l'étranger ne s'effraiera pas de ce qui se passe chez nous ; il s'effraiera peut-être de ce qui se passe chez lui ; qu'il y songe, et qu'il n'excite pas chez nous des tempêtes dont la foudre irait tomber sur sa tête.

Notre honorable collègue a cru devoir récriminer contre l'administration actuelle du royaume ;

il la croit particulièrement impropre à l'organisation, à la direction d'une force telle que la garde
nationale. Il adresse de graves reproches à cette
administration. Que les agents du pouvoir, dans
nos départements, dit-il, administrent pour toute
la France et non pour un parti. Je croyais qu'on
administrait la France, depuis le règne du 7 août
1830, sur des principes tout contraires. L'honorable collègue auquel je réponds, sait qu'entre
cette époque et le 8 août 1829, le préfet de la
Mayenne fut indignement destitué, pour avoir
administré dans l'intérêt de la France, et non
pas dans l'intérêt d'un parti ; pour avoir respecté
la liberté des opinions, et non pas favorisé les tur-
pitudes électorales. Eh bien ! j'affirme qu'aujour-
d'hui tout préfet, tout sous-préfet, s'il gouverne
pour la France et non pour un parti, s'il ne voit
dans la garde nationale qu'une institution protectrice de la paix et non pas de la discorde, ne sera
point destitué comme le fut, avec tant d'honneur
pour lui, M. de Lézardière. Mais, tout en lui
rendant hommage, je n'improuve pas moins sa
pensée, lorsqu'il nous dit : *Que tous les cultes
soient libres, même le culte catholique, que la
Charte n'a pas mis hors du droit commun ; que le
sanctuaire ne soit jamais impunément profané,
que les objets de la vénération des peuples ne
soient pas livrés aux outrages de la minorité !....*

Ne dirait-on pas, en écoutant ces leçons adressées directement aux ministres, que l'administration du nouveau gouvernement met obstacle à la
liberté du culte catholique, et que cette administration repousse le culte sacré de nos pères hors
du droit commun garanti par la Charte, tandis
qu'on ne demande au culte de la majorité que la
simple tolérance pour le gouvernement! Ne dirait-on pas que l'administration favorise la pro-
fanation des autels de notre culte, et les outrages
faits à la religion de la majorité des Français,
par une impie minorité!

Que le ministère réponde, s'il le veut, à ces
inculpations, pour se justifier; nous devons, nous,
les envisager sous un autre point de vue. Sous le
point de vue de l'atteinte qu'elles portent, chez
nous, à la concorde des gardes nationales; au dehors, à la considération, au respect que doit commander la France. On la dégrade aux yeux des
peuples civilisés, lorsqu'on la représente comme
opprimée à-la-fois par l'administration et par
l'armement forcé des citoyens; comme violentée
dans ses habitudes paisibles, dans la liberté de
ses opinions, et jusque dans le for de sa conscience. A ce tableau, l'étranger n'a plus qu'à se
dire comme Mithridate au récit des discordes de
Rome :

Marchons, et, dans son sein, rejetons cette guerre.

Notre honorable collègue, sans le vouloir, à coup sûr, aurait donc fait un grand mal à son pays, et l'aurait fait, je dois le dire, pour des inculpations qui sont, à mes yeux, dénuées de fondement.

Evitons avant tout qu'on excite l'esprit de parti pour alarmer sur l'institution des gardes nationales, lorsque cette institution tend au contraire à rapprocher les citoyens par le lien de l'égalité dans les droits et dans les devoirs. C'étaient les anciennes lois de milice qui tendaient à perpétuer le ferment des discordes civiles, par l'exception injurieuse qu'elles faisaient en faveur des nobles et des autres privilégiés. Mais la loi nouvelle accueille également les citoyens, quels que soient leur naissance, leurs opinions, leur culte; il suffit qu'ils aiment la France, qu'ils respectent la paix publique, et qu'ils veuillent défendre les propriétés, la vie, la liberté, les cultes de tous leurs concitoyens. Comment pourrait-on trouver dans ces conditions des motifs d'épouvante et d'anathême!

Que la confiance rentre donc dans le cœur de tous les Français, et pour la paix intérieure, et pour la répulsion des attaques du dehors, si nous ne pouvons pas aussi conserver la paix avec l'étranger.

Le troisième orateur dont je dois résumer les

opinions, M. Aubernon, vous a présenté des observations puisées aux sources d'une longue expérience administrative.

Nous avons pris pour base le principe fondamental qu'il invoque dès le commencement de son discours.

« Il faut, dit-il, que la garde nationale arme
» les citoyens *sans transformer la société en corps*
» *militaire;* qu'elle détourne le moins possible
» les citoyens de leurs travaux et de leur exis-
» tence civile, et qu'elle ne s'empare d'eux que
» pour régulariser et rendre plus efficace l'obli-
» gation où ils sont de s'armer pour le maintien
» de l'ordre public et pour la défense de la
» patrie. »

Notre honorable collègue trouve que ce triple but est dépassé par l'organisation de la garde nationale par cantons ; il voudrait qu'on se bornât à l'organisation par communes.

Il explique parfaitement les complications et les difficultés inhérentes à la formation du service des bataillons dont les gardes nationaux appartiennent à plusieurs communes ; il pourrait remarquer cependant que votre commission a limité ce service, simplifié les opérations et diminué les difficultés.

La formation des bataillons dans les cantons ruraux, nous dit-il, est une institution *factice.*

Pas plus factice, répondrai-je, que l'institution
de la justice de paix par unité de canton. Or, après
le besoin du culte, il n'en est aucun qui attire
plus généralement et plus souvent les hommes
que le besoin de la justice ; nous avons pris pour
centre de la garde cantonnale le centre de sa justice, il n'y a rien là que de naturel.

Sauf quelques localités très rares, le chef-lieu
du canton est la ville la plus importante, c'est le
marché principal, c'est-là que se concentrent une
foule d'affaires, d'achats, de ventes et d'intérêts
divers. C'est là que se trouve en général l'école
immédiatement supérieure à l'enseignement primaire ; c'est là que se trouvent les principaux
moyens de civilisation pour tout le canton.

Lorsqu'un désordre survient, nous dit notre
honorable collègue, *c'est dans la commune où il
se passe qu'il faut que se trouve la force nécessaire
pour le réprimer; on n'a pas besoin pour cela d'attendre les ordres du commandant de bataillon du
canton, et il y aurait même ordinairement péril à
les attendre.* (*Ordre direct au capitaine de la compagnie, par le maire.*)

Nous convenons avec notre honorable collègue, que dans le cas où la paix publique est troublée dans quelque commune, c'est d'abord avec
la garde nationale de cette commune qu'il faut y
porter remède. Mais dans le cas où cette garde

nationale devient insuffisante , que fera-t-on?
Dans le cas plus grave encore et plus fréquent,
où la paix publique est troublée par une erreur ,
un emportement, un intérêt de la commune tout
entière ; n'est-il pas évident que la garde de cette
commune, non-seulement ne sera plus suffisante
pour réprimer le désordre , mais qu'elle n'y sera
nullement propre et qu'il faudra commencer par
la réprimer elle-même ?

C'est ici , Messieurs, que se montre la sagesse
et l'utilité des dispositions du projet de loi.

Le chef de bataillon, sur la réquisition du sous-
préfet , commandera sur-le-champ, de toutes les
communes disposées à rétablir l'ordre , des détachements , et s'il le faut la force entière du bataillon , pour ramener l'ordre dans la commune
troublée. Il emploiera pour cela plus de force qu'il
n'en faudrait strictement pour combattre ! Tant
mieux , car le but essentiel est de rétablir la paix
publique en évitant tout combat et tout sang répandu.

Le chef de bataillon, dites-vous, n'aura jamais
d'emploi... Vous voyez bien qu'il en acquiert
un de la plus haute importance aussitôt que quelque commune a troublé la paix publique. Ce cas
grave , mais rare , excepté, remarquez combien
nous sommes avares des moments des citoyens.
Nous demandons seulement que les gardes na-

tionaux soient assujétis cinq fois par année à se rendre au chef-lieu ; et nous laissons au préfet, autorisé par le ministre de l'intérieur, la faculté de réduire encore les revues et les exercices, lorsque l'instruction de la garde nationale et les besoins de la chose publique permettront de les épargner aux citoyens.

Notre honorable collègue nous signale des difficultés d'élections ; on peut y porter remède, nous l'avons fait en partie. Aidés par ses sages observations et par celles de plusieurs honorables collègues, nous vous offrirons, je l'espère, un ordre de choses qui n'ait plus rien que de satisfaisant.

Après les explications que nous venons de donner, il nous sera permis de le penser, nous avons évité l'inconvénient grave dont parle M. Aubernon, et nous croyons pouvoir nier ce qu'il affirme, que *l'organisation des bataillons dans les cantons ruraux, tend à transformer sans nécessité la société civile en société militaire.*

On met en avant, poursuit notre honorable collègue, comme un des grands avantages des bataillons l'enseignement des exercices et des manœuvres ; mais ces exercices ne peuvent-ils pas se faire, ne se font-ils pas réellement par communes, avec moins de fatigue et à peu près avec le même succès.

Non, messieurs, l'exercice ne se fait pas avec le même zèle, avec le même succès, en isolant les citoyens dans leurs petites communes rurales; car on perdrait le plus grand avantage qu'il soit possible d'obtenir : celui qui naît de l'amour-propre et de l'émulation des hommes mis en présence, par nombreuses réunions. Cette rivalité des communes dont on redoute les fâcheux effets, faisons-la tourner au bien public. Deux communes sont rivales ! Tant mieux ; l'une ne voudra pas que sa garde nationale soit moins bien habillée que celle de l'autre, qu'elle manœuvre moins bien, qu'elle soit moins bien commandée. Cinq fois par an seulement aura lieu la comparaison, le concours des communes ; mais cela suffira pour qu'on se prépare dans tout le cours de l'année à soutenir dignement le parallèle. C'est ainsi qu'on obtiendra sans effort une garde nationale bien organisée et toujours animée du même zèle.

Aux portes de Paris, les cantons ruraux nous offrent un exemple admirable des efforts que cette émulation peut produire et dont vous avez tous été spectateurs. Il a suffi que les gardes nationaux des cantons ruraux de la Seine obtinssent l'honneur de comparaître aux grandes revues de Paris, pour qu'en six semaines les deux arrondissements de Sceaux et de Saint-Denis, aient

organisé, armé, équipé, habillé complètement, trente bataillons superbes. Dissolvez ces
bataillons, et les gardes nationales des communes tomberont à l'instant dans le découragement et le dégoût; il n'y aura plus de garde nationale.

Ce n'est donc pas seulement, comme on a pu
le supposer, au moyen de cinq jours d'exercice
par année, que nous prétendons instruire des bataillons dans les cantons ruraux, et les former à
de grandes manœuvres. En conservant la possibilité de l'organisation par bataillon, nous avons
eu, j'ose le dire, un but plus élevé, que notre
honorable collègue appréciera. C'est de rapprocher les hommes pour les concilier; c'est de
créer pour eux la religion du drapeau civique,
pour exciter dans les cœurs tous les sentiments
de la concorde civique. On a dit à cette tribune
qu'entre beaucoup de communes contiguës, il y
avait une antipathie comparable à celles des Hol-
landais et des Belges! Comme si deux communes,
contiguës dans un même département français,
pouvaient différer à la fois de langage, de mœurs,
de culte et de lois. C'est au contraire pour affaiblir des animosités vives, sur-tout dans les pays
peu civilisés, où les communications sont trop
peu fréquentes, que les sages législateurs ont
cherché le moyen de rapprocher les habitants des

communes limitrophes, par des fêtes, des ap-
ports, des marchés, des foires, des jeux et des
exercices publics. La pensée de réunir les citoyens de communes contiguës, pour les ranger
quatre ou cinq fois par an, sous le drapeau fra-
ternel d'un même bataillon, n'a donc rien que
d'éminemment favorable aux progrès de la concorde et de la civilisation, dans les communes
rurales.

Néanmoins, lorsqu'arrivera la discussion des
articles, votre commission consentira qu'on cesse
de rendre obligatoire l'organisation des bataillons qui comprennent plusieurs communes, et
qu'on laisse, à la sagesse du Roi, la désignation
des départements et des cantons où cette organi=
sationn'offrira que des avantages.

L'expérience éclairera le gouvernement et la
chambre sur les effets si redoutés de l'organisation par bataillons cantonnaux ; on les généra-
lisera, on les restreindra suivant les leçons de
cette expérience, et suivant les besoins des circonstances plus ou moins impérieuses. C'est-là
tout ce que peuvent désirer les amis de l'institution des gardes nationales.

Je dois dire ici de mes honorables collègues
M. Agier et M. le général Brenier, ce que j'ai dit
de M. Lepelletier d'Aulnay. Si leurs discours ne
nous offrent pas d'améliorations essentielles à si-

gnaler après le travail de la commission, c'est qu'ils ont fait adopter par la commission beaucoup d'amendements utiles, qui leur ont été suggérés par leur expérience, l'un dans la garde nationale et l'autre dans l'armée.

M. Agier a particulièrement insisté pour interdire tout autre remplacement que celui des proches parents et des alliés aux mêmes degrés. Cette importante question sera développée dans la discussion des articles.

Notre honorable collègue pense que le Roi ne doit pas intervenir dans les nominations des officiers, même des lieutenants-colonels et des colonels; la Charte pense autrement, et nous la défendrons devant vous en discutant les articles relatifs au choix des élections.

Notre honorable collègue prouve très-bien, ce me semble, que dans notre système nous ne pouvons, pour être conséquents avec nous-mêmes, nous dispenser d'attribuer au Roi le choix de l'officier qui commandera un bataillon indépendant; j'ose croire que, si pour rester fidèles à la Charte, il faut donner au Roi cette attribution, la commission et la chambre n'hésiteront pas, l'une à la proposer, l'autre à la voter.

Notre honorable collègue désire qu'au lieu de laisser au gouvernement la faculté de retarder jusqu'à deux ans les réélections de la garde na-

tionale; on les renouvelle immédiatement après
la promulgation de la loi. Lors de la discussion,
nous aurons soin de rappeler les raisons qu'il
expose pour appuyer cette opinion.

M. Delaborde vous a présenté des vues générales sur l'institution des gardes nationales; il
n'a point indiqué de modifications essentielles
au projet de loi.

M. le général Brenier propose de déclarer que
tout citoyen Français ou fils de citoyen, fait
partie de la garde nationale jusqu'à sa mort.
Mais en même temps il propose de rendre facultatif le service des gardes nationaux, lorsqu'ils
ont cinquante ans d'âge. Cette dernière partie de
son opinion mérite la plus grave attention.

Au sujet des corps détachés de la garde nationale, pour défendre le territoire en cas d'attaque
par les ennemis étrangers, M. le général Brenier
voudrait que tous les officiers, sans exception,
fussent nommés par les gardes nationaux; la
commission n'a pu partager cette opinion : nous
en développerons les motifs lors de la discussion
des articles.

M. le général Brenier voudrait que les corps
détachés ne fussent composés que de volontaires;
autant vaudrait dire que l'armée régulière ne devrait pareillement être composée que de volontaires. Il pense que ces volontaires vaudront

mieux que des citoyens levés par une désignation obligatoire. Loin de moi de nier l'héroïsme
des volontaires, si justement admiré dans la
première guerre de la révolution française ; mais
si je demandais à l'honorable général, s'il n'a
pas trouvé la même bravoure dans les conscrits
d'Austerlitz et d'Iéna, dans les cohortes requises
de Lutzen et de Bautzen, et dans les volontaires
de Jemmapes et de Fleurus ? J'aime à croire que
notre collègue, si bon juge en fait de vaillance,
balancerait plus d'un moment avant d'accorder la
palme.

N'ayez donc aucune crainte sur la voie de réquisition consacrée pour compléter les corps détachés dans lesquels nous admettrons d'ailleurs
tous les volontaires auxquels l'honorable général
désirerait qu'on se bornât.

M. Alexandre de Larochefoucauld partage les
opinions de M. Aubernon sur l'organisation des
gardes nationales dans les communes rurales ; il
ne veut pas de garde cantonnale.

Il ajoute seulement : Si, dans une occasion extraordinaire, il y avait nécessité de réunir toutes
les fractions des gardes nationales (éparses dans
les communes), elles marcheraient avec le même
zèle, le même ensemble, que si elles avaient été
formées de bataillons. Sans doute elles marcheraient avec le même zèle, avec le même courage ;

mais avec le même ensemble ! Non. Nous savons
bien que la France est assez grande pour fournir
des réunions d'hommes aussi nombreuses que les
armées des Darius et des Xerxès; mais, ayons le
courage de le dire : si d'avance les citoyens ne
se sont pas exercés par corps d'une certaine consistance, comme le faisaient les Grecs, on réunira des cohues, et l'on n'aura point d'armée
quand viendra l'instant du besoin.

Notre honorable collègue présente des observations très sages sur les limites des pouvoirs
du maire et du commandant de la garde nationale, pour les réunions de cette force civique ;
la commission avait déjà pris à cet égard toutes
les précautions que pouvaient suggérer la prudence.

Dans la réunion d'hier soir, elle pense avoir
amélioré ses propres amendements sur cet objet
essentiel, et j'aurai l'honneur de vous en faire part
lors de la discussion des articles.

M. de Larochefoucauld voudrait qu'on posât
des limites au contingent des gardes nationaux
en service ordinaire, pour les communes rurales
qui n'ont pas 2,000 habitants : c'est une question
qu'examinera votre commission. Le même orateur demande que l'on rende passible d'une amende
un peu forte le garde national qui se servirait de
son fusil hors du service : c'est encore une obser-

vation qui mérite la plus sérieuse attention, surtout pour les communes rurales.

M. de Larochefoucauld termine en témoignant son étonnement « sur le silence de la loi, par rapport à l'état-major des gardes nationales, service pour lequel la chambre a cependant voté cent mille francs; une liste des officiers et des employés qui composent cet état-major a été lue à cette tribune, et la réponse faite par M. le major-général, tout en rectifiant nos idées sur le montant des traitements, a confirmé l'existence politique de ce corps. »

Notre honorable collègue désire que le ministre de l'intérieur ou le rapporteur s'expliquent sur cet objet. Je vais le faire pour la part qui me concerne. Le projet de loi déclare que, dans les villes qui possèdent plusieurs légions de la garde nationale, le roi peut nommer un commandant supérieur, avec un état-major général. La loi reconnaît par conséquent la possibilité d'un pareil état-major pour la ville de Paris; elle se tait pour le royaume, et la commission n'a pas pu s'occuper d'un pouvoir militaire dont le projet de loi ne consacre pas l'existence; ce silence était pour la commission la déclaration d'un acte de non-existence. Aujourd'hui, l'état de la question est changé par l'effet de deux amendements relatifs à cet objet : ils sont renvoyés à la commission, qui les examinera ce soir ou demain au plus tard.

M. Eusèbe de Salverte vous a présenté des observations importantes sur le recensement; opération dont il a très bien compris les difficultés. Il voudrait qu'une sanction pénale forçât le citoyen qui doit être garde national à se déclarer lui-même. Il réclame pour le recrutement de la garde nationale toute la sévérité nouvelle, imaginée pour la nouvelle loi du recrutement.

Notre honorable collègue voudrait qu'on repoussât de la garde nationale les étrangers qui, par la libéralité de nos lois, possèdent sur notre territoire une industrie, un foyer domestique. Comme s'ils avaient moins d'intérêt que les Français mêmes à soutenir la paix de la cité dans laquelle ils ont réuni leurs biens, leurs enfants et leurs femmes. J'ai peine à croire que nous approuvions une défiance qui jure, ce me semble, avec la générosité, l'hospitalité du peuple français. Comment, messieurs, le maréchal de Saxe ne pourrait pas, s'il revenait parmi nous, commencer par être garde national? Le vainqueur de Fontenoy ne serait pas jugé digne de faire patrouille au coin du Pont-Neuf! Et dans des temps plus graves, quand les libertés de la France furent attaquées au sein de la cité, en juillet 1830, êtes-vous allé dire aux réfugiés italiens, portugais, espagnols et belges, aux domiciliés, aux

voyageurs anglais , écossais ou allemands qui se
trouvaient dans Paris , et qui versèrent leur sang
pour défendre nos lois, retirez-vous, étrangers
que vous êtes; laissez plutôt périr nos lois, vous
n'êtes pas dignes de les défendre, et nous ne
voulons pas du sang que vous versez si généreusement pour elle? Eh bien ! si vous n'avez pas
refusé leur sang et leur vie au moment du péril ,
vous n'avez plus le droit de leur refuser l'honneur de garder la paix avec vous , parmi vos
gardes nationaux ; c'est la reconnaissance et l'honneur qui vous imposent cette loi.

M. Eusèbe de Salverte désire qu'on exclue de
la garde nationale les faillis non réhabilités : cette
opinion mérite un examen attentif.

Notre honorable collègue s'élève contre la disproportion démesurée de certaines compagnies
dans la garde nationale : il aurait pu remarquer
que nous prévenons cet inconvénient, en imposant de sages limites à la force des compagnies.

Il présente des observations judicieuses sur
l'introduction du jury dans la garde nationale; la
commission ne manquera pas de les prendre en
considération.

Notre honorable collègue déclare qu'en principe les gardes nationales du royaume ne doivent
pas être soumises à l'autorité d'un seul commandant général. Dans la circonstance actuelle , il

s'applaudit de voir cette autorité remise en des mains qui n'alarment ni le prince ni les libertés publiques ; il veut qu'à l'avenir une loi puisse seule remettre cet immense pouvoir entre les mains d'un citoyen qui ne soit pas le roi. La commission considérera l'amendement qui repose sur cette opinion.

Notre honorable collègue s'est élevé à des considérations de politique générale où vous avez reconnu son talent accoutumé. Vous avez sur-tout remarqué cette déclaration formelle : « Je le dé-
» clare au nom de mes amis et de ceux qui pensent
» comme moi, nous regardons comme profondé-
» ment coupable de vouloir entraîner le pays dans
» une guerre que le pays ne voudrait pas. » C'est donc au gouvernement, s'il a le sentiment de ses devoirs, à poursuivre sans ménagement quiconque se rendrait ainsi profondément coupable.

M. Blin de Bourdon ne s'est occupé que du titre VIII qui concerne les corps détachés, destinés à défendre nos lois, nos libertés et notre territoire, contre les ennemis qui viendraient nous attaquer. Il trouve cette destination en désaccord avec la charte ; il pense que la consacrer par une loi, comme nous le faisons, *c'est introduire dans la législation les plus dangereuses innovations.* Voici comment il le démontre.

La charte institue la garde nationale pour veiller

au maintien de la Charte et des droits qu'elle con-
sacre ; donc elle ne l'institue pas pour combattre
l'étranger.

Messieurs, supposez que Coblentz redevienne
le quartier-général des ennemis de nos lois et de
nos libertés ; supposez qu'un nouveau manifeste
soit lancé contre nos institutions par un nouveau
Brunswick ; supposez que des vaisseaux anglais
retrouvent un nouveau Quiberon, osera-t-on
nous dire que la garde nationale, instituée pour
défendre la Charte et les droits qu'elle consacre,
n'aura rien à faire dans le combat à mort contre
les ennemis que je signale ? Pensez-vous qu'à
présent, quel que soit le prétexte d'une guerre
future de la France avec les états où règne le
pouvoir divin, avec les états qui formaient la
sainte-alliance, ce ne sera pas une guerre contre la
charte et les droits qu'elle consacre ? Ah ! malheur
à nous, si nous avions jamais cette folle crédu-
lité ! Il faudra donc, dès le moment où l'armée
régulière ne suffira plus, que la garde nationale
s'ébranle et présente sa population virile au devant de l'ennemi ; c'est ainsi qu'elle sera digne de
son institution.

L'honorable orateur ne veut trouver, dans
l'organisation des corps détachés de la garde nationale, qu'un moyen facile d'alimenter l'armée.
Si les gardes nationaux, après un an de service,

désirent passer dans l'armée régulière, la patrie
acceptera leurs services ; s'ils s'y refusent, ils seront libres, après une seule campagne, de re-
tourner dans leurs foyers.

M. Blin de Bourdon s'étonne beaucoup que les
ministres songent aux besoins de l'avenir, quand
ils nous assurent que l'Europe a toutes les chances
de rester au sein d'une paix profonde. MM. les
ministres peuvent avoir leurs secrets diplomatiques qui leur font découvrir, par les effets d'une
haute perspicacité, les assurances d'une immua-
ble paix ; mais nous, mandataires du peuple,
sentinelles de ses libertés, c'est à nous qu'il appartient de veiller aussi, de regarder autour du
camp, et quand nous voyons les feux s'allumer
tout à l'entour, c'est notre devoir de crier, non
pas silence ! mais qui vive !...

Et quand nous nous tromperions, il nous aurait peu coûté d'apprêter nos rangs et nos armes.
Ah ! c'est à nous qu'il faut rappeler aujourd'hui
ces éloquentes paroles d'un immortel orateur. On
a préparé pour défendre l'indépendance des
peuples, des fossés, des remparts, des armes et
d'autres inventions du génie, qui toutes ont leur
utilité; mais il est une arme, un rempart plus
puissant pour défendre les états libres contre les
états despotiques. Quel est donc ce rempart ?
C'est la défiance. Entourez-vous-en ; qu'elle pré-

side à vos conseils, à vos mesures, à vos préparatifs, et vous n'aurez rien à craindre contre les
ennemis qui méditent votre perte.

Messieurs, un peuple libre négligea la sagesse
de ces conseils, et peu d'années après il perdit
pour jamais son indépendance et sa constitution.
Soyons plus sages, afin d'être plus heureux.

Notre honorable collègue croit nécessaire de
vous recommander de n'être pas moins avares du
sang que de la fortune de nos concitoyens. Il
vous parle des cohortes de gardes nationales levées sous l'empire et conduites à la mort dans les
plaines d'Allemagne. C'est pour éviter ces dé-
sastres d'une insatiable ambition que nous ne
voulons pas qu'on entraîne au-delà des frontières,
et qu'on fasse servir plus d'un an les corps détachés des gardes nationales. On nous cite l'abus
du pouvoir absolu ; nous alléguons l'empire des
libertés publiques, et nous fondons le droit des
soldats-citoyens à n'être pas sacrifiés pour des
conquêtes insensées.

Par une figure de rhétorique difficile à saisir
par des intelligences françaises, on vous représente le secours possible des corps détachés pour
le salut du pays, comme une épée de Damoclès
suspendue sur 1 million 800,000 têtes. Non,
l'appel à la défense de la patrie n'apparaîtra pas
aux gardes nationaux à titre de fléau, comme une

épée de Damoclès. Disons mieux , cet appel , prévu par la loi , c'est une couronne civique suspendue , par la patrie même , sur la tête de deux millions de citoyens qui ne seront pas sourds à sa voix , quand viendra l'heure du danger.

L'honorable orateur va plus loin dans ses prétentions ; il affirme que tout Français ayant fini le temps de sa conscription , n'eût-il que vingt-huit ans , que vingt-cinq ans , ne doit plus rien à la France menacée , et qu'il a le droit de ne pas prendre les armes quand l'étranger foule aux pieds le sol du pays , et porte la destruction jusqu'au sein de nos foyers domestiques : il vous dit que « ces jeunes hommes sont irrévocablement » libérés de tout service militaire. » Il va plus loin ; il comprend , parmi ceux qu'il affranchit d'un devoir imprescriptible , même les jeunes gens ayant passé par le tirage de la conscription. S'ils ont obtenu des billets blancs , chacun d'eux n'aura qu'à dire : j'ai tiré au sort , je ne suis pas tombé pour servir le pays; que le pays et ses lois périssent , cela ne m'importe plus ; j'ai payé toute ma dette en me donnant la peine de mettre ma main dans l'urne qui m'a donné mon billet d'oisiveté.

Vient ensuite l'éloge du respect que les gouvernements de Louis XVIII et de Charles X ont eu pour cette théorie.

Comment est-il possible qu'on invoque aujourd'hui la foi du gouvernement déchu, pour libérer des soldats et des citoyens ? Quelle fut la première parole du lieutenant-général du royaume, devenu plus tard Charles X ? *plus de conscription* ; quelle fut la seconde ? *plus de droits réunis.* Et quels furent les premiers actes de Louis XVIII ? Ce fut d'établir un recrutement par voie du sort et des droits dits indirects. Voilà comment la royauté, par un changement de mots, laissant-subsister les choses, tint sa parole envers nos fortunes et nos enfants.

Et que faisait donc Louis XVIII, lorsqu'il se rappelait, en mars 1815, qu'il existait une garde nationale faite pour défendre la Charte contre l'invasion même d'un français, du plus illustre des Français ! Il l'appelait à la défense de la Charte ; il faisait dresser un trône ici même, à la place de notre tribune, pour renouveler ses serments et pour demander à la garde nationale tout entière, ce que la loi va demander seulement aux corps détachés. Qu'on ne vous cite donc pas contre ce devoir de la garde nationale, l'autorité de Louis XVIII ; et quant au gouvernement de Charles X, lorsqu'il s'agit de défendre des libertés et des institutions, je pensais qu'il y aurait eu prudence et pudeur à ne pas citer comme exemple et comme autorité.

Que notre honorable collègue ne revienne donc jamais sur un semblable sujet, pour nous dire avec instance : *Je répéterai donc qu'en obligeant à ce service militaire (celui des corps détachés) des hommes définitivement libres, ce serait consacrer un principe de rétroactivité toujours dangereux à introduire dans la législation, et manquer aux engagements pris.*

Notre honorable collègue, M. de Tracy, a réfuté victorieusement d'autres assertions erronées émises par l'honorable préopinant; je dirais moins bien si je revenais sur le même sujet. M. de Tracy a présenté de hautes considérations sur le progrès comparatif des institutions civiles et militaires; il a fait voir que le dernier terme de ces progrès conduisait au système actuel qui combine dans un juste rapport l'action des armées régulières et des gardes nationales. Il approuve l'ensemble du projet et le système de nos amendements : c'est un suffrage dont nous devons être justement flattés.

M. Gillon vous a présenté beaucoup de réflexions judicieuses que je regrette de ne pouvoir détailler ici, sur la formation des conseils et des jurys de recensement; elles trouveront leur place dans la discussion des articles.

Tel est le résumé des principales opinions émises par tous les orateurs que vous avez entendus dans les deux séances consacrées à la discussion générale. Leurs discours abondants en vues utiles, demandaient un long exposé des améliorations dues à leur patriotisme. Quelques faits inexacts avaient besoin d'être rectifiés, quelques erreurs réfutées ; j'ai tâché de le faire en rendant justice à chacun, sans prédilection pour ceux dont je partage l'avis, sans oubli de la modération à l'égard de ceux dont je repousse les maximes. Puisse la chambre rendre justice du moins à ce désir de rester toujours équitable et de n'être jamais antagoniste malveillant.

EXTRAITS

DE LA

DISCUSSION DES CHAMBRES,

CLASSÉS DANS L'ORDRE DES NUMÉROS DES ARTICLES.

ARTICLE PREMIER.

M. Pillon (1). La garde nationale est le développement de la force municipale se portant vers les armes pour appuyer le maintien de l'ordre et l'exécution de la loi : sous cette définition, que je crois exacte, doit comme se mouler toute l'économie organique de la loi institutive de la garde nationale. En effet, il suit de là, que tout homme qui est en dehors de la municipalité ne peut avoir l'honneur de servir dans la garde nationale, ainsi nul ne prendra place dans ses rangs, s'il n'est citoyen ; il suit encore que tout citoyen doit y avoir sa place, à moins que de grands et puissants motifs d'intérêt général ne l'en détournent pour le mettre

---

(1) Le nom qui précède le fragment de discours est celui du député ou du pair qui l'a prononcé, et la date qui suit ce fragment est celle de la séance dans laquelle il a été prononcé.

à un autre poste du service public ; enfin, il suit, comme troisième vérité, que pour rester fidèle à son origine et atteindre au haut but d'utilité vers lequel elle a été créée, la garde nationale doit avoir pour organisateur, pour surveillant, pour modérateur ou excitateur, et même aussi pour juge de ses écarts, le pouvoir municipal ; non pas ce pouvoir municipal étroit, débile, qui se concentre dans l'étroite enceinte de la commune, mais le pouvoir municipal large et généreux dès son principe, qui embrasse dans sa sollicitude et enferme dans son action, un arrondissement, un département entier : le voilà tel que je l'ai toujours compris, médité, souhaité ; tel que je m'appliquerai à l'incruster dans une loi organique.   *Séance du* 13 *décembre* 1830.)

M. Isambert. Je désire que M. le rapporteur veuille bien expliquer à la Chambre, s'il y a quelqu'une de ces lois (1) qui punisse *l'atteinte à la liberté publique et le délit contre la chose publique et la constitution,* résultant *de toute délibération prise par la garde nationale sur les affaires de l'état, du département et de la commune,* prévus par le 2ᵉ alinéa de l'art. 1ᵉʳ,

---

(1) Celles citées à l'article 162.

ajouté par la Chambre des Pairs , et voté par la Chambre.

Pour moi , je n'en connais pas ; il me semble que ces délibérations ne sont punissables qu'autant qu'elles sont une provocation à un délit qualifié par le Code pénal.

Ce n'est pas tout de dire qu'une chose est un délit , s'il n'y a pas de sanction pénale.

M. le rapporteur. En effet il n'y a pas de disposition pénale spécialement applicable au cas prévu par le deuxième alinéa de l'article premier e la loi ; mais alors le roi destituerait le commandant de la garde nationale qui aurait autorisé la délibération , et pourrait dissoudre la garde nationale.

M. Isambert. Cela suffit ; c'est une peine administrative.   (*Séance du 5 mars* 1831.)

ARTICLE 2.

L'article 2 du Gouvernement est ainsi conçu :

« La garde nationale est composée de tous les *citoyens* qui ne font pas partie de l'armée. »

La commission propose de remplacer le mot *citoyens* par le mot *français* , et d'ajouter à l'article , *sauf les exceptions mentionnées ci-après.*

M. Las Cases propose la rédaction suivante :

« La garde nationale est composée d'un million de Français jouissant des droits civils, les plus imposés en contributions directes. »

Un autre amendement présenté par M. Salvandy', est ainsi conçu :

« La garde nationale est composée de tous les citoyens ou fils de citoyens âgés de dix-huit à soixante ans. »

M. Salvandy. Mon amendement renferme deux parties sur chacune desquelles la chambre voudra sans doute délibérer séparément.

Le titre 1er de la loi doit renfermer toutes les dispositions essentielles, toutes les règles générales de la loi. C'est pourquoi il est indispensable de dire de quels Français la garde nationale sera composée, sauf à mettre plus tard les exceptions. L'article de la commission me semble incomplet, bien qu'on propose d'y ajouter : *sauf les exceptions mentionnées ci-après ;* car lorsqu'il s'agit de dispositions aussi essentielles, vous ne devez pas mentionner d'abord les exceptions ; la règle générale doit être claire, l'exception viendra à son tour.

La dernière partie de mon amendement a pour objet de fixer à dix-huit ans, et non à vingt, l'âge où l'on pourra être garde national. Je crois que l'âge de dix-huit ans est un âge assez avancé pour faire le service de la garde nationale.

M. Marchal. Je demanderai à M. Salvandy, s'il s'est fixé sur le mot *citoyens* ou sur le mot *Français.* Dans le cas où il adopterait le dernier mot, je n'ai rien à dire ; dans le cas contraire, je demanderai la parole pour appuyer la substitution faite par la commission du mot *Français* au mot *citoyens*.

M. Salvandy. J'adopte le mot *Français*.

M. le président. L'amendement de M. Salvandy sera ainsi conçu :

« La garde nationale est composée de tous les Français ou fils de Français.... »

M. Marchal. Il ne faut pas mettre *ou fils de Français*.

M. Salvandy. L'erreur typographique qui a eu lieu dans le rapport de la commission par rapport à l'article 2, m'avait fait croire que la commission voulait substituer le mot *citoyens* au mot *français*, et non par le mot *français* au mot *citoyens*. Ne voulant pas faire naître une discussion qui ne me semblait pas digne de la chambre, j'avais employé le mot *citoyens*, parce que je le croyais adopté par la commission.

M. le rapporteur. Il me semble que l'ordre suivi par le gouvernement et la commission est le plus rationnel. Il fallait indiquer l'obligation du service personnel, et définir ensuite d'une manière complète les conditions à réunir pour faire ou non partie de la garde nationale. C'est la marche que nous avons suivie.

M. Marchal. L'art. 2 de la commission sera

d'une extrême inexactitude en y mettant le mot *Français*; car on est Français en naissant, à tout âge.

M. le rapporteur. Sauf les exceptions.

M. Marchal. L'exception sera plus grande que la règle.

M. Lepelletier d'Aulnay. On n'a eu qu'un seul but dans cet article, celui de maintenir le principe de la loi de 1790 sur la force publique. Qu'a-t-on voulu dire ? Que la garde nationale contiendrait les personnes qui ne font pas partie de l'armée.

M. Jacquinot Pampelune. On ne jouit pas de ses droits civils à 20 ans, par conséquent l'amendement ne vaut rien.

(L'amendement de M. Las-Cases n'est pas appuyé.)   (*Séance du* 14 *décembre* 1830.)

ARTICLE 3.

Tout ce qui concerne la garde nationale en service de détachement, ou de corps détachés, est reporté aux titres V et VI, qui traitent de ces deux services. (*Voir art.* 127 *et suivants*, 138 *et suivants.*)

ARTICLE 4.

M. Aubernon. Une idée principale me paraît avoir dominé la pensée des auteurs du projet de loi, et de votre commission elle-même; c'est l'or-

ganisation de la garde nationale par bataillon et
par canton, et la création d'au moins autant de bataillons qu'il y a de cantons en France. On a vu
là une division territoriale uniforme, des cadres
tout tracés pour enrégimenter la population tout
entière, des moyens d'action et d'impulsion militaires faciles et prompts. Le projet de loi nous
propose donc de créer au moins un bataillon par
canton, de faire reviser les registres-matricules,
et de faire former les contrôles de chaque contingent de commune par *des conseils de recensement* de canton, de faire juger les réclamations
des citoyens *par des jurys de canton*, de procéder
à l'élection des officiers, par groupes de communes pour les compagnies, et par groupe de
toutes les communes *du canton* pour le chef de
bataillon et les officiers de l'état-major, d'organiser encore par cantons *les conseils d'administration* et *les conseils de discipline*, d'assigner au
chef-lieu du canton les réunions des gardes nationales pour les exercices, et enfin de confier
aux conseils et aux jurys de recensement de
canton la levée et la formation des corps détachés de la garde nationale pour la défense de la
patrie.

Je trouve cette idée parfaitement bonne et applicable dans les grandes communes composées
d'un ou plusieurs cantons de justices de paix,

où les citoyens du même canton sont réunis dans
la même enceinte, où les divers conseils établis
pour les enrôler, les juger et les administrer
sont à leur portée, où enfin les hommes n'ont
qu'à sortir de leur maison pour trouver leur
place et leur rang dans les bataillons et les compagnies.

Mais je vois les plus graves inconvénients à
appliquer ce système aux cantons ruraux, à ces
circonscriptions des campagnes qui embrassent
un territoire considérable, et contiennent souvent plus de trente petites communes séparées
et comme les cantons ruraux renferment 36 mille
communes sur 38, et 23 millions d'habitants
sur 32, il me semble qu'il y a une importance
sérieuse à examiner ces inconvénients, et à modifier s'il y a lieu ce système.

On voit au premier coup d'œil que la formation des bataillons dans les cantons ruraux, est
une *création factice*. Elle ne répond à aucun besoin local, réel et permanent ; le canton n'a pas
de magistrat civil, de police spéciale, d'ordre
public particulier ; tous ces éléments se trouvent
renfermés dans les communes. Si un désordre
survient, c'est dans la commune où il se passe
qu'il faut que se trouve la force nécessaire pour
le réprimer ; on n'a pas besoin pour cela d'attendre les ordres du commandant de bataillon

du canton, et il y aurait même ordinairement
péril à les attendre. La création de ces bataillons place donc une force là où elle ne
doit pas être , là où elle restera habituellement
sans emploi, et constitue une autorité nouvelle
qui n'ayant pas d'emploi , mais se sentant de la
puissance, aura la tendance naturelle et les
moyens de se créer une existence au détriment
même de l'ordre. public et des autorités municipales établies.

Il est facile, en effet, de remarquer que l'existence des bataillons dans les cantons ruraux est
une véritable atteinte portée indirectement au
principe de la suprématie et de l'indépendance
de l'autorité civile. On a beau dire dans le projet de loi que le maire du chef-lieu aura la haute-
main sur le chef de bataillon , c'est là une fiction
sans puissance. Le maire du chef-lieu n'est pas
l'élu de toutes les communes du canton : son autorité ne s'étend pas au-delà de sa commune ;
tandis que le chef de bataillon sera l'élu de toutes les gardes nationales des communes, et son
autorité s'étendra partout. Il sera donc conduit
par sa propre puissance à dominer directement
ou indirectement l'autorité civile ; et si, comme
il est vraisemblable , ce résultat est partout le
même , la France entière peut se trouver constituée tout-à-coup en une vaste colonie militaire.

Puis arrivent les difficultés d'exécution. Quand il faudra grouper les communes ensemble, on verra renaître les jalousies et les antipathies qui les séparent; et il y a telles petites communes voisines l'une de l'autre qui ne peuvent pas plus s'associer que la Hollande et la Belgique.

S'agira-t-il de nommer les officiers et sous-officiers? Comment arrivera-t-on à un bon résultat, quand on appellera les gardes nationaux de plusieurs communes à concourir à l'élection des officiers et sous-officiers de chaque commune voisine? S'agira-t-il de l'élection du chef de bataillon? Les petites communes ne voudront pas le choisir parmi les citoyens du chef-lieu ou de telles autres communes importantes, et, s'il est pris dans un hameau, le chef-lieu et les communes importantes se piqueront et ne voudront pas obéir au commandant qui leur sera donné par le hameau. Voilà donc cette unité, cette uniformité qu'on espère, toute rompue, et l'autorité civile obligée de passer le temps à apaiser les querelles qui troubleront le service et diviseront les communes du canton.

Et le temps et les sacrifices! Messieurs, faut-il en demander aux citoyens plus que l'ordre public et la défense du pays n'en exigent? C'est cependant ce qui aura lieu par suite du système proposé. Les citoyens vont être sans cesse en route

des communes au chef-lieu , pour leurs réclamations auprès des conseils et des jurys de recensement, pour l'élection des officiers et des sous-
officiers, pour leurs exercices militaires , pour
leur comparution devant les conseils de discipline , pour leurs devoirs enfin comme membres
de tous les conseils et de tous les jurys établis
au chef-lieu du canton. Ce sera pour eux une
perte de temps , une perte d'argent et une fatigue
continuelle, et souvent accablante et insupportable , à cause des distances et des difficultés des
communications.

Et cette fatigue sera d'autant plus sentie , que
les citoyens ne comprendront pas pourquoi on
leur fait subir tant de mouvement pour aller
faire au loin ce qu'ils feraient beaucoup mieux
dans leurs communes respectives. En effet , on
fait juger leur inscription sur le contrôle par un
conseil de recensement , qui sera composé quelquefois de quarante à soixante membres, dont
deux seulement se trouveront de leur commune
et pourront avoir la connaissance de leurs droits
et de leur situation. On fait juger leurs réclamations par des jurys de recensement que le ha-
sard désigne dans tout le canton , et qui peuvent leur être tout-à-fait étrangers. On fait prononcer sur leurs manquements et leurs délits
commis dans l'enceinte de leurs communes , par

des conseils de discipline également étrangers à leurs affaires et placés dans une commune éloignée, de telle sorte que la citation seule sera une punition que l'innocent ne pourra pas éviter.

Mais, me dira-t-on, il faut passer par-dessus toutes ces difficultés pour créer partout ces bataillons de cantons, et avoir par ce moyen une force disponible capable de se porter en masse sur les points où la paix publique est gravement menacée. Mais ce but même ne me paraît nullement atteint, car les bataillons embrassent la masse entière des gardes nationales d'un canton, les citoyens de 20 à 60 ans, et cette masse n'est point de nature à être mobilisée hors de la commune, sans un nouveau choix et de nouvelles éliminations. Ainsi la création de ces bataillons n'aura pas même cet avantage, et subsistera avec tous ces inconvénients.

L'organisation des bataillons dans les cantons ruraux est donc en opposition avec les trois conditions essentielles que j'ai prises pour guides dans cet examen. Elle exige des citoyens plus de sacrifices que la nature de leurs devoirs et les besoins de l'ordre public n'en demandent, et tend à transformer sans nécessité la société civile en société militaire. Elle place la force publique là où elle n'est pas nécessaire et où il n'y a pas de magistrats, et en affaiblit la force

dans les localités où elle est indispensable, et
où les magistrats en ont un continuel besoin ;
elle ne donne enfin aucune facilité de plus au
développement de la force publique, contre les
attaques étrangères, comme auxiliaire de l'armée ;
et bien au contraire cette organisation peut dé-
goûter les citoyens du service de la garde nationale, en exigeant d'eux tant de sacrifices et
d'efforts sans utilité et sans application immédiate.

La garde nationale est une création éminemment municipale ; le projet tend, sur ce point,
à la faire sortir de son principe fondamental ; je
crois sage, prudent et utile de l'y ramener. Elle
est principalement destinée à conserver l'ordre
et la paix dans chaque commune ; là, tous les
citoyens se connaissent, sont liés par les mêmes
intérêts, animés par le sentiment de la conservation commune, à portée de se donner de mu-
tuels secours ; ils agiraient spontanément pour la
conservation de la paix publique, quand même
il n'y aurait ni magistrat, ni garde nationale
organisée. L'organisation de cette garde y devient donc une opération naturelle, facile, se-
condée de tous les vœux, susceptible de réaliser
tous les résultats qu'on en attend et sur-tout le
résultat de la durée du zèle pour le service.

De cet exposé, Messieurs, me paraît donc
résulter la nécessité de modifier le système du

projet de loi et de le ramener à un principe unique, applicable à toutes les communes, aux
petites communes des cantons ruraux, comme
aux grandes villes qui forment à elles seules un
ou plusieurs cantons, à un principe dont je crois
avoir démontré à la chambre qu'on ne peut pas
s'écarter sans inconvénient, et ce principe, c'est
l'organisation de la garde nationale *par commune*.
J'ai cru de mon devoir d'introduire ce principe p ar
un amendement à l'article 3 du projet ; c'est lorsqu'elle arrivera à la discussion de cet article, que
la chambre aura à prendre une décision importante pour toute l'économie du projet de loi. J'ai également déposé sur le bureau une série d'amendements qui pourront la convaincre que cette modification peut être admise sans changer l'ordonnance du projet et sans nuire au but qu'on se propose.

En effet, tout ce qui est relatif aux communes
renfermant un canton et plus, peut subsister. De
quoi s'agit-il ? De placer les petites communes
des cantons ruraux sous l'empire du même droit
et de la même règle. Les citoyens des villes auront l'avantage d'être à portée de leurs chefs, de
leurs conseils de recensement, de leurs juges,
de leurs conseils de discipline ; et pourquoi les
citoyens des petites communes en seraient-ils
exclus ? Croirait-on que là où l'on peut trouver
un maire, un adjoint et un conseil municipal,

composé de dix membres, on ne peut pas trouver aussi un conseil de recensement, un jury et un conseil de discipline? A-t-on besoin de savoir lire et écrire pour juger si son voisin a manqué à l'appel et a refusé d'obéir à un chef? Et d'ailleurs, entre plusieurs inconvénients, ne faut-il pas choisir le moindre? Et n'est-il pas préférable de voir dans quelques centaines de petits hameaux la garde nationale mal organisée, que de l'organiser dans 56 mille communes contre les vrais principes de notre état social? On met en avant, comme un des grands avantages des bataillons l'enseignement des exercices et des manœuvres; mais ces exercices ne peuvent-ils pas se faire, ne se font-ils pas réellement par communes, avec moins de fatigue et à peu près le même succès.

Je conçois parfaitement sous le rapport militaire, ce qu'a de séduisant de prime abord cette idée de la création simultanée de 2,800 bataillons de canton. Mais de deux choses l'une : ou les inconvénients que j'ai signalés dégoûteront les citoyens, feront déserter les bataillons, et échouer la mesure, ce dont je suis tout-à-fait convaincu; ou les citoyens délaissant complètement la vie civile pour la vie guerrière, rempliront avec ardeur les cadres des bataillons, et dans ce cas, nos libertés civiles et municipales sont compromises ; toute la surface de la France va se trouver livrée à 2,800 chefs militaires ; et si, à la place du loyal ami de la liberté, du vénérable général appelé aujourd'hui à les commander, venait un jour quelque ambitieux déguisé sous le masque d'un ami du peuple, un ordre de son état-major-général pourrait en un instant changer la constitution de l'Etat et anéantir la liberté par ses propres défenseurs. Le législateur prévoyant doit donc soigneusement repousser ces deux chances également funestes, et c'est ce que vous ferez en maintenant l'organisation de la garde nationale par communes.

Mais en même temps, Messieurs, que je suis convaincu, par les plus hautes considérations politiques, comme par la simple pratique des choses, de la nécessité de donner à la garde nationale sédentaire une organisation *toute civile ;* je sens aussi vivement le besoin de préparer à cette milice citoyenne les moyens de développer son énergie et sa force toutes les fois qu'elle en sera requise par le salut public. Je crois que le plus sûr moyen de développer, de retrouver dans un véritable péril cette énergie et cette force, c'est de ne pas les fatiguer et les épuiser en sacrifices et en efforts sans but, en mouvements sans utilité. Ainsi, j'ai repoussé la formation des bataillons ruraux comme institution permanente, dans les temps ordinaires, dans les localités qu'aucune agression ne menace; mais je serais très disposé à les admettre comme institution temporaire, dans les départements menacés d'une invasion étrangère, en vertu d'une ordonnance, et à condition que l'organisation des bataillons cessera avec ce péril.

(*Séance du 11 décembre 1830.*)

M. Alexandre de Larochefoucauld. C'est au législateur à profiter avec sagesse d'un zèle aussi louable; mais aussi c'est à lui à n'exiger du citoyen que le service indispensable au maintien de l'ordre et à la tranquillité publique. C'est ici le moment de le déclarer, il règne dans l'ensemble du projet de loi un système militaire trop étendu et peu applicable aux communes rurales; les mœurs, les habitudes des campagnes ne ressemblent en rien à celles des villes. Ainsi l'organisation par bataillons et légions s'adapte parfaitement aux cités, mais n'est pas exécutable pour des communes peu peuplées et distantes les unes des autres. Dans les communes rurales, le cultivateur, l'ouvrier, sentent le besoin de savoir se servir de leurs armes et de savoir marcher en ligne à côté de ses voisins; mais le surplus du service lui paraît une gêne, une fatigue inutile. Ainsi ce n'est qu'avec beaucoup de peine que

vous parviendrez à le rendre exact à des réunions
de communes pour des exercices de bataillon ; et
si vous n'y parvenez pas , votre loi sera mauvaise , par le fait seul qu'elle ne serait pas exécutée. Prenez bien garde aussi , Messieurs , que
'organisation par bataillons a un second inconvénient ; elle préjuge d'une manière très impar-
faite votre loi communale et départementale ; en
effet il eût été bien plus logique de vous occuper d'abord de ces deux lois importantes , et
d'appliquer ensuite le code de la garde nationale
d'après les bases qui auraient été établies ; mais
puisqu'il en a été autrement , il doit du moins y
avoir rapport exact , positif entre l'autorité civile
et les commandants militaires : or, je vous le
demande , qui donnera des ordres , qui requerra
un chef de bataillon dont la troupe serait composée du contingent de six ou sept communes ?
C'est un problème , Messieurs , qui vous restera
à résoudre , si vous adoptez le projet de loi qui
vous est soumis ; quant à moi , je partage entièrement l'opinion de notre collègue M. Aubernon
et pour éviter tous ces inconvénients , j'insiste
avec lui pour que la garde nationale soit uniquement communale.

Je ne reviendrai pas sur les bonnes raisons
dont il a appuyé son argumentation ; j'ajouterai
simplement que la chambre qui connaît l'esprit

qui anime les villes comme les campagnes, peut
être certaine que si, dans une occasion extraordinaire, il y avait nécessité de réunir toutes ces
fractions de garde nationale, elles marcheraient
avec le même zèle, le même ensemble que si
elles étaient formées en bataillons, car chacun
en sentirait alors le besoin ; tandis que, dans les
temps ordinaires, les campagnes n'y verront
qu'une perte de temps et qu'une direction militaire qu'elles redoutent. Quant à la partie de la
garde nationale qui peut être mobilisée, chacun
sait qu'elle a dans ses rangs une quantité de militaires ayant servi ; et en outre, peut-on conserver la moindre inquiétude de leur aptitude au
service, quand on voit des compagnies à peine
formées manœuvrer d'une manière surprenante.

(*Séance du* 13 *décembre* 1830.)

M. Rambuteau. De nombreux amendements
ont été présentés ou préparés sur l'organisation
par cantons. Il y avait une foule de raisons à
donner contre.

Il en est une sur-tout très majeure, c'est qu'un
grand nombre de communes rurales se trouveraient liées à l'organisation urbaine de villes, qui
peut n'avoir pas la même discipline ni des exercices de même nature. Il avait été proposé que
l'organisation par cantons n'e ût lieu que dans le
cas de guerre étrangère ; et je crois que s'il arri-

vait des circonstances majeures qui réclamassent l'agrégation des forces de plusieurs communes, il serait bon de laisser au Gouvernement, seul juge en pareil cas, la faculté de le faire. S'il y avait nécessité d'aller plus loin, on recourrait alors au pouvoir législatif.

(*Séance du 14 décembre 1830.*)

————

M. de Berbis. La garde nationale est essentiellement communale, voilà le principe dont nous devons partir; mais il faut laisser au Roi la faculté de l'organisation par bataillons cantonnaux, dans les cas de nécessité.

Il faut encore observer que la garde nationale n'a pas besoin de s'exercer comme l'armée active au maniement des armes; il lui suffit de connaître ce qu'il y a de plus simple dans les manœuvres. Il n'est nécessaire de lui donner une organisation toute militaire, que lorsqu'elle devient mobile. (*Séance du 14 décembre 1830.*)

————

M. Victor de Tracy. Je parle contre l'amendement de la commission, et je ne puis parler contre sans combattre l'opinion de l'orateur qui m'a précédé à la tribune. La garde nationale est parfaitement définie par l'art. 1er; elle a un autre objet que celui de la police communale, c'est celui de la défense de la patrie. Qu'on ne vienne pas nous dire qu'on veut militariser la nation; entendons-nous. On a dit, il y a quelques jours, qu'il fallait craindre de donner à la nation un esprit trop militaire, de lui inspirer le désir de guer-royer ; je ne veux pas de cet esprit ; mais cet esprit militaire, ardent à repousser l'agression étrangère, convient à la France, à tout pays libre. C'est pour cela que je vote pour l'ensemble du projet de loi.

Il ne faut pas se faire illusion : il n'est pas besoin de transformer en soldats des citoyens paisibles ; quelque garde nationale suffira pour exercer les gardes nationaux des campagnes. Quand on a l'expérience de la guerre, on sait que ces prétendues difficultés, pour former des soldats, et sur-tout des soldats français, sont illusoires. Qu'est-ce qui a lutté trois mois contre l'Europe entière en 1814 ? Des hommes qui sortaient de leurs foyers. J'appuie de toutes mes forces l'esprit du projet, et je soutiens que le moyen de le rendre applicable, en tant qu'il doit servir de base à l'indépendance du pays, c'est de conserver l'organisation par cantons. Si vous réunissez les populations d'un même canton dans des cadres qui n'exigeront pas un service assidu, vous pourrez les appeler au besoin. Le principe est bon, qui tend à réunir dans certains moments les habitants des communes rurales organisées en gardes nationales ; ce principe est bon ; je le défends. Si vous y portez atteinte, vous détruisez une des plus belles dispositions du projet de loi. (*Séance du 14 décembre 1830.*)

———

M. le comte de Montalivet, ministre de l'inté-rieur. Je ne monte pas à cette tribune pour contester à l'orateur qui m'a précédé le droit, car c'est un droit, que peut avoir la garde nationale de marcher à la défense du territoire. Nous avons déjà prouvé que nous saurions lui faire appel, s'il en était besoin. Il s'agit d'examiner s'il vaut mieux organiser la garde nationale par communes ou par cantons, s'il faut créer des bataillons sur toute la surface de la France, et laisser dans les communes des sections ; telle est la question.

D'abord c'était la proposition soutenue par l'honorable préopinant que le Gouvernement avait adoptée ; mais maintenant c'est à celle de la commission que le Gouvernement croit devoir donner son adhésion. Je viens en exposer les motifs.

On a signalé à cette tribune, dans le cours de la discussion générale, les inconvénients attachés à l'organisation de la garde nationale par bataillons ; on vous a représenté, en effet, que les assemblées cantonnales qu'on serait obligé de former, seraient des assemblées très nombreuses, dans lesquelles il y aurait à examiner toutes sortes de questions. Ce serait sortir les habitants des communes rurales , du cercle de leurs habitudes.

Il semble d'ailleurs qu'en admettant l'organisation par canton , le droit de dissolution qu'on réserve à la Couronne ne pourrait s'exercer. On peut bien supposer en effet que, dans le même canton, il y ait plusieurs communes dont les gardes nationales soient dans le cas de mériter la dissolution, tandis que les gardes nationales des communes voisines ne le mériteraient pas. Faudra-t-il cependant dissoudre le bataillon tout entier? Il me semble qu'il y a là une difficulté réelle. Si vous créez en France autant de chefs de bataillon qu'il y a de cantons, ne craignez-vous pas de constituer en quelque sorte des autorités nouvelles ? Songez que , dans l'état actuel de notre administration, il n'y a pas d'autorité cantonnale. Le système proposé par la commission, et adopté par le Gouvernement, laisse la faculté d'établir des bataillons dans quelques cantons : on donne ainsi au Gouvernement le droit de connaître les faits qui peuvent nécessiter cette organisation. A la suite de notre révolution , partout où il a dû y avoir des bataillons , on peut dire qu'ils se sont formés. C'est une bonne position à donner au Gouvernement que de lui laisser le pouvoir de reconnaître les nécessités qui peuvent exister à cet égard.

(Séance du 14 décembre 1830.)

M. le général Mathieu Dumas. On a fait
quelques observations très justes sur les inconvénients que pourrait avoir l'organisation par
cantons, dans les cantons composés d'un grand
nombre de communes. On a reconnu la réalité
de ces inconvénients. En conséquence, on a
établi dans une nouvelle rédaction que l'organisation serait communale. Faut-il entendre
par-là que les gardes nationales formées dans les
communes rurales ne se rattacheront à aucun système ? Ce serait une grande erreur. On ne pourrait adopter un système qui s'opposerait à tout
rassemblement; mais vous ne pouvez pas vouloir
que les rassemblements se passent tumultueuse-
ment, comme cela pourrait avoir lieu, à cause
des fractions de gardes nationales que formeraient
les petites communes rurales. Je dis qu'il faut
établir les gardes nationales rurales de manière à
pouvoir former des rassemblements, quand besoin
sera, et à les faire avec ordre.

En laissant au Gouvernement la faculté d'organiser les gardes nationales par bataillons, vous
ne faites que reconnaître un fait accompli dans un
très grand nombre de cantons; il y a beaucoup
de chefs-lieux de canton qui, s'agglomérant avec
les communes circonvoisines, ont formé des bataillons, nommé leurs officiers. Cela ne nuit
nullement au système qu'on veut établir, et qui

peut très bien exister pour les petites communes. Mais il faut que les petites agglomérations se rattachent à un système général.

(Séance du 14 décembre 1830.)

M. Victor de Tracy. Les deux orateurs que vous avez entendus, depuis que je suis descendu de cette tribune, vous auront sans doute convaincus de l'importance de la question sur laquelle votre attention est en ce moment fixée. En effet, vous vous trouvez en ce moment, à ce qu'il me paraît, entre deux inconvénients ; le premier, selon les adversaires du projet de loi, serait de créer une puissance militaire indépendante de l'autorité municipale, opinion que je ne puis partager, car, il n'entre point dans les vues du Gouvernement de renoncer à sa puissance administrative ; le second, qui résulterait de l'amendement proposé, et qui serait de diminuer l'importance des gardes nationales pour les sept dixièmes de la population. C'est en effet à cette proportion que s'élève la population des communes. Cette population n'est pourtant pas la moins importante, car les exemples ne me manqueraient pas pour prouver qu'à toutes les époques, c'est précisément dans son sein que la France a puisé ses plus généreux défenseurs. En effet, Messieurs, il ne suffit pas de se battre avec

courage pour faire une campagne, tous les Français se valent : il faut encore de ces qualités physiques que la vie, au reste, peut seule donner.

Ce n'est pas au moment du danger qu'il faut
préparer les moyens de défense ; il faut les tenir
prêts à l'avance. Ce n'est pas que je veuille organiser un système militaire en opposition avec
l'autorité municipale; personne n'a prévu plus
que moi l'obéissance des gardes nationales à l'autorité municipale, c'est-à-dire, à l'autorité de
tous légalement constituée; mais je ne m'effraie
pas non plus de ce fantôme qu'on voudrait faire
paraître, pour nous mettre en défiance contre
elles. Non, ce n'est pas parce que quelquefois,
dans l'arrière-saison, lorsque les travaux de la
campagne seront suspendus, que les habitants
des campagnes revêtus de cet uniforme de garde
national pourront passer des revues, qu'on pourra
croire la France transformée en hordes de cosaques.
Rien de semblable ne peut entrer dans ma pensée.

Je crois avoir nettement posé la question. Vous
êtes placés entre deux inconvénients d'organisation : d'une part, la crainte d'une puissance militaire, dont le chef élu par les citoyens pourrait
n'être pas suffisamment soumis à l'autorité municipale; de l'autre, celle de voir énerver cette puissance militaire.

M. le général Dumas a parlé en faveur de mon

opinion, quand il a dit que les bataillons s'é-
taient spontanément formés dans les campagnes
pour la défense de la patrie. Je demande que ces
bataillons soient organisés à l'avance, et que, sans
faire une occupation habituelle de l'exercice militaire, ils s'y livrent de temps en temps. Je crois
qu'il était difficile de dire quelque chose de plus
favorable à mon opinion, que ce qu'a dit M. Dumas.   (*Séance du 14 décembre 1830.*)

M. Allent, *commissaire du roi*. Permettez,
Messieurs, que j'établisse, en peu de mots, la
différence qui caractérise le projet primitif du
Gouvernement, et le projet de votre commission,
en ce qui touche l'art. 3. (4ᵉ de la loi.)

Dans le projet du Gouvernement, les gardes
nationales des communes rurales sont *nécessairement* organisées en gardes nationales , et sub-
divisées en gardes communales.

Dans le projet de votre commission , les gardes
nationales des communes rurales sont *nécessairement* organisées en gardes communales et réunies
facultativement en gardes cantonnales.

Ainsi , dans les deux systèmes, il y a des
gardes communales.

Mais dans le premier système, il y a *nécessité*,
et dans le second, *faculté*, pour le Gouvernement
d'organiser les gardes nationales.

C'est en ce point que consiste la différence des deux systèmes.

Maintenant , je vais exposer les motifs qui ont déterminé le Gouvernement à adopter l'amendement de votre commission.

L'élément de la société , lorsqu'on s'élève au-dessus de la famille , c'est la commune.

Le canton n'est qu'une division politique formée par l'agrégation d'un certain nombre de communes. Déjà cette agrégation a paru la plus convenable pour le ressort de la justice de paix. Il est possible que, dans la discussion de la loi municipale, vous reconnaissiez que le canton soit préférable , comme division administrative , à l'arrondissement de sous-préfecture. Mais, dans l'état actuel, cet arrondissement est , après la commune, votre première division territoriale dans la hiérarchie administrative.

Il est donc certain que , dans l'état actuel de votre organisation administrative, les *gardes cantonnales* seront de droit sous l'autorité du *sous-préfet*, et les *gardes communales* sous l'autorité des *maires*.

Mais, de même que la commune est votre unité sociale , il est simple et naturel que vous organisiez d'abord les *gardes communales*, avant de les réunir en gardes cantonnales : cette organisation se fera avec plus de simplicité ; elle est d'ailleurs nécessaire, dans tous les systèmes, pour maintenir l'ordre dans les limites de la commune.

Il sera facile ensuite de réunir les gardes communales, dont le cadre sera inférieur au bataillon, pour en former des bataillons de gardes cantonnales. Cette réunion sera utile, et, dans certains cas, nécessaire sur les frontières et les côtes, et dans les cantons de l'intérieur où cette utilité s'est manifestée déjà par l'organisation spontanée d'un grand nombre de bataillons.

La question se réduit donc à savoir, si vous imposerez au gouvernement *l'obligation* d'organiser ces bataillons cantonaux, partout et sans exception, ou si vous lui laisserez la *faculté* de les organiser partout où il le jugera nécessaire à la défense du territoire, au développement de l'esprit public.

Or, il suffit qu'il existe certaines localités dans lesquelles l'organisation cantonale soit intempestive, ou peu favorisée par l'esprit des populations ; pour que le gouvernement doive accepter la *faculté* que lui laisse le projet de votre commission, d'ajourner cette organisation dans les lieux où il la croirait dangereuse, et de la faire, comme de la maintenir, partout où cette organisation, plus militaire, sera nécessaire à la défense, utile au pays, agréable aux populations.

(*Séance du 14 décembre 1830.*)

M. Odillon-Barrot. C'est avec défiance que je hasarde une opinion en dissentiment avec le gouvernement. Je crois que la première inspiration du projet de loi était plus favorable à la force et au maintien de la garde nationale. Je ne préjuge pas la grande question qui ne sera résolue que par la loi municipale, savoir si la garde nationale sera organisée par commune ou par canton ; mais quant à la garde nationale, je crois qu'une loi de son existence, c'est d'être organisée par canton. En effet, ne nous dissimulons pas que, dans la force d'une garde nationale, il y a beaucoup d'éléments à apprécier. Il y a un peu d'esprit de corps, il y a ce sentiment de force qui résulte d'une certaine agglomération ; que si vous fractionnez la garde nationale, vous introduisez un principe de mort. (Marques d'adhésion à gauche.)

Dans la garde nationale, il faut distinguer deux choses : la juridiction sous laquelle elle est placée, juridiction qui doit être essentiellement municipale, et son cadre qui ne doit pas être fractionné. Ainsi, les gardes nationales ne doivent jamais obéir qu'à l'autorité municipale déterminée par la loi. Qu'elles soient organisées par commune, par cantons, je le conçois ; mais les fractionner en autant de parcelles qu'il y a de communes rurales dans le département, c'est en vérité leur enlever toute leur force; c'est être obligé de faire intervenir l'autorité supérieure, afin de mobiliser en quelque sorte une partie de la garde nationale , toutes les fois que vous voudrez les réunir en agglomération. Et dans quelles circonstances voulez-vous fractionner cette garde nationale? Quand nous avons besoin de présenter une force agglomérée dans une certaine proportion, de manière à être continuellement en état d'agir , et d'agir avec efficacité.

Or , je concevrais très bien que sous un autre régime que le régime actuel , on défendît toute espèce d'agglomération de citoyen; j e conçois que la garde nationale organisée sur une telle base , pût inspirer de la défiance à un pouvoir en hostilité avec la nation; mais , pour un pouvoir qui n'a d'autre mobile que l'intérêt national , une telle garde, qui ne peut agir qu'à l'égard des citoyens, qui ne peut agir en force publique que sur un arrêté de l'autorité municipale , ne peut inspirer de défiance légitime dans les circonstances actuelles.

Je le répète, il n'y a aucun danger pour le Gouvernement dans l'agglomération des gardes nationales par cantons ; dans leur fractionnement, au contraire, il y a un principe de faiblesse , et peut-être de mort. (*Séance du* 14 *décembre* 1830.)

M. Dupin aîné. Il serait à désirer que la loi municipale et départementale eût précédé le projet de loi sur la garde nationale. Ce n'est point un reproche que j'adresse au Gouvernement; mais c'est un regret qu'il m'est permis d'exprimer. Ainsi, il est permis de regretter que la force militaire soit organisée avant la force civile, que les officiers portant épaulettes soient nommés par l'élection, en présence d'autorités civiles déconsidérées par des antécédents qui ont attiré sur elles des reproches plus ou moins graves. Il est à désirer que la garde nationale se réunisse à l'autorité locale pour assurer le maintien de l'ordre, et que cette autorité ne reste pas plus long-temps dans ce degré d'infériorité.

En attendant l'organisation municipale, tâchons de ne pas la compromettre, tâchons de ne pas organiser la municipalité armée de manière à ce qu'elle ne résiste pas d'avance à la municipalité civile, et qu'elle n'établisse ainsi une sorte de perturbation dans l'état.

Je regrette de n'être pas d'accord avec le préopinant sur la question de savoir si la garde nationale doit être organisée par canton ou par commune. Cela tient peut-être à la différence des situations. Il est à la tête de la plus grande commune de France; moi j'ai l'honneur d'être maire de la plus petite commune du Nivernais, dont

le nom vous est connu. Mais comme votre délibération doit s'adapter à toutes les localités, vous
n'aurez pas seulement en vue l'intérêt des grandes
villes ; l'intérêt qui doit dominer est celui des
communes rurales. Nous ne devons pas seulement vivre à la ville, mais à la campagne, au milieu du peuple, nous mêlant avec lui, descendant
dans ses intérêts les plus minimes.

L'unité constitutionnelle est la commune, je
dirai même que c'est l'individualité, la person-
nalité de la commune. Transportez-vous au milieu d'une commune, et vous verrez comment
les pronoms possessifs sont employés. On dit
notre maire, notre capitaine, notre drapeau,
comme autrefois on disait notre seigneur, notre
curé, notre cloche. On dit aussi nos bois communaux, nos pâturages communaux, notre
fontaine. Si vous étendez plus loin les liens
sociaux, vous rencontrez des difficultés. Ainsi
un juge de paix est établi au chef-lieu de canton, mais moins vous l'irez trouver, mieux
cela vaudra. Ainsi il y a des tribunaux d'arrondissement : on y va quelquefois ; mais tant mieux
si on peut n'y point aller. Il en est de même de
l'autorité administrative : aller trouver le moins
possible le sous-préfet et encore moins le préfet,
voilà la position de la commune, qui a toujours
un intérêt habituel, continu, à être en paix chez
elle, avec elle-même et avec ses voisins.

Ainsi la première pensée de ceux qui, dans les campagnes, formeront la garde nationale, est d'être de la commune pour garder les propriétés communales et maintenir l'ordre parmi les habitants de la commune : c'est là le sentiment populaire. Je revendique ce sentiment pour les gardes nationales d'une grande partie des communes de la France, sentiment qui domine aussi dans la ville. Comptez-vous pour rien la rivalité qui existe entre les petites villes et sur-tout entre les communes voisines? Cette émulation tournera au profit de l'organisation de la garde naionale. Au contraire, si vous voulez que les gardes nationales des communes perdent leurs noms pour se fondre dans celles des cantons, elles n'auront plus cet amour-propre qui entretient leur zèle.

Il faut considérer la garde nationale dans son état habituel. Dans des cas extraordinaires, lorsqu'il s'agit de prêter secours à une commune voisine, les imaginations seront assez émues par les événements, on n'aura pas besoin de réquisition et chacun se portera avec élan, soit pour éteindre un incendie, soit pour comprimer une révolte. Mais appelés par le capitaine constitutionnel du canton à l'effet d'y faire seulement la manœuvre, et je suppose que ce capitaine soit à la fois un homme patriote, intelligent et zélé il voudra que la garde nationale placée sous ses ordres, soit belle, soit nombreuse, soit bien exercée, et pour atteindre ce but, il les réunira souvent au chef-lieu de canton ; alors il ne faut pas voir seulement le chef, mais les soldats dispersés dans des communes plus ou moins éloignées du chef-lieu de canton. Je conçois que chaque garde national, à l'issue de la messe (car dans les campagnes on va encore à la messe), se prête avec empressement dans sa commune, à faire l'exercice ; mais ne croyez pas qu'il se rende à deux ou trois lieues sur l'appel du chef de bataillon. Il y a beaucoup de citoyens qui n'ont que leurs bras pour vivre, et si vous les envoyez au chef-lieu de canton pour y faire l'exercice, ils seront arrêtés par l'obligation de faire deux repas à leurs frais hors de chez eux.

Je n'ai fait ici que signaler l'esprit qui anime les communes, sans vouloir rien diminuer de leur patriotisme. Au premier coup de tambour, les compagnies des communes auront bientôt formé des bataillons qui eux-mêmes formeraient des légions. Mais il importe que vous n'ayez pas une force permanente rivale de l'autorité civile. Il suffit que le souverain puisse, en cas de guerre, l'organiser. On a parlé de guerre : à la guerre comme à la guerre ; s'il s'agissait de guerre, on la ferait vivement. Mais à la paix comme à la paix ; et n'oubliez pas que dans une organisation de garde nationale, vous ne travaillez pas pour une circonstance. Il faut que cette organisation puisse se prêter à tous les besoins, et sur-tout à la défense de la patrie, quand vous êtes en guerre; mais, je le répète, notre état habituel est la paix, et le devoir de la garde nationale est de maintenir l'ordre et la tranquillité à l'intérieur. Quant aux accidents, vous avez un titre exprès dans le projet de loi qui parle des détachements qui peuvent être envoyés; cela doit suffire. Mais au lieu de cela, on voudrait faire un vaste camp dans toute la France. (*Séance du 14 déc. 1830.*)

—————

M. le comte de Montalivet, ministre de l'intérieur. Je ne veux m'occuper que de la question de pratique. Il me semble qu'on s'est laissé entraîner fort loin de cette question.

Je ne rappellerai pas ici ce qui a été dit sur les difficultés qui s'opposent à la réunion des gardes nationales des communes aux chefs-lieux de canton; mais je ferai remarquer une chose qui me paraît très importante. Dans le premier système du projet de loi qui a été soutenu à cette tribune, on a dit qu'on voulait bien des divisions communales, pourvu qu'elles pussent se réunir en bataillon, et on détruisait entièrement la garde communale. Mais, considérez cette organisation dans la pratique; que deviendra la garde com-

munale ? qui fera les patrouilles ? Apparemment,
les gardes nationaux des communes. Mais qui
les commandera? Si vous les réunissez aux chefs..
lieu de canton , et que là vous nommiez les officiers et les sous officiers , il arrivera que les
petites communes rurales n'auront pas d'officiers
parmi elles, et souvent pas même de sous-officiers. Vous sacrifiez ainsi les plus faibles communes. Il faut que dans chaque commune il y ait
un chef, il faut que le sergent de Waterloo soit
chef d'une escouade, comme moi, pair de France,
je pourrai l'être d'une légion.

Le premier projet du gouvernement était
inexécutable. C'est parce que nous voulons tous
de la garde communale que je demande qu'on
l'adopte partout et qu'il y ait des bataillons sur
les côtes et sur les frontières.

(Séance du 14 décembre 1830.)

M. de Vatimesnil propose un article additionnel à l'article 3 , ainsi conçu :

« Dans les villes divisées en plusieurs cantons,
dont chacun comprend , outre une portion de la
ville , des communes rurales, l'organisation de
la garde nationale ne pourra être communale ;
l'organisation par bataillons cantonnaux, qui serait
ordonnée, conformément à l'article précédent,

3 ı

ne comprendra que les communes rurales de chacun de ces cantons. »

M. de Vatimesnil. Hier vous avez posé une règle générale et admis une exception facultative. Cette exception ne peut s'appliquer qu'avec une modification qui est l'objet de mon amendement. Il est des communes qui sont divisées en plusieurs cantons, et chacun de ces cantons ne comprend pas seulement un quartier de la ville, mais encore des communes rurales voisines de la ville. La ville que je représente est dans ce cas ; elle est divisée en trois cantons, qui comprennent chacun plusieurs communes rurales. Si donc on applique l'exception autorisée par l'article 3, d'une manière pure et simple, il en résultera que la garde nationale de la ville sera composée d'une fraction de la ville et d'une fraction des communes rurales voisines. La chambre ne veut pas sans doute que la garde nationale de la ville soit scindée ; et c'est pour obvier à cet inconvénient que je propose mon amendement.

M. le rapporteur. La résolution que vous avez prise a obligé la commission à faire une légère modification à l'art. 16, et je crois qu'elle répondra au besoin indiqué par M. Vatimesnil. Dans le premier système de la loi, il y avait un conseil de recensement par canton ; comme vous n'avez pas rendu obligatoire l'organisation des bataillons cantonnaux , il a fallu prévoir le cas où les différentes communes du canton restaient isolées dans l'organisation de leurs gardes nationales , et nous avons pensé qu'il fallait , dans ces communes , confier au conseil municipal les opérations générales attribuées aux conseils de recensement. Vous voyez que , pour toutes les communes qui se rattacheraient à une ville qu'elles auraient pour chef-lieu de canton , la garde nationale est isolée , indépendante de celle de cette ville.

Ce que voudrait le préopinant serait peut-être de prescrire l'impossibilité de réunir en bataillons les gardes nationales des communes qui se trouveraient dans le cas dont il parle. Je crois qu'il ne faut pas à cet égard une règle absolue, c'est le gouvernement qui jugera s'il n'est pas convenable que les gardes nationales des communes qui ne seraient qu'à la porte d'une ville , qu'à un quart de lieue , soient réunies à la garde nationale de la ville. Je ne vois pas pourquoi vous voudriez interdire au Roi l'exercice d'une faculté que vous lui avez concédée.

Notre collègue semble croire que lorsqu'il y a deux cantons dans une même ville , il y a deux gardes nationales. Non, l'organisation ayant lieu par communes , il n'y a qu'une garde nationale dans une même ville , quelque soit le nombre des cantons qu'elle comprenne.

M. de Vatimesnil. Je crois que je n'ai pas été bien compris , et que M. le rapporteur n'a pas répondu à mes objections. Mon amendement ne tend pas à ôter au Roi la faculté de réunir en une seule garde nationale la garde nationale d'un canton , d'une ville, et les gardes nationales des communes rurales voisines, lorsque cette réunion peut se faire convenablement.

Je ne présente pas non plus mon amendement pour empêcher que la garde nationale d'une ville même divisée en plusieurs cantons , ne forme une seule et même garde nationale. Mais, en reprenant l'exemple de la ville dont je parlais , je demanderai comment la loi devra s'exécuter pour elle. La disposition que je présente est faite pour le cas où le Gouvernement veut organiser des gardes cantonnales. Dira-t-on que la garde nationale cantonnale sera composée de la garde nationale de la ville et de celles des communes rurales qui s'y rattachent ? Mais alors pour la ville dont je parle , la garde nationale sera composée de celles de trois cantons ; ce qui serait contraire au principe que vous avez adopté.

Je persiste dans mon amendement.

M. Estancelin. Je viens appuyer la proposition de l'honorable préopinant , dont je reconnais la nécessité. La ville d'Abbeville , que j'ai l'honneur de représenter , se trouve dans le cas dont on vous parle; elle est divisée en deux cantons, à chacun desquels se rattachent plusieurs communes rurales. Il en résulterait que si la garde nationale était scindée par canton, le conseil de recensement serait composé en majeure partie d'habitants étrangers à cette ville de guerre.

M. Jacqueminot. L'article 4 proposé par la commission me semble atteindre le but qu'on se propose. Il y est dit que, dans les villes, chaque compagnie sera composée, autant que possible, des citoyens du même quartier; que dans les campagnes, les citoyens de la même commune formeront une ou plusieurs compagnies ou une subdivision de compagnie; les subdivisions réunies des communes les plus voisines formeront la compagnie; il est assez naturel de réunir à la garde nationale d'une ville, celle d'un hameau qui n'en serait éloigné que d'une portée de fusil.

M. Rambuteau. Je demande la permission de soumettre à la chambre quelques détails statistiques très courts.

Villes principales contenant trois cantons.

POPULATION

de la ville, des cantons, excédent.

Troyes	25,587	38,942	13,455
Dijon	23,845	39,883	16,038
Grenoble	22,149	40,535	18,386
Tours	20,920	42,936	22,016

Douai.............	19,478	45,780	26,010
Le Mans......	19,477	47,480	28,004

Contenant deux cantons.

Saintes..........	10,300	25,349	15,069
Tulle..........	8,499	25,649	17,270
Lisieux........	10,706	27,537	17,831
Sedan..........	12,608	29,578	16,970
Chartres.......	13,704	34,393	20,690
Beaune........	9,364	25,838	16,592
Mayenne......	9,799	33,643	23,934
Castelnaudary..	9,989	31,908	21,919
Saint-Brieux...	9,963	37,263	28,300

Contenant un canton.

Laon............	7,558	17,343	13,983
Privas.........	4,199	14,603	10,404
Foix..........	4,958	20,923	15,965
Calais.........	9,459	21,254	11,894
Villefranche....	5,275	17,076	11,801
Annonay.......	7,987	18,027	11,040
Vesoul........	5,252	15,530	10,578

La population urbaine de la France est de 7,661,203, la population rurale est de 24,184,208, ou les trois quarts du total, répartis en 362 villes de 5,000 et au-dessus, faisant 5,038,244, et 1,026 communes agglomérées de 1,500 à 5,000 ames faisant 2,622,976.

Les gardes nationales urbaines donneront 964,431; rurales, 3,044,418; total 4,008,849.

La portion disponible de 20 à 30 ans donnera dans les gardes nationales

urbaines . . . .   262,560 ⎰
rurales. . . . .   828,825 ⎱ 1,091,385 ;

mais, déduction faite des hommes mariés ou
veufs avec enfants, qui seront exempts de la garde
nationale mobile, il restera :

Dans les villes. . . . . .   107,031 ⎱
Dans les campagnes . .   337,863 ⎰ 444,894

La seconde section serait de   646,491

(L'orateur, après avoir rappelé les différences
d'organisation qui doivent se trouver entre les
gardes nationales urbaines et les gardes nationales rurales, et avoir fait remarquer que les motifs fondamentaux de la loi avaient été d'avoir
une réserve très importante qui deviendrait une
véritable force publique, conclut à l'adoption de
l'amendement de M. Vatimesnil.)

M. Charles Dupin. Il y a un assez grand nombre
de villes qui ont des chefs-lieux de canton dans
leur intérieur, et une banlieue dont la superficie
est assez peu considérable, mais se trouve développée de manière à former une très grande zône
autour de la ville. On demande que toute la ville
n'ait qu'une seule garde nationale, mais que celles
des communes qui s'y rattachent en soient séparées. Je le répète, je crois que c'est là restreindre
la faculté laissée au Gouvernement par l'art. 3.

M. de Ferussac. Je crois que ce n'est pas ici le cas d'examiner la manière plus ou moins favorable dont seront formées les agglomérations destinées à former des bataillons cantonnaux. Vous avez décidé hier que l'organisation aurait lieu par commune ; une commune peut comporter plusieurs bataillons; d'autres ne comporteront qu'une escouade ou une section. C'est à l'art. 34 du projet du Gouvernement, que toutes les questions relatives aux agglomérations à former dans ces différents cas, pourront être résolues.

Je demande que l'amendement de M. Vatimesnil ne soit examiné que lors de la discussion de cet article.

M. Augustin Périer. On peut varier d'opinion sur l'amendement; mais c'est ici qu'il doit trouver place; il est indispensable de se fixer ici d'une manière ou d'une autre sur cet amendement.

Permettez-moi de rappeler une circonstance qui m'est connue. Généralement, dans le département du Gers, la garde nationale s'est tout à coup organisée en système cantonnal, et personne n'a eu la pensée de comprendre avec la garde nationale des villes, celles des campagnes qui ont dans ces villes leurs justices de paix. Je ne crois donc pas que dans l'hypothèse où l'organisation cantonnale serait adoptée pour ce département; cette organisation se forme de la réunion de la garde nationale d'une ville et des gardes nationales des communes rurales qui sont réparties entre les juridictions des justices de paix que renferme la même ville.

Au reste, je n'attache pas une très grande importance à l'amendement de M. Vatimesnil, parce que je suis persuadé que le Gouvernement usera d'une manière judicieuse de la faculté qui lui est accordée ; mais je persiste à croire que c'est ici le lieu de se fixer sur cet amendement, soit en l'adoptant, soit en le rejetant.

(L'article additionnel proposé par M. Vatimesnil, est mis aux voix et adopté.)

(*Séance du 15 décembre 1830.*)

M. le comte d'Ambrugeac, rapporteur. L'amendement de la chambre des députés consiste dans la suppression de celui que votre commission vous avait proposé et que vous aviez adopté. Il consistait à appeler les conseils municipaux à donner leur avis sur la formation en bataillons cantonnaux des compagnies communales. Vous aviez voulu, par cette disposition, donner une garantie aux communes sans toutefois lier le gouvernement, qui n'aurait pas été empêché de former ces bataillons, comme on le suppose, si un seul des conseils municipaux s'y opposait. L'article n'exigeait point l'unanimité et la majorité aurait suffi. Quoi qu'il en soit, le gouvernément vous a déclaré, par l'organe de M. le ministre de l'intérieur, qu'il n'agirait jamais sans avoir pris l'avis des conseils municipaux; c'est ce que vous aviez souhaité; bien sûrs que lorsque la plus grande partie de ces conseils s'opposeront à la mesure, elle ne sera pas adoptée. Votre commission croit l'organisation en bataillons cantonnaux avantageuse, elle desire qu'elle soit adoptée toutes les fois qu'elle ne sera pas contraire aux intérêts des localités; c'est à ces intérêts que nous voulions donner, par la loi, des garanties qu'ils trouveront du moins dans l'engagement que le ministère vient de prendre. Dans cette position, votre commission ne peut que vous proposer d'adopter l'article 4 tel qu'il a été voté par l'autre chambre. (*Séance du 10 mars 1831.*)

ARTICLE 5.

M. Jacqueminot. Cela doit être (1), sans aucun doute; mais ce n'est pas assez, et nous devons accorder au moins à un préfet le droit de la suspendre, sous sa responsabilité personnelle; je demande que cette responsabilité soit sérieuse, même sévère; mais je veux aussi que, dans une

---

(1) La faculté accordée au Roi de dissoudre la garde na-
d'un canton ou d'une commuue.

circonstance grave, l'action de l'autorité soit prompte et énergique ; c'est souvent ainsi qu'on épargne de plus grands malheurs.

En admettant la dissolution, nous reconnaissons la possibilité d'une révolte ; eh bien ! qu'un désordre de cette nature se manifeste à 2 ou 300 lieues de Paris, que deviendra l'autorité si vous la désarmez ? Elle ne pourra que faire un appel à la force pour réprimer la rébellion ; et qui sait si, en cas pareil, on parviendrait toujours à rétablir l'ordre sans que le sang coulât ? Autorisez au contraire le premier magistrat d'un département à suspendre provisoirement, au nom de la loi, une garde nationale prête à faire usage de ses armes dans un autre intérêt que celui de l'ordre et de la sûreté des personnes et des propriétés, cette intervention toute morale aura, n'en doutez point, les plus salutaires effets ; et la pensée même qu'un tel pouvoir existe, suffira pour contenir les perturbateurs et leur enlever le crédit qu'obtiendraient leurs mauvais conseils sur les esprits faciles à égarer, quand ils peuvent s'appuyer sur les chances incertaines d'un châtiment éloigné.

N'oublions pas, messieurs, la maxime favorite d'un profond publiciste (1) : « La prompti-

______

(1) Beccaria.

tude de la répression et non la sévérité des peines,
telle est la base d'une bonne législation. »

Que telle soit aussi notre règle constante.

(*Séance du 11 decembre 1830.*)

———

M. Lemercier propose cette addition à l'article 5.

« L'ordonnance de dissolution exposera les motifs de cette mesure. »

La garde nationale étant une institution aussi politique que militaire, une des plus fortes garanties des droits et des libertés du pays, son existence doit être très soigneusement respectée. Si des circonstances graves, des considérations d'ordre public, obligent à dissoudre la garde nationale dans quelques localités, il est indispensable que l'ordonnance expose les motifs de cette mesure. C'est, d'une part, une garantie contre l'arbitraire et l'abus de pouvoir, et de l'autre, un moyen de faire connaître à la France la faute commise par la garde nationale, objet de cette mesure. Cette publicité produira le même effet qu'un ordre du jour à l'armée. Le gouvernement représentatif est un régime de vérité. Tous les actes du gouvernement, sur-tout pour ce qui est relatif à l'administration intérieure, doivent être connus et motivés. Tel est le meilleur moyen d'encourager le bien et d'empêcher le mal, en sorte que je crois qu'il serait fort sage d'ajouter au premier paragraphe, le membre de phrase que je propose.

M. Cunin-Gridaine. Je crois qu'il serait impolitique d'expliquer dans l'ordonnance les motifs de dissolution et de suspension ; la garde nationale qui aura attiré sur elle l'une ou l'autre de ces mesures, sera suffisamment rappelée à l'ordre.

Pour ces motifs, je combats l'amendement.

M. de Tracy. J'appuie l'article additionnel de M. Lemercier; mais ce n'est que pour le cas de dissolution que je crois qu'il est nécessaire que l'ordonnance soit motivée. L'article de la commission me semble en outre présenter une véritable ambiguité dans sa rédaction ; alternativement on y parle de dissolution et de suspension, qui ont pourtant un sens essentiellement différent. La chambre, selon moi, ne doit pas voter un article aussi peu explicite.

M. le rapporteur. Dans des cas où l'ordre l'exigerait, le préfet pourrait prononcer la suspension immédiate; mais elle ne peut durer que deux mois : c'est le roi qui juge s'il y a lieu de prononcer la dissolution. Cet article prévoit tous les cas de dissolution et de suspension ; je n'y vois aucune confusion.

M. Pelet. Je ne puis comprendre quelle différence il se trouve entre la suspension et la dissolution. (*Une voix.* Il y en a une très grande.)

Les éléments de la garde nationale étant déterminés par la loi, il n'est pas dans votre intention sans doute d'attribuer au préfet le pouvoir
de changer quelque chose à l'élection des officiers.

J'ajouterai, si on revient sur l'amendement
de M. Lemercier, que je crois qu'il serait d'autant plus fâcheux d'exposer les motifs de la
dissolution, que ces motifs pourraient se rapporter à la conduite personnelle de quelques individus.

M. de Schonen. Il me semble que l'économie
de la loi, dans les art. 4 et 5, se fait parfaitement
sentir, et qu'il n'y a aucune confusion dans
l'art. 4. Le législateur prévoit le cas où la garde
nationale, que vous avez décidé devoir être organisée par communes, pourra cependant n'être
pas organisée sur certains points. Maintenant on
suppose que la garde nationale peut être dangereuse pour l'ordre public, et on arme alors l'autorité d'un droit provisoire de suspension, et
ensuite on laisse au roi celui de la dissolution.
Le droit de suspension est accordé au préfet
dans une limite déterminée, mais le roi peut
intervenir, et si la mesure de suspension ne lui
paraît pas suffisante, il prononce la dissolution.
Je ne vois pas pourquoi on s'opposerait à l'a-
mendement de M. Lemercier ; je vote pour cet
amendement.

M. Lepelletier d'Aulnay. Il me semble que pour être clair, il faudrait mettre dans le premier paragraphe après le mot *dissolution*, ceux-ci : *à moins qu'une loi n'en ordonne autrement.*

M. Thil. Il n'y a pas de confusion entre l'art. 4 et l'art. 5 du projet, et je suis, à cet égard, de l'avis de l'avant-dernier opinant; mais je ne crois pas comme lui qu'il faille assujétir le gouvernement à motiver les ordonnances de dissolution, parce qu'il pourrait être dangereux de signaler une espèce d'insurrection sur un point quelconque de la France, et de faire connaître les raisons qui déterminent le gouvernement à user du droit dont vous l'armez. L'amendement n'a aucun but utile. La dissolution ne pouvant durer qu'un an, il faut, pour prolonger cet état de choses, proposer une loi. C'est alors que les motifs sont pesés, examinés, discutés.

Et remarquez dans quelle position vous voudriez placer le roi, relativement à la garde nationale. Le roi peut dissoudre la chambre des députés sans motifs, et il ne pourrait immédiatement atteindre une portion quelconque de la garde nationale, et serait dans la nécessité de donner des motifs qui pourraient compromettre la tranquillité publique ou porter atteinte à quelques réputations.

M. le général Brenier. Je propose un amendement à l'art. 5 :

« Cette suspension n'aura d'effet que pendant deux mois, si dans cet espace de temps la suspension ou la dissolution n'est pas prononcée par le roi. »

M. Pelet. Si vous donnez au préfet le droit de suspendre la garde nationale, vous donnez au roi celui d'arrêter ou de continuer cette suspension.

M. le rapporteur. On semblerait croire que le préfet a un droit que le roi n'aurait pas ; je vais prendre un seul exemple dans le service militaire, qui vous éclairera.

Il y a des cas où un colonel juge convenable de suspendre un officier qui a fait une faute grave, il ne peut pas le casser ; il doit rendre compte au ministre, et c'est l'autorité supérieure qui seule a le droit de le casser.

M. le général Demarçay. Je propose de mettre : « Si dans ce cas la suspension n'est pas prorogée ou la dissolution prononcée. »

Quelques voix. Mettez *maintenue*, au lieu de *prorogée*.

M. Berbis. Je demande à faire une observation sur cet amendement. Vous avez décidé que la garde nationale pourra être suspendue pendant deux mois, et vous venez dire : si cette suspension *n'est pas prolongée*. Si vous ne mettez pas un terme à cette suspension, elle sera indéfinie.

M. Allent, commissaire du gouvernement. Je crois nécessaire d'expliquer la différence qui se trouve entre les effets d'une dissolution et les effets d'une suspension. La dissolution brise les cadres et fait cesser à l'instant le pouvoir des officiers. La suspension, au contraire, laisse subsister l'organisation. Il est utile de laisser au Roi, comme au préfet, le droit de suspendre. Il y a des cas où il convient de suspendre le service, sans dissoudre la garde nationale.

Plusieurs voix. Il faut renvoyer à la commission.

M. Allent. Les deux premiers paragraphes de l'article pourraient être votés immédiatement ; quant au paragraphe relatif à la suspension, je crois qu'il faut le renvoyer à la commission.

M. le rapporteur. La commission se réunit à M. le commissaire du roi, pour demander qu'on vote les deux premiers paragraphes, et qu'on renvoie l'autre à la commission.

(Le renvoi à la commission', de la rédaction de l'art. 5, est adopté.)

(*Séance du 15 décembre 1830.*)

ARTICLES 6 ET 7.

M. Jacqueminot. Etablissons, messieurs, d'une manière à la fois large et ferme les rapports de l'autorité municipale et du pouvoir constitué avec la garde nationale, qui alors ne doit nous appa-

raître que comme une force armée , essentiellement soumise aux réquisitions légales et à la voix
des magistrats. Voilà notre garantie véritable contre
toutes les chances de désordre , ou si l'on veut
même de dangers. La chercher ailleurs serait méconnaître la dignité de l'institution , et ne pas
rendre à notre époque la justice qui lui est due.

Une sage précaution a été prise par le projet de
loi , c'est de régler que la garde nationale soit
organisée par canton , et ne puisse l'être par arrondissement de sous-préfecture ni par département. Ajoutons cependant que deux cantons
pourront être quelquefois réunis sous un seul
commandement, si les besoins du service l'exigeaient impérieusement , mais avec l'autorisation
du préfet et l'approbation du conseil-général. Je
n'ai pas besoin de dire que ces agglomérations
devront être rarement permises.

Cela posé , que chacun prenne sa place selon
le vœu de la Charte ; que partout force reste à la
loi et à ses organes, et sachons poser d'une main
ferme une barrière indestructible entre l'autorité légale et la force militaire, même commise à
la masse des citoyens. Or ici , Messieurs, je dois
le dire , après des principes de détail bien établis , j'aperçois dans le projet de loi qui nous est
soumis une timidité d'exécution que je ne puis
approuver.   (*Séance du 11 décembre.*)

M. *Alexandre de Larochefoucauld.* En admettant avec le projet, que la garde nationale doit être exclusivement placée sous l'autorité administrative, je trouve que, dans les
communes au-dessous de 2,000 ames, l'autorisation donnée aux officiers de réunir la garde nationale pour le service journalier et pour les exercices, atténue le principe, peutavoir des inconvénients graves, sans présenter aucun avantage réel.

Elle atténue le principe, parce que le maire,
qui doit être responsable de tout ce qui se passe
dans la commune qu'il administre, perd une
partie de sa responsabilité, dès qu'une réunion
quelconque peut avoir lieu sans sa participation.

Elle peut avoir de grands inconvénients,
puisque vous placez deux autorités en présence
l'une de l'aatre; que, de cette manière, vous
donnez à celui qui doit toujours être requis un
droit indépendant, le droit, sous prétexte d'exercice, de réunir la force armée d'une commune,
contre la volonté du maire qui recevra des plaintes
d'exercices trop fréquents, de vexations ou d'in-
justices, sans qu'il puisse y remédier.

Enfin, Messieurs, il n'y a pas d'avantages
réels, car si le maire se refusait à autoriser ce
qui serait utile au service de la garde nationale,
l'autorité supérieure aurait de suite tous les
moyens de rectifier une faute qui ne pourrait être

que momentanée. Il me semblerait donc plus
sage, pour éviter toute espèce de discussion, de
faire peser toute la responsabilité sur le maire,
en lui laissant le droit de fixer les jours d'exercice, en se concertant toujours avec le commandant de la garde nationale.

(*Séance du 13 décembre.*)

M. de Corcelles. Je trouve dans l'article 7 du
projet du gouvernement beaucoup de concision;
mais on y a omis une circonstance essentielle,
celle où la garde nationale se réunira dans une
commune autre que le chef-lieu de canton.
Dans l'article de la commission, on a tout prévu;
mais la rédaction en est fort longue, et il y a un
paragraphe au moins à supprimer. J'ai pensé que
ma proposition, tout en n'omettant rien, avait
encore l'avantage de la concision. J'ai renfermé
en quatre lignes ce que la commission dit en dix
ou douze.

Conservant le premier paragraphe, je propose
de remplacer le second et le troisième par la rédaction suivante :

« Lorsque la garde nationale sera réunie, en
tout ou en partie, au chef-lieu de canton ou dans
une autre commune que le chef-lieu de canton,
elle sera sous l'autorité du maire de la commune
où sa réunion aura lieu d'après les ordres du
sous-préfet ou du préfet. »

M. le rapporteur. Cet article avait été rédigé d'abord dans l'hypothèse qu'il serait formé des bataillons cantonnaux. Maintenant, si leur organisation n'est pas obligatoire, elle reste au moins facultative. Si le paragraphe premier n'existait pas, il est clair qu'un chef de bataillon pourrait faire voyager son bataillon dans les différents points du canton, sans autre formalité. C'est pour obvier à cet inconvénient, que les deux paragraphes suivants sont utiles.

(Séance du 15 décembre 1830.

ARTICLE 7.

M. Lepelletier d'Aulnay. M. le rapporteur vous a déjà rappelé les principes d'une bonne organisation de la garde nationale posés par la loi du 12 décembre 1790. Permettez-moi d'y ajouter, comme élément aussi de notre discussion, un passage de l'instruction législative du 12 août 1790. Voici ce passage :

« Les gardes nationales doivent déférer à la
» réquisition des municipalités et des corps ad-
» ministratifs ; mais leur zèle ne doit jamais la
» prévenir. Elles ne peuvent se mêler ni direc-
» tement ni indirectement de l'administration
» municipale. Les corps administratifs exami-
» neront si les municipalités, abusant du zèle
» des citoyens, n'exigent point de la garde natio-
» nale au-delà du service nécessaire, ou si, jalou-

» ses d'étendre leur autorité, elles ne troublent
» point la discipline intérieure. Ils examineront
» aussi si la garde nationale se tient dans la subor-
» dination qu'elle doit aux corps municipaux. »

La garde nationale ne doit agir qu'à la réquisition du maire, et lorsque ce magistrat a jugé
son concours nécessaire.

Hors les cas qu'une administration sage doit
chercher à rendre rares, le Français, toujours
soldat, parce qu'il doit toujours être prêt à
déployer son zèle lorsque la patrie est en péril,
ne remplit pas habituellement de fonctions militaires.

Si tous les citoyens s'habituaient à la profession des armes, ils aimeraient la guerre, et vous
voulez la paix.

N'aurions-nous point à craindre alors que cette
humeur belliqueuse ne pouvant faire irruption
au-dehors, ne se répandît dans l'intérieur, et
n'y portât le désordre? Ce que nous voulons, ce
sont des citoyens attachés à leur patrie par la
sagesse de ses institutions, par la protection qu'ils
en reçoivent; des citoyens toujours prêts à marcher à la voix de leurs magistrats pour la défense
de la patrie, pour le maintien de l'ordre, comme
ils marcheraient à la défense de leur propre vie,
de leurs propres biens.

Nous y parviendrons plus sûrement si la milice
citoyenne demeure sous la direction de l'autorité

municipale, si le maire, qui est seul responsable de l'exécution des lois et du maintien de l'ordre, est en réalité comme en droit ce que les Gaulois appelaient avec discernement le premier défenseur de la cité.

Les anciennes chartes des communes reconnaissaient ce grand principe d'ordre public, que les milices bourgeoises ne doivent paraître en armes qu'à la réquisition du maire; et les cloches du beffroi, seul moyen alors de rassembler la population, ne sonnaient que par son ordre. En effet, Messieurs, qui pourrait mieux que le maire savoir s'il est utile ou convenable de détourner les citoyens de leurs travaux ordinaires, s'il est utile ou convenable de les rassembler?

La dépendance où se trouve la garde nationale de l'autorité municipale est un gage de sécurité; mais si cette garde recevait d'autre part son impulsion, elle pourrait devenir un sujet de crainte, elle pourrait chercher à étendre le cercle dans lequel elle doit agir. Nous voyons avec satisfaction qu'à une exception près, que nous regrettons de trouver dans la loi, celle des communes rurales, la garde nationale est créée garde communale. Son commandant n'a d'ordre à recevoir que de l'autorité municipale auprès de laquelle il est placé; il n'est plus de commandant supérieur, et à aucun titre. Cette sage disposition date de 1790; nous la devons à M. le général La-

fayette ; c'est lui qui , le 8 juin 1790, proposa à
l'Assemblée constituante de statuer qu'il ne pourrait pas y avoir de commandant général des
gardes nationales. Il motiva son opinion sur
cette pensée profonde ; « qu'il ne faut pas qu'à
» cette grande idée d'une nation tranquille sous
» ses drapeaux civiques, puissent être mêlées un
» jour de ces combinaisons individuelles qui
» compromettraient l'ordre public , peut-être
» même la constitution. » C'est probablement
encore au patriotisme de notre honorable collègue que nous devons le renouvellement de
cette proposition.

Les devoirs imposés au garde national sont
nombreux, mais ils ne commencent qu'à l'appel
pour le service ; et nous devons penser que cet
appel ne sera pas fréquent , si le service ne se
fait qu'à la réquisition du maire.

L'activité n'est pas l'état habituel du garde
national ; il serait étrange qu'après tant de soins
pour donner aux populations l'habitude du
travail, le goût de l'étude, la nation fût mise
dans un état de mouvement militaire perpétue
par ceux-là qui ont tant de fois proclamé la nécessité du travail. *Séance du* 11 *décembre* 1830.

M. Lemercier. Doit-on conclure de l'article
de la commission, que les chefs des gardes nationales n'auront pas le droit de rassembler leurs

soldats pour passer une inspection , une revue?...
Je crois que le sens de cet article est trop vague
et qu'il faudrait définir ce que c'est que *se rassembler en état de gardes nationales.* Il faudrait
établir les cas où la garde nationale pourra agir
sans l'autorité municipale.

Je crois aussi qu'il faut supprimer , à la fin de
l'article de la commission, ces mots : *dont il sera
donné communication à la troupe.* En effet , il
y a des cas où il y aurait danger à donner communication aux gardes nationales de l'ordre reçu ;
dans les cas d'arrestation par exemple , de répression des troubles.

Si la chambre n'adopte pas la rédaction de
l'article comme je le propose , je demande qu'elle
adopte la suppression de cette dernière disposition.

M. Agier. Mon honorable collègue M. Lemercier a fait deux propositions. La première est
relative à l'autorité qu'ont les chefs de la garde
nationale, de rassembler leurs troupes, quand
ils le jugent nécessaire, pour les inspections. Il
me semble que l'article 8 (1) a prévu ce cas ; en
effet, la commission a pensé que qui veut la fin
veut les moyens : elle a pensé qu'il fallait que
les chefs pussent la rassembler pour les exercices ; ils pourront aussi la réunir pour les inspections.

______

(1) Cet article est devenu le 73°.

Quant à la seconde proposition, je crois qu'il a raison sous un rapport, et je crois pourtant qu'il n'entend pas l'article comme il faut l'entendre. Il est certain qu'il serait dangereux qu'on dévoilât, à la tête de la troupe, un ordre secret. Mais il ne s'agit ici que de la réquisition, et non de l'ordre à exécuter.

M. le rapporteur. Cet article est extrait de la loi de 1791. L'expérience a prouvé qu'il n'entraîne aucun inconvénient.

M. Lemercier. Toutes les fois qu'on voudra mettre des gardes nationales en mouvement, elles voudront en connaître le motif; que ferez-vous si l'ordre est de nature à n'être point dévoilé?

M. le général Mathieu Dumas. Peut-être la commission a-t-elle pris des précautions surabondantes. Je crois que l'amendement de M. Lemercier doit être appuyé, et qu'il convient de supprimer la dernière disposition de l'article.

M. le rapporteur. Il me semble impossible d'admettre en principe que les gardes nationales pourraient être obligées de prendre les armes sur un ordre de leur chef, sans explication de sa part. Il pourrait arriver que les citoyens fussent employés à agir contre l'intérêt public.

Il n'en est pas ainsi quand la réquisition légale existe. Le chef doit dire à sa troupe : Je vous ai appelés parce qu'une réquisition légale vous invite à prendre les armes. Il doit ensuite lui communiquer la réquisition, sans donner d'autre motif. Si vous ne preniez pas cette précaution, les gardes nationales seraient tenues à l'obéissance des troupes de ligne. Vous n'auriez plus, comme le voulait l'assemblée constituante, des citoyens appelés par l'autorité civile à remplir momentanément les fonctions de gardes nationaux, demeurant citoyens jusqu'à ce qu'un ordre vienne les transformer pour un moment en gardes nationaux.

M. le général Demarçay. Il semblerait qu'un chef de garde nationale qui aurait reçu un ordre de l'autorité civile, pourrait enjoindre à sa troupe de marcher, sans lui donner connaissance de la réquisition tout entière, ou du moins sans lui lire le principal motif. J'ai été assez long-temps militaire pour concevoir qu'une troupe de ligne soit obligée d'exécuter un ordre, d'aller, de marcher, sans qu'on lui en donne le motif; je conçois aussi que quand la garde nationale ou une partie de la garde nationale sera mise à la disposition du gouvernement, pour agir comme un corps militaire, je conçois, dis-je, que cette garde soit, dans ce cas, traitée comme une troupe de ligne. Mais que quand une garde nationale est rassemblée par l'autorité civile on veuille la traiter comme une troupe de ligne, lui enjoindre un ordre sans autre indication que celle de l'action, c'est ce que je ne puis concevoir. Vous conviendrez qu'une pareille loi ne serait jamais exécutée; la crainte se mettrait dans les esprits; jamais vous n'obtiendrez de la garde nationale d'être un instrument aveugle des officiers..... (*Appuyé! appuye!*) Je m'étonne même qu'on ait pu faire une semblable proposition.

M. Lemercier. J'ai l'honneur de faire observer à la chambre que si l'article de la commission était adopté, on n'obtiendrait jamais qu'une garde nationale se mît en mouvement, sans qu'on lui en dît le motif; et il y a quelquefois des motifs qu'il serait dangereux de révéler. D'un autre côté, je dois dire que les officiers étant élus par leurs concitoyens, et ayant toute leur confiance, il doit suffire à ceux-ci que leurs officiers leur disent: nous avons reçu un ordre important qu'il faut remplir, et que nous ne pouvons révéler...

M. Allent, commissaire du gouvernement. L'article en discussion ne peut être appliqué au service ordinaire. On ne peut l'appliquer qu'aux cas de réquisition légale déterminés par la loi de 1791. Cette loi prévoit tous les cas de réquisition légale et en détermine les formes. Elle veut que l'officier civil veille aux actes de la garde nationale, et en ordonne la réquisition; elle veut que l'officier lise à la troupe la réquisition qu'il a reçue. Jamais on n'a éprouvé l'inconvénient de cette mesure.

C'est dans cette limite qu'il faut expliquer l'article qui est en discussion ; dans aucun cas il ne doit être appliqué au service ordinaire.

M. de Tracy. Il sera donné connaissance de la réquisition et non de l'ordre à exécuter.

M. Dumeylet. La réquisition est une. Quand on requiert quelqu'un on doit lui dire : Je vous requiers pour telle chose.

M. le président. La proposition consiste à supprimer à la fin de l'article ces mots : *dont il sera donné connaissance à la tête de la troupe.*

(Cette proposition est mise aux voix et rejetée.)

M. Dumeylet. Je demande qu'on commence l'article par ces mots : *Sauf le cas d'alerte ou d'incendie.*

M. Las-Cases. L'incendie est un cas d'urgence générale ; tout le monde s'y porte. Dans les cas d'alerte, la garde, réunie avec ses officiers, attend les ordres du maire.

M. le rapporteur. Si vous exceptez les cas d'alerte, on vous en fera ; on en a fait pendant long-temps pour se précipiter sur l'autorité civile, l'autorité judiciaire, administrative, sur l'autorité royale. C'est pour cela qu'il est nécessaire que les magistrats s'entendent avec les chefs des gardes nationales.

(*Séance du 15 décembre 1830.*)

ARTICLE 9.

M. le président. Il reste à décider la question du domicile. Plusieurs propositions sont faites sur cette question.

M. de Laborde. Je crois qu'on doit laisser le choix du domicile, et qu'il faut ajouter à l'article :

« Néanmoins ceux qui ont plusieurs résidences » sont tenus d'opter pour l'une d'elles. Le domi- » cile qu'ils auront choisi, sera leur domicile » réel. »

M. Laugier de Chartrouse. Messieurs, mon amendement a pour but de fixer d'une manière précise le lieu où chaque Français doit satisfaire au service de la garde nationale. Je ne tiens nullement aux termes de cet amendement. Je désire que les nombreux et savants jurisconsultes qui font partie de cette chambre, y trouvent une rédaction plus heureuse ; mais je commence à en perdre l'espoir, puisque les lumières des membres de la commission y ont échoué. En effet, l'art. 10 du projet du Gouvernement soumettait tous les Français, etc.... au service de la garde nationale *dans le lieu de leur principal établissement.* La commission a substitué à ces derniers mots ceux-ci : *dans le lieu de leur domicile réel.* Pour bien me fixer sur ce que la loi entend par *domicile réel,* j'ouvre le Code civil, et j'y vois, art. 102 :

le domicile de tout Français, quant à l'exercice de ses droits civils, est au lieu où il a son principal établissement. Vous voyez, Messieurs, que la question est tournée, mais non pas éclaircie, que nous restons dans un cercle sinon vicieux, du moins obscur.

Il s'agit pourtant de déterminer d'une manière positive le lieu où chaque citoyen se doit au service de la garde nationale. J'en connais qui ont quatre établissements dans quatre résidences voisines, et qui passent trois mois de l'année dans chacune, attirés par leurs affaires ou par des relations de famille. Un grand nombre de propriétaires passent trois ou quatre mois à Paris, et sept à huit non pas seulement à la campagne, mais dans des villes de province, où, plus en évidence, ils doivent donner l'exemple et éviter tout ce qui pourrait faire supposer qu'ils veulent se soustraire à une charge si honorable. Où satisferont-ils à la garde nationale? Sera-ce dans leur *domicile politique?* Cette base me paraît beaucoup trop large, car tout Français a le droit d'établir son domicile politique dans un département où il paie la plus faible contribution, et quoiqu'il n'y réside pas. Il serait facile par ce moyen de se soustraire à tout service.

Choisirez-vous le lieu où l'on paie les contributions personnelle et mobilière? Mais d'abord la

nouvelle loi proposée par le Gouvernement porte
que la contribution mobilière se paiera autant de
fois qu'on aura d'établissements. A Paris, où cette
contribution est remplacée par l'octroi, on per-
çoit une taxe basée sur la valeur des loyers, et
que l'on décore du titre de contribution personnelle. Cette taxe, soit dit en passant, est exigée
*quoiqu'on paie la contribution personnelle dans un
autre département*, d'après un certain arrêté du
Gouvernement, en date du 13 vendémiaire an
12, et malgré la loi qui donne pour base à cette
contribution la valeur de trois journées de travail.

Les conseils de recensement n'ayant donc aucune règle bien déterminée, et étant juges et parties, puisque, *présidés par le maire et composés
de membres pris dans le quartier*, ils arbitreront
dans leur horizon particulier, et maintiendront
sur les contrôles le plus de gardes nationaux
qu'ils pourront; il arrivera que la même personne
sera comprise à la fois dans la garde nationale de
Paris, et dans celle de Lyon ou de Marseille.
Dans ce cas, quel est le conseil de recensement
qui devra céder ses prétentions sur l'habitant qui
lui présente également un domicile et une position sociale en évidence? L'option proposée par
mon honorable collègue, M. Alexandre de Laborde, ferait cesser tout conflit. Si la chambre ne
l'adopte pas, je me bornerai à demander à M. le

rapporteur s'il est dans la pensée de la commission que le certificat d'inscription et de service
dans une garde nationale légalement organisée,
doive suffire pour que le conseil de recensement
d'une autre localité ne puisse maintenir sur ses
contrôles un citoyen qu'il y aurait porté.

M. le rapporteur. La commission n'a jamais entendu que l'on dût être appelé dans la garde nationale de deux localités, et elle pense que le
certificat dont parle M. de Chartrouse serait parfaitement suffisant.

M. Laugier de Chartrouse. D'après la déclaration de M. le rapporteur, et convaincu que les
discussions des chambres doivent éclairer les
questions soumises à toute espèce de tribunal, je
retire mon amendement.

M. Isambert. Je demande le maintien de la rédaction de la commission. La commission propose de déclarer que le service sera fait dans le
domicile réel. Le domicile réel résulte de différentes circonstances déterminées par le Code civil, et qui, en cas de difficultés, sont jugées par
le conseil de recensement.

Il importe au maintien de la garde nationale
que le service soit fait dans le lieu du domicile
réel.

Quant à l'amendement de M. de Chartrouse,
il soulève de nouvelles difficultés, bien loin de

les résoudre. Il faut en revenir à la rédaction de la commission. Il n'y a pas nécessité de déroger ici au principe du droit commun sur le domicile réel.

M. de Laborde. Il faut que les citoyens puissent voter pour les élections dans un lieu, et faire le service de la garde nationale dans un autre.

M. le rapporteur. La commission est de l'avis de M. de Laborde. Il est entendu que quand un manufacturier a plusieurs établissements dans lesquels il réside, il peut en choisir un et dire : c'est là mon domicile réel.

M. Gillon (Jean-Landry). Je demande que, pour le service de la garde nationale, le domicile résulte de trois mois de résidence continue, et qu'en conséquence quiconque aura habité durant cet espace de temps la même commune, soit porté sur le contrôle de la garde nationale de celle-ci. Cet amendement a pour but utile d'empêcher la désertion de ces mois citoyens qui, se donnant tour à tour les plaisirs de la ville et les agréments de la campagne, sont insaisissables pour le service public. Payant un impôt mobilier dans les deux résidences, ayant dans toutes les deux un ameublement à peu près également riche, on ne sait laquelle déterminer pour leur domicile. J'ai vu plus d'un abus de ce genre, contre lequel les autorités municipales n'ont trouvé aucun remède efficace. Attendez-vous à revoir ce que si péniblement nous avons souffert déjà, la dispense scandaleuse du service de la garde nationale, que s'arrogent certains hommes qui semblent mal à l'aise dans les rangs du peuple. Vous vous en affligerez mais vainement, si vous n'accordez pas le pouvoir de les inscrire d'office là où ils auront passé trois mois de leur existence inconstante. Qu'on ne m'objecte pas que le moyen améliorateur que je propose aurait cet inconvénient grave, de faire porter le même citoyen sur deux contrôles à la fois. La réponse se devine : si, dans la commune où il se trouve actuellement, l'autorité municipale prétend l'assujétir au service de la garde nationale, il aura le moyen facile de repousser avec justice une double charge, en prouvant qu'ailleurs il est porté au contrôle, et qu'ailleurs aussi il accomplit son devoir civique. Mon amendement ne peut déplaire qu'aux hommes tièdes. Il aura donc votre approbation.

M. Las Cazes. Il faut que chaque citoyen soit astreint au service de la garde nationale, mais de manière pourtant à en être aussi peu gêné que possible. Je propose de mettre après ces mots : *domicile réel,* ceux-ci : *ou le domicile élu à cet effet.*

M. Jacquinot-Pampelune. Je viens m'opposer aux deux amendements, et je demande le maintien de la rédaction de la commission ou de celle du Gouvernement, car toutes les deux ont la même signification. Le Gouvernement dit : *le principal domicile* ; la commission dit : *le domicile réel*. Il n'y a aucune différence entre ces deux expressions. Si des difficultés s'élèvent par rapport au domicile, elles seront résolues par l'autorité administrative, ou peut-être même par les tribunaux. (*Séance du 16 décembre 1830.*)

ARTICLE 10.

M. E. Salverte. Par une considération contraire, on introduit dans la loi un article qui me semble diminuer le service des citoyens, mais d'une manière fâcheuse. Je veux parler de l'article qui appelle au service de la garde nationale les étrangers qui remplissent certaines conditions.

Je n'ignore pas qu'à cet égard je me trouve en dissentiment avec plusieurs personnes et particulièrement avec quelques-uns de mes honorables amis ; aussi me serai-je peut-être abstenu de m'opposer à un principe de cosmopolitisme qui n'entre pas dans les miens : mais j'avoue que la France n'a pas à se louer des étrangers ; et de toutes les nations, il n'y a guère que la brave nation polonaise qui nous ait payé la dette de la reconnaissance. Dans le projet de loi de recrutement, je vois cette disposition : « Nul n'est admis à faire partie de l'armée française, s'il n'est Français. » Je voudrais que de même on inscrivît dans le projet que nous discutons : « Nul ne peut être admis à faire partie de la garde nationale française, s'il n'est Français. » De nombreuses considérations militent en faveur de ce principe. Songez-y ; la garde nationale est instituée plutôt pour prévenir que pour réprimer les désordres ; pour les prévenir par la persuasion, par une sorte de fraternité, plutôt que pour les réprimer par le déploiement de la force. Or, ce sentiment de confiance, le trouverez-vous inspiré par des étrangers? Non ; vous ne devez pas l'espérer. (*Séance du* 13 *décembre* 1830.)

M. Salverte. Le mot de *garde nationale* suffirait pour faire rejeter cet article. Cette garde est instituée pour défendre la Charte, conserver l'ordre et la paix publique, et pour seconder l'armée de ligne dans la défense des frontières et des côtes.

Peut-on exiger de pareilles obligations d'un étranger? Que des troubles s'élèvent, vous devez compter beaucoup moins sur l'intervention armée de la garde nationale, que sur son ascendant moral. Cet ascendant, des étrangers ne peuvent pas l'avoir. M. le rapporteur a essayé de refuter ces objections que j'avais présentées dans la discussion générale. Sa réfutation est un

morceau très brillant, mais qui ne m'a pas paru
très solide. Il a demandé si le maréchal de Saxe
n'aurait pas été digne de monter la garde sur le
Pont-Neuf. C'est une plaisanterie ; car, M. le
rapporteur sait bien que si un étranger avait
rendu d'assez grands services à la nation, il serait naturalisé. Il a rappelé que les étrangers
qui étaient à Paris avaient pris une part active
à la révolution de juillet. Je le sais bien, et je
suis flatté de leur payer ici la dette de la reconnaissance; mais c'est un fait exceptionnel qui ne
se reproduira plus. Faut-il tirer de là un principe
qu'on consacrera dans une loi ? Non, sans doute.

Je vote contre l'article.

M. de Laborde. Je suis fâché de me trouver
en opposition avec mon honorable ami M. Salverte, mais il faut qu'une loi soit un peu cos-
mopolite. Les anciens traitaient les étrangers de
barbares ; mais nous, nous devons les admettre
à participer aux bienfaits de la civilisation. Un
étranger, quand il vient apporter parmi nous
son industrie ou ses capitaux, enrichit le pays ;
quand il vient apporter son sang, vous ne voudriez pas l'accepter ! Non, Messieurs, n'excluez
pas de la garde nationale les étrangers, au moment où ils vous ont donné dans vos murs,
vêtus de cet habit de garde national, la preuve
qu'ils étaient aussi bons Français vis-à-vis de la

liberté. M. de Salverte dit que cette circonstance ne se reproduira pas ; mais lorsque de tous les côtés vous voyez les cœurs battre, lorsqu'ils veulent non-seulement participer à nos institutions, mais les faire fleurir ailleurs, il serait injuste de les empêcher d'en jouir.

M. Jacquinot Pampelune. En lisant cet article et en le comparant aux dispositions de l'art. 13 du Code civil, je le trouve parfaitement sage. S'il s'agissait d'admettre indifféremment tous les étrangers, je le combattrais, parce qu'il serait une destruction de la garde nationale.

M. le rapporteur. Il y a en France des étrangers qui ont plusieurs milliers d'ouvriers sous leurs ordres. Lorsque leurs subordonnés pourraient être de la garde nationale, voudriez-vous laisser subsister une espèce d'ostracisme pour ces étrangers seuls qui enrichissent le pays par leur industrie? Remarquez, comme l'a dit M. Jacquinot, que l'admission des étrangers dans la garde nationale est simplement facultative.

M. Salverte. Les observations de M. le rapporteur ne prouvent rien, car elles prouvent trop. Les étrangers dont il a parlé ne peuvent pas être électeurs, je pense, et l'on peut supposer que dans le nombre de leurs ouvriers, il y en a qui peuvent l'être. Il y a des droits attachés à la qualité de Français. Ne croyez pas que ce soit une générosité bien entendue que d'accorder à tous le droit de citoyen français. Attachons plus de prix à ce titre.

M. de Laborde a parlé de l'importance qu'il pourrait y avoir à ce que les étrangers s'établissent en France. Mais qu'ils se fassent naturaliser. (*Une voix.* Il faut dix ans.) Il y a des conditions à remplir; si vous les trouvez trop pénibles, vous pourrez proposer de les rendre plus faciles. Si dans la loi des récompenses nationales, on avait proposé la naturalisation des étrangers qui se sont battus avec bravoure dans nos murs, j'aurais voté de grand cœur cette exception. Mais il s'agit ici d'un principe dont l'application doit durer long-temps. Pour être de la garde nationale, il faut être de la nation; il ne suffit pas de jouir des droits civils, il faut jouir des droits politiques.

Je persiste à demander le rejet de l'article.

(L'article est adopté.) (*Séance du* 16 *décembre* 1830.

ARTICLE 11.

Les magistrats qui ont le droit de requérir la force publique sont : dans l'ordre judiciaire, les présidents des tribunaux, qui, pour la police de l'audience, ont toujours le droit de requérir la force publique; les juges d'instruction, les procureurs du Roi et leurs substituts, les juges de paix, les commissaires de police, et dans l'ordre administratif, les préfets, les sous-préfets, les maires et leurs adjoints.

ARTICLE 13.

M. le président. M. Maës propose d'ajouter au deuxième paragraphe :

« Et aux faillis non réhabilités. »

M. Maës. Le simple énoncé de l'amendement que j'ai l'honneur de proposer le justifie. En effet, Messieurs, un service d'honneur, et qui désormais sera rangé au nombre de nos droits politiques, doit être interdit aux faillis : celui qui ne peut plus être admis à la Bourse parmi les autres commerçants, ne doit pas, en certaines circonstances, être préposé à la garde du seuil qu'il n'a plus le droit de franchir. Le failli ne doit plus avoir de bien, de propriété à protéger, et s'il en possède, l'honneur doit l'avertir qu'ils ne lui appartiennent pas. Le Français admis dans la garde nationale est dès lors habile à en occuper tous les grades, et pensez-vous, Messieurs, que le négociant qui a toujours exercé sa profession honorablement, qui a toujours fait honneur à tous ses engagements, consente à recevoir des ordres, à obéir au failli qui n'aurait pas recouvré l'honneur par la réhabilitation ? Je ne le pense pas. On m'objectera peut-être que

34

tous les faillis n'ont pas forfait à l'honneur, que
des malheurs imprévus ont pu accabler certains
d'entre eux : à cela, je répondrai que la loi ne
doit pas distinguer là où la distinction serait si
difficile et si délicate; que, d'ailleurs, les faillis
peuvent être rangés en trois catégories : celle des
fripons; celle des gens qu'une ambition démesurée ou l'imprudence a conduits à leur perte;
et enfin la troisième, comprenant les négociants
sages et honnêtes, que des événements au-dessus de la prévoyance de la prudence humaine
ont accablés. Ces derniers seuls pourraient être
exceptés de la rigueur de la loi; mais je puis
vous assurer, Messieurs, et des exemples malheureusement trop fréquents, et bien récents,
le prouvent, que bien peu de ces commerçants
malheureux n'ont pas trouvé, dans la générosité
de leurs créanciers, une sauve-garde contre la
déclaration légale de leur faillite.

L'article 402 du Code pénal ne stipule de punition correctionnelle ou criminelle que contre
les banqueroutiers simples ou les banqueroutiers frauduleux qui se trouvent dans l'un des
cas prévus par les articles 586 à 593 du Code com-
mercial.

L'état de faillite simple, prévu par l'art. 437,
et réglé par ceux 440 à 585 du même Code com-
mercial, n'entraîne aucune peine ni la privation
des droits civils.

(Le premier paragraphe de l'article 14 est adopté.)

M. le président. C'est ici que s'applique l'amendement de M. Maës.

M. Lemercier. Un commerçant peut éprouver des revers de fortune. Avec la plus grande probité, il peut être contraint de faire faillite et se trouver dans l'impossibilité de se faire réhabiliter. Il serait injuste de prononcer une exclusion contre des hommes qui ne sont que malheureux.

Plusieurs voix. Appuyé ! appuyé !

M. Ricard appuie l'amendement.

M. Odier. L'amendement proposé par M. Maës me paraît large et indéfini. Il propose d'exclure tous les faillis non réhabilités. Il y a beaucoup de faillis qui ne sont point réhabilités et qui ont traité avec leurs créanciers. La loi n'admet la réhabilitation que quand on paie capital et intérêts. Ne pas admettre ceux qui ont fait un concordat serait un acte d'injustice, un acte déshonorant pour beaucoup de gens qui ne le méritent pas.

Les faillis peuvent se trouver dans des positions diverses; il y en a que vous regretteriez de voir exceptés. Il s'agit de savoir où est la règle, où est l'exception. Devez-vous repousser l'amendement en faveur des exceptions, ou l'admettre en faveur de la règle? Ceux pour lesquels vous auriez des regrets ne sont que l'exception.

Le failli est privé de l'exercice du droit électoral. Le service de la garde nationale est un service civil. En excluant le failli de ce service, vous ne ferez qu'étendre aux droits civils la privation qui déjà frappe le failli dans ses droits politiques. J'appuie l'amendement.

M. Sevin Moreau. Dans mon opinion, on peut refuser le vote du failli aux élections, et cependant l'admettre à faire le service de la garde nationale, observation qu'a présentée M. Odier. Je crois même que l'observation qu'il a faite est écrite dans la loi. En effet, on distingue deux classes de faillis. Lorsqu'un failli fait un concordat, le tribunal le déclare excusable et susceptible d'être réhabilité. S'il ne fait point de concordat, s'il y a de la mauvaise foi dans sa conduite, il n'est point déclaré excusable. Si l'amendement de M. Maës était adopté, il ne pourrait l'être que pour les faillis non déclarés *excusables* par le tribunal de commerce.

M. Pataille. L'amendement proposé tendrait à augmenter les peines des faillis malheureux ; il irait jusqu'à la dureté, jusqu'à l'inhumanité. La garde nationale, c'est la masse entière des citoyens. Iriez-vous en retrancher le failli, dire qu'il ne fait plus partie de la nation, qu'il n'est plus Français ? (Très bien !)

Quant à la distinction qu'on veut établir entre les faillis, elle est plus spécieuse que solide, et, à vrai dire, c'est parmi les concordataires que se trouve le plus de mauvaise foi. S'il était possible d'exclure les faillis de mauvaise foi, la chambre entière adhérerait à la proposition ; mais l'amendement de M. Maës, tel qu'il est rédigé, atteindrait des gens qui ne sont que malheureux. Vous ne voulez point punir le malheur.

Je demande le rejet de l'amendement.

De toutes parts. Appuyé !

M. *Lameth.* Une loi connue de tous les commerçants, dit qu'ils ne doivent jamais engager qu'une partie de leur propriété. C'est une règle générale. Si un particulier, dans l'espoir de faire fortune, compromet tout son avoir, il est répréhensible. Nous avons tous les jours sous les yeux le spectacle d'hommes qui s'enrichissent à faire banqueroute. J'appuie l'amendement.

M. *Maës.* On dit que priver les faillis du service de la garde nationale, c'est les retrancher de la nation. Ils ne sont pas plus retranchés de la nation par la privation de ce service, que par la privation du droit électoral.

(L'amendement est mis aux voix et rejeté.)

M. *le président.* La proposition de M. Sevin Moreau, qui consisterait à priver du service de la garde nationale les faillis déclarés *non excusables* par le tribunal de commerce, est-elle appuyée ?

M. *Pataille.* Si notre honorable collègue peut

tracer la ligne de démarcation entre les faillis excusables et non excusables , je serai de son avis.
Mais je crois que la rédaction proposée n'atteint
pas ce but , et qu'il en faudrait une autre. Lorsqu'un failli fait l'abandon de tous ses biens à ses
créanciers, il n'intervient aucun jugement sur le
fait d'excuse; le tribunal n'a pas à prononcer.

Une petite explication devrait être nécessaire.

Quel est le cas où le tribunal déclare qu'il y a
excuse? C'est dans le cas de concordat , pour admettre le failli à conserver ses biens, à le replacer
à la tête de ses affaires , moyennant certain intérêt qu'il promet à ses créanciers. Mais celui qui
abandonne tous ses biens et qui donne ainsi la
preuve de sa bonne foi , ne peut être déclaré excusable , puisque le tribunal n'a point à prononcer sur lui. Il faudrait donc un jugement
spécial pour établir si le failli est excusable
ou non , pour faire la part des faillis de bonne
foi et des faillis de mauvaise foi. Je m'oppose à
cette rédaction.

M. le rapporteur. Il me semble qu'il y aurait
un moyen de concilier les avis. Je ne veux point
faire de proposition , mais je vais indiquer un
moyen. Il y a dans la garde nationale le *jury d'é-
quité* chargé de statuer sur la validité de toutes
les réclamations faites. Il me paraîtrait tout juste
de faire juger les faillis par ce tribunal qui déci-
derait s'ils sont excusables ou non excusables.

M. Sevin Moreau. La jurisprudence est simple sur les faillis et sur les banqueroutiers frauduleux, quand il y a mauvaise foi dans leur gestion; banqueroutiers simples , dans le cas contraire. Si le banqueroutier simple a la confiance de ses créanciers, il fait avec eux un concordat; il n'obtient pas de concordat, si ses créanciers ne l'en jugent pas digne. Si le failli obtient un concordat, le tribunal homologue ce concordat et déclare le failli excusable et susceptible d'être réhabilité. Je demande que le failli qui est dans ce cas ne soit pas exclu de la garde nationale.

On a voulu comparer le failli réhabilité au failli qui fait l'abandon de sa fortune. On a prétendu que la position du premier est plus favorable. Je prétends que leur position n'est pas la même ; car le failli qui fait l'abandon de ses biens est malheureux, soit par son imprudence, soit par son inexpérience ; il n'a pu obtenir la confiance de ses créanciers, qui n'ont pas voulu le remettre à la tête de ses affaires ; il n'obtient pas un jugement qui le déclare susceptible d'être réhabilité.

M. Vatimesnil. Je pense qu'il y a lieu de rejeter tous les amendements proposés ou indiqués, et maintenir l'article de la commission ; c'est-à-dire décider implicitement que la position de failli n'est pas un motif d'exclusion de la garde nationale.

Je dirai deux mots sur l'amendement indiqué par M. le rapporteur, qui voudrait que la question fût renvoyée à l'appréciation morale du jury d'équité ou de recensement. C'est chose impossible : ce jury ne doit avoir à statuer que sur ce qui regarde le service de la garde nationale ; mais ce n'est pas à son examen que doivent être apportées les questions qui intéressent l'honneur des citoyens.

Le préopinant voudrait qu'il y eût exclusion toutes les fois que le failli n'a pas fait un concordat avec ses créanciers, et n'a pas été déclaré excusable et susceptible d'être réhabilité. Ce serait-là faire dépendre l'honneur d'un citoyen du consentement de ses créanciers, qui, s'ils se montrent quelquefois faciles, sont aussi quelquefois injustes, de mauvaise humeur, et ne veulent pas souscrire de concordat avec un homme qui n'a souvent aucun reproche à se faire, qui ne peut accuser que les événements. J'irai plus loin : quand un individu ne serait pas seulement victime des événements, quand il y aurait eu faute, imprudence dans la gestion de ses affaires, ce ne serait pas un motif pour l'expulser. Il peut être mauvais commerçant, mais non pas mauvais Français. Il n'y a que le cas de banqueroute simple ou frauduleuse qui puisse être un titre d'exclusion.

(La Chambre adopte le paragraphe de la commission.)   (*Séance du* 17 *décembre* 183o.)

ARTICLE 14.

M. *E. Salverte*. La première objection que j'offrirai à votre attention portera sur la base même de la loi; je cherche cette base, je ne la trouve pas. Il est bien dit que des recensements seront faits pour faire connaître, pour dévoiler aux interprètes de la loi, tous les citoyens appelés à faire le service de la garde nationale; mais qui peut vous donner une garantie pour l'exactitude de ces renseignements? Vous n'en avez aucune. Le citoyen qui voudra s'y dérober, y parviendra dans les grandes villes, si une sanction pénale ne le force pas à se déclarer lui-même. Remarquez que pour le recrutement, la loi ancienne établissait des peines contre les personnes soumises au recrutement qui ne se présentaient pas; il fallait, quand on voulait user de ses droits civils, quand on voulait contracter mariage, par exemple, il fallait produire l'acte de libération du service.

La loi de recrutement que l'on vous a proposée avant-hier sera bien plus sévère; vous avez vu qu'elle prononce contre les réfractaires au recrutement une incapacité absolue à tous les emplois civils et politiques, qu'elle ordonne l'inscription d'office au recrutement suivant, et avec un des premiers numéros, des personnes qui auront omis de se faire porter sur la liste.

35

Il est de toute justice d'appliquer au recensement la disposition qui déjà est entrée dans le projet du recrutement militaire.

L'omission que je signale ferait tort aux citoyens, dont elle augmenterait le service,

(*Séance du* 13 *décembre* 1830.)

ARTICLE 17.

M. *le rapporteur*. L'amendement que vous propose aujourd'hui la commission n'est autre chose que l'article que vous avez déjà voté lors de la première discussion de la loi, et cet article était conforme au projet du Gouvernement. Maintenant, il est juste que nous vous expliquions le véritable sens de cet article.

Dans les deux rédactions qui vous sont soumises, on semble s'écarter du sens strict de l'art· 9. D'après l'une, vous prendriez tous les jeunes gens, depuis dix-neuf ans et un jour jusqu'à vingt ans, et d'après l'autre, les jeunes gens de vingt ans et un jour jusqu'à vingt-un ans. Ainsi, dans tous les cas, il y aura toujours six mois et un jour de différence par rapport à l'art. 9. Considérez qu'en prenant tous les jeunes gens depuis dix-neuf jusqu'à vingt ans, vous augmentez le nombre des gardes nationaux; considérez, en outre, que les jeunes gens de dix-neuf à vingt ans commenceront à se former à la discipline,

au maniement des armes, et qu'ainsi ils seront
déjà préparés pour la conscription et les corps
détachés.

M. *Viennet.* Nous reconnaissons tous l'avantage d'appeler au service de la garde nationale les
jeunes gens de dix-neuf à vingt ans ; mais il ne
faut pas de contradiction dans la loi ; et lorsqu'on
dit dans l'art. 9 : *tous les Français âgés de vingt
ans*, on ne dit pas : ceux qui sont entrés dans
leur vingtième année, mais ceux qui ont accompli
leur vingtième année.

M. *Jacquinot-Pampelune.* Je crois qu'il n'y a
aucune contradiction entre les deux articles. Par
l'art. 9, les Français sont appelés, à vingt ans
accomplis, au service de la garde nationale ; par
l'art. 17, on inscrit sur les contrôles ceux qui ont
atteint l'âge de dix-neuf ans dans l'année précédente, et qui, l'année suivante, seront incorporés et armés d'un fusil.

M. *Thil.* Mais vous êtes ainsi en contradiction
avec M. le rapporteur.

M. *Jacques Lefèvre.* Il y a en effet quelque contradiction entre l'art. 9 et l'art. 17. Il est certain
qu'on ne doit pas faire le service avant vingt ans ;
mais il est convenable qu'on soit inscrit sur les
contrôles avant vingt ans, sauf à n'être appelé à
faire le service que lorsqu'on aura vingt ans accomplis. Je m'explique sur l'article et non pas sur

les raisonnements de **M.** le rapporteur, qui ne font pas disparaître la contradiction. Cette contradiction, on l'éviterait en ajoutant à l'art 17 : *Toutefois, le service ne sera pas exigé avant l'âge de vingt ans accomplis.*

(Après avoir adopté l'addition présentée par M. Lefèvre, la chambre adopte l'article entier ainsi amendé.) (*Séance du 5 mars 1831.*)

———

M. le comte d'Ambrugeac, rapporteur. Nous avions proposé de n'ordonner l'inscription des gardes nationaux sur les registres-matricules que quand ils auraient atteint leur vingtième année. A ce sujet on a adressé à la commission des reproches dont il importe de la justifier. On nous a dit que nous ôtions 300,000 hommes, d'un seul coup de plume, à l'effectif de la garde nationale. Nous avons, je crois, procédé avec plus de méthode Nous avons dit dans un article précédent que tout Français âgé de vingt ans à soixante ans, faisait partie de la garde nationale. Nous avons fixé, dans cet article, la limite véritable de l'âge auquel tout Français doit être appelé au service de la garde nationale. Nous avons considéré l'inscription sur les registres-matricules comme une mesure d'ordre, car il ne faut pas confondre ces registres-matricules de la garde nationale avec ceux des troupes de ligne; celui des troupes de ligne est aussi le registre de l'état civil; il est d'une haute importance. I! n'y a pas d'analogie entre ces deux manières de constater la présence des hommes. La chambre des députés en a conclu qu'en admettant l'inscription sur les registres-matricules au moment où la vingtième année était commencée, il serait possible d'avoir beaucoup plus de gardes nationaux. Cependant, pour ne pas contredire l'article précédent de la loi, la chambre des députés a ajouté un dernier paragraphe qui ne rend que facultatif le service des hommes âgés de moins de vingt ans.

Il y avait une assez grande importance à cela, car la loi confie aux gardes nationaux le droit de nommer leurs officiers. Je demande si, après l'adoption de l'article que nous allons voter, les jeunes gens âgés de moins de vingt ans, qui ne font pas partie de la garde nationale; pourront prendre part à l'élection des officiers. Cela est de quelque importance, et pourra faire naître des difficultés après l'adoption de la loi.

Tels sont les motifs qui nous engagent à vous proposer l'amendement qui a été adopté par la chambre des députés. Nous n'y voyons pas d'inconvénient, et nous vous proposons de l'adopter.

Séance du 10 *mars* 1830.

ARTICLE 19.

M. Alexandre de Larochefoucauld. Il me semble aussi qu'il serait bon d'établir une base qui fixât les proportions entre le service ordinaire et le service extraordinaire. Je trouve que le projet laisse une trop grande latitude au conseil de recensement, et j'aurais préféré qu'il fût dit dans la loi que, dans les populations agglomérées au-dessous de 2000 ames, le vingtième au plus de la population formerait le service ordinaire. Cette proportion ne fatiguerait pas les habitants, et empêcherait que les conseils de recensement fissent un usage trop étendu de la faculté qui leur est accordée par le projet. Et ne croyez pas, Messieurs, que d'admettre ma proposition serait rallentir le zèle de la garde nationale des campagnes : elle produirait au contraire un effet entièrement opposé; elle prouverait que vous avez voulu éviter une perte de temps à celui qui a besoin de son travail pour le soutien de sa famille, et que vous avez eu l'intention de faire peser sur celui qui a plus d'aisance le poids d'un service journalier, conservant le surplus des citoyens inscrits pour venir au secours de leurs frères d'armes, s'il était nécessaire de les soutenir. (*Séance du* 13 *décembre.*)

M. Voyer d'Argenson. C'était pour les grandes villes, telles que Paris et quelques autres, que je pouvais craindre de voir peut-être faire une objection à la proposition que je fais de supprimer le double contrôle. Dans les campagnes, vous pouvez être sûrs que cette distinction serait purement humiliante pour les citoyens qui seraient exclus du contrôle du service ordinaire; dans les campagnes, le service de la garde nationale, loin d'être pénible, est généralement agréable.

Je demanderai à M. le rapporteur si les Français inscrits sur le *contrôle du service ordinaire*, et qui, aux termes de l'art. 21 de la commission, seront répartis à la suite des cadres formés sur le *contrôle du service ordinaire*, pourront concourir à la nomination des officiers. Les exclure de toute participation à l'élection des officiers qui devront les commander, ce serait faire d'eux une classe que je ne veux pas caractériser, mais qui serait distinguée dans la société d'une manière offensante pour elle. Je ne crois pas qu'il soit dans les intentions des représentans du pays d'établir des privilèges pour les uns, et des humiliations pour les autres.

On a rappelé que l'assemblée constituante, qui se connaissait en liberté, avait déclaré qu'il n'y avait qu'une nation et qu'une loi, et par conséquence qu'il n'y avait qu'une seule garde nationale. Vous n'avez pas voulu sans doute en faire deux; l'une qui ne sera appelée que dans certaines circonstances, peut-être les plus périlleuses; l'autre qui ne ferait que le service habituel et d'honneur.

M. le rapporteur. On a dit que tous les ci-

toyens susceptibles d'être gardes nationaux devaient concourir à la nomination des officiers.
Les officiers doivent être nommés par les personnes qui sont appelées à commander. En service ordinaire, ils ne commandent que les gardes
nationaux en service ordinaire. Lorsqu'on appelle les personnes de la réserve et celles du service ordinaire, pour en former des corps détachés, les officiers des corps détachés sont élus
par tous les gardes nationaux appelés. Ainsi,
soit pour le service ordinaire, soit pour le service extraordinaire, la loi a saisi toutes les convenances et respecté tous les droits. Evidem-
ment, je le répète, on ne prive pas d'un droit
les citoyens qui n'ont pas de fortune; la patrie
ne renonce pas à eux dans le moment du danger;
elle sait qu'elle retrouvera cette bravoure qu'ils
ont montrée dans nos discordes civiles.

M. Demarçay. Je conçois très bien ce qu'a dit
M. le rapporteur, que le service ordinaire ne pèsera
que sur les personnes que leur fortune mettra en
état de supporter cette charge; mais je demande
s'il est bien déterminé par le projet que les
hommes portés sur le contrôle du service extraordinaire, lorsqu'ils seront appelés en cas de
besoin, concourront à la nomination des officiers. Sans doute le service ordinaire sera bien
plus fréquent que le service extraordinaire :
mais aussi le service extraordinaire peut être

d'une bien autre gravité ; et c'est précisément une des circonstances où il importe à tous les hommes appelés à combattre, de n'être commandés que par des officiers de leur choix.

M. le rapporteur. Je répondrai que la loi est positive ; elle dit formellement que les gardes nationaux appelés dans les corps détachés nommeront leurs officiers jusqu'à un certain grade.

M. Demarçay. Ce n'est pas répondre à ma question. Vous parlez de la garde nationale mobile ; je ne parle pas de cela.

M. Lepelletier d'Aulnay. Il ne s'agit pas de service extraordinaire, les mots rendent mal la pensée. Les personnes portées sur le contrôle du service ordinaire, concourront seuls à l'élection des officiers, parce que ces officiers ne peuvent commander que ceux qui sont portés sur le contrôle du service ordinaire, et organisés ainsi en garde nationale habituelle. Ce n'est que pour le cas où la garde nationale est mobilisée, qu'il est fait recherche sur les contrôles de réserve, et dans ce cas les gardes nationaux désignés pour former les corps détachés, ont le droit d'élire leurs officiers jusqu'au grade de lieutenant.

M. Demarçay. Ce point est de ceux sur lesquels il importe que la loi soit précise, et je vous avoue que tout ce que j'ai lu et entendu ne me laisse pas d'idées claires à ce sujet. Il s'agit de savoir s'il y aura des hommes qui, non compris le cas où l'on mobilisera une partie de la garde nationale, seront appelés à l'élection des officiers, bien que seulement inscrits sur le contrôle du service de réserve.

Plusieurs voix. Ces cas là ne se présenteront jamais. *Séance du* 18 *décembre* 1830.

ARTICLE 20.

M. le président. Il y a un article 21 *bis*, proposé par M. Salvandy, et dont la commission, tout en l'adoptant, a changé la rédaction.

« Ne seront pas portés sur les contrôles du service ordinaire, les domestiques attachés au service de la personne ou de la maison. »

M. de Tracy. M. le rapporteur voudrait-il nous définir ce qu'il entend par *la maison?* A Paris, ce mot s'entend; mais dans la campagne, il pourrait avoir une acception très étendue. Il y a tels employés dans les fermes, qui pourraient convenir pour le service de la garde nationale rurale, et qui pourraient être exclus par cett désignation.

M. le rapporteur. L'objection de M. de Tracy est juste. La commission n'a entendu par ces mots, que ce qu'on entend dans les villes, c'est-à-dire, les portiers, les gens de peine. Elle n'a pas voulu dire que les hommes employés à l'agriculture, dans une exploitation, dussent être regardés comme des gens attachés au service de la maison, et comme tels, éloignés de la garde nationale.

M. Demarçay. Dans une ferme, il peut y avoir plusieurs domestiques employés à l'exploitation; c'est sur eux que roule le service de la ferme, que l'agriculteur a établi ses calculs et ses opérations. Entendez-vous qu'ils seront soumis au service de la garde nationale? C'est une question fort grave; je ne la résous pas, mais je prie la chambre de décider.

M. Salvandy. Je propose de mettre *les domestiques ou hommes de service à gages.*

M. Enouf. La question me semble résolue par l'article précédent. Les domestiques ne sont pas portés sur les contrôles de la contribution personnelle.

M. Duvergier de Hauranne. Qu'entend-on par *serviteur à gage ?*

M. *Salverte.* Il y a des serviteurs qui ne sont pas gagés. Ainsi un maître valet dans une ferme n'est pas un serviteur à gage. Je propose la suppression des mots *ou de la maison.*

(L'article, avec cette modification, est adopté.)

(*Séance du 18 décembre 1830.*)

ARTICLE 27.

M. Agier. Un des moyens de faire de la garde nationale une institution vraiment utile, vraiment durable, c'est de proscrire tout rem...

placement; la faculté, la facilité de se faire remplacer sont destructives de tout ordre, de toute
exactitude, de toute sûreté dans le service. Le
remplacement bénévole, officieux, amène bientôt le remplacement à prix d'argent, et celui-ci
traîne à sa suite l'insouciance, le découragement
et le dégoût : l'expérience l'a démontré.

(*Séance du 11 décembre 1830.*)

ARTICLE 28.

M. Agier. Les exemptions sont une autre plaie
de la garde nationale. Aussi ne faut-il donner
que celles qui sont décidément indispensables ;
aussi ne faut-il en accorder que facultativement
à ceux-là même qui quelquefois seulement auraient de justes raisons de les demander, afin de
leur laisser le mérite de n'en user qu'avec discrétion, et de donner l'exemple du zèle. Sans
doute, le service de la garde nationale est une
charge, mais c'est aussi un honneur, et, en
France, il est rare qu'on ne prenne pas sa part
de la charge pour avoir sa part de l'honneur. Du
moins, il en arrive toujours ainsi dans les moments difficiles, dans les services extraordinaires
où le zèle est tout à la fois le plus puissant véhicule et la meilleure loi disciplinaire. Mais dans
les temps et dans les services ordinaires, il est
indispensable que des dispositions justement sévères viennent protéger ce zèle contre le spec-

tacle décourageant de la tiédeur et de l'inexactitude impunie.   (*Séance du 11 décembre 1830.*)

ARTICLE 31.

Un sous-amendement de M. de Corcelles consiste à supprimer dans le second paragraphe ces
mots : *autant que possible* , et à terminer le 3ᵉ paragraphe par ces mots : *composée des citoyens du
même quartier.*

M. de Corcelles. La commission n'a pas assez
considéré qu'un des principaux avantages des
gardes nationales , c'est de pouvoir se réunir
promptement ; et que quand il arrive , comme a
Paris , que les compagnies sont formées de gardes
nationaux puisés dans différents quartiers , ils
ne peuvent pas se réunir aussi promptement que
si elles étaient formées par quartier.

M. Viennet. Je viens , au contraire , demander
le maintien de l'expression *autant que possible.*
M. de Corcelles pense à Paris ; mais dans presque
toutes les villes du royaume , il faut non seulement faciliter l'organisation des gardes nationales , mais encore la disposition des compagnies.
Vous savez que dans plusieurs villes , sur-tout
dans le Midi , il y a des compagnies composées
d'une seule classe. Ces classes pourraient avoir
un esprit de corps entièrement différent de celui
de la garde nationale. Je crois que pour beau-

coup de communes, il faut laisser les mots *autant que possible*, afin de permettre à l'administration municipale de modifier les compagnies l'une par l'autre.

M. Jacqueminot. Je n'ajouterai qu'un mot à ce qu'a dit le préopinant. Il faut faire attention aux villes manufacturières. Je crois qu'il convient que les ouvriers se trouvent mêlés aux autres citoyens, afin de ne pas former une classe à part.

M. le rapporteur. On oublie une autre raison. Il y a beaucoup de villes, dans lesquelles on ne pourrait former une compagnie de cavalerie par quartier. (*Séance du* 21 *décembre.*)

ARTICLE 33.

M. E. Salverte. On pourra également donner attention à ce qui regarde la composition des compagnies. A Paris, il y a telle compagnie de grenadiers qui compte trois cents soldats, tandis que des compagnies de chasseurs n'en comptent que cent ou cent trente; et pourtant ces compagnies sont également commandées pour le service. L'une fait ainsi un service à peu près triple de celui que fait l'autre. Cette inégalité, il est bon qu'un article de loi la prévienne. (*Séance du* 13 *décembre* 1830.)

ARTICLE 44.

M. le comte d'Ambrugeac. La commission avait

pensé que dans quelques grandes villes, telles que
Lyon, Bordeaux, Marseille, il pouvait se trouver des bataillons composés de plus de deux mille.
hommes; qu'il n'y avait aucun inconvénient à
étendre à ces villes la mesure demandée pour
Paris.

La chambre des députés en a jugé autrement;
nous n'avons aucune objection à faire contre cet
amendement.   (*Séance du* 10 *mars* 1831.)

ARTICLE 45.

Consulter la discussion sur l'art. 4, relative
à la formation des bataillons.

ARTICLE 48.

M. Duvergier de Hauranne. Pourquoi une ordonnance royale ?

M. le rapporteur. La commission a pensé qu'il
était essentiel de laisser à une ordonnance la formation des légions dans les villes où il y avait
plus d'un bataillon, parce qu'il y avait des cas
où elle serait nécessaire et d'autres où elle ne le
serait pas; c'est ce qu'elle a cru qu'il appartenait
au gouvernement de décider.

M. Duvergier de Hauranne. J'ai demandé pourquoi une ordonnance royale? on m'a répondu
que la commission avait jugé cela convenable :
cette réponse ne m'éclaire pas beaucoup, je dois

le dire. Il me semble inutile qu'une multitude d'ordonnances soient rendues pour former des légions qui, dans les villes un peu populeuses, existent déjà. Il vaudrait mieux dire que, dans les villes où il y a tel nombre de bataillons, il sera formé une légion.

Je demanderai ensuite comment on procédera dans des cantons où le gouvernement jugera convenable d'adopter l'organisation par bataillons. Si le canton est très peuplé, pourra-t-il y être formé une légion ?

M. le rapporteur. Votre commission a pensé que les cantons ruraux en général n'ont pas une population assez considérable pour être organisés en légion ; elle a pensé que généralement ils ne peuvent supporter la dépense qu'entraîne la légion. On a fait une exception en faveur des cantons ruraux du département de la Seine, parce que la population y est nombreuse et riche, et qu'il y a déjà quatre légions superbes.

On a pensé qu'il fallait laisser à une ordonnance royale la formation des légions, parce qu'ici il y aurait eu un arbitraire extraordinaire. Ainsi, telle ville qui a trois bataillons aurait-elle eu une légion ? Telle qui en a quatre en aurait-elle eu deux ? Pour Paris, la formation des légions n'a aucun inconvénient : l'unité de légion y correspond à l'unité d'arrondissement ; mais il

est facile de voir, et ce sont des officiers supérieurs qui nous l'ont fait sentir, combien il y
aurait d'inconvénients s'il y avait deux légions
dans le même arrondissement.

Vous serez convaincus de la nécessité de laisser
à l'ordonnance la constitution des légions, quand
vous réfléchirez au petit nombre de villes qui
peuvent avoir des légions.

Pour qu'une légion soit convenable, il faut
qu'elle se compose de 2,000 hommes, et pour
une légion de 2,000 hommes, il faut une population de 20 à 25,000 ames.

M. le général Demarçay. M. le rapporteur dit
qu'une légion doit comporter 2,000 hommes;
mais d'après la décion de la chambre, il pourra
y avoir des compagnies de 60 hommes, et des
bataillons de 4 compagnies; il y aura des bataillons qui pourront n'être que de 200 à 250, et
par conséquent des légions qui ne seraient composées que de 400 ou 500 hommes.

M. le rapporteur. Nous avons dû fixer, comme
on le fait dans toute organisation, un *maximum*
et un *minimum*, et nous fixons le *minimum* assez
bas pour que, dans un grand nombre de villes,
il y ait des bataillons, parce que cela est utile,
et que si on laissait 4 compagnies sans chef supérieur, il y aurait une espèce d'anarchie. Il doit
être entendu que, si l'organisation de la compa-

gnie a le cadre de 100 à 200 hommes dans une ville, chaque compagnie de la même ville devra rester dans ce cadre; il serait contre l'intention de la commission de morceler la garde nationale, et de faire des compagnies aussi petites que possible.

Avant de former un 2ᵉ bataillon, il faudra en général qu'il y ait huit compagnies; et alors on aura encore le choix de faire un bataillon de huit compagnies ou de faire deux bataillons de quatre compagnies. Le roi pourra dire alors : Cela ne peut pas faire une légion ; présentez un ensemble qui puisse en former une. Il y a toujours une chose que la loi ne peut pas dire, qui tient au bon sens général et qui doit être laissée à l'intelligence des municipalités et des officiers chargés de l'organisation de la garde nationale.

(Séance du 21 décembre 1830.)

ARTICLE 50,

M. Jacqueminot. Je m'arrêterai particulièrement à deux de ces dispositions vitales.

L'élection et la nomination des différents chefs; et les rapports de la garde nationale avec le pouvoir exécutif.

C'est là, du reste, que repose toute l'économie d'une loi de cette nature, et que se fait voir, sous son vrai jour, le principe politique qui a dominé dans l'esprit de ceux qui l'ont conçue. Ainsi peut-être une discussion d'organisation matérielle deviendrait, à de certains égards, une profession de foi gouvernementale ; je ne le recherche ni ne l'évite, quoique certainement je m'en applaudirais si je voyais cette méthode de disserter un peu plus en usage parmi nous ; car j'aime les positions franches et nettement dessinées.

Une chose de prime abord me frappe dans le projet ; c'est une timidité très grande dans l'emploi vital du système électif, et, d'une autre part, une espèce d'arrière goût de centralisation qui feraient croire que l'influence d'une époque à jamais abolie aurait agi trop vivement sur les préoccupations des rédacteurs de la loi.

Je voudrais un système d'élection plus large, qui s'étendît à tous les grades sans exception, et je desirerais en même temps que pour le cas de nomination aux emplois supérieurs, il fût moins restreint qu'on ne nous le présente.

Pourquoi, demanderais-je, l'élection des citoyens s'arrêtera-t-elle au grade de chef de bataillon ? Pourquoi, quand il s'agit de la nomination à ce grade, n'y a-t-il que des officiers appelés ? Pourquoi enfin l'élection cesse-t-elle tout à coup pour les grades les plus élevés de lieutenant-colonel, de chef de légion, et de commandant supérieur, s'il y a lieu ?

Il ne faut pas se le dissimuler, on a craint des choix dangereux et l'exercice d'un trop grand pouvoir entre des mains qui n'en fissent pas usage dans l'intérêt du bon ordre et même de la liberté. Je crois ces craintes sincères, mais, comme je suis loin de les partager, j'en combattrai les conséquences; bien persuadé d'ailleurs que la précaution proposée n'amènerait pas au résultat qu'on a en vue; et dans les cas où l'on aurait à se prémunir contre le danger signalé plus haut, ce serait, dans mon opinion, par de tout autres moyens qu'il faudrait chercher à se défendre. Mais j'aurai occasion de revenir plus tard sur ce point.

Quand je considère le système électif dans son principe, je trouve mes opinions en désaccord complet avec les auteurs du projet de loi. Ils le ressèrent à mesure que l'élection à faire est plus importante, et moi, au contraire, je me sentirais dans ce cas plus de disposition à l'étendre.

Quelles sont en effet les influences à redouter dans une élection de garde nationale? Quelques petites intrigues secondaires, quelques rivalités locales qui peuvent triompher sur un théâtre retréci, mais qui s'évanouissent promptement en présence des masses, dont le tact est si sûr et le bon sens toujours victorieux.

Reportons-nous aux faits: que les ministres consultent les administrateurs dans toutes les localités ; si q uelques choix défectueux ont été faits, c'est plus souvent dans les grades inférieurs, auxquels chacun se croit propre , et par conséquent s'attribue des droits que, dans les grades plus élevés, un certain sentiment de convenance et de raison nationale réserve au plus capable et au plus considéré.

Il est d'ailleurs une observation que chacun est à même de faire par soi-même, c'est que la prudence et la réflexion des hommes s'élève dans toutes les circonstances au niveau de la mission qu'ils ont à remplir ; et, pour ne point sortir de mon sujet, je pose en fait, sans craindre d'être démenti par l'expérience, que telle compagnie de garde nationale où les sous-officiers choisis n'auront pas tous été parfaitement bons, se sera néanmoins donné un excellent capitaine.

En continuant l'examen, nous pourrons rencontrer quelques capitaines défectueux, et les chefs de bataillon, accueillis par les acclamations universelles, ont été, à côté de cela, les hommes les plus dignes, à tous égards, de la distinction qui leur était offerte.

Je me crois fondé par cette expérience à conclure *a fortiori* par la bonté des choix des fonctions plus élevées, dans le cas où cette nomination serait soumise à l'élection directe des citoyens.

Par ce même motif, je desirerais que la nomination du chef de bataillon ne fût pas exclusivement remise à l'élection des officiers, comme le propose l'art. 41 du projet de loi. La loi de 1791 appelait les sergents. Je ne vois pas d'abord par quel motif on l'aurait amendé à cet égard. Mais j'avoue que cette concession même ne me satisferait pas, et je voudrais qu'au moins les simples gardes nationaux fussent représentés dans l'assemblée.

Une espèce de ligne de démarcation, tracée par le législateur entre les gardes nationaux et les officiers, ne me plaît point, et le maintien m'en paraîtrait préjudiciable à l'esprit même de l'institution. Il est très essentiel, en effet, qu'il n'y ait de grade que pour la nécessité du service; que hors de là on reconnaisse hautement l'égalité de droit comme de position, car chacun, dans la garde nationale, est citoyen avant tout. C'est l'idée qui doit dominer toute la législation sur cet objet; or, un acte d'élection est par-dessus tout l'exercice d'un droit politique, et je verrais avec peine que l'absence d'une épaulette ou d'un galon pût être admise comme cause valable d'une légitime exclusion.

Toutefois, je ferai la part des difficultés d'exécution, sur-tout pour les communes rurales. Je comprends les inconvénients et, si l'on veut même, les dangers d'un déplacement de popu-

lation tout entière. Une transaction est indispensable, je me hâte de le reconnaître; mais je la
croirais suffisante si la représentation des gardes
nationaux était égale à celle des officiers et sous-
officiers réunis. Ce serait environ huit fusiliers
par compagnie, que leurs frères d'armes nom-
meraient au scrutin. Cette disposition ne me paraît pas de nature à effrayer qui que ce puisse
être; mais je ne pense pas qu'on puisse moins
faire, si l'on tient à conserver dans sa pureté le
principe originaire de la force armée nationale.

Ainsi devront se faire, à mon avis, toutes les
élections aux grades supérieurs que pouraient
exiger les besoins du service.

L'élection partout et pour tout, tel est le principe dont il me semble qu'il ne nous est pas possible de nous écarter.

La dérogation au principe, à l'occasion des
lieutenants-colonel, et des chefs de légion, ne me
paraît pas suffisamment justifiée, ainsi que je
l'ai déjà fait pressentir, puisqu'il est évident que
l'élection ne peut donner que de bons choix, et
d'un autre côté, la réserve faite en faveur du
pouvoir exécutif, par la condition de sa nomination royale, donne naissance à des inconvénients graves qu'il importe de prévenir.

Que sur-tout, Messieurs, l'énonciation du
choix du roi ne nous abuse point; pour le plus
grand nombre des cas, cette garantie, rassu-

rante si elle pouvait être réelle, viendra se perdre dans l'exécution derrière la responsabilité d'un ministre, ou peut-être même d'un sous-préfet. N'en tenons donc aucun compte et portons nos regards au fond des choses.

Dès l'instant qu'on eut songé à faire intervenir le pouvoir dans la nomination des chefs, il était indispensable qu'on restreignît ses choix par reconnaissance d'une sorte de candidature; car, autrement, on se fût jeté dans l'arbitraire pur et simple, et cette pensée eût trop répugné aux auteurs du projet pour admettre un moment qu'elle se fût présentée, même à leur esprit. Aussi, voyons-nous que, d'après l'art. 44, les chefs de légion et les lieutenants-colonels devront être choisis parmi les chefs de bataillon ou les capitaines.

Eh bien! Messieurs, à part même le principe électif qu'il eût fallu, je crois, respecter, cette inévitable candidature est un vice radical du système, attendu qu'elle serait plus spécieuse que réelle, et que dans un grand nombre de circonstances, le pouvoir se verrait forcé de choisir une autre personne que celle sur qui se serait porté le choix éclairé des citoyens, et qui eût en effet le mieux convenu au poste qu'il fallait remplir.

Peu de mots suffiront pour expliquer cette apparence de paradoxe.

S'il ne s'agissait, pour la garde nationale, que de s'exercer au maniement des armes et aux manœuvres stratégiques, assurément là, comme dans nos armées permanentes, le plus habile capitaine serait le plus apte à devenir chef de bataillon, et l'on devrait, pour le bien du service, s'imposer la loi de suivre avec rigueur la hiérarchie naturelle des grades; mais nous savons tous qu'il n'en est pas ainsi. L'instruction militaire proprement dite, qui souvent est un titre à la préférence des citoyens pour les grades inférieurs, n'arrive plus qu'en ligne très secondaire parmi les qualités exigibles pour l'exercice des emplois plus élevés. Ici ce qui domine et doit dominer pardessus tout, c'est l'influence morale résultant d'une grande considération acquise, ce sont des qualités plutôt administratives que militaires, et le sentiment profond de la destination essentiellement civique d'une garde nationale.

Je parle particulièrement en cette occasion, Messieurs, pour nos cantons ruraux dont la situation doit nous être toujours présente dans la question qui nous occupe. Dans un grand nombre d'entre eux il sera difficile de trouver parmi les capitaines ou même les chefs de bataillon toutes les conditions requises, ou de fortune, car il y a nécessairement des dépenses à faire, ou de position, pour remplir convenablement l'em-

ploi élevé de chef de légion ou de lieutenant-
colonel. Souvent le choix des citoyens aurait à
se porter sur des hommes placés en dehors de
la garde nationale elle-même par les fonctions
municipales qui leur sont confiées. Le gouvernement le pourrait, contraint comme il
devrait l'être de resserrer ses choix dans des
limites posées d'avance. Ainsi le vice du système
se montre de toutes parts. Acceptez la franchise
d'élection pleine et entière, et toutes les difficultés disparaissent; et sur-tout n'imposez à l'éligibilité aucune condition; sachons nous en rapporter à la sagesse des citoyens pour apprécier
à leur valeur toutes les considérations, même
les plus délicates, qui seraient susceptibles de
provoquer ou de modifier leur choix dans une
affaire qui les touche de si près.

Je prévois les objections. On craindra de donner une influence trop grande aux chefs ainsi
élus de la garde nationale; leur pouvoir moral,
en s'appuyant sur des suffrages populaires, ac-
querrait un crédit contre lequel les autorités
constituées pourraient avoir, dans certains cas,
à lutter avec désavantage. Vaines terreurs, Messieurs, héritage d'un temps qui n'est plus et qui
ne peut revenir. La réponse à ces appréhensions
prend naturellement sa place dans l'examen de la
seconde question que je me suis proposé de discuter.   (*Séance du 11 décembre* 1830.)

M. Gillon. Les précautions propres à assurer
la légalité des formes qui accompagneront la nomination des sous-officiers et des officiers, sont
aussi malheureusement traitées. La loi, en projet, veut que cette élection se fasse devant le *comité de recensement.* Les *amendements* proposent
de ne faire surveiller l'élection que par deux
membres de ce conseil et le maire du chef-lieu.
Quiconque n'est pas resté indifférent à l'organisation de la garde nationale dans les journées si
belles d'espérance d'août dernier, ne peut avoir
oublié quelles difficultés sans cesse renaissantes
sont venues en foule assiéger l'autorité préfecto-
rale à la proclamation des premiers chefs de nos
gardes civiques; la moitié des élections a été attaquée, et il a fallu toute la pressante nécessité
de se former en cadres, de s'exercer, de se préparer à faire tête aux événements, pour distraire
les esprits échauffés, de ces idées de contestations électorales dont le jugement n'aurait pas
laissé que d'embarrasser plus d'un magistrat
éclairé. Mais quand on arrive au choix du chef
de bataillon, on apprend, non sans surprise,
que la loi propose de le faire opérer sous la présidence du seul capitaine le plus âgé, sans le secours d'un seul assistant, comme si un âge
avancé était la meilleure garantie de la capacité
nécessaire pour tenir une assemblée, pour diriger les opérations électorales, et pour constater

les détails, minutieux mais indispensables, dans un procès-verbal qui deviendra, devant une autre autorité, la mesure de la validité ou de l'invalidité de l'élection; comme si un seul homme pouvait jamais, en présence de la loi, suffire à la garantie de l'exactitude du dépouillement du scrutin, et rassurer contre les interprétations injustes qu'il pourrait faire des bulletins douteux! Et combien ces réflexions se fortifient par cette remarque toute naturelle, qu'il se peut que le chef unique de l'assemblée électorale soit l'un des candidats à la place à laquelle il s'agit de pourvoir! On ne découvre pas le motif qui a fait soigneusement écarter l'autorité municipale, de l'assemblée chargée de donner un commandant à la garde civique du canton. Cependant l'autorité municipale peut seule donner à cette assemblée une attitude digne d'une si importante mission; sur-tout elle ne peut manquer de présider à l'élection du lieutenant-colonel et du colonel, de ces chefs qui doivent tenir leurs brevets de la confiance et de la préférence des citoyens qu'ils sont destinés à diriger dans la voie armée; car l'article 68 de notre Charte régénérée ne permet nulle distinction entre les grades inférieurs et relevés : tous doivent être l'expression des suffrages libres des citoyens. La preuve était facile à trouver; mais j'appelle sur elle votre attention.   (*Séance du* 13 *décembre* 1830.)

M. Marchal. Je demande la parole sur le procès-verbal, afin de faire remarquer une erreur qui s'est glissée dans la rédaction de l'un des articles adoptés hier, et qui se trouve reproduite dans l'imprimé qui nous a été distribué. L'article 37 de la loi sur la garde nationale, tel qu'il a été adopté, indique dans le tableau des officiers et des sous-officiers, un lieutenant et un sous-lieutenant. L'article 45 porte, au deuxième paragraphe :

« Si plusieurs communes sont appelées à former une compagnie, les gardes nationaux de ces communes se réuniront dans la commune la plus populeuse pour nommer leur capitaine, leur sergent-major et leur fourrier. »

Il est évident qu'il y a là des mots omis, *leur lieutenant, leur sous-lieutenant.*

M. le rapporteur Vous voyez dans l'art. 45 que chaque commune doit nommer les officiers et sous-officiers de subdivision de compagnie formée dans cette commune. Lorsque les officiers et sous-officiers de la subdivision seront nommés, restera à nommer les officiers et les sous-officiers qui appartiennent à toute la compagnie, t c'est à cette nomination que concourront toutes les communes qui sont appelées à former ensemble une compagnie. Si on n'avait pas pris cette mesure, il serait arrivé que la commune la plus considérable ayant la majorité, aurait pu choisir chez elle tous les officiers et sous-officiers, ce qui aurait été contraire au principe que vous avez adopté de l'organisation par communes.

(*Séance du 23 décembre 1830.*)

ARTICLE 56.

M. Agier. Un des moyens les plus efficaces pour maintenir la discipline dans les corps de la garde nationale, c'est que les chefs aient la confiance; et pour qu'ils l'obtiennent entière, il faut que tous, sans exception aucune, sous-officiers, officiers et officiers supérieurs, soient nommés par leurs camarades ; et ici, je regrette de n'avoir pu partager l'opinion de la majorité de la commission qui laisse au Roi la nomination des colonels et lieutenants-colonels.

Me dira-t-on que je méconnais les droits de la prérogative royale? que je les restreins ? A jamais loin de moi cette pensée ! La prérogative est le lien des trois pouvoirs; et je sais à quel point il faut la ménager, la respecter. Mais est-ce bien la ménager, la respecter que de la lier, comme l'avait fait le projet de loi, en la forçant de choisir les chefs de légion et les lieutenants-colonels, parmi les chefs de bataillon et les capitaines? Est-ce bien la ménager, la respecter, que de mettre deux choix seulement émanés d'elle, dans une sorte de collision avec un grand nombre d'autres choix faits par toute une légion et par tout un corps d'officiers. Il semble que dans le système de la majorité de la commission, il eût été plus logique et plus prudent de laisser au Roi toutes les nominations. Et, remarquez, je vous prie, Messieurs, quelle étrange contradiction ! Dans les lieux où il ne peut y avoir qu'un bataillon, le commandant de ce bataillon est le premier, l'unique chef; et pour être d'accord avec elle-même, c'est au Roi que la majorité de la commission aurait dû laisser la nomination de cet officier supérieur. Point du tout; c'est aux officiers qu'elle l'abandonne. Dans la légion, elle fait de même nommer les commandants par les officiers, en sorte que ce n'est qu'après l'élection des chefs de bataillon qu'elle fait commencer l'usage de la prérogative royale, en sorte que, chose bien grave pour ses conséquences, elle met dans le même corps deux espèces d'officiers, et même deux espèces d'officiers supérieurs, les uns nommés par leurs pairs, et les autres nommés par le Roi.

Il suffit, ce me semble, d'exposer ces résultats inévitables du système de la majorité de la commission, pour en indiquer les inconvénients, et quant à moi, dans l'intérêt du service, par conséquent dans l'intérêt du Roi, dans l'intérêt même de sa prérogative, et dans celui de la bonne harmonie à maintenir entre les chefs, les officiers et les gardes nationaux d'une légion, je reste profondément convaincu qu'il est indispensable de faire nommer le colonel et le lieutenant-colonel ou par les officiers, d'abord nommés eux-mêmes par les gardes nationaux, ou d'après le mode indiqué par l'amendement de notre collègue, M. le colonel Jacqueminot, que j'adopte tout-à-fait, sans restreindre le choix à aucun grade. (*Séance du 11 décembre 1830.*)

ARTICLE 61.

M. *le comte de Saint-Aulaire, rapporteur.* Il y a ici une faute d'impression; le dernier paragraphe de cet article a été omis. A ce sujet, j'entrerai dans quelques détails. C'est véritablement là une bien grande difficulté de la loi. Nous y sommes revenus plusieurs fois avec scrupule, et nous avons, je crois, rencontré une rédaction qui remédie à tous les inconvénients.

Il s'agit de savoir si les officiers de la garde nationale resteront dans une situation de complète indépendance vis-à-vis de l'autorité administrative locale et de l'autorité royale. On pourrait, si on voulait, faire de la haute théorie politique, parler pendant trois jours au moins sur cette question; mais nous descendrons de ces hauteurs de la théorie, et nous vous demanderons quels seront les besoins pratiques que réclament à cet

égard et l'autorité municipale, et la garde nationale elle-même. Pour bien apprécier cette question, je vous prie de ne pas penser à Paris, ni à
d'autres grandes villes, mais aux communes rurales. Il y a tels actes qui ne pourront jamais
arriver à Paris, parce que là mille voix s'éle-
veraient pour les réprimer. Mais il n'en est pas
de même dans nos provinces. Rappelez-vous à
ce sujet, que dans les mauvais moments de la
Restauration, il est arrivé souvent que des
hommes indépendants par caractère et par position, lorsqu'ils étaient à Paris, s'il leur prenait
envie de ne pas dîner aux Tuileries, ils n'y dî-
naient pas; ils y allaient *couci-couça*, tandis qu'ils
étaient obligés d'abandonner leurs campagnes
pour se soustraire aux exigences d'un administrateur de localité. Celui qui voudrait s'y soustraire
serait contrôlé par l'opinion d'une manière insupportable. Eh bien ! si dans presque toutes les
communes rurales de la France, vous établissez
un commandant indépendant, que personne ne
peut atteindre, vous vous créez une espèce de
seigneur de château du moyen âge : il aura ses
hommes de garde, sa justice suprême ; il pourra
envoyer passer cinq jours en prison ceux qui
n'auront pas les moyens d'y remédier. Que fera
le cultivateur pour se défendre de l'oppression
que peut exercer un officier ?

Je suppose qu'il s'élève un dissentiment entre le maire d'une commune et l'officier de la garde nationale ; ils en référeront au préfet. Le préfet sera sans doute fort embarrassé : il aura d'un côté un homme indépendant, et de l'autre un homme dont la révocation lui appartient. Ils importuneront le préfet ; le préfet alors n'examinera plus les faits, il renverra toujours celui qu'il pourra renvoyer. Ainsi la charge du magistrat civil sera toujours en humiliation vis-à-vis des épaulettes. Pour les partisans du projet de la chambre des députés, la seule ressource dans ce cas serait la dissolution de la garde nationale ; c'est là où il faudrait en revenir toujours, quand il y aurait un officier d'un mauvais caractère.

Quelques-uns des membres de la commission voulaient que le Roi pût dans ce cas destituer l'officier. Nous avons rencontré des susceptibilités exagérées, cependant fort légitimes. On nous a représenté que le principe de l'élection commandait de grands égards. Nous avons renoncé à la destitution, d'autant mieux qu'on nous a fait observer que le mot de destitution était employé dans le Code pénal avec une idée de peine ; que tout ce qui impliquait peine, impliquait jugement. Quoique nous eussions pu répondre que la destitution des officiers n'avait pas le même caractère, nous avons abandonné le mot de destitution.

Nous aurions voulu employer le mot de révocation, mot employé pour les militaires ; mais le mot de révocation manquait de justesse grammaticale, et il faut avant tout parler français. On ne peut révoquer ce qu'on n'a pas évoqué, *vocatus, revocatus.* Nous avons remédié à cela en adoptant le mot de suspension, et c'est à la fin du troisième alinéa que doit se trouver le paragraphe omis par erreur. Ce paragraphe est ainsi conçu :

« Si , dans l'intervalle de l'année, ledit officier » n'a pas été rendu à ses fonctions , il sera pro- « cédé à une nouvelle élection. »

Personne ne peut se trouver blessé de cette rédaction ; le Roi , mécontent d'un officier , en appelle à la garde nationale. La réélection de l'officier suspendu est possible ; c'est un inconvénient, mais qu'il faut subir, et qui sera même une garantie que le Gouvernement ne se portera à cette mesure extrême que lorsqu'elle sera absolument nécessaire.

C'est ainsi que nous avons cru concilier les besoins d'autorité administrative avec le respect dû au principe de l'élection.

(*Séance du* 24 *février* 1831.)

ARTICLE 64.

M. Alexandre de Larochefoucauld. Il me reste, messieurs ; une dernière observation à soumettre à la chambre. J'ai cherché avec soin, dans une loi qui fixe définitivement l'organisation de la garde nationale du royaume, le chapitre ou les articles qui devaient concerner l'état-major général de cette garde, et, à mon grand étonnement, je n'en ai trouvé aucun. Cependant une somme de 100,000 francs a été accordée par la chambre pour ce service ; une liste des officiers et employés qui composent cet état-major a été lue à cette tribune, et la réponse qui a été faite par M. l'inspecteur-général, tout en rectifiant nos idées sur le montant des traitements, a confirmé l'existence positive de ce corps.

Dans cet état de choses, il me semble que la chambre doit sentir comme moi qu'il est indispensable de connaître les fonctions et les attributions des différents grades de cet état-major général. Chacun a besoin de savoir comment les ordres doivent être transmis et exécutés. Des inspecteurs-généraux supposent des tournées dans les départements ; et un officier supérieur arrivant dans nos campagnes, embarrasserait beaucoup nos braves habitants qui, ne connaissant que l'obéissance aux ordres de leur maire, ne sauraient plus ce qu'ils auraient à faire, pour ne manquer ni à la loi ni aux convenances.

Je crois important que M. le ministre de l'intérieur ou M. le rapporteur de la commission

veuille bien s'expliquer à ce sujet : une loi qui
intéresse tout le royaume resterait incomplète, si
ce point n'était pas éclairci.

Je comprends que, dans une ville dont la population excède 30,000 ames, un commandant
supérieur, sous les ordres du préfet, pourrait
donner plus d'ensemble et d'activité au service;
qu'à Paris, sur-tout, M. le ministre de l'intérieur
pourrait réclamer un chef supérieur sous sa responsabilité directe; enfin, que comme marque
signalée d'une grande confiance, et comme récompense nationale, un grand citoyen puisse
obtenir un commandement général; mais je voudrais qu'une disposition quelconque fût insérée
dans la loi. La chambre ne peut admettre un fait
qui n'est pas autorisé; ce serait sortir de la ligne
qu'elle s'est tracée, et qu'il est de la plus grande
nécessité de ne pas abandonner.

Nul doute que les deux braves vétérans de la
liberté qui occupent les deux premiers grades ne
rassurent tous les esprits, qu'ils ne possèdent
toute la confiance due à leur caractère et à leurs
services; mais les hommes, malheureusement,
finissent, et les choses restent. Il est donc nécessaire que la loi soit indépendante des hommes,
et qu'elle s'explique clairement.

Je ne m'étends pas davantage sur cet objet, ne
voulant pas fatiguer la chambre. Mon intention

était simplement de fixer son attention sur une omission qui aurait pu placer beaucoup de fonctionnaires publics dans une pénible incertitude, et qui, si elle n'était pas rectifiée, donnerait lieu à une foule d'interprétations qu'il faut éviter avec soin. (*Séance du* 13 *décembre* 1830.)

M. E. Salverte. Il en est un qui existe encore aujourd'hui, dont la loi ne fait pas mention : c'est celui de commandant-général. Ce grade a été créé par la nécessité des circonstances. Ces circonstances ont été si heureuses pour la France, qu'il a été possible de voir ce grade confié à un homme qui n'inspire de crainte ni à l'autorité royale, ni à la liberté. Mais ces circonstances passeront, nous entrerons dans une voie légale, étrangère aux grands"mouvements, et dès lors le grade lui-même doit cesser d'exister. Le projet en parle. Si nous étions encore au 7 août, je vous dirais : Mettez dans la charte une disposition qui supprime ce pouvoir trop effrayant pour la liberté et pour la royauté. Vous n'avez plus ce droit; mais je crois qu'il importe de dire que le grade supprimé ne pourra jamais être reconstitué que par une loi, et qu'il n'y pourra être nommé qu'en vertu d'une loi spéciale. Ce moyen, qui suppose l'existence d'une grande nécessité, aurait l'avantage que la nomination ayant lieu par le concours des trois pouvoirs, n'effraierait ni les intérêts du peuple, ni les intérêts de la couronne, qui ne doivent pas être séparés dans un régime constitutionnel. (*Séance du* 13 *décembre* 1830.)

ARTICLE 67.

« Aucun officier de l'armée de terre ou de mer, en activité de service, ne pourra être nommé officier ni commandant supérieur des gardes nationales en service ordinaire. »

Un pair. Il y a une omission dans cet article; il me semble qu'on y avait mis, excepté pour la garde nationale de la ville de Paris.

M. le comte d'Ambrugeac. Le général qui commande la garde nationale de Paris est en disponibilité, par conséquent cette disposition ne peut l'atteindre.

Plusieurs voix: Non, il est en activité.

M. le président. La commission n'a pas en vue le cadre de l'activité, mais l'activité elle-même ; il me semble que l'article devrait être renvoyé à la commission pour une nouvelle rédaction. (*Appuyé! appuyé!*)

M. le duc de Choiseul. Je m'oppose au renvoi. Aucun officier en activité ne peut cumuler le commandement de la garde nationale; ce principe établi sous l'ancienne dynastie a donné lieu à une ordonnance exceptionnelle en faveur de MM. le duc de Rochemore et de M. le vicomte de Larochefoucauld.C'était encore contrairement à le loi que M. le duc de Reggio commandait la garde nationale et en même temps une partie de la garde royale. Il ne faut donc pas remarquer si Monsieur tel ou tel était dans tel ou tel cas , il faut consulter seulement les principes. Eh bien! il en est un trop sage pour que personne songe à s'en écarter, c'est qu'aucun officier ne peut cumuler son grade d'activité avec le commandement de la garde nationale.

M. le président. Il est nécesaire de savoir si l'on veut distinguer le cadre d'activité de l'activité proprement dite. M. le duc de Choiseul a cité M. le duc de Reggio , qui commandait en même temps une partie de la garde royale et une partie de la garde nationale. Il y avait dans ce cas deux commandements effectifs , ce qui n'a pas lieu lorsque l'on est seulement sur le cadre d'activité.

M. le duc de Choiseul. Nous avons eu l'honneur d'être commandés par M. le maréchal Moncey avant qu'il fût commandant de la gendarmerie.

M. le président. Je crois nécessaire de faire mettre aux voix le renvoi à la commission.

(Le renvoi est ordonné.)

M. le rapporteur. La commission ne voulant porter aucun motif d'exclusion , ni contre les maréchaux de France, ni contre les officiers dans le cadre de l'activité, vous propose pour l'art. 67 la rédaction suivante :

« Aucun officier employé activement dans l'ar-
» mée de terre ou de mer, ne pourra être nommé
» officier, ni commandant supérieur dans la garde
» nationale ordinaire. »

(*Séance du 24 février 1831.*)

ARTICLE 69.

M. Alexandre de Larochefoucauld. Je trouve aussi, messieurs, de graves inconvénients à laisser les armes entre les mains des gardes nationales, dans les communes rurales au-dessous de cette même population de 2,000 ames, et je désirerais qu'elles fussent déposées à la mairie. Voici mes motifs : les habitants de nos départements sont généralement logés dans de très petites maisons, malheureusement souvent humides et peu saines, où toute une famille tient à peine. Ils sont obligés de faire de fréquentes absences ; le reste du temps, la nécessité de vaquer à leurs propres affaires, de cultiver leurs terres, ou de suivre une industrie qui fait leur existence, ne leur laissera pas le temps de soigner les armes comme elles doivent être tenues ; et si vous adoptez la proposition qui vous est faite, au bout d'un certain temps les fusils sur-tout ne seront pas en état de service. Je sais que les communes, qui sont responsables des armes données par le gouver-

nement, ont , par le projet, recours sur les gardes
nationales auxquelles elles sont confiées; mais
ce recours s'exercerait avec difficulté, et donnerait lieu à des discussions continuelles et pénibles
entre l'autorité et l'administré; au lieu que, déposées à la mairie et poinçonnées au numéro de
chaque garde national , la commune pourvoirait
à leur entretien , et chacun trouverait son armement en bon état quand le service l'exigerait.

Dans le cas où la chambre n'admettrait pas ma
proposition , il serait nécessaire de rendre passible d'une amende un peu forte, le garde national
qui se servirait de son fusil hors du service.

(*Séance du* 13 *décembre* 1830.)

ARTICLE 70.

Article 58 du projet du Gouvernement :
» Les diverses armes dont se compose la garde
nationale , telles que sapeurs-pompiers , canonniers , gardes à cheval , etc. , seront assimilées,
pour le rang à conserver entre elles, aux corps
du génie, de l'artillerie, de la cavalerie, etc., de
l'armée. »

Amendement de la commission ;
» Les diverses armes dont se compose la garde
nationale sont assimilées, pour le rang à conserver entre elles, aux armes correspondantes
des forces régulières, ainsi qu'il suit :

Armée régulière.	*Gardes nationales.*
1º Artillerie.	1º Artillerie. (1)
2º Sapeurs et mineurs.	2º Sapeurs-pompiers.
3º Infanterie.	3º Garde à pied.
4º Cavalerie.	4º Garde à cheval.

M. *Allent, commissaire.* Le Gouvernement s'était borné à proposer purement et simplement l'assimilation des armes de la garde nationale au rang que les différentes armes ont dans l'armée, et il n'avait pas déterminé le classement; il renvoyait par conséquent à cet égard aux réglements militaires. Ici la commission maintient l'assimilation, et en même temps elle ajoute le classement. Je crois que si on veut faire le classement des armes dans la garde nationale, il serait plus convenable de ne plus parler d'assimilation, ou si on parle d'assimilation, de renvoyer aux réglements militaires qui déterminent le rang des armes diverses dans toutes les circonstances. Il me semble qu'il serait tout simple de supprimer le classement.

M. *le rapporteur.* La commission a reçu des réclamations nombreuses sur les difficultés qui ont eu lieu dans beaucoup de villes, relative-

______

(1) L'artillerie sans ses canons prend *la droite* et avec ses canons *la gauche*.

ment à la préséance des différentes armes de la
garde nationale, et il lui a paru important de
fixer le rang de chacun des corps qui la composent. Sans doute dès qu'il est fixé, on peut supprimer ce qui concerne l'armée régulière et ôter
l'assimilation ; mais il est essentiel à la bonne
harmonie du service que cette fixation soit faite
avec précision, parce que les ordonnances auxquelles il faudrait recourir pour la déterminer
sont extrêmement insuffisantes.

M. *le général Demarçay*. Avant la révolution, la préséance était accordée, dans de certains cas, à la cavalerie, et dans d'autres, à l'infanterie. Le numéro qu'avait pendant la révolution l'artillerie, a été changé il y a déjà un
certain nombre d'années, pour ne pas blesser les
justes droits de l'infanterie; et en effet, l'infanterie est, sans contredit, la base de toutes les
armes, c'est l'arme la plus nombreuse, et con-
séquemment celle qui doit avoir la préséance.
Nous ne pourrions prendre, pour juger les droits
et le mérite des différentes armes, nos souvenirs
de la dernière guerre; toutes les armes qui ont
composé l'armée française ont fait également
preuve de courage, de patriotisme et de dévouement; mais si, après cette égalité de mérite,
nous considérons les sacrifices, les peines, les
malheurs, les pertes supportées par une arme

quelconque, je dis que ce qu'a éprouvé l'infanterie est a u-dessus de tout ce qu'ont pu éprouver les autres armes.

Je crois que la préséance doit être fixée dans la garde nationale comme dans l'armée, et je demande qu'elle le soit dans l'ordre suivant : *l'infanterie*, artillerie à pied, sapeurs-pompiers et successivement toutes les armes de l'infanterie, et ensuite *la cavalerie* et toutes les autres armes à cheval.

____

M. *le colonel Paixhans*. Je veux présenter à la chambre quelques observations sur ce que vient de dire M. le général Demarçay. Il a fait des distinctions qui seraient dans ce moment inadmissibles. Ainsi, il a parlé d'artillerie à pied et il n'y en a plus.

Quant au fond de la question, on ne peut pas fixer la préséance d'après le nombre des individus qui composent les armes ; on ne peut pas non plus la décider d'après le mérite, car toutes ont un mérite égal. Ce qui peut la décider, c'est la législation existante ; mais la législation existante est, à cet égard, comme à beaucoup d'autres, et pour des choses plus importantes, un cahos auquel personne ne comprend rien ; il y a des réglements, des décisions de diverses époques, il y en a pour la paix, pour la guerre, pour les parades, pour les inspections, qui se contrarient l'une l'autre. En conséquence, pour ne pas décider maintenant cette question, je demande qu'on s'en réfère à l'article du Gouvernement qui la laisse entière.

M. *le général Lamarque.* L'infanterie à qui la cavalerie, comme l'a dit le général d'artillerie Demarçay, avait pu autrefois enlever la préséance, l'a reprise à son tour, et elle a dû la conserver. C'est avec l'infanterie que Gustave-Adolphe a vaincu la Russie. C'est avec l'infanterie que Frédéric a gagné des batailles; c'est aussi notre infanterie qui a lutté et contre la cavalerie et contre l'infanterie de l'Europe coalisée. Sous tous les rapports, elle mérite et vous devez lui conserver la préséance, d'autant plus que, sous le rapport de la cavalerie, nous sommes moins bien partagés que les autres puissances.

M. *le rapporteur.* Je crois qu'il serait bon de renvoyer l'article à la commission, qui proposerait ou la suppression complète ou une nomenclature.

On vient de dire que les ordonnances relatives à la préséance des corps de l'armée sont un véritable chaos. Nous n'avons pas voulu laisser dans le chaos les préséances de la garde nationale; mais nous avons cru que c'était une question que la loi devait résoudre. Il y a dans le sein de la commission plusieurs généraux qui sont parfaitement compétents pour fixer la préséance ; il faut la fixer, et par-là on évitera bien des discussions, bien des difficultés.

Je propose le renvoi à la commission.

M. *le général Mathieu Dumas.* Pour ne point donner lieu à des incertitudes, à des difficultés presque continuelles, il est essentiel de fixer la préséance des corps de la garde nationale.

M. *Gillon* (*Jean-Landry*). Rien n'est fécond en discussions vives et fâcheuses comme la question des préséances. J'en ai vu les exemples les plus déplorables dans la garde nationale. J'appuie énergiquement le renvoi à la commission, pour qu'elle fixe l'ordre des rangs selon les convenances les plus réelles.

M. *le général Lafont.* Une ordonnance a été rendue, je crois, au commencement de 1815, qui a fixé la préséance de la manière suivante : Artillerie, génie, infanterie, cavalerie. C'est cet ordre qui est suivi dans toutes les casernes de France.   (*Séance du 27 décembre 1830.*)

ARTICLE 73 (1).

« Pourront cependant les chefs, sans réquisi-

______

(1) Cet article était le 8ᵉ du projet amendé par la commission de la chambre des députés,

tion particulière, faire toutes les dispositions et donner tous les ordres relatifs au service ordinaire, aux revues, et aux exercices.

» Le réglement de service sera au préalable arrêté par le maire, de concert avec le commandant, et approuvé par le sous-préfet. »

M. *Dumeylet.* Sans doute la garde nationale doit pouvoir, sur l'ordre de son chef, se livrer aux exercices ordinaires ; mais vous concevez que dans une ville la garde nationale ne doit pas être passée en revue, appelée à des exercices, sans que le maire en soit instruit. Je propose donc de mettre après les mots : *sans réquisition particulière*, ceux-ci : *après en avoir prévenu l'autorité municipale.*

Sur le deuxième paragraphe de l'art. 8, je ferai observer qu'un réglement que deux hommes font de concert, peut bien ne pas se faire, si ces deux hommes ne sont pas d'accord. Je propose de rédiger ainsi ce paragraphe

« Le réglement de service sera, au préalable, arrêté par le maire, sur la proposition du commandant, et approuvé par le sous-préfet. »

———

M. *Duvergier de Hauranne.* Les observations que j'ai à faire rentrent dans celles de M. Dumeylet. Je propose de rédiger ainsi le deuxième paragraphe :

« Le réglement relatif au service ordinaire,
aux revues et exercices, sera au préalable arrêté
par le maire, sur la proposition du commandant,
et approuvé par le sous-préfet.

Une partie de l'art. 9 (maintenant 74ᵉ) deviendrait ainsi inutile. Les gardes nationale
doivent apprendre l'exercice, mais il me semble
qu'au lieu de dire positivement que ce sera le dimanche que l'exercice aura lieu, il serait mieux
de laisser à l'autorité locale à déterminer les jours
d'exercice, suivant les convenances des localités.
Si on fatigue les gardes nationaux, ils se dégoûteront du service, et quelques mesures de discipline que vous preniez, vous ne pourriez porter
remède à ce relâchement. Il faut en général s'attacher pour les exercer aux habitudes de chaque
commune. Le dimanche qui convient peu aux
communes rurales, peut bien convenir dans les
villes. Voilà pourquoi je dis en termes généraux
que le réglement relatif au service, aux revues et
exercices sera au préalable arrêté par le maire, etc.

(Séance du 16 décembre 1830.)

———

M. le comte d'Ambrugeac. L'amendement que
la commission a proposé est très important.
Dans une ville de guerre, la garde nationale ne
pourra prendre les armes ni sortir des barrières
sans que le commandant supérieur de la place en

39

soit prévenu ; ce paragraphe est tout-à-fait conforme aux usages reçus en temps de guerre. C'est un article du réglement de 1789, converti en loi par l'Assemblée nationale en 1791, que nous proposons d'insérer dans la loi.

(L'article est adopté.)

(*Séance du 24 février* 1831.)

ARTICLE 74.

M. Agier. Une autre question vitale pour la garde nationale, est de savoir jusqu'à quel point son instruction militaire doit être portée ; et ici, les uns voudraient qu'on la militarisât le moins possible ; les autres, qu'on ne la militarisât pas du tout ; quelques-uns peut-être qu'on la militarisât un peu trop. A travers ces opinions diverses, il est un juste milieu indiqué par la nature des choses, par la raison, par l'intérêt public. Avoir une garde nationale qui ne serait point exercée, c'est-à-dire qui ne pourrait remplir sa haute mission, serait pire, serait plus dangereux que de n'en avoir pas du tout.

Pour que la garde nationale soit respectée au dedans et au dehors ; pour qu'on ait confiance en elle ; pour qu'elle ait confiance en elle-même, il faut qu'on la sache, il faut qu'elle se sente forte, et elle ne peut l'être que par son instruction et par son esprit. Son instruction ? jusqu'ici c'est son zèle qui la lui a donnée ; son esprit ?

c'est celui qui anime les masses de la France, de cette France qui a adopté la révolution de 1830, mais qui ne veut rien en-deçà, rien au-delà; qui ne veut pas avancer imprudemment ni trop loin, ni trop vite, précisément parce qu'elle ne veut pas reculer; de cette France qui ne veut pas dépasser le but, de peur de ne plus se retrouver; de cette France qui ne veut pas livrer une somme bienfaisante d'indépendance aux chances si toujours désastreuses de la licence; de cette France qui ne s'inquiète pas de l'ardeur et des vivacités de la jeunesse, mais qui redoute et repousse les violences derrière lesquelles se cachent les ambitions; de cette France enfin, qui, maintenant que le pouvoir repose sur la loi, veut fermement que force reste au pouvoir, pour que force reste à la loi. (*Séance du 11 décembre 1830.*)

Ancien article 9 de la commision. « Tous les dimanches, pendant cinq mois de l'année, les gardes nationales pourront, sur l'ordre de leurs chefs, être réunies pour être exercées dans leurs communes respectives.

» Pendant cinq mois de l'année, qui seront déterminés par le préfet et dans le lieu qu'il désignera, les gardes nationales, formées en bataillons ou légions, seront réunies un dimanche de chaque mois pour apprendre l'ensemble des marches et des évolutions militaires.

» Le préfet pourra réduire la durée des exercices annuels, ou les suspendre dans les communes et dans les cantons de son département, à
la charge d'en rendre immédiatement compte au
ministre de l'intérieur.

» Aucun officier de la garde nationale ne pourra, dans le service ordinaire, faire distribuer des
cartouches aux citoyens armés, si ce n'est en cas
de réquisition précise : autrement, il demeurera
responsable des événements.

» Aucun ordre pour des réunions de la garde
nationale, autres que celles déterminées dans le
présent titre, ne pourra être donné par ses chefs
qu'avec l'autorisation écrite du sous-préfet ou du
maire. »

M. *Duvergier de Hauranne*. Les trois premiers
paragraphes de cet article me semblent inutiles.
Si l'on voulait prévoir le cas où les gardes nationales rurales seraient organisées en bataillons
cantonnaux, on pourrait, dans un article additionnel à l'article 8, ou dans un article particulier, dire que, dans le cas où les gardes nationales
des communes rurales seraient organisées par
cantons, le réglement du service serait fait par
le sous-préfet sur la proposition du principal officier du canton.

M. *Lepelletier d'Aulnay*. Il faut mettre *bataillons cantonnaux*, au lieu des mots *du canton*.

M. *Duvergier de Hauranne.* Je le veux bien.

M. *de Laborde.* La question est de savoir ce qu'on entend faire de la garde nationale; si on veut que ce soit une institution temporaire, je ne vois pas pourquoi on fait tant de mouvement; mais si on veut qu'elle soit une institution permanente, si on veut faire passer, des lois dans les mœurs, non pas l'esprit belliqueux, mais l'esprit militaire, il faut alors une organisation fixe. Si vous décidez que tous les citoyens de 18 à 60 ans feront partie de la garde nationale, vous faites une sorte d'école militaire pour ceux qui seront appelés au service de l'armée active. Vous n'attendrez pas par-là sans doute une réduction de 150 millions, comme on l'a dit, sur la dépense de l'armée, mais nous pourrons entrevoir la possibilité de diminuer cette dépense dans l'avenir.

J'appuie fortement l'article tel qu'il est; les exercices de la garde nationale se feront suivant les circonstances de chaque localité, aux jours et à des heures convenables.

M. *Demarçay.* Je ne suis pas de ceux qui voient l'institution de la garde nationale avec prévention, je la crois nécessaire, indispensable même, et j'en vois la formation avec beaucoup de plaisir. Mais c'est parce que je désire que les citoyens ne soient jamais dégoûtés de cette institution, que je demande que la loi soit fort sobre relativement aux jours qu'ils seront forcés de consacrer à des exercices. On dira peut-être : Voyez ce qui se passe, les citoyens se rassemblent volontiers, non-seulement les dimanches, mais tous les jours, le soir même à la lumière. Cela prouve le discernement et l'excellent esprit de la population qui voit la gravité des circonstances, et peut-être aussi que c'est une affaire de mode; on ne peut pas dire que cette petite considération n'entre pour rien dans leur esprit; tout ce qui est nouveau est beau. Mais si vous voulez que les citoyens mettent toujours le zèle convenable à faire leur service, la loi doit être sobre dans les sacrifices qu'elle leur impose; car en dernière analyse, ce sont toujours des sacrifices : c'est l'abnégation de sa volonté, de ses projets, de ses plaisirs si vous voulez. Je crois que l'article du projet va trop loin.

M. *le rapporteur.* L'article dont il s'agit est emprunté à la loi de l'Assemblée constituante, avec cette différence que nous y avons apporté une amélioration, parce que nous avons donné au préfet la faculté de réduire et même de suspendre les exercices. Dans les circonstances ordinaires, il sera inutile de faire de fréquents exercices; néanmoins, c'est une bonne chose de fixer un temps d'exercice qu'on ne puisse pas dépasser; c'est comme limite que nous l'avons indiqué.

Il ne faut pas croire, parce qu'on a rendu facultative la formation des bataillons cantonnaux, que ce ne soit plus qu'une exception qui ne sera presque jamais appliquée. Non, dans les circonstances où le pays pourra craindre la guerre, le gouvernement, nous devons en être certains, établira des bataillons cantonnaux dans beaucoup de départements. Il est donc utile qu'il y ait des règles déjà posées pour les exercices. Il me semble que l'article de la commission peut être conservé.

M. *Duvergier de Hauranne.* Je rédige ainsi mon amendement :

« Dans le cas où la garde nationale des communes rurales serait organisée en bataillons cantonnaux, le réglement sur les exercices sera arrêté par le sous-préfet, sur la proposition du principal officier du canton. »

Je dis *du principal officier*, parce qu'on ignore si ce sera un chef de bataillon ou un chef de légion.

Si nous faisons une loi permanente, nous devons songer que la paix sera l'état le plus habituel de la France ; l'état de guerre ne viendra que par exception. En accordant au Gouvernement l'autorisation de former des bataillons cantonnaux, vous avez eu en vue le cas de guerre. Mais vous ne pouvez pas dire qu'en tout temps toutes les gardes nationales, sur l'ordre de leur chef, pourront être réunies pour faire l'exercice tous les dimanches. L'ordre qu'on doit suivre, c'est d'apprendre l'exercice à tous les jeunes gardes nationaux; mais une fois qu'ils sont exercés, il ne faut pas leur faire subir de continuels dérangements; il ne faut pas gêner la liberté individuelle. En faisant l'article impératif, vous obligez les gardes nationaux à prendre pour ainsi dire un congé afin d'aller à leurs affaires.

Je persiste dans ma proposition, et je demande la suppression des trois premiers paragraphes.

M. *Mathieu Dumas*. Vous ne voulez certainement pas que le principe posé par vous, que la garde nationale est communale, soit un principe de dissolution de la garde nationale et que la formation des bataillons cantonnaux soit une exception, lorsqu'on peut compter aujourd'hui au moins 2,000 bataillons ainsi formés. En permettant aux gardes nationales formées en bataillons cantonnaux de se rassembler, lorsque le rapprochement des communes permettra de le faire aisément vous satisferez beaucoup aux gardes nationales, parce que, quand on n'est qu'une escouade, qu'un peloton, on veut tenir à quelque chose; et puisque, comme on l'a dit, il faut songer à l'avenir, quand il y aura quelque attiédissement dans l'ardeur qui se manifeste aujourd'hui, il sera utile de former quelquefois ces bataillons , de les exercer, non pas à faire de grandes évolutions, mais à être ensemble, à s'accoutumer à faire la manœuvre. Vous aurez des soldats formés , des officiers qui sauront les premiers éléments de la guerre, quand il faudra faire des détachements.

M. Lainé de Villevêque. Si les gardes nationales des campagnes étaient obligées de se rassembler, pour des exercices , vingt ou vingt-deux fois l'année.... (*M. le rapporteur.* Cinq fois seulement.) Dans ce cas , je n'ai rien à dire ; mais si les gardes nationaux des campagnes étaient obligés de se réunir plus souvent , ils se verraient entraînés dans des dépenses énormes.

M. le rapporteur. Il est évident que si, dans quelques endroits, les communes étaient éloignées de leur canton de cinq ou six lieues , il y aurait difficulté à réunir les gardes nationales ; mais, dans la plus grande partie de la France , les communes rurales ne sont guère éloignées de plus de deux lieues de leur canton. Nous souhaitons réellement l'organisation par bataillons cantonnaux , et nous croyons que ce n'est pas trop que cinq réunions par an. Elles sont indispensables pour empêcher toute émulation , toute ardeur de s'éteindre.

M. de Berbis. Le premier paragraphe de l'article devenant inutile, je propose de le supprimer et de remplacer le deuxième paragraphe par la rédaction suivante :

« Lorsque les gardes nationales seront formées en bataillons cantonnaux ou légions, le préfet pourra déterminer cinq jours de l'année où ces bataillons et légions se réuniront dans le lieu qu'il désignera, pour apprendre l'ensemble des marches et des évolutions militaires. »

MM. Duvergier de Hauranne, de Laborde, Lamarque se réunissent à cet amendement.

M. Demarçay. Je me suis élevé contre l'article, parce qu'il prescrivait les jours de service ; mais je crois que c'est trop peu de cinq fois pour l'exercice des gardes nationales dans certains cas et dans certains pays.

M. *le rapporteur.* Tout en adoptant l'amendement de M. de Berbis, nous n'entendons pas abandonner le premier alinéa.

(Le premier paragraphe de l'art. est rejeté par la chambre.)

M. *de Berbis.* Je consens à mettre *déterminera* au lieu de pourra *déterminer.*

M. *président.* Je ferai remarquer que si le 2ᵉ paragraphe est impératif, celui qui suit immédiatement donne au préfet la faculté de réduire la durée des exercices.

M. *Caumartin.* Je demande qu'on fixe un maximum dans l'amendement de M. de Berbis.

M. *de Férussac.* Je m'y oppose ; la fréquence des exercices dépendra des circonstances et des localités.

M. *Demarçay.* Je propose de mettre dans l'amendement de M. de Berbis , *au moins cinq fois l'an.*

Cette addition est mise aux voix et adoptée , après deux épreuves.

M. *Caumartin.* Je désire qu'on fixe un maximum , puisqu'on a fixé un minimum ; qu'on mette par exemple *dix fois au plus.*

M. *de Berbis* combat cette proposition.

M. *Duvergier de Hauranne.* Il ne faut pas poser une limite ; nous aurions l'air de vouloir qu'il n'y eut que dix exercices pendant le cours de l'année. Je m'oppose à l'amendement.

M. *Estancelin.* Je demande la permission de citer un précédent. En 1790 , sur nos côtes , où il y avait des gardes nationales nombreuses , il était ordonné d'abord que les exercices se feraient dans la belle saison au moins une fois par mois ; mais on considéra les inconvénients que présentait ce déplacement continuel des habitants de la campagne , et il fut déclaré qu'il y aurait , au moins trois fois dans la belle saison , une revue générale , et en temps de guerre qu'il y en aurait une tous les mois.

Je me réunis à l'amendement.

M.*Gillon*. Je m'oppose à l'amendement appuyé par le préopinant, qui tend à empêcher les
préfets d'autoriser au-delà de dix jours de réunion
pour les exercices du bataillon. Ces magistrats
doivent avoir toute liberté de permettre, autant
et aussi souvent qu'ils le croiront utile au bien
public, la réunion de toutes les compagnies sur
un même terrain pour s'y former aux manœuvres
du bataillon. Car, d'abord, puisque nous avons
obtenu qu'au moins les bataillons pourraient être
formés par des ordonnances royales (et à mon
avis telle aurait dû être la loi sans qu'il fût besoin
de recourir à des ordonnances), il faut que ces
aggrégations armées aient une autre existence que
celle des cadres. Des manœuvres seules peuvent
les rendre compactes, habiles dans l'art de l'attaque et de la défense ; une certaine habitude de se
voir, de se sentir, est indispensable aussi pour
amener une fusion plus facile au jour où tous les
citoyens dévoués devraient se mouvoir en une
seule masse armée. Des circonstances locales,
des apparences politiques peuvent exercer une
influence sensible sur la détermination du nombre des grandes manœuvres. N'est-il pas vrai
que si l'horizon se charge de nuages de guerre,
les exercices doivent redoubler, se varier, se
compliquer. N'est-ce pas à la garde nationale des
frontières à doubler ses rangs, à développer ses

vastes lignes, et à montrer à l'ennemi, par son
ardeur et sa constance, quelle formidable barrière
il aurait à franchir pour arriver au cœur de la
France? Comment interdire des réunions qui
seraient pour l'ennemi un salutaire épouvantail ?
Prenez entière confiance dans les bataillons qui
jusqu'alors ont servi, et laissez aux préfets le
pouvoir de ne point enchaîner leur zèle. Rejettez
donc l'amendement qui mettrait une limite quelconque au nombre annuel des manœuvres de bataillon.   (*Séance du 16 décembre 1830.*)

ARTICLE 75.

M. le comte de Saint-Aulaire, rapporteur. Nous
avons supprimé le 1er paragraphe ainsi conçu :

« Lorsque les gardes nationales seront formées en bataillons cantonnaux ou légions, le
préfet déterminera cinq jours au moins de l'année où ces bataillons et légions se réuniront dans
le lieu qu'il désignera, pour apprendre l'ensemble des évolutions militaires. »

Cette suppression n'est pas sans importance,
puisque l'article avait été voté à la chambre des
députés à la suite de ce travail auquel je suis
bien aise de rendre un eclatant hommage, travail
plein de sagesse, qui ne laissait quelques taches,
et même des taches assez nombreuses, qu'en
raison des circonstances particulières dans lesquelles la discusssion avait lieu. Il nous a été

impossible de comprendre ni l'à-propos, ni l'utilité de ce premier paragraphe : comment peut-
on vouloir qu'on détermine à l'avance cinq jours
de l'année où les exercices pourront avoir lieu ?
Il nous a semblé plus convenable de se fier à cet
égard, au zèle et aux lumières des autorités locales, pour régler ces détails ; c'est ce qui justifie
les derniers mots de l'art. 74, et que nous avons
introduits à dessein.　(*Séance du 24 fév.* 1831.)

ARTICLE 79.

M. Alexandre de Laborde. Le titre VI qui
concerne les dépenses générales de la garde nationale laissées à la charge des communes et des
départements, me paraît consacrer une inégalité
choquante dans les charges sociales, et cette observation me paraît avoir échappé à tous ceux
qui se sont occupés de ce travail. En effet, Messieurs, la garde nationale est une association
générale de tous les habitants pour la défense
du territoire; ceux qui n'y contribuent pas de
leurs personnes, tels que les femmes, les mineurs, les vieillards, les ecclésiastiques, doivent
y contribuer au moins de leur fortune ; sans cela,
la charge tout entière tomberait sur ceux qui
en ont déjà tout le fardeau. On croit généralement que c'est une redevance en nature, un
bien, un impôt en argent ; car, un garde national, outre les dépenses de son équipement, perd

souvent trois jours de son travail par mois, qui représentent la dixième partie de son revenu; et cependant il n'en paie pas moins, en raison de ses contributions foncière et mobilière, sa quote-part dans le budget communal. Ne serait-il pas juste que les gardes nationaux fussent dégrevés de cette charge, et qu'elle soit reportée sur ceux qui ne font point partie des contrôles?

(*Séance du* 13 *décembre* 1830.)

ARTICLE 82 ET SUIVANTS.

M. *Charles Dupin*, *rapporteur*. Messieurs, dès la discussion générale, des observations utiles vous avaient été présentées sur le système disciplinaire du projet de loi relatif aux gardes nationales, spécialement par notre honorable collègue M. Gillon.

Postérieurement à cette époque des vues nouvelles nous ont été transmises sur le même sujet. Les personnes expérimentées et habiles auxquelles nous avions dû le tableau général des observations fournies par la garde nationale de Paris sur l'organisation se sont occupées aussi du système disciplinaire. Les fruits de ce nouveau travail offrent des résultats précieux.

Plusieurs de nos honorables collègues frappés des inconvénients du système adopté dans le projet de loi, ont tenté de le changer ou de le modifier par des amendements.

La chambre a décidé que ces travaux, ces observations et ces amendements seraient renvoyés à la commission, pour les prendre en considération et proposer les modifications qui doivent en résulter, afin d'ajouter à la perfection de la loi sur les gardes nationales.

Je vais avoir l'honneur de rendre à la chambre un compte sommaire de ce nouveau travail de la commission.

Dans le projet de loi la section qui traite des mesures disciplinaires se divise en trois paragraphes; le premier relatif aux peines; le second aux conseils de discipline; le troisième à l'instruction et aux jugements.

La commission n'a point trouvé qu'on pût apporter de modifications essentielles, au genre, à la gradation et à la limite des peines définies par le projet de loi.

La commission cependant a jugé qu'on ne devait pas, comme dans le projet, placer au rang des peines, le commandement d'une garde hors de tour, c'est-à-dire, d'une garde en sus du nombre commun que règle le tour du service.

Même dans le cas où le service est une fatigue, cette fatigue en fait le mérite aux yeux de la patrie reconnaissante et le rend honorable comme un devoir; il est bon de le prescrire avec redoublement à ceux qui l'oublient ou le négligent, mais toujours à titre de dette et jamais comme une corvée à laquelle s'attache toute idée de pénalité.

Voilà pourquoi nous supprimons du catalogue des peines, la prescription d'une garde hors de tour ; mais sans supprimer ce service extraordinaire, dans les cas qui les réclament.

Dans les observations qui nous ont été transmises, on a proposé de placer parmi les peines, des amendes obligées ou facultatives ; beaucoup d'amendements ajournés ou rejetés par la chambre, dans le cours de la discussion, proposaient d'appliquer l'amende comme moyen coërcitif.

La commission n'a pas cru pouvoir adopter l'amende comme une peine applicable à la garde nationale.

L'amende n'est pas une punition pour l'homme riche ; elle serait une peine excessive pour l'homme qui n'est pas dans l'aisance.

Que si l'on adoptait un système d'amende proportionnel à la fortune des citoyens, on trouverait des difficultés inextricables pour appliquer la peine avec équité.

Enfin, c'est par l'honneur et non par la crainte de payer de l'argent qu'il faut conduire les Français.

La prison est le dernier terme de la pénalité, la limite est fixée à cinq jours, et le conseil de discipline peut seul, pour les cas les plus graves, atteindre cette limite.

Dans les observations qui nous ont été transmises, on demandait que les conseils de discipline pussent prononcer jusqu'à dix jours de prison. Nous avons rejeté cette rigueur extrême.

N'oublions jamais que les gardes nationaux sont en général des pères de famille, dont l'immense majorité vit du fruit de son travail. Cinq jours de prison, c'est à un jour près la suppression du travail d'une semaine, ce ne peut être que dans les cas extrêmement graves qu'on fasse éprouver un aussi grand dommage au garde national.

Pour des délits qui surpassent les fautes ordinaires contre la discipline, nous adoptons avec le projet de loi, le renvoi du jugement au tribunal de police correctionnelle.

Aux yeux des citoyens, c'est déjà subir un désagrément très sensible que d'être renvoyé devant ce tribunal, ce désagrément affecte d'autant plus le prévenu qu'il est plus délicat sur le sentiment de l'honneur. Ce sentiment même contribuera donc à rendre plus rares les délits passibles de ce moyen de repression.

D'après ce motif, nous avons pensé qu'il importe de laisser comme jugement réservé pour les cas les plus graves, celui du tribunal de police correctionnelle.

Nous n'avons pas craint, comme on nous en a fait l'objection, d'accabler par-là d'affaires nouvelles cet ordre de tribunaux.

En effet, le seul cas spécialement mentionné dans le projet de loi est le refus opiniâtre et pour la troisième fois de satisfaire au service ; il faut que deux condamnations, prononcées par le conseil de discipline, aient constaté les deux premières contraventions de ce genre, avant que la troisième puisse être renvoyée à la police correctionnelle. Plus les gardes nationaux redoutent ce renvoi, mieux ils éviteront d'avoir à le subir.

Le projet de loi donne au Gouvernement la faculté de suspendre et même de dissoudre la garde nationale d'une commune ou d'un canton, pour des cas très graves ; il ne présente aucun moyen légal de suspendre un officier qui désobéirait aux lois, qui méconnaîtrait l'autorité civile et qui s'emparerait de pouvoirs étrangers à la garde nationale ; nous avons rempli cette lacune, en déclarant que dans le cas où les tribunaux ordinaires jugeraient nécessaire la mise en accusation d'un chef de la garde nationale, pour de tels délits, il serait par ce fait même suspendu de ses fonctions ; et que la condamnation par le tribunal emportera la privation de son grade.

Dans le rapport général sur l'ensemble de la loi, nous avons signalé la suppression de la radiation des contrôles du garde national qui refuse indéfiniment le service , même après son jugement par le tribunal de police correctionnelle. Chaque fois que reviendra son tour de service , reviendra pareillement son tour de police correctionnelle , et quinze jours de prison. On trouvera peu d'opiniâtretés à l'épreuve de cette inévitable pénalité.

Pour offrir une classification régulière des délits , nous les avons placés méthodiquement en commençant par ceux qu'on réprime par la peine la plus douce , et nous avons fini par ceux qu'on châtie avec la plus sévère.

Telles sont les améliorations que nous avons apportées au paragraphe qui concerne les peines.

Le paragraphe suivant qui. traite des conseils de discipline , renferme une innovation grave. C'es l'introduction du jury dans ces conseils.

Il en résulte des formes judiciaires, longues et compliquées pour des affaires en général de peu d'importance , et par cela même extrêmement nombreuses.

Les conseils de discipline , tels qu'ils existent depuis plusieurs années , sont des tribunaux pleins de bienveillance et nous dirions presque paternels ; ils jugent avec équité ; ils sont plus enclins à la douceur qu'à la sévérité. Composés de gardes nationaux de tous les grades , ce sont leurs pairs qu'ils jugent, ils sont par conséquent, aux formes près, de véritables jurés ; et ce qu'on propose, c'est d'introduire un jury dans un jury, sans avantage pour l'équité des jugements, sans compensation pour une immense perte de temps, pour l'encombrement des affaires et pour le dérangement constant de 280,000 jurés qu'exigeraient les 38,000 communes dont la France se compose.

En effet, aujourd'hui que la garde nationale est organisée par communes, il faut un conseil de discipline par commune qui possède une compagnie, c'est-à-dire, pour l'immense majorité des communes.

Nous avons donc adopté, comme l'a proposé notre honorable collègue M. Lemercier, la suppression des jurés dans le conseil de discipline.

Vous aviez ajourné le choix des officiers-rapporteurs et des secrétaires des conseils de discipline. Ce choix trouve naturellement sa place dans le paragraphe qui traite des conseils de discipline.

Aux termes de la Charte, toute justice émane du Roi ; les organes du ministère public pour les conseils de discipline doivent être au choix du Gouvernement ; mais nous avons voulu qu'ils ne pussent être choisis que sur des listes de candidats présentés par le commandant du corps de

la garde nationale , parce qu'il est le premier intéressé à ne présenter que des candidats capables
et dont il puisse répondre.

Telles sont , Messieurs , les seules innovations
essentielles que nous ayons à vous proposer sur
les conseils de discipline.

Dans le troisième et dernier paragraphe qui
traite de l'instruction et des jugements, nous
n'avons eu d'autres modifications à faire que la
suppression des formalités relatives à l'intervention du jury dans les conseils de discipline , intervention dont nous avons l'honneur de vous
proposer le projet.

Par les amendements dont je viens de vous
présenter le système, l'instruction et le jugement
seront considérablement simplifiés ; les peines
conserveront leur modération et par-là même
leur efficacité. Alors nous penserons que la partie
disciplinaire de la loi sur les gardes nationales
ne déparera point l'ensemble des dispositions
adoptées déjà pour rendre cette force civique
également propre à maintenir la paix dans la cité
et à protéger le territoire contre les aggressions
des ennemis extérieurs. (*Séance du 5 janvier
1831.*

ARTICLE 84.

M. le général Demarçay. J'aurais une observation à faire sur la gradation des peines. Je

crois qu'on peut être embarrassé pour décider
si la réprimande n'est pas une peine plus grave
que les arrêts. Quand à moi, je suis de cet avis;
je demande donc qu'on mette les arrêts après les
réprimandes, et les réprimandes après les inser-
tions à l'ordre.   (*Séance du 5 janvier* 1831.)

M. le comte d'Haubersart. Messieurs, entre
les cinq espèces de peine que le conseil de discipline peut infliger aux termes de l'article 84, il
en est deux qui ne sont applicables qu'aux officiers et sous-officiers, ce sont les arrêts et la privation du grade; la pénalité à l'égard des gardes
nationaux se réduit donc à la réprimande, mise à
l'ordre et à la prison.

Je suis loin de contester à la réprimande toute
efficacité, mais, Messieurs, n'exagérons point
notre confiance dans l'effet de cette peine, elle
ne sera pas toujours suffisante, et lorsque le conseil de discipline reconnaîtra cette insuffisance,
il n'aura pas à choisir; la réprimande épuisée,
le projet de loi ne met plus à sa disposition
qu'une seule peine, c'est la prison.

Mais pour que l'emprisonnement puisse être
exécuté, ce qu'il faut avant tout, c'est une prison, un local qui puisse en tenir lieu; or, c'est
un fait notoire et connu de vous tous, Messieurs,
que dans la plupart des communes rurales il
n'existe pas de prison, pas même de mairie où
un lieu de détention pourrait être disposé. Fau-

dra-t-il, pour mettre en vigueur le régime disciplinaire, bâtir des prisons dans vingt ou vingt-
cinq mille communes du royaume ? Mais ces
communes sont presque toutes sans maires, et
pourvoient à grande peine, à leurs plus urgents
besoins.

Ou bien dira-t-on qu'à défaut de prison dans
la commune, l'emprisonnement pourra s'effectuer soit au chef-lieu du canton, soit dans la
ville la plus voisine ? Mais alors voilà que pour
l'exécution de la condamnation, il faudra une
escorte qui aura six, huit, et quelquefois dix et
douze lieues à faire, y compris le retour, pour
conduire à la prison le garde national condamné
à cette peine, car sans doute vous ne voulez pas
que votre régime disciplinaire tombe dans l'impuissance et la dérision qui l'atteindraient im-
manquablement, si les peines prononcées n'é-
taient pas subies.

Mais cette escorte, qui la fournira ? Sera-ce la
gendarmerie ? probablement personne ne le
pense ; jamais, depuis l'institution des gardes
nationales, elle n'est intervenue pour l'exécution des jugements des conseils de discipline, et
en effet, il y aurait là quelque chose de honteux
que la punition d'une faute de discipline ne
comporte pas, et dont la garde nationale elle-
même se sentirait blessée ; l'art. 137 du projet
semble aussi repousser ce moyen d'exécution,

car il dispose que les mandats d'exécution des jugements des conseils de discipline seront délivrés dans la même forme que ceux des tribunaux de simple police ; ce qui autorise à croire que, dans la pensée du projet, ces jugements doivent être aussi exécutés comme le sont les jugements de simple police, c'est-à-dire sans intervention de gendarmes.

Ce sera donc en définitive par la garde nationale que devra être fournie l'escorte, et c'est ici, Messieurs, que j'appelle toute votre attention ; car c'est ici que se rencontreront des difficultés d'exécution qui, dans les communes où il n'existe pas de prison, finiront par rendre la peine de prison à peu près impraticable et par conséquent illusoire.

Vous le savez, en effet, le service de la garde nationale est dans les communes rurales une charge bien plus lourde qu'elle ne l'est dans les villes, et la raison en est simple : la population presque entière de ces communes se compose d'artisans et de journaliers qui n'ont d'autres moyens d'existence que leur travail ; eh bien ! c'est précisément dans ces communes où il faudrait bien plutôt alléger les charges de ce service, que vous allez aggraver par l'obligation où la garde nationale y sera, à l'occasion d'un jugement de discipline portant peine de prison, de fournir une escorte qui entraînera pour ceux

qui la composeront la perte d'une et quelquefois
de deux journées de travail , outre les dépenses
inséparables du voyage.

Je le demande , un tel ordre de service sera-t-il
reçu dans les communes rurales sans méconten-
tement, sans murmure? N'y sera-t-il pas souvent
desobéi? Et si quelqu'un de ceux qu'on aura com_
mandés pour cette escorte, y manque ; si ,comme
on peut le prévoir quand on connaît la marche
ordinaire des choses dans les campagnes , celui
qu'on appelera pour le remplacer se refuse à un
service qu'un autre n'aura pas voulu faire, qu'arrivera-t-il ? Il arrivera d'abord que la condamnation restera sans exécution; il arrivera ensuite
que le conseil de discipline , dans l'impuissance
de faire exécuter la peine de prison, s'abstiendra
de la prononcer davantage, et qu'il ne lui restera
pour tout moyen de discipline que la réprimande
mise à l'ordre.

Mais, dira-t-on peut-être, lorsque les jugements
du conseil de discipline seront restés impuis-
sants , on recourra à l'art. 92 du projet ; après
deux condamnations du conseil de discipline
prononcées dans la même année , le garde national sera , en cas de nouvelle récidive , traduit
devant le tribunal de police corectionnelle, dont
les mandats et les jugements seront alors exécutés par la gendarmerie.

Mais, Messieurs, veuillez remarquer que l'intervention des tribunaux correctionnels n'est autorisée par l'art. 92, que pour un cas unique, pour le refus de service ; ce manquement est sans doute l'un des plus graves ; mais il n'est pas le seul punissable de la prison : la désobéissance, l'insubordination , l'ivresse, l'atteinte à l'ordre public sont également frappés de cette peine par l'article 89 ; les inconvénients signalés demeurent donc, nonobstant l'art. 92, tout-à-fait irrémédiables dans le plus grand nombre des cas.

Et même pour celui du refus de service, croit-on qu'une peine appliquée tardivement par le tribunal correctionnel après quatre manquements successifs, qui jusqu'alors seront restés impunis, pourvoira convenablement au maintien de la discipline ? Il y aurait dans cette croyance beaucoup d'illusion. Que dans une commune rurale, un ou deux gardes nationaux viennent à manquer un service , et que cette faute ne soit pas immédiatement punie, personne ne voudra plus prendre sa part d'un fardeau qui ne sera plus supporté par tous, et la désorganisation aura tout compromis avant que le tribunal correctionnel ait pu intervenir.

Il faut donc le reconnaître , il y a nécessité de mettre à la disposition des conseils de discipline une peine autre que la prison , là où cette peine ne peut pas être exécutée ; et c'est dans la vue de pourvoir à cette nécessité que je propose de terminer l'art. 84 par un paragraphe conçu en ces termes :

« Si dans aucune des communes où s'exerce la discipline du conseil, il n'existe pas de prison ni de local pouvant en tenir lieu, le conseil pourra commuer la peine de prison en une amende de deux francs au moins et de dix francs au plus. »

Par cette disposition, l'amende ne sera introduite dans la loi que comme exception , et cette exception sera elle-même renfermée dans les plus étroites limites ; car , lors même qu'il n'y aura de prison dans aucune des communes où s'exerce la discipline du conseil, la peine de l'amende ne sera encore que facultative , en ce sens que si le conseil juge que nonobstant les distances , la peine de prison peut être exécutée, il pourra toujours la prononcer. Ce ne sera donc en définitive que lorsqu'il y aura impossibilité ou difficulté extrême à faire exécuter l'emprisonnement, qu'afin que le conseil de discipline ne reste pas entièrement désarmé , il pourra substituer à la prison la peine d'amende.

L'amendement considéré ainsi , son adoption m'a semblé ne devoir éprouver dans l'une ni dans l'autre chambre, de contradiction sérieuse, et cette persuasion m'a déterminé à vous le soumettre dans les circonstances urgentes qui dominent la discussion.

M. le président. La chambre voit que l'amendement de M. d'Haubersart a pour objet de commuer la peine de la prison en une amende qu'on pourrait arbitrer depuis deux francs jusqu'à dix.

M. le comte d'Haubersart. Je ne tiens pas à la fixation de l'amende.

M. le comte Rampon. Je demande que le conseil de discipline puisse fixer l'amende, et qu'il ait pleine latitude.

M. le président. Il faut bien fixer la question. M. le comte d'Haubersart demande que le conseil de discipline puisse imposer une amende dans les limites de deux fr. à dix fr.; M. le comte Rampon demande que le conseil ait une latitude entière.

M. le duc de Choiseul. Je crois devoir faire remarquer à la chambre que cette discussion s'est élevée dans la commission. Nous avons rejeté l'amende, parce que nous avons cru ; et depuis long-temps tout le monde le reconnaît, que c'est un impôt sur lequel on n'a pas le droit de décider. La prison a assurément des inconvénients ; mais nous avons pensé qu'elle en avait moins, et c'est pour cela que nous l'avons admise de préférence.

On a dit que dans certaines localités, il n'y a pas de prison. Cela est vrai, mais je ferai remarquer que, dans les communes rurales, les fautes sont moins graves, qu'elles sont jugées d'une manière plus paternelle, et que les condamnations à la prison y sont plus rares. Depuis long-temps il y a des gardes nationales dans des communes rurales qui manquent de prison ; on n'a pas vu d'inconvénient à cela. Quand un garde national a fait une faute grave, et qu'il est condamné à la prison, on prend la liberté de l'y envoyer, et [si la prison est éloignée, c'est une peine de plus.

Je crois que le maintien de l'article doit être préféré.

M. le comte d'Ambrugeac. Votre commission a écarté la peine de l'amende, à l'unanimité. Elle s'est fondée sur l'inégalité qui règne dans cette peine, plutôt qu'ailleurs; elle a reconnu que de l'inégalité des fortunes résulte nécessairement l'inégalité de cette peine. C'est ainsi qu'un garde national pauvre sera plus puni par le minimum de l'amende, qu'un autre le serait par le maximum. L'amendement de M. d'Haubersart est motivé sur ce qu'il n'existe pas de lieu de détention dans toutes les communes. Il a raison. Cependant un grand nombre de ces communes rurales, depuis les événements de juillet, ont établi des postes de garde nationale. Ces postes ne sont pas sans doute un bivouac ; il a fallu leur trouver un local. Du moment que l'organisation de la garde nationale est devenue permanente, il faut bien que les communes pourvoient au logement des gardes nationaux qui seront chargés du service habituel. Voilà déjà les communes obligées de choisir un local convenable aux gardes nationaux pour leur servir de corps-de-garde. Leur serait-il impossible de trouver à la suite de ce corps-de-garde une prison, un emplacement très rarement habité dans les communes rurales? Je ne le pense pas.

On avait proposé d'admettre le système des amendes sous ce vain prétexte qu'il n'existe pas par tout de prison. Votre commission a pensé que c'était inconstitutionnel, et a rejeté la proposition à l'unanimité.

M. le baron Mounier. On vous conseille de rejeter le système des amendes sous le prétexte de l'inégalité de la peine; cependant il existe dans tous nos Codes. Les amendes ont, comme toutes les peines, dans certains cas, l'inconvénient qu'indique mon honorable adversaire, c'est qu'elles emportent certaines inégalités. Pour ne pas en chercher un exemple bien loin, je le prendrai dans la peine de la prison, proposé par votre commission. Cette peine présente des inégalités suivant les individus auxquels elle s'applique. Pour tel individu, quarante-huit heures passées en prison sont, pour ainsi dire, une partie de plaisir, permettez-moi l'expression, tandis que pour un homme qui est obligé de quitter ses affaires, pour un notaire, pour un avocat, un médecin, être pendant quarante-huit heures séparé de son domicile, enlevé à ses affaires, devient une peine grave. Je commence donc par dire que ce n'est pas sous ce point de vue qu'il faut juger la peine de l'amende, du moment qu'elle existe; il faut dire qu'il ne convient pas de l'appliquer à la garde nationale, mais ne pas repousser le principe en lui-même.

Mon adversaire a prétendu qu'on doit établir le système des amendes, parce que dans beaucoup de communes, il n'y aurait pas de prison; c'est une erreur. Je dis que la prison est une mesure souvent inexécutable, et qu'il en résulte une iné-galité souvent plus grande et plus choquante.

Il y a en France 37 mille communes, 20 mille n'ont pas de prison, et il doit en être ainsi. Quel serait l'état de la liberté de la France, s'il s'y trouvait 36 mille prisons ? Il y a en France 2,000 cantons, tous n'ont pas de prisons. C'est une dépense et un objet assez triste. Il n'existe de prisons militaires en général que sur les grandes routes; car le transport des malfaiteurs, le transport d'autres individus que je ne quali-fierai pas de malfaiteurs, tels que des déserteurs, des prévenus, doit s'effectuer en différents lieux.

A la suite des casernes de gendarmerie, il y a une prison composée de deux chambres, quel-quefois d'une seule; et il devrait toujours y en avoir deux au moins, une pour les hommes, et une pour les femmes. C'est là que vous enverrez les gardes nationaux, pour des infractions au service, coucher avec des forçats qu'on transporte d'un lieu à l'autre. Je dis qu'il y aura inégalité; car il y a des communes situées à plusieurs lieues du chef-lieu de canton; toutes les fois que vous aurez une condamnation à la prison, il faudra envoyer le condamné au chef-lieu de canton, distant de six, sept ou huit lieues. Ainsi voilà qu'un individu, pour faire vingt-quatre heures de prison, sera tenu de marcher toute une journée, et autant pour revenir.

On enverra pour escorte la gendarmerie; car je ne crois pas qu'il soit exact, comme on l'a dit, que la gendarmerie n'exécute pas les peines prononcées par les conseils de discipline. A Paris, nous savons que la gendarmerie a toujours été chargée de ces exécutions. Les gardes nationaux auraient éprouvé un sentiment très pénible en conduisant dans les rues de Paris leur camarade, arrêté pour infraction au service, et qu'on aurait pu supposer être mené en prison pour un autre motif. Vous voyez combien il y aura détriment pour le public, si la gendarmerie, qui a déjà un service pénible à faire sur les routes et pour toutes les attributions d'ordre public, était encore chargée de ces exécutions. Je crois qu'il résultera de toutes ces considérations, non l'inégalité, qui serait inévitable, si l'on condamnait, mais l'impunité, par l'impossibilité de prononcer cette peine.

On vous a dit, je vous demande pardon si je ne mets pas d'ordre dans ma discussion, mais je réponds aux objections à mesure qu'elles me viennent à la mémoire, on vous a dit que si nous avions un service permanent de garde nationale, on établirait des corps-de-garde, et à la suite des chambres. Je ne conçois pas cela, car je ne puis comprendre que nous ayons habituellement trente-six-mille corps-de-garde. Assurément, ce n'est pas le vœu de la commission ni de mes collègues qu'il y ait toujours trente-six mille corps-de-garde en permanence ; ce serait fâcheux pour les communes, où tous les habitants, à l'exception de quelques riches, vivent du travail de leurs mains, d'être obligés de quitter leurs occupations. Dans les cas de nécessité, ils prendront les armes, et on établira des postes, quand il y aura quelques craintes d'incendie, de désordre. Dans ce cas, on prend une chambre basse d'une maison, ou même, au besoin, on bivouaque.

Nous avons voté dans l'article 82, la détention dans la prison du poste, dans les corps de-garde, pour les individus qui auraient manqué au chef du poste, ou qui se seraient oubliés jusqu'au point de s'enivrer. C'est une peine de police qui s'exécute par les gardes nationaux entre eux, et il n'y en a pas un qui osât opposer la moindre

résistance à un camarade qui lui dirait : Tu res-
teras au corps-de-garde, tu n'en peux sortir dans
l'état où tu es. Quant à la peine de la prison prononcée par le conseil de discipline dans les communes rurales, elle est inexécutable dans la plupart des cas; l'amende, au contraire, n'offre
qu'un inconvénient, c'est qu'exigée de gens
riches, elle ne produit aucun effet. Mais remarquez que dans le cas où le même individu aurait
subi deux condamnations de suite, il serait appelé en police correctionnelle. Certes, je ne pense
pas qu'on veuille s'exposer à manquer à ses devoirs, pour être obligé de se transporter au chef-
lieu du département pour y être déposé et être
dans la prison ordinaire du tribunal. Une amende
d'une journée de travail est suffisante pour que les
cultivateurs se rendent aux ordres de leurs officiers, et observent les règles de la discipline.

Je demande que l'amendement de M. d'Haubersart soit renvoyé à la commission. (*Appuyé.*)

M. le rapporteur. Je ne m'oppose pas précisément aux amendements ; je dois cependant faire
observer qu'il nous sera difficile de nous réunir
aujourd'hui pour vider les renvois qui pourraient
être faits à la commission ; la question y a été
fort approfondie, je ne m'étonne pas qu'elle ait
divisé les meilleurs esprits ; nous en avons parlé
plusieurs heures de suite. Nous avons eu deux

motifs pour ne pas adopter le système de l'amendement; le premier, c'est que, proposé à la
chambre des députés, il y a été rejeté en connaissance de cause. Nous avons toujours agi avec
réserve, lorsqu'il a été question de nous placer
sur un terrain où nous serions en opposition avec
la chambre des députés. Le second motif a été
donné par M. le duc de Choiseul, c'est que
l'amende est entachée du vice d'inégalité.

L'amende est, il est vrai, infligée par les tribunaux; mais en ce cas s'attache toujours à cette
peine le blâme, qui en complique tout-à-fait
l'ensemble. Séparée du blâme, l'amende n'est
plus qu'une dépense, et une dépense de fort peu
d'importance pour l'homme riche. Je ne compte
pas le blâme qui pourra être prononcé par les
conseils de discipline, il n'aura rien de pénible
pour les gardes nationaux, il perdra la gravité qui
le fait supporter avec peine dans des cas ordinaires. Je vous avoue que je suis fort effrayé de
l'amende de 40 sous pour un homme pauvre; car
cette somme représente dans quelques départements trois journées d'ouvrage. Qu'est-ce qui
vous garantit que partout le conseil de discipline
sera à l'abri du soupçon à propos de ces condamnations pécuniaires? Cela ne pourrait-il pas
devenir une occasion d'infidélité, de vexations
de toute nature?

Si je m'effraye tant de tout acte de tyrannie à exercer sur la personne de leurs concitoyens, je suis également effrayé de tout acte de tyrannie exercé sur leurs bourses. Malgré les avantages qui sont propres à l'amende, je viens de vous exposer les principaux motifs qui nous l'ont fait rejeter.

M. le comte d'Haubersart. La chambre des députés a rejeté l'amende comme principe, comme peine principale ; mais ce n'est pas comme telle que je vous la propose dans mon amendement. Je ne la demande que pour le cas où la prison sera inexécutable. L'amende n'est plus qu'une exception dans l'article.

M. le duc Decazes. L'observation du noble comte me semble une réponse aux observations de M. le baron Mounier. C'est comme commutation, comme remplacement de peine qu'on vous propose l'amende. Voilà précisément ce qui fait l'inégalité qu'il est impossible d'admettre dans la loi. Je sais qu'il y a des difficultés d'application de la prison dans plusieurs communes, mais cette difficulté est moins grande qu'on ne le pense. Toutes les communes un peu populeuses ont des prisons, et les neuf dixièmes des cantons, je pourrais dire presque tous, ont des prisons cantonales.

Les peines de cette police ne s'exécutent jamais par contrainte, que lorsque l'individu refuse de l'exécuter ; c'est alors à lui qu'il faut s'en prendre du désagrément de la contrainte. Mais l'amende refusée est aussi exécutable par corps. Vous voyez donc qu'il y aura toujours les mêmes inconvénients pour celui qui ne voudra pas exécuter la peine, qu'il s'agisse d'amende ou de prison, et qu'il n'y en aura aucun pour celui qui l'exécutera de bonne grâce.

M. le comte d'Haubersart. Au lieu de 2 fr., je baisse l'amende à 1 fr.

M. le comte Chollet. Je suis fâché que deux honorables collègues de la commission aient dit que nous avions été unanimes pour le rejet de l'amende. Quant à moi, j'ai toujours entendu que cette peine serait contenue dans la loi.

Voilà l'amendement que je proposerais d'ajouter à l'article en discussion :

« Le conseil de discipline des cantons ruraux et des communes rurales pourront commuer la prison en amende, telle que deux journées d'ouvrage répondent à un jour de prison. »

Cette commutation ne s'appliquerait que sur la demande du prévenu. C'est d'ailleurs ce qui se fait depuis que la garde nationale existe.

M. le comte Béliard. Dans toutes les communes rurales, quelque petites qu'elles soient, il y a toujours un endroit pour recevoir les malfaiteurs. J'appuie l'article de la commission.

(La proposition de M. le comte Cholet n'est pas appuyée.)

M. le comte Portalis demande la parole sur l'amendement de M. d'Haubersart.

M. le comte Portalis. Messieurs, j'appuie de tout mon pouvoir l'amendement proposé par M. le comte d'Haubersart. Tout ce qui tend à diminuer le nombre des condamnations à l'emprisonnement me paraît devoir être accueilli favorablement. Dans la situation où nous nous trouvons, et d'après ce qui s'est passé dans une autre chambre à ce sujet, je ne renouvellerai point une discussion épuisée, et je ne proposerai point à vos seigneuries des observations qui seraient inutiles. Mais il m'est impossible de ne pas vous déclarer que je regarde l'emprisonnement comme une peine peu en harmonie avec les principes d'un gouvernement libre, et qui doit être réservée pour des délits graves qui offensent profondément l'ordre public, qui blessent la morale ou violent le droit naturel. Je ne comprends pas pourquoi, dans le projet de loi, on a eu tant de ménagements pour la bourse, et l'on a fait si grand marché de la liberté. Les défenseurs de ce système allèguent que l'amende est une peine inégale, qu'elle est légère pour le riche, et accablante pour le pauvre, et ils croient compatir aux misères de celui-ci, en substituant la prison à l'amende. J'avoue que je n'entends pas ce calcul ; je ne saurais concevoir comment un pauvre laboureur sera moins grevé par une condamnation à trois jours de prison , qui le réduira à une oisiveté forcée de trois journées, qu'il ne l'aurait été par une amende égale à trois journées de travail. Dans les deux hypothèses , sa famille et lui seront également privés du produit de son travail pendant trois journées. Il subira de plus un emprisonnement qui abattra son ame , privera sa femme et ses enfants de leur protecteur naturel, et le jettera peut-être parmi des malfaiteurs.

Et cependant, non seulement on veut que les conseils de discipline n'aient pas toujours à choisir entre la peine de l'amende et celle de la prison , mais encore on ne veut pas prévoir le cas où cette peine serait inexécutable. Cependant, il est de fait que nous ne sommes plus au temps où chaque village avait sa geôle parce qu'il avait sa justice seigneuriale. Heureusement, le plus grand nombre des communes rurales n'a point de prison , et ce ne sera point apparemment un sujet de regret, sous un régime de liberté. Dès lors , ou la peine de la prison ne sera pas prononcée, quoiqu'elle ait été reconnue, ou la condamnation ne sera pas exécutée ; car, je ne saurais supposer qu'on veuille l'aggraver par la manière dont on l'exécutera, en transférant le condamné dans une prison lointaine. Le plus grand mal qu'on puisse faire à la société, c'est de porter des lois qui ne peuvent être obéies, ou de laisser sans exécution des jugements de condamnation. On accoutume ainsi les peuples à ne plus respecter les lois, et à ne plus redouter la justice; on les familiarise avec l'impunité. Il vaut mieux ne pas qualifier délits les infractions que l'on n'atteint ainsi qu'en apparence. L'imprévoyance du législateur est un moindre mal que son impuissance. Pour éviter un si grave inconvénient, il faut accueillir la proposition de M. le comte d'Haubersart, et autoriser les conseils de discipline à substituer une amende proportionnelle à la peine d'emprisonnement, lorsqu'ils jugeront que cette peine ne pourra être exécutée sans déplacement, sans dommages, en un mot sans une aggravation injuste et disproportionnée à l'infraction qu'il s'agit de punir.) (*Séance du 24 février* 1831.)

———

M. le comte de Saint Aulaire, rapporteur.
Nous avons rédigé de la manière suivante l'amendement de M. d'Haubersart : « S'il n'existe » dans une commune ni prison, ni local propre » à en servir, le conseil pourra commuer la » peine de la prison en une amende d'un jour à « dix jours de travail. »

Je ferai observer à la chambre que le principe étant adopté, ce que nous avions à faire, se bornait à une rédaction.

M. le baron Mounier. Il vous avait semblé que le principe adopté était plus étendu. Ce n'est ici qu'une substitution de peine, tandis que nous admettions au contraire, qu'en général le conseil de discipline devait pouvoir prononcer l'amende, puisque cette peine est bien moins importante.

M. le président. L'amendement de M. d'Haubersart était conçu dans l'esprit que lui a conservé la commission. Il n'était que facultatif et restreint au cas où la prison était impossible. L'amendement tel qu'il est conçu par M. le baron Mounier, était celui de M. Cholet, qui n'a pas été appuyé.

M. le comte d'Haubersart. C'est exactement mon amendement qu'a rédigé la commission. (La rédaction est adoptée.)

(*Séance du 24 fevrier* 1831.)

ARTICLE 87.

M. Lemercier. Je demande que l'on transporte ici une disposition de l'art. 111 (1), qui punit de la prison un officier qui se permet des propos outrageants ou humiliants envers un inférieur. Tenir des propos outrageants à ses subordonnés,

______

(1) Cet article est devenu le 87e.

c'est là une faute grave que ne doit pas se permettre un officier; mais cette faute, je la trouve assez sévèrement punie par la réprimande avec la mise à l'ordre. Ne pourrait-il pas se faire que les subordonnés s'entendissent pour accuser et faire punir arbitrairement leur supérieur?

M. Hély d'Oissel. Je ferai observer que la peine de la prison ne sera prononcée qu'autant que le conseil de discipline le jugera convenable, qu'autant que la plainte de l'inférieur sera fondée.

Dans la garde nationale où le chef n'a de supériorité sur ses concitoyens que pendant le service, l'outrage est une des fautes les plus graves que puisse commettre un officier, et je ne la trouve pas trop rigoureusement punie par la prison.

M. Agier. Je demande qu'on substitue *les arrêts à la prison.*

M. Hély d'Oissel. Des arrêts dans la garde nationale ! cela ne signifie rien.

M. Lemercier. Je propose de faire deux articles de l'article 111.

Le premier serait ainsi rédigé :

« Sera puni des arrêts, qui ne pourront excéder huit jours, l'officier qui se sera rendu coupable des fautes suivantes :

» 1° Tout propos outrageant ou humiliant envers un inférieur, et tout abus d'autorité à son égard ;

» 2° Tout manquement à un service commandé. »

Le 2ᵉ article serait composé de ce qui reste,
après le retranchement de ces deux derniers paragraphes, dans l'art. 111 de la commission.

Le motif qui me porte à demander cette division, c'est que je crois trop rigoureux de condamner à la prison un officier qui se serait seulement rendu coupable de propos outrageants
envers ses subordonnés ou de manquement à un
service commandé. La peine des arrêts me parait
suffisante et convenable pour ces deux cas.

M. le rapporteur. Notre collègue ne remarque
pas que, tout en fixant un maximum, la loi laisse
à la discrétion du conseil de discipline l'atténua-
tion de la peine. Au reste, les délits dont il s'a-
git sont extrêmement graves. Eh quoi ! tout propos outrageant d'un officier envers un inférieur
ne serait puni que des simples arrêts ! Et parce
que je suis officier, on me priera seulement de
rester chez moi ! Certes, ce ne serait pas là pro-
portionner la peine à la faute. L'injure faite par
un supérieur à un inférieur doit être punie par la
prison ; il faut conserver la peine telle que la
commission l'a établie. Vous pouvez être certains
que le conseil de discipline n'usera jamais d'une
rigueur excessive ; ce sera toujours après pleine
connaissance de cause qu'il proportionnera la
punition à la faute.

M. de Tracy. L'embarras qui se manifeste , pour la troisième ou quatrième fois, me paraît tenir à une cause que j'avais cru aussi apercevoir dès le commencement ; il m'a semblé qu'avant de fixer les peines, il eût été plus raisonnable de fixer la juridiction. Qui ignore, en effet, que la nature du tribunal influe beaucoup sur l'application des peines ?

Le système de pénalité de la garde nationale , doit différer essentiellement de tout ce qui s'est fait du même genre appliqué à des troupes régulières. C'est en s'écartant de ce principe, qu'on tombe, ce me semble, dans de très grands embarras , d'où il est fort difficile , selon moi , de sortir. La véritable puissance de la discipline de la garde nationale est une puissance toute morale , et elle l'est en général dans les troupes régulières elle-mêmes, lorsqu'elles sont bien conduites et qu'elles appartiennent à une nation libre. Il est certain que, prise en elle-même, la peine de la prison est une chose fort légère; mais avec l'idée qu'on y attache, elle devient une punition très grave , et il n'est pas douteux que le tribunal, quel qu'il soit, qui sera appelé à l'appliquer, la rendra plus ou moins légère, plus ou moins pénible à supporter , qu'il la rendra aussi restreinte que possible. La puissance de la discipline de la garde nationale étant toute morale, la véritable punition , c'est la crainte du blâme, la crainte de ne pas obtenir d'avancement lors des élections; et c'est pour cela que j'ai vu avec peine que la disposition relative aux élections avait été altérée.

Pour moi, je ne saurais voter avec toute sécurité les peines que vous établissez, parce que je ne sais pas qui pourra les appliquer.

M. le rapporteur. C'est indiqué dans le projet.

M. de Tracy. Quand ce n'est qu'en projet, le projet peut n'être pas adopté.

C'est pour s'être écarté des principes, qu'on se trouve dans l'embarras. Et ce n'est pas ici la première fois qu'on s'en éloigne. Déjà dans cette loi se sont introduites des dispositions qui, selon moi, sont destructives des principes de l'organisation de la garde nationale. Vous savez de quoi je veux parler; inutile d'y revenir, puisque ces dispositions sont votés.

Dans ce moment je vote sur des dispositions dont je ne vois pas la conséquence, et c'est pour cette raison que j'appuie la proposition de M. Lemercier, parce que, dans l'incertitude où je suis de savoir à qui sera confiée l'application des peines, je ne veux pas qu'on inflige la peine de la prison dans les cas qu'il vous a indiqués. Dans les troupes régulières, un officier a servi 20 et 30 ans sans aller en prison, et vous voudriez soumettre à cette punition les officiers de la garde nationale !

M. le rapporteur. Notre collègue nous dit qu'il y a des officiers qui servent pendant un grand nombre d'années sans subir la peine de la prison ; oui , sans doute , et cependant cette peine existe dans la législation des troupes régulières. Elle peut exister par conséquent aussi bien dans la garde nationale , sans que l'officier aille plus souvent en prison , puisqu'il pourra toujours s'éviter cette peine par une conduite régulière.

Notre collègue nous fait l'honneur de nous dire qu'il ne peut pas voter sur les peines , parce qu'on n'a pas commencé par les conseils de discipline. Il faut bien commencer par quelque chose. Si l'on avait commencé par les conseils de discipline , il aurait pu nous dire que la composition des tribunaux ne doit pas être la même , suivant les peines. Il est un certain nombre de choses qui sont corrélatives ; il faut commencer par l'une ou par l'autre ; mais lorsque l'une et l'autre sont imprimées , on peut s'en former une idée *à priori*. Lorsque les peines seront votées , si l'on trouve quelque objection à faire dans la mise en harmonie des peines et des tribunaux , ce sera le cas de demander quelque modification à la formation des conseils de discipline.

Nous devons dire que dans le second projet que nous vous présentons , nous sommes revenus à la règle commune suivie depuis la législa-

tion de l'assemblée constituante, sur l'organisation et la manière de procéder des conseils de
discipline. Ainsi , ce n'est pas sur une chose in-
connue que nous nous appuyons; nous avons
pour nous l'expérience. Il est donc très facile de
se former dès à présent une idée de l'organisation des conseils de discipline et de l'usage qu'ils
pourront faire de la faculté qui leur est attribuée.
Je demande que la chambre conserve la gradation des peines telle qu'elle est établie par la
commission.

M. de Tracy. Il m'est impossible de ne pas
répondre au rapporteur, que dans toutes les pénalités militaires vous rencontrerez la peine des
arrêts, qui est un intermédiaire entre le simple
blâme et la prison. C'est une chose connue de
quiconque a servi; et je ne vois pas pourquoi
vous gratifieriez la pénalité de la garde nationale, qui est une troupe civile, d'une punition
qui est si rarement infligée , comme je vous l'ai
dit , dans les armées de lignes.

M. de Laborde. La peine de la prison est sans
doute trop sévère , et je propose de mettre *par
les arrêts et la mise à l'ordre.*

M. Hély d'Oissel. L'officier condamné aux
arrêts pourra éluder cette punition.

Il me paraît convenable de faire un léger changement à l'article de la commission , c'est de
mettre : *pourra être puni , etc.*

a-
de
n-
ns
de
a-
ils
e.
la-
la

pas
pé-
les
ple
de
uoi
io-
ion
l'ai

ans
par

aux

an-
de

M. Agier. Je demande que l'on puisse ordonner, suivant les circonstances, la prison ou les
arrêts. Je ferai remarquer qu'en mettant les arrêts de rigueur, on impose la nécessité d'ôter à
l'officier son épée, et que c'est là déjà une
grande punition.

M. le président. Je ferai remarquer aux honorables membres qui viennent de parler que
leurs amendements s'appliquent à l'article de la
commission ; mais ce n'est que lorsque la chambre aura ou adopté ou rejeté l'amendement de
M. Lemercier, que nous pourrons revenir à l'article de la commission

M. *le ministre de l'intérieur.* Peut-on appliquer la peine des arrêts à la garde nationale
comme à la troupe de ligne ? voilà la question. Il
me semble que la solution n'en saurait être dou-
teuse. La peine des arrêts peut s'appliquer facilement dans une place de guerre ; mais en
est-il de même dans une ville comme Paris ?...
Je suis, Messieurs, fort inexpérimenté sur
ce point, et je cherche à m'éclairer. Le garde
national devrait nécessairement subir chez lui
la peine des arrêts : comment s'assurer qu'il
la subit réellement ? Confondus avec les autres
citoyens dans la capitale, n'étant pas tenu de
porter son uniforme quand il n'est pas de service,
il ne craindra pas d'être reconnu. Il faudrait donc

placer un factionnaire à sa porte pour l'empêcher de sortir. Alors vous augmentez le service de la garde nationale. Sous ces différents points de vue, la peine des arrêts me paraît inadmissible.

M. *Hély d'Oissel*. D'après la division qui a été proposée, on appliquerait la peine des arrêts à l'officier qui se serait permis des propos outrageans ou humilians envers un inférieur, ou un abus d'autorité, et la prison serait réservée à l'officier qui aurait manqué de respect à un supérieur. Cette distinction dans les deux pénalités me paraît en opposition avec nos idées et l'intérêt du service de la garde nationale. Je trouve que l'officier qui, sans avoir été provoqué, manque à son inférieur, est plus coupable que l'officier qui manque à son supérieur. La peine est donc appliquée ici en sens inverse de la culpabilité.

M. *de Tracy*. Il me semble que la peine des arrêts est applicable à la garde nationale comme aux troupes régulières. En effet, dans un grand nombre de villes de guerre les officiers sont logés chez le bourgeois, et quand les arrêts simples leur sont infligés, il sont tenus de rester chez eux. S'ils avaient envie de rompre les arrêts, qui les en empêcherait ? Ne peuvent-ils pas mettre, comme le garde national, un habit bourgeois ? Il y a donc parité entre la position de l'un et celle de l'autre. Pourquoi dans le service

de la garde nationale, user de peines plus rigou-
reuses que dans l'armée où la discipline doit avoir
plus de nerf? Quand à moi, je déclare que si un
officier de la garde nationale pouvait oublier le
sentiment de ses devoirs au point d'outrager ses
inférieurs, ce ne serait pas de la peine de la prison qu'il faudrait le frapper : il faudrait le destituer comme indigne d'être officier, si toutefois
l'outrage était assez grave pour compromettre son
caractère.

Au surplus je suis de l'avis de l'amendement de
M. Lemercier, pour la gradation des peines : arrêts simples, arrêts de rigueur. Il est facile de
s'assurer si un officier condamné aux arrêts les
garde réellement ; on peut envoyer à son domicile, pour lui faire signer une attestation de présence. C'est ce que fait l'adjudant de place à
l'égard des officiers de la garnison mis aux arrêts.

M. *Paixhans.* Sans doute il faut une gradation
de peines dans la garde nationale. Je suis pour
les arrêts simples ; mais quant aux arrêts de rigueur, comme il faudrait placer à la porte une
sentinelle, ce serait la sentinelle qu'on punirait.
Si vous croyez pouvoir revenir sur la question des arrêts, qui avait été décidée aux art.
104 et 105, je voterai pour les arrêts simples.

M. *de Lameth.* Je ne pense pas qu'un garde national veuille rompre ses arrêts : s'il le faisait, il
faudrait user envers lui d'une peine extrêmement
grave. Les officiers de l'armée sont mis aux arrêts
chez eux sur leur simple parole d'honneur, et
pendant 57 ans que j'ai servi je n'ai jamais entendu dire qu'un officier ait rompu ses arrêts. Je
vote pour la peine des arrêts simples.

M. *Le général Lamarque.* Je proposerai de
modifier ainsi l'amendement de M. Lemercier :

« Seront punis des arrêts simples, des arrêts
de rigueur ou de la prison suivant la gravité des
cas, les officiers qui se seront rendus coupables, etc. »

M. *Lemercier.* Je me réunis à l'amendement
de M. le général Lamarque.

M. *le rapporteur.* La comparaison qu'on établit
entre les officiers de la garde nationale et les
officiers de l'armée, manque de justesse. Dans
un corps militaire régulier, la peine des arrêts
est égale pour tous les officiers. Lorsque vous
ordonnerez les arrêts à un officier de garde nationale qui exerce une profession sédentaire, vous
ne le punirez certainement pas. Le contraire arrivera si vous ordonnez les arrêts à un huissier,
par exemple, qui est obligé de sortir du ma-
tin au soir, à un médecin, à un chirurgien, à un accoucheur... J'espère que l'esprit

d'équité, qui vous a fait proscrire l'amende,
vous fera proscrire aussi les arrêts. Au lieu que
la prison a cela d'avantageux... qu'elle punit
également tous les gardes nationaux coupables d'un même délit. Remarquez, d'ailleurs,
que le conseil de discipline peut graduer la
peine, qui ne pourra excéder trois jours de
prison, et, en cas de récidive, cinq jours. Les
arrêts, pour un grand nombre de personnes, ne
sont pas une peine. Quand on a voulu mettre aux
arrêts des personnes riches, elles ont choisi ce
temps pour donner à dîner. Cette peine n'est
pas conforme au principe d'égalité, et la prison,
je le répète, est meilleure.

M. *Demarçay*. M. le rapporteur entend-il rai-
sonner dans cette hypothèse qu'on mettrait les
soldats et les sous-officier aux arrêts ? (*M le rapporteur*. Je n'ai entendu parler que des officiers.)
Je sais que l'amendement du général Lamarque ne s'applique qu'aux officiers. Quant à cette
prédilection toute particulière que M. le rapporteur a pour la prison, je trouve qu'elle a de graves inconvénients. Si les arrêts empêchent l'exercice de certaines professions, pourront-elles
s'exercer davantage en prison ! Je n'ai pas besoin
d'insister sur une considération qui vous a déjà
été présentée. La gradation des peines n'est pas
moins nécessaire dans la garde nationale que

dans l'armée active où la discipline est rigoureuse et même arbitraire. Je demande que les arrêts simples et les arrêts de rigueur précèdent la peine de la prison.

M. *Cunin-Gridaine*. Nous ne pouvons pas revenir sur des peines qui ont été déterminées. La chambre s'est déjà prononcée sur la peine des arrêts.

M. *de Tracy*. Il m'est impossible de ne pas relever une phrase qu'à prononcé M. le rapporteur. Il vous a dit que les chefs de la garde nationale de Paris, dans les observations qu'ils ont présentées, réclamaient plutôt de la sévérité que de l'indulgence. Je demande s'il a fallu employer des punitions que M. le rapporteur a si vivement desirées, pour voir surgir dans cette capitale. (*Plusieurs voix.* Non, non... Il n'est pas question de cela... La clôture.) Je le demande, a-t-il fallu user de la prison pour voir surgir de cette capitale 80,000 hommes en armes? Le véritable esprit de la garde nationale, c'est le civisme, c'est le patriotisme... (Interruption.) j'entends parler de l'hôtel Bazancourt? Oui, cet hôtel servait de prison à la garde nationale ; mais à quelle époque? Lorsque son esprit était entièrement faussé, quand elle n'avait pas le choix de ses officiers. (C'est pour cela que je regrette beaucoup que le principe de l'élection n'ait pas été étendu aux conseils de discipline.) Mais aujourd'hui que les citoyens nomment les officiers et que tous sont animés d'un zèle patriotique, vous n'avez pas besoin de prison. C'est une punition qui doit être réservée pour les cas les plus graves. M. le général Demarçay vous l'a très bien dit, la peine de la prison est infligée très rarement dans l'armée; et vous voulez qu'une milice civique y soit soumise pour des fautes qui ne sont pas d'une grande gravité! c'est méconnaître l'esprit de la garde nationale. Il n'est pas trop tard de statuer sur la peine des arrêts : si elle n'est pas dans la loi, on peut l'y mettre.

———

M. *le rapporteur*. Je suis fâché de voir dégénérer en discussion personnelle ce qui doit être une discussion parlementaire. Quand je viens réclamer la peine de la prison, c'est comme rapporteur; parce que cette peine se trouve dans le projet de loi et dans l'amendement de la commission. Je ne crois pas qu'un membre de la chambre ait le droit de réclamer la prison. On vous a dit que la garde nationale n'avait pas eu besoin d'être excitée par des punitions pour marcher. Oui, sans doute, toutes les fois qu'il s'agira de défendre le Roi, de comprimer les factieux, de maintenir force à la loi, de faire respecter les pouvoirs de l'État, vous verrez la garde nationale

se porter en masse avec un véritable enthousiasme. J'ose dire qu'alors il ne se trouverait pas
un individu qui fût dans le cas d'être envoyé en prison. Mais nous faisons une loi,
non pour des cas extraordinaires, mais, pour
l'usage quotidien, pour la nécessité de tous les
jours. Eh bien ! on sera obligé d'employer la sévérité dans des moments de relâchement où la
garde nationale n'aura pas à rendre des services
éclatants qui payent en gloire les fatigues qu'ils
causent ; mais des services obscurs et fatigants
sans récompense. Il semble qu'il ne soit ici question que de fautes légères ; mais il s'agit d'insubordination, d'abus d'autorité, d'outrage, et ce
qui est plus indigne, d'outrages envers des inférieurs...

Je le répète, quand on devrait me regarder
comme un homme dur, je crois faire acte de bon
citoyen en disant que c'est la prison qu'il faut
appliquer ; les arrêts seraient une peine illusoire.
Je crois pouvoir persister dans l'amendement de
la commission. Messieurs les colonels des légions
ont demandé eux-même l'institution du conseil
de discipline. Or, on n'établit pas un conseil de
discipline pour distribuer des simples réprimandes ; il y faut ajouter des peines plus efficaces.
Le conseil de discipline les appliquera d'une manière éclairée, paternelle ; avec bienveillance ;

mais cette bienvillance s'arrêtera lorsqu'une juste sévérité sera provoquée. On a paru faire entendre que les conseils de discipline ne seraient pas aussi bons, parce que tous les membres n'auraient pas été nommés par la voie d'élection. Messieurs, depuis 179i jusqu'à ce jour, les membres qui composaient les conseils de discipline ont été nommés suivant les divers modes que les uns blâment et que les autres louent ; et jamais on ne s'est plaint de leur juridiction.

———

M. le président rappelle que M. Lemercier a retiré son amendement pour se réunir à celui de M. le général Lamarque, qui consiste à commencer ainsi l'article 111 : (87ᵉ)

« Seront punis des arrêts simples, des arrêts de rigueur ou de la prison, suivant la gravité des cas, les officiers qui se seront rendus coupables des fautes suivantes, etc. »

(Cet amendement est adopté.

(*Séance du 5 janvier* 1831.)

ARTICLE 88.

M. Gaillard Kerbertin. En parcourant les articles qui suivent l'article 105 (84ᵉ), je trouve que la seule peine de la prison est appliquée aux sous-officiers et aux simples gardes nationaux. Il me semble qu'il serait trop sévère de soumettre exclusivement à cette peine un sous-officier et un simple garde national, et qu'ils pourraient être, comme les officiers, passibles de la réprimande et de la réprimande avec mise à l'ordre. Je proposerai donc, comme article additionnel, la rédaction suivante:

« Les mêmes peines pourront, dans les mêmes cas et suivant les circonstances, être appliquées aux sous-officiers et gardes nationaux. »

M. Hély d'Oissel. L'art. 105 porte que les conseils de discipline peuvent infliger la réprimande, la réprimande avec mise à l'ordre, etc. Il est évident qu'ils peuvent infliger ces peines à tous les gardes nationaux qui sont appelés devant eux, quel que soit leur rang.

M. Gaillard. L'art. 105 dit: *Dans les cas énumérés ci-après*, et dans les cas énumérés ci-après, je ne trouve ni la simple réprimande ni la réprimande avec mise à l'ordre pour les sous-officiers et les gardes nationaux.

M. le rapporteur. Pour qu'une peine conserve son efficacité, il faut qu'elle ne devienne pas coutume. Supposez un bataillon de huit cents hommes; si vous mettez la réprimande avec mise à l'ordre au rang des peines infligées aux simples gardes nationaux, tous vos ordres du jour vont contenir des réprimandes. Si vous voulez ensuite faire usage de la même peine pour les officiers, vous aurez nui à l'effet moral que vous teniez de produire. Pour un officier qui a une responsabilité, un service plus étendu, un rang plus élevé, c'est une punition efficace que la réprimande, même simple ; mais je crois que pour le grand nombre des gardes nationaux, la réprimande, fût-ce avec la mise à l'ordre, ne serait pas une punition qu'ils considérassent comme très forte.

M. Agier. Je suis fâché de ne pouvoir partager l'opinion de notre honorable rapporteur, mais il me semble que l'observation de M. Gaillard est tout-à-fait fondée en justice et en raison. J'ai établi dans la discussion générale qu'un des principes à établir dans l'organisation de la garde nationale, c'était l'égalité entre les chefs et les simples gardes nationaux, et je crois que le moyen de l'établir cette égalité, c'est de la mettre dans les peines. Sans doute que la chambre entend suffisamment la pensée qui me porte à appuyer la proposition de M. Gaillard.

M. Gaillard. Au lieu de faire de mon amendement un article additionnel à l'art. 107, je proposerai d'en former un article 108, et de le commencer ainsi : « Les peines portées par les articles 106 et 107, (maintenant 85 et 86) pourront, dans les mêmes cas ; etc. »

(L'amendement de M. Gaillard-Kerbertin est adopté et devient l'art. 108.) (88)

(*Séance du 5 janvier* 1831.)

ARTICLE 89.

M. le comte de Sesmaisons. Le dernier para-graphe me semble inutile dans la disposition suivante : *aura abandonné ses armes;* car il arrive tous les jours, sans aucun inconvénient, que les gardes nationaux laissent leurs armes au ratelier du corps-de-garde pendant qu'ils vont vacquer à leurs occupations. D'ailleurs, le garde national est responsable de ses armes, et doit les payer s'il vient à les perdre.

M. le comte de Sussy. L'observation est très juste, c'est par erreur qu'on a laissé subsister *ses armes.*

M. le comte d'Ambrugeae. L'abandon des armes ne peut être racheté par le paiement de la valeur du fusil, il y a des cas où l'abandon des armes peut armer un ennemi de l'ordre public. Dans un autre article, nous avons dit que le garde national qui abandonne momentanément son poste, pourra être condamné à une faction en dehors de son tour. Nous avons prévu cet abandon momentané du poste. Mais un factionnaire qui aura abandonné ses armes à son poste, sera bien autrement coupable, et je crois que dans ce cas, il ne s'agit pas seulement de faire payer son arme, et que la prison n'est pas une peine trop grave pour cette faute. C'est dans ce sens que nous l'avons entendu.

(L'amendement de M. le comte de Sesmaison est appuyé et rejeté.)

L'article est adopté.

(*Séance du 24 février 1831.*)

ARTICLE 91.

M. de Montozon propose l'amendement suivant :

« Sera puni d'un emprisonnement de cinq jours au plus tout garde national convaincu d'avoir vendu à son profit les armes, les effets d'équipement confiés par l'État et par les communes; il sera tenu en outre d'en payer la valeur. »

M. Gaillard Kerbertin. Je trouve que la peine n'est pas assez grave, je ne connais pas de faute plus grande, de délit plus avilissant que celui qui consiste à vendre à son profit les effets qui ont été confiés.

Toutefois, les conseils de discipline pourront renvoyer devant les tribunaux de police correctionnelle, s'ils jugent les circonstances assez graves. Je demande cette addition, parce qu'il est des circonstances où un emprisonnement de cinq jours pourra être suffisant, lorsque les circonstances seront atténuantes. Mais lorsqu'elles seront aggravantes, lorsque le garde national aura assez peu respecté son caractère pour vendre les armes qui lui ont été confiées, c'est un véritable vol passible de peines correctionnelles. Je propose d'ajouter ces mots : « Toutefois, les conseils de discipline pourront renvoyer devant les tribunaux de police correctionnelle, s'ils jugent les circonstances assez graves. »

M. le général Lamarque. Il doit y avoir sans doute une grande différence entre l'armée de ligne et la garde nationale; mais il me semble qu'ici la faute est plus grave pour le garde national que pour le soldat. C'est un véritable vol. Le soldat qui commet un pareil délit est puni des travaux forcés. Je demande un mois de prison, et de plus la faculté de renvoyer en police correctionnelle.

M. Jacquinot de Pampelune. Il n'est pas possible d'admettre l'amendement de M. Gaillard de Kerbertin. Ce n'est pas un vol, c'est un abus de confiance; et cet abus de confiance ne renferme pas les circonstances voulues par la loi.

Quant à la proposition d'une peine spéciale ainsi que le propose l'honorable général Lamarque, ceci est une question qu'il serait bon de renvoyer à la commission.

M. Demarçay. Mon honorable collègue, le général Lamarque, a considéré comme plus grave la vente de ses armes, chez un garde national que chez un soldat. Le soldat est logé, nourri, habillé par l'Etat; il est isolé de la société, ses besoins sont remplis dans des limites assez serrées; au lieu que l'homme vivant dans la société, n'ayant ni maître, ni surveillant de ses actions, entouré souvent d'une famille dans l'indigence, doit rencontrer des accidents plus fréquents qui peuvent le faire succomber; il est par conséquent plus excusable. Je ne veux pas dire pour cela que ce n'est pas toujours une faute grave; mais elle l'est moins pour le garde national que pour le soldat.

M. Gaillard Kerbertin. Comme il serait possible que les tribunaux correctionnels éprouvâssent des difficultés dans l'application de la loi, j'ajouterai dans mon amendement, après ces mots *devant les tribunaux correctionnels*, ceux-ci: qui pourront prononcer les peines portées par l'article 408 du Code pénal.

M. de Vatimesnil. Ce délit sort du cercle des fautes que le conseil de discipline est appelé à réprimer; il appartient au procureur du Roi. Nous ne pouvons laisser au conseil de discipline la faculté réclamée par l'amendement de M. de Kerbertin. C'est un véritable vol, c'est un véritable abus de confiance. Je demande le renvoi à la commission.

M. le rapporteur. On devrait prononcer seulement le renvoi à la police correctionnelle.

M. de Schonen. Je viens vous proposer une rédaction qui, je crois, conciliera toutes les opinions. Je pense qu'il faudrait renvoyer devant le tribunal de police correctionnelle le garde national qui aurait vendu à son profit les armes qui lui avaient été confiées, et qu'il devrait être puni des peines portées par l'article 408 du Code pénal, pour abus de confiance. Je dois faire observer que les peines de cet article peuvent être modifiées par l'article 463 du même Code, qui permet, lorsqu'il y a des circonstances atténuantes, quand la valeur de l'objet n'excède pas 25 francs, de réduire l'emprisonnement à un temps très court.

Voici mon amendement :

« Sera puni des peines portées en l'article 408 du Code pénal, tout garde national convaincu d'avoir vendu à son profit celles de ses armes qui lui auront été confiées par l'Etat ; il sera tenu d'en payer la valeur ; il sera poursuivi par le ministère public devant le tribunal de police correctionnelle. »

M. Girod de l'Ain. Il faut ajouter à cet amendement, que le tribunal de police correction_ nelle aura la faculté d'appliquer l'art. 463 du Code pénal.

(Le renvoi à la commission est adopté.)

(*Séance du 5 janvier* 1831.)

ARTICLE 92.

M. le comte Portalis. Messieurs, l'article soumis en ce moment à la chambre, se compose de cinq paragraphes. Je demande le rejet des deux derniers. (1) J'exposerai en peu de mots les motifs de ma proposition.

La prévoyance des lois ne doit point excéder de certaines bornes. Il n'y aurait point de terme à la progression des peines, s'il fallait supposer une persévérance incorrigible dans le mal. Un juste tempéramment dans la punition des délits, est nécessaire pour assurer l'efficacité de la répression. C'est la plupart du temps en considérant les hommes comme meilleurs qu'ils ne sont qu'on les empêche de devenir *plus qu'ils ne peuvent.* Ainsi dans le système général des lois pénales, après avoir déterminé les infractions qu'il veut réprimer, et avoir attaché à chacune d'elles une peine, le législateur se contente-t-il de prévoir le cas de récidive? Il frappe par une aggravation de châtiment, le coupable qui a si fort aggravé lui-même ses torts envers la société. Rien de plus naturel et de plus juste. Mais il ne poussait pas plus loin la perversité humaine.

L'article sur lequel nous délibérons, est cou-

---

(1) « Si dans le cours de la même année une troisième condamnation intervenait contre le même garde national, il pourra en outre être privé en tout ou en partie des droits civiques énoncés dans les quatre premiers numéros de l'art. 42 du Code pénal, et rayé des contrôles du service ordinaire de la garde nationale.

« Ces deux peines seront prononcées pour un temps qui ne pourra être moindre d'un an ni excéder deux ans. »

44

forme dans ses trois premiers paragraphes à cette manière de procéder. Sa marche est simple. Tout garde national qui refuse le service qu'il doit, commet une faute contre la discipline pour laquelle il est justiciable de ses pairs. Tout garde national qui, pour la troisième fois dans la même année, refuse le service qu'il doit, commet un délit : il est traduit pour ce délit devant un tribunal de police correctionnelle. Ce tribunal prononce contre lui la peine d'emprisonnement. En cas de récidive, il doit subir un emprisonnement plus long, et il est en outre condamné à une amende. Jusqu'ici tout est conforme aux règles qui président à la bonne composition des lois.

Mais tout-à-coup une sombre inquiétude, une prévision sinistre sont venus s'emparer de votre commission. Ce n'est pas assez, après une première récidive, d'avoir transformé en délit le manquement à la discipline; ce n'est pas assez d'avoir prévu la récidive du délit, c'est-à-dire d'avoir aggravé pour la troisième fois la peine de la même infraction, que l'on suppose pouvoir être commise quatre fois de suite en un an par le même garde national, on introduit dans la loi une troisième récidive, et on y attache des peines d'une nature toute différente.

Une pareille progression de peines me semble inadmissible : une telle supposition de désobéissance progressive entache la loi d'une défiance

ombrageuse et calomnie les citoyens. Une obstination si coupable, si elle existe, est sans doute
trop rare pour que la législation doive s'en occuper. Comment admettrions-nous que le seul
délit pour lequel il soit nécessaire de créer un
système de récidive tout nouveau, et dont je ne
connais d'exemple dans aucune législation ; que
le seul délit qui serait assez habituel en France
pour qu'il fallût supposer qu'il est souvent commis cinq fois par la même personne en un an,
est l'abandon du drapeau, protecteur des foyers
domestiques, de la bannière de l'ordre public et
de la liberté. D'ailleurs, le malheureux qui aurait ainsi déserté sa propre cause, demeurerait-
il impuni, si vous n'adoptiez pas les paragraphes
que je repousse; non, assurément . car il encourrait autant de fois la peine dont vous pu-
nissez sa première récidive qu'il commettrait de
nouveau le même délit.

Mais si une disposition si exorbitante de toutes
les règles paraît devoir être écartée à causes des
vices qui lui sont propres, je crois qu'elle doit
l'être encore à cause de la nature des peines
qu'elle introduit dans la loi. Je veux parler de
la privation des droits civiques énoncée dans les
quatre premiers numéros de l'article de l'art. 42
du Code pénal, qui sont le droit d'élire, le droit
d'éligibilité, le droit de remplir les fonctions
de juré et le port d'armes.

Cette peine, j'ose le dire, est la plus grave des peines correctionnelles. Elle entraîne une véritable *diminution d'état*. Le législateur ne l'inflige, dans le Code pénal, que pour des délits qui, dégradant l'homme et compromettant l'honneur, détruisant la considération qui doit environner le citoyen, encore faut-il se reporter à l'époque où le Code pénal fut promulgué, et la comparer à l'époque actuell e. A lors les droitsciviques n'étaient, pour la plupart, que des fictions ou des souvenirs ; ils n'étaient pas même des espérances. Ce sont aujourd'hui des biens réels, des *vérités* comme la constitution elle-même. Il est permis de penser que si l'on révisait aujourd'hui nos lois pénales, on userait d'une peine si grave avec plus d'épargne. Comment donc pourrait-elle être appliquée, sans disproportion, à une infraction toute spéciale, qui n'est délit que par assimilation ? Conviendrait-il d'assimiler par la peine des délits qui n'ont rien d'analogue, et de les envelopper dans la même flétrissure? D'ailleurs, quand on prive un citoyen de ses droits, ce n'est pas lui seulement que l'on frappe, c'est la cité toute entière. C'est un mauvais système de pénalité que celui qui atteint les citoyens dans leurs droits, dans un pays où règne la liberté politique; il est sans cesse à craindre qu'il ne devienne un instrument d'oppression entre les mains des partis. Restreignons donc, dans les limites posées par la chambre des députés et le Gouvernement, les moyens de répression nécessaires pour assurer le service et la bonne organisation de la garde nationale. Cette salutaire institution, à l'ombre de laquelle la paix intérieure se consolidera chaque jour, et qui garantit l'indépendance de la patrie, a besoin, sans doute, de la sanction de la loi ; mais elle ne réclame point de rigueurs qui seraient contraires à sa propre nature. Vous aurez assez fait pour assurer son service, en adoptant les trois premiers paragraphes de l'article 92 ; les deux derniers n'obtiendront point votre assentiment ; car, en pareille matière, il est plus dangereux peut-être de dépasser le but que de rester en deçà.

M. *le duc de Choiseul.* Il est dangereux de lutter sur ce terrain contre M. le premier président de la cour de cassation, qui doit mieux que moi connaître les lois ; mais il est de mon devoir de justifier la commission, de justifier mon opinion personnelle ; car ces deux articles ont été discutés dans la commission, et cette discussion n'était pas nouvelle pour moi. Je suis heureux d'avoir dans cette enceinte une des lumières les plus complètes dans cette législation, celle de M. le commissaire du Roi ici présent (*M. Allent*). Il avait l'honneur d'être membre de la commission primitive où cet article fut adopté unanimement. Il fut même soutenu par un homme dont le souvenir sera toujours cher à tous les Français, *Benjamin-Constant*. En effet, tout Français, au moment où il vient de naître, doit ses services à son pays. A l'âge de vingt ans, il appartient à la garde nationale, sauf quelques exemptions que la loi a établies. Quel est donc le devoir le plus impérieux qu'il y ait au monde? C'est celui de défendre son pays. Quelle est la faute la plus grave qu'on puisse commettre? C'est de se refuser à le défendre. C'est la conséquence de toutes ces idées qui nous a amenés à établir une peine sévère contre ceux qui, pour nous servir d'une expression du noble préopinant, faisaient banqueroute à leur pays, et c'est une banqueroute qui a un caractère plus odieux. Car je ne mettrai jamais sur la même ligne l'intérêt de la patrie avec l'intérêt des particuliers. Remarquez que celui auquel s'applique cette peine grave est un homme incorrigible. Si vous étiez arrêtés à la troisième récidive, vous n'auriez pu sortir de ce cercle vicieux; ce serait toujours à recommencer. C'est un article très honorable pour la garde nationale : j'en demande le maintien.

M. Decazes. Il est vrai que les quatrième et cinquième récidives ne se trouvaient pas dans le projet de la chambre des députés. Nous avons cru les devoir introduire, parce que ces cas se sont souvent présentés à Paris. La commission a cru que lorsqu'un citoyen persistait dans un refus aussi immoral pendant cinq fois , elle devait chercher à l'atteindre par une peine plus afflictive que les peines précédentes ; car celles-ci étaient reconnues inutiles. Elle a choisi une peine proportionnée au délit, une peine politique , une peine atteignant le citoyen dans ses droits de citoyen ; puisque le garde nationale qui refuse cinq fois d'exécuter un service d'ordre et de sûreté , manque effectivement à ses devoirs de citoyen. Votre commission a pensé que celui-là qui refusait cinq fois de remplir ses devoirs de citoyen garde national , était indigne et incapable d'exercer ses droits d'électeur ou d'éligible. Tels sont les motifs qui ont déterminé votre commission.

M. le comte Portalis. Messieurs, il m'est impossible de ne pas faire une courte réponse aux arguments par lesquels on soutient les deux derniers paragraphes de l'art. 92, dont je demande le retranchement. Le noble duc qui vient de se rasseoir m'accuse d'inconséquence. Selon lui, pour être d'accord avec moi-même, il aurait fallu que je m'opposâsse à cette partie de l'article, qui après que le conseil de discipline a porté un jugement sur une première récidive, autorise le

renvoi de celui qui en commet une seconde devant la juridiction correctionnelle et le soumet à
une aggravation de peine, et il ne peut comprendre que je combatte la prévision d'une cinquième
récidive et une quatrième aggravation de peine,
lorsque j'ai admis la quatrième et la troisième.
Une telle conséquence est trop rigoureuse pour
être admise. Je pourrais la repousser en disant
que c'est précisément parce que j'ai admis une
première aggravation de peine que j'en repousse
une seconde. Les rigueurs n'appellent pas nécessairement les rigueurs, et c'est précisément après
avoir prévu le mal et y avoir pourvu, qu'il y a
motif suffisant de s'arrêter. Mais le noble duc me
permettra de prendre ici la défense du travail de
la commission contre les arguments qu'il emploie
pour le soutenir. Je crois avoir dit que celles de
ses propositions, qui sont contenues dans les trois
premiers paragraphes de l'art. 92, sont conformes
aux règles qui président à la bonne composition
des lois. En effet, l'article tel qu'il est rédigé,
n'admet point de seconde récidive : il reconnaît
que les pouvoirs du conseil de discipline et sa
juridiction, sont épuisés quand il a prononcé sur
la récidive.

Mais alors, prenant en considération l'obstination coupable du garde national qui, pour la
troisième fois, refuse le service, qui lui est de-

mandé au nom de la patrie, il qualifie de délit cette infraction aux devoirs de citoyen et cette désobéissance persévérante à la loi. Il prévoit ensuite la récidive de ce nouveau délit et là finit le paragraphe. Il n'y a là rien d'opposé aux principes que j'ai cherché à établir, tout, au contraire, y est parfaitement conforme. Ce n'est qu'en poussant la prévoyance plus loin, et en armant la vindicte publique contre le renouvellement réitéré du délit puni en récidive, que la commission est tombée dans l'inconvénient que j'ai eu l'honneur de signaler à la chambre. J'ai donc pu le relever sans inconséquence. Le noble duc assure aussi qu'une triste expérience a fait connaître que la mesure proposée était nécessaire; que l'obstination de certains hommes à négliger leurs devoirs de gardes nationaux avaient été fréquents, et que les exemples en étaient multipliés. Messieurs, je le déplore comme lui. Mais je le prie de vouloir bien faire la part des circonstances et celle de la législation qui va être portée. En d'autres temps le zèle a pu se refroidir, le dégoût même se manifester. L'institution était en décadence; le service était devenu une charge sans compensation. Aujourd'hui l'ordre public a presque pour unique appui, au moins pour principal soutien, cette milice citoyenne qui remplit ses devoirs sacrés avec une si noble

persévérance; mais la loi reconnaît ses droits ,
c'est à elle qu'elle remet le dépôt de nos institutions et de nos libertés. Les temps sont bien
changés : les plus généreux sentiments, les affections les plus naturelles , la nécessité elle-même
soutiennent le dévouement et l'encouragent. D'ailleurs , toutes les précautions sont prises et votre
prudence n'a rien négligé. Lorsque des récidives
si affligeantes et si obstinées se sont multipliées ,
qui était appelé à en prononcer la répression ? des
conseils de discipline seulement, et des conseils
de discipline dont la légalité était contestée et
qui appliquaient des peines portées par des décrets
dont on révoquait en doute l'autorité.

A l'avenir tout aura été réglé par la loi ; elle
aura imposé les obligations, institué les conseils
de discipline, réglé leur compétence, assuré leur
juridiction; elle aura fait plus : elle aura renvoyé devant les tribunaux de répression les in-
fracteurs obstinés de ses commandements, et
appelé les peines correctionnelles à l'appui du
maintien de la discipline civique. Ayez une juste
confiance dans votre propre ouvrage. Sous une
telle législation, les abus que l'on vous a dé-
noncés ne se renouvelleront plus; au moins, ne
seront-ils le fait que de quelques êtres isolés,
étrangers à la sympathie de tout sentiment patriotique et généreux ; il sera petit le nombre des

Français qui se sépareront de leurs frères, de leurs concitoyens, de la cause des libertés publiques et des institutions constitutionnelles. Les lois ne doivent statuer que sur les faits fréquents et communs; elles négligent ce qui arrive rarement et par exception. Leur prévoyance doit être en rapport avec l'état de la société et la disposition générale des esprits. Pleines de confiance dans leur force, dans leur sagesse et dans l'obéissance des citoyens, elles doivent remédier au mal évident, sans rechercher ingénieusement à prévenir celui qui ne serait que possible. Je persiste à demander, pour l'honneur de la France et par justice pour les citoyens, le rejet des deux paragraphes.

M. le comte de Sesmaisons. Après avoir entendu deux membres qui faisaient partie de la commission, la chambre n'écoutera pas sans intérêt un de ses membres qui a été long-temps un des chefs de la garde nationale, qui en fait aujourd'hui partie comme soldat, qui s'honore également de l'un et de l'autre. Il y a souvent une cause d'opinion, une raison qui fait qu'on s'obstine à ne pas vouloir entrer dans les rangs de la garde nationale d'une ville. Un homme qui refuse le service de la garde nationale, qui résiste à tous les ordres donnés, qui se résigne à subir toutes les peines, est un homme tel, que le Gouvernement ne saurait avoir des peines trop sévères contre lui. Je trouve même que la peine portée par la loi est trop douce.

M. le comte d'Ambrugeac. Vous avez entendu des membres de la commission qui ont approuvé ces dispositions nouvelles. Je suis un de ceux qui y ont apporté la plus vive opposition. Si vous établissez que tout citoyen qui refuse plus ou moins ses services à son pays doit être frappé dans ses droits de citoyen, peine que le noble préopinant qualifie de douce, et que j'appelle la plus sévère possible.

Vous trouverez dans les articles subséquents de la loi, non plus des fautes, mais des délits, des crimes. La même pénalité leur est-elle appliquée? Non : voyez, par exemple, les articles où il s'agit de porter hors de ses foyers une partie de la garde nationale, de la porter aux frontières pour établir une barrière vivante entre nos ennemis et notre patrie; un garde national est assez malheureux pour oublier son devoir, son honneur, pour quitter non pas devant l'ennemi, mais allant à l'ennemi, le corps dont il fait partie; la loi lui inflige la peine de l'emprisonnement; ses droits civiques ne sont nullement atteints.

Mais passant de la garde nationale aux troupes ordinaires, un officier abandonne son drapeau hors de la présence de l'ennemi, qui est une des fautes les plus graves : eh bien ! vous bornez la peine à une destitution, et l'officier peut le lendemain aller voter dans un collége électoral.

Je vous conjure, Messieurs, de peser attentivement cet article qui pourrait avoir des suites dangereuses. On ne manquerait pas de s'en servir comme d'un précédent pour les actes militaires. Le droit d'élire et d'être élu va s'étendre à un nombre infini de citoyens: ce ne seraient plus seulement les gens riches et les officiers que vous atteindrez, mais jusqu'au moindre soldat qui pourra, revenu dans sa commune, participer à l'élection du conseil municipal. Je supplie la chambre de renvoyer cet article à la commission ; il vaut la peine qu'on s'en occupe avec le plus grand soin.

M. *le duc Decazes*. Le noble comte que vous avez entendu, s'est élevé contre l'idée de priver un citoyen des ses droits d'éligible, d'électeur, de juré. Mais, Messieurs, je ne conçois pas au contraire quelle confiance peut inspirer celui qui a été condamné cinq fois : comment vous permettriez de porter des armes pour son plaisir à celui qui a refusé de porter les armes pour sa patrie ! Je ne crois pas que celui-là soit digne de jouir de ses droits politiques qui s'obstine à ne pas exercer ce que réclame sa patrie pour le maintien de l'ordre et de sa sûreté. (Les trois premiers paragraphes de cet article sont adoptés ; les deux derniers sont rejetés.)

(*Séance du* 24 *février* 1831.)

ARTICLE 93.

«Art. 114 *de la commission.* Tout chef de corps, poste ou détachement qui refusera d'obtempérer à une réquisition des magistrats ou fonctionnaires investis du droit de requérir la force publique, ou qui aura agi sans réquisition , sera poursuivi et puni devant les tribunaux, conformément aux articles 234 et 258 du Code pénal.

» La poursuite entraînera la suspension , et s'il y a condamnation, la perte du grade. »

Une voix. Ayez la bonté de nous lire ces deux articles du Code (1).

M. Doria. Je m'applaudis de ce que la chambre a désiré entendre la lecture des articles dont il s'agit, avant de voter sur l'article 114 en discussion. Le conseil pourrait faire l'application de l'article 234 aux chefs de corps qui auraient refusé d'obtempérer à la demande des magistrats ; il pourrait infliger une peine plus grande à ceux qui se seraient attribués des fonctions qui ne leur appartiendraient pas. Mais appliquer l'article 234 à un chef qui, dans un moment de trouble , fera spontanément usage de la force armée, cela me paraît exorbitant. Il n'y a pas dans cette conduite usurpation de fonctions ; on ne

____

(1) M. le rapporteur les lit. On les trouvera pages 63 et 64.

peut donc le punir comme on punirait ce délit.

M. Salverte. Je demande le maintien de l'article. Il ne faut pas que les chefs de la garde nationale puissent agir sans réquisition. Ils sont soumis à l'autorité civile qui doit remplir les formalités prescrites par la loi, avant d'ordonner l'emploi de la force armée. Je demande le maintien de l'article, comme sauve-garde de la tranquillité et du repos des citoyens.

M. Doria. Je ne m'oppose pas à ce qu'on punisse un officier qui agit sans réquisition ; mais je crois que l'article 258 du Code pénal porte une peine exorbitante.

M. Jacquinot-Pampelune. L'article 258 peut toujours être modifié par l'art. 463, à cause de circonstances atténuantes.

M. Agier. Je demande qu'après ces mots : *sans réquisition*, on ajoute ces mots : *sans ordre supérieur*, parce qu'il peut se trouver, comme à Paris, un commandant en chef, qui seul ait reçu la réquisition de l'autorité compétente.

M. Duvergier de Hauranne. Il est entendu que ceci est subordonné à la loi qui fixe les cas où la force publique peut agir sans ordre, pour repousser une attaque.

M. le rapporteur. Un garde national qui n'obéit pas à un ordre supérieur est passible d'une peine ; mais cette peine ne peut avoir aucune proportion avec celle qui doit frapper le garde national qui refuse d'obéir aux réquisition de l'autorité civile.

La peine que vous votez maintenant n'est pas en proportion avec le simple délit de désobéissance aux chefs. Il faut pour ce délit une peine distincte.

(L'amendement de M. Agier n'est pas appuyé.)

La chambre adopte l'art. 114 de la commission (93). 　　　　(*Séance du 5 janvier* 1831.)

ARTICLE 94.

Le projet primitif du gouvernement attribuait au jury le jugement de toutes les fautes commises dans le service de la garde nationale. Les inconvénients exposés ici, par M. Salverte, ont fait rejeter ce mode de composition des conseils de discipline.

M. *Salverte.* Des difficultés plus sérieuses s'élèvent sur une institution qui, pour la première fois, figure dans le Code de la garde nationale: l'institution du jury. On se demande d'abord si, en général, toutes les questions de fait à juger, ne seront pas telles, qu'il devienne inutile de convoquer le jury pour les constater. Un homme a-t-il manqué ou n'a-t-il pas manqué au service? Voilà quelle sera le plus souvent la question à juger. Quant aux excuses qui portent sur l'incapacité, elles sont susceptibles de discussion. Ce n'est plus là une question de fait, c'est une question de légalité, qui semblerait plutôt du ressort d'un juge que du ressort d'un juré.

Il y a plus; je ferai remarquer que vos jurés seront fort occupés. La garde nationale est partout beaucoup plus nombreuse qu'elle ne l'était précédemment; or, de 1814 à 1816, les conseils de discipline se trouvèrent tellement chargés d'affaires à juger que, pour les remettre au courant, l'autorité supérieure eut recours à un expédient fort simple, mais peu utile, je crois, à la régularité du service : ce fut d'annuler toutes les contestations. Aujourd'hui que la garde nationale est en bien plus grand nombre, il faudra augmenter le nombre des jurés. La loi autorise à appeler dans le jury un ou plusieurs gardes nationaux des postes voisins, ou à prendre les jurés chez eux; vous iriez donc chercher à domicile des gardes nationaux pour leur faire remplir les fonctions de jurés; mais quand le garde national a payé sa dette, quand il a fait son service, il a le droit de vaquer à ses affaires; et vous lui imposeriez une charge nouvelle en allant ainsi l'en distraire?

Les formes aussi ont paru assez longues et assez compliquées. Il en est une sur-tout qui semble à peu près impraticable; je veux parler du pourvoi en cassation. Le projet donne trois jours pour se pourvoir en cassation; mais comme vous savez, le Code d'instruction criminelle ordonne que les condamnés à une peine emportant priva-

tion de la liberté ne seront admis dans leur pourvoi en cassation qu'autant qu'ils seront en prison ; voyez que d'inconvénients pour un garde
national condamné à quelques jours de prison,
et qui peut être éloigné de Paris de 100 ou 200
lieues; il aurait plus tôt fait de subir sa peine. Le
recours est donc illusoire ; c'est un vice qu'il faut
réparer.

Je crois qu'il est plusieurs points relatifs à la
discipline, sur lesquels les difficultés disparaî-
traient, si l'on donnait un peu plus d'étendue au
pouvoir des officiers et des sous-officiers. Il suffirait pour y parvenir de leur donner un pouvoir
moral ; c'est celui que donnent les élections : et à
cet égard je suis de l'avis de mon honorable ami
le colonel Jacqueminot, qui dans un discours que
vous n'avez sûrement pas oublié, a établi d'une
manière très juste et très piquante la nécessité
d'appliquer l'élection à tous les grades, depuis le
plus petit jusqu'au plus élevé.

(*Séance du* 13 *décembre* 1830.)

ARTICLE 110.

« Art. 125. Le conseil de discipline sera saisi,
» 1° Par le renvoi que lui fera le commandant
de la garde nationale ou communale, de tous
rapports ou procès-verbaux constatant les faits
qui peuvent donner lieu au jugement de ce conseil ;

» 2° Par la plainte de toute partie lésée qui n'aurait pas saisi de sa plainte les tribunaux ordinaires. »

M. Thil Je propose de supprimer le dernier paragraphe, et de mettre dans le premier, au lieu de *procès-verbaux*, seulement, les mots : *procès verbaux de plainte*. Devant les conseils de discipline, on ne reconnaîtra pas de partie civile ; aucune personne autre que l'inculpé ne pourra se présenter ; et il me semble qu'une partie ne doit pas avoir directement le droit de mettre le conseil de discipline dans la nécessité de s'assembler. Si une plainte doit être appréciée, il l'examine d'abord.

(L'art. 125, amendé par M. Thil, est adopté.)

(*Séance du 6 janvier 1831.*)

ARTICLE 126.

M. le comte de Valentinois. Messieurs, je demande à faire une observation sur cet article.

Lorsque l'on fonde un appel contre un juge de première instance, la première condition, la condition fondamentale est la possibilité de cet appel pour la totalité des intéressés.

Or, il me semble que l'article n'obéit pas à cette condition. Pour appeler en cassation, il faudra déposer le quart des amendes. Le quart est, si je ne me trompe, de 37 fr. Dans les villes peut-être y aura-t-il peu d'inconvénients, car, ainsi que l'a fort bien expliqué le noble rapporteur, les abus de pouvoir y auront trop de surveillants, et l'on aura peu à reprendre les conseils de discipline.

Mais dans les communes rurales, il est à craindre que ce ne soit pas toujours de même, et la loi ne saurait prendre assez de précaution, sur-tout lorsqu'il s'agit d'un emprisonnement qu'il faudra souvent aller chercher à plusieurs lieues de son domicile.

Q'arrivera-t-il si le dépôt exigé est de 37 fr.? c'est qu'aucun intéressé ou presque aucun dans les communes rurales ne pourra appeler en cassation et que par le fait l'appel deviendra impossible. Telle ne peut être l'intention de la loi, et tel cependant serait son résultat.

Je demande en conséquence que le second alinéa soit ainsi rédigé :

« Le pourvoi en cassation se fera sans frais, et sera suspensif du jugement du conseil.

Mais dans le cas du rejet du pourvoi le condamné devra payer une somme égale au quart des amendes exigées par les lois et réglements en matière ordinaire. »

M. le duc Decazes. Je ne conçois pas comment il peut y avoir de discipline, si on peut la suspendre ainsi avec autant de facilité ; cependant nous avons voulu offrir le pourvoi en cassation entouré de quelques formalités, afin qu'il ne de-

vînt pas abusif. Vous pensez bien que nous n'a-
vons pas admis cette suspension pour les arrêts.

(L'amendement de M. le duc de Valentinois
n'est pas appuyé.)

L'article est adopté.

ARTICLE 123.

M. *Agier*. Je suis généralement convaincu, et
il est de mon devoir d'en avertir, qu'autant la
mesure proposée par la commission de conserver
les cadres tels qu'ils sont formés maintenant,
empêcherait le trouble et la désorganisation,
autant l'autre mesure de renvoyer à 1833 les réélections des officiers et sous-officiers, jetterait la
perturbation dans les rangs de la garde nationale. En effet, conserver sous l'empire de la loi
nouvelle, des officiers élus, librement sans doute,
sous l'empire d'une loi qui , dans le premier moment, a pu servir de règle, quoique abrogée,
ne serait-ce pas une espèce d'anomalie ? Et n'est-
il pas dans l'intérêt vrai de ces officiers, n'est-il
pas sur-tout dans l'intérêt du bien du service ,
qu'ils passent par l'épreuve d'une réélection?
Qu'on ne perde jamais de vue cette vérité incontestable : dans la garde nationale l'influence, la
force, l'efficacité du commandement est toute
dans une confiance libre et entière, et ne peut
être ailleurs. (*Séance du* 11 *décembre* 1830.)

M. *Salverte*. La loi n'a rien statué sur l'époque

où seront faites les prochaines élections des officiers de la garde nationale. Les officiers qui ont
été nommés dans la nouvelle organisation con-
serveront-ils leur grade? Je ne trancherai pas la
question : je me contenterai de faire remarquer
que ces élections improvisées ont porté sur des
personnes que l'on connaissait peu , parce que,
dans beaucoup de communes, les citoyens se
connaissaient peu avant cette réorganisation. Ce
sera sans doute une raison de soumettre à la
réélection des officiers qui auront acquis de
nouveaux droits à la confiance de leurs concitoyens, si pendant les quinze mois déjà écoulés
ils se sont montrés dignes de cette confiance.

(*Séance du* 13 *décembre* 1831.)

M. le vicomte Lemercier propose l'amendement suivant :

« Dans les trois mois qui suivront la promulgation de la présente loi, il sera procédé à une
nouvelle élection d'officiers, de sous-officiers
et de caporaux dans tous les corps de la garde
nationale. »

M. le vicomte Lemercier. Je crois mon amendement indispensable. La loi de 1791 voulait
que les grades ne fussent conférés que pour un
an. Les nominations des officiers et des sous-
officiers ont eu lieu en vertu de cette loi. Aussi,
dans la plupart des élections , inscrivait-on sur
le bulletin : « nommé pour un an. » L'élection

fait toute la force et l'autorité des grades. Il serait fâcheux qu'on méconnût les règles d'après
lesquelles la garde nationale actuelle a été organisée. Mon amendement vous paraîtra, je l'espère, d'autant plus admissible qu'il indique un
terme qui correspond avec celui de 1791. Les
choix ont été en général très bons; mais quelques-
uns ne sont pas aussi satisfaisants qu'on pourrait
le desirer, et le vœu général est pour une nouvelle
élection.

M. Agier. L'article proposé par la commission
assigne pour les réélections, une époque trop
éloignée; ce délai pourrait donner lieu à des
inconvénients que nous devons chercher à éviter. L'autorité des officiers de la garde nationale
ne peut reposer que sur une confiance absolue.
On s'attend partout à réélire les officiers, aussitôt
que la loi, que nous discutons, aura été promulguée. Sans doute, les choix qui ont été faits
sont marqués d'un grand cachet de liberté; mais
vous sentez que, dans les premiers moments,
ils n'ont pu être aussi éclairés qu'ils pourraient
l'être désormais. Je trouve un peu long le terme
proposé par notre honorable collègue : cette
suspension de trois mois n'est pas sans inconvénients ; toutefois je me réunirai volontiers à son
amendement, et je m'oppose au délai de trois
ans, convaincu qu'il produirait, dans les départements, de funestes effets.

M. Ch. Dupin. C'est un sentiment très honorable qui porte un colonel à demander une réélection immédiate des officiers et sous-officiers de la
garde nationale; mais cette réélection immédiate,
si elle a ses avantages dans certaines localités, peut
avoir ses inconvénients dans d'autres. Le terme
que nous vous proposons, remet les premières
réélections générales au 1er janvier 1833, ce qui
les reporte à deux années, et non pas, comme on
l'a dit, à trois ans; mais en même temps la loi
laisse au roi la faculté de procéder immédiatement, par voie d'ordonnances aux nominations
nouvelles des officiers. Je suis bien aise de faire
voir ici quel a été l'esprit qui anime la commission. Elle a une confiance pleine et entière dans
la garde nationale, telle qu'elle existe actuellement Il est possible qu'après une réélection, les
corps des officiers soient, dans quelques localités, préférables; mais nous les avons trouvés
excellents, tels qu'ils sont. Remarquez que dans
les premiers moments, sous un gouvernement
que nous commençons, il est plus prudent de
laisser à la sagesse du gouvernement la faculté
de renouveler les élections dans les endroits où
il le trouvera avantageux ; et en même temps de
lui donner une latitude de deux années, afin de
maintenir, dans d'autres localités, les élections
qui seraient conformes au vœu général. Je n'ai
pas besoin d'insister davantage, pour vous dé-

montrer l'utilité de la mesure proposée par la commission.

M. de Laborde. Je viens appuyer l'amendement de notre honorable collègue, **M. Lemercier**, parce qu'il me paraît répondre au vœu manifesté par la garde nationale d'une grande partie du royaume. M. le rapporteur vient de dire qu'on pouvait remédier, par ordonnances, à l'inconvénient qui a été signalé. C'est précisément ce que nous devons éviter. On fait intervenir trop souvent dans nos lois, le régime des ordonnances. Que pourrait-on d'ailleurs redouter d'une réélection immédiate ? Les officiers qui par leurs services auront bien mérité de leurs concitoyens, seront réélus. Quant aux autres, il y a avantage à ce qu'ils ne le soient plus.

M. Gaillard de Kerbertin. Les cadres actuels d'officiers de la garde nationale sont excellents. Si nous étions obligés de les renouveler immédiatement, il est probable que les nominations ne seraient pas aussi bonnes, sur-tout dans les départements de l'ouest. Je combats donc l'amendement; mais s'il devait être admis, je proposerais cette modification :

« Toutefois sont exceptés les départements de l'ouest et du midi... (Vive interruption... *Quelques voix.* Pourquoi des exceptions?) Je crois que je puis aussi avoir mon opinion comme mes collègues ont la leur : je vous parle au nom de

mes commettants, au nom de la garde nationale
de la Bretagne, qui verrait avec le plus grand cha-
grin le renouvellement de ses cadres d'officiers.

M. le général Brenier. Tout en partageant l'avis
de la commission, je ne puis me dissimuler que
les officiers actuels de la garde nationale ont été
nommés sous l'empire de la loi de 1791, c'est-à-
dire au moins pour un an. La commission a pu
penser, pour divers motifs, qu'il ne fallait pas
procéder immédiatement à de nouvelles élections ; mais l'intervalle de deux années me paraît trop long, et il me semble qu'il suffit d'une
année entière à partir de l'époque de la nomination.

M. Lemercier. J'ai demandé que la réélection
des officiers et sous-officiers eût lieu trois mois
après la promulgation de la loi. Il y aura alors
à peu près une année écoulée depuis les premières élections. Je ferai remarquer qu'en rejetant
à une époque éloignée la réélection, on s'expose
à beaucoup d'inconvénients ; non seulement les
subordonnés auraient de la peine à obéir ; mais
les officiers eux-mêmes ne croyant pas avoir reçu
le mandat de commander au-delà du terme d'une
année, donneraient leur démission.

M. le président. M. le général Brenier propose
de substituer aux mots : *Dans les trois mois,*
ceux-ci : *Dans l'année qui suivra la promulgation
de la présente loi.*

M. Agier. En retardant les réélections, vous empêchez, en général, la garde nationale de s'organiser comme elle doit l'être.

M. Ch. Dupin. J'en demande pardon à M. Agier; mais vous venez d'entendre un député qui a déclaré que, dans sa province, la réélection immédiate des officiers produirait un effet contraire.

M. le président. Voici la nouvelle rédaction présentée par M. le général Brenier.

« Dans l'année qui suivra la promulgation de la présente loi, il sera procédé à une nouvelle élection d'officiers, sous-officiers et caporaux dans tous les corps de la garde nationale. »

M. le général Brenier. Je substituerai cette autre rédaction :

« Le premier renouvellement des officiers de la garde nationale aura lieu dans le courant du mois d'août 1831. »

M. Charles Dupin. C'est l'époque de la moisson, qui est très défavorable pour les communes rurales. Nous avons choisi le 1er janvier, parce qu'alors les habitants de la campagne sont peu occupés.

L'amendement de M. Lemercier est mis aux voix et adopté. (*Séance du 27 décembre 1830.*)

ARTICLE 125.

« *Art.* 69 *de la commission :*

» Les organisations actuelles de la garde nationale par compagnie, par bataillon et par légion, qui ne se trouveraient pas conformes aux dispositions de la présente loi, pourront être provisoirement maintenues par une ordonnance du Roi, sans toutefois que cette autorisation puisse dépasser l'époque fixée pour le premier renouvellement triennal. »

M. *le rapporteur.* Je prie la chambre de vouloir bien faire attention à la nature de cet article. Les gardes nationales sont organisées dans toute la France, mais elles le sont sur des bases différentes ; si vous vouliez immédiatement refondre leur organisation, et rapporter tout à la nouvelle loi, vous tomberiez dans des inconvénients graves. Ainsi, l'uniforme sera désormais le même pour toutes les gardes nationales, et actuellement il ne l'est pas ; si vous exigiez que dès à présent il fût le même partout, vous obligeriez à des dépenses considérables. Nous aurions desiré que l'ordre de choses actuel pût subsister pendant deux ans, et que la réorganisation fût fixée au 1ᵉʳ janvier 1833. L'Assemblée constituante vous a donné l'exemple d'une mesure transitoire de cette nature. Je crois qu'il est bon de conserver l'article de la commission, en le modifiant ainsi : « Sans toutefois que cette autorisation puisse dépasser l'époque du 1ᵉʳ janvier 1833.

M. de Vatimesnil. Je demande que ce délai
soit fixé au 1er janvier 1832. Cette base d'un an
vous l'avez déja adoptée dans deux cas. Vous
avez autorisé le Gouvernement à suspendre l'organisation de la garde nationale dans certaines
localités, et vous venez de dire qu'il pourra conserver, pendant un an, les officiers actuels dans
certaines localités. Je ne vois pas de motifs pour
adopter ici un délai plus long.

(L'article de la commission est adopté avec le
sous-amendement de M. de Vatimesnil)

(*Séance du 27 décembre 1830.*)

ARTICLE 127.

M. Agier. Une des premières conditions de
sa force, de sa durée, est qu'elle soit une. Voilà
pourquoi le projet primitif, qui en créait deux
distinctes, séparées, l'une sédentaire, l'autre
mobile, avait tant d'inconvénients. La mobile
ne serait, au reste, qu'une autre espèce de recrutement, plus dur en quelque sorte que le recrutement ordinaire; voilà pourquoi le projet,
avant d'être amendé par la commission, avait
causé des inquiétudes si générales. Ajoutez que
si vous aviez deux corps de garde nationale distincts, vous auriez nécessairement deux esprits
différents; et comme bientôt les corps mobiles
se peupleraient en presque totalité de rempla-

çants pris dans la classe des prolétaires, bientôt aussi ils vous donneraient de véritables cohortes prétoriennes, prêtes à servir, ou d'appui à l'anarchie, ou d'instrument au despotisme.

Tandis que si vous prenez, suivant les besoins de la patrie, vos détachements mobilisés dans la garde nationale, le soldat qui sort de ses rangs emporte avec lui, comme un noble véhicule, la pensée, le sentiment des intérêts de la cité, et lorsqu'ensuite le soldat de l'armée permanente voit arriver près de lui le citoyen qui laisse momentanément ses foyers pour venir partager ses fatigues et ses travaux, il s'identifie avec lui, il se sent honoré, élevé; et de là naturellement cette union, cette fusion qu'il est si désirable, si nécessaire d'établir entre la nation et l'armée.

Séance du 11 *décembre* 183o.

M. le général Brenier. On ne peut se dissimuler que ce projet (celui de la garde nationale mobile) a effrayé beaucoup de monde; les désignations, avec tous leurs détails et leurs conséquences, ont paru faire de cette loi une nouvelle conscription, comme ces rappels successifs exigés par Napoléon, lesquels mettaient continuellement en question la position sociale de tous les citoyens.

Il a existé une différence bien marquante entre les bataillons de gardes nationales mobiles organisés en diverses circonstances par Napoléon , et ces valeureux bataillons de volontaires appelés par la loi du 21 juin 1791; c'est avec ceux-là que nous avons vaincu toute l'Europe, et je compte avec orgueil au nombre de mes services militaires d'avoir commandé un de ces bataillons : pourquoi cette différence? C'est que les uns étaient l'expression et l'élan de l'enthousiasme de la nation entière, et que les autres n'étaient qu'une pâle conséquence de l'ambition despotique d'un seul.

Je pars toujours du principe indispensable qu'une armée permanente doit être organisée d'une manière complète sur le pied de paix, et qu'il faut en même temps organiser les *cadres* d'une réserve considérable destinée, au besoin, à doubler la force de l'armée ; dans une occasion pressante, l'on pourrait incorporer dans les cadres de cette réserve tous les citoyens auxquels les circonstances auraient ôté momentanément les moyens de pourvoir à leur subsistance par leur travail; cette incorporation, qui ne serait que temporaire, suppléerait, par exemple dans le moment actuel, aux hommes qui doivent composer le fond de la réserve, lesquels ne pouvant être désignés que par une nouvelle loi de recrutement, ne peuvent par conséquent exister que dans l'avenir.

De cette organisation, il serait possible de faire surgir des conséquences d'ordre intérieur et même d'économie; alors la réserve pourrait être employée utilement dans l'intérieur pour servir d'auxiliaire à la gendarmerie, et pour former les détachements nécessaires au maintien de la paix publique hors du canton de l'arrondissement ou même du département. Dans ce dernier cas, elle servirait aussi d'auxiliaire aux détachements de la garde nationale, en service ordinaire, dont le concours a été jugé utile, dans certaines circonstances, par les art. 72 et 73 du titre VIII. Je dis auxiliaire, parce que je pense que, dans toutes les circonstances de troubles intérieurs, le concours de la garde nationale est la meilleure de toutes les garanties; qu'elle est alors responsable, comme chargée des pouvoirs de l'autorité civile, de l'exécution des mesures ordonnées par cette dernière, et que, dans ce cas, elle sert aussi en quelque sorte, si j'ose le dire, de sauve-garde à la force publique auxiliaire : alors, au moyen de la réserve, elle n'aurait à fournir que de faibles détachements, ce qui ne serait plus un service fatigant pour elle.

J'entreverrais encore, dans l'organisation des cadres de cette réserve, les moyens de satisfaire à ces nombreuses réclamations d'officiers de tous grades, qui, fondées ou non, sont très embarrassantes pour le Gouvernement, parce qu'en dernière analyse, c'est au Trésor qu'elles s'adressent. Veuillez bien croire, Messieurs, que ce ne sont pas de vaines théories dont j'indique ici quelques éléments ; c'est le résultat de longues méditations. Forcé par un Gouvernement exclusif d'appendre l'épée, que je n'avais jamais tirée que pour la défense et la gloire de la France, je me suis résigné, mais je n'ai pas boudé, et j'ai cru m'identifier encore à cette armée, que je quittais avec tant de regrets , en m'occupant de ce qui pouvait compléter et améliorer son organisation, en rattachant à ce travail les souvenirs d'une longue et active expérience. J'espère avoir l'occasion de développer avec plus de détails mes idées à ce sujet, lorsque nous aurons à discuter la nouvelle loi sur le recrutement.

En parlant de la réserve de l'armée permanente et des conséquences que l'on peut en déduire, j'ai la conviction que je ne me suis pas écarté de mon sujet ; je vais essayer de vous prouver, Messieurs , que ce que j'en ai dit était une suite de l'enchaînement de mes idées sur cette garde nationale , que dans le fond de ma retraite j'entrevoyais toujours comme une des nécessités de notre avenir , et qui, dans tous les plans que je me plaisais à tracer , trouvait toujours sa place ou comme base ou comme résultat.

Le service de la garde nationale est essentiellement gratuit : c'est un service de dévouement volontaire, c'est une généreuse abnégation de tous les intérêts particuliers aux exigences de

47

l'intérêt public ; mais c'est à cause de tous les services que *seule* elle peut rendre, qu'il ne faut pas en abuser. La garde nationale est l'élite de la nation, et par conséquent elle est intelligente ; elle comprend qu'il faut se dévouer quand les circonstances l'exigent ; mais quand ces circonstances ont cessé, elle rentre insensiblement dans ses habitudes ; contribuant pour sa part à toutes les charges publiques, elle calcule qu'ayant fourni au Gouvernement les moyens d'avoir une force publique permanente, elle ne doit, dans certains cas, qu'autoriser par sa présence et au besoin par sa direction, la force permanente chargée d'exécuter et de faire respecter à l'intérieur les ordres du Gouvernement.

En 1814 et 1815, la garde nationale, au milieu des armées étrangères, sut maintenir l'ordre dans Paris ; elle se fit respecter et admirer par son zèle et son dévouement, et elle donna aux puissances étrangères un échantillon de ce que la France entière pourrait improviser de force dans le cas d'une injuste agression ; mais lorsque les dangers furent passés, elle sentit le besoin du repos, et fut se retremper dans ses foyers afin de reprendre de nouvelles forces pour un avenir qu'elle ne prévoyait ni ne pouvait prévoir.

Les événements de juillet jetèrent, au premier moment, dans toute la France une grande impression d'anxiété ; mais lorsqu'on apprit que la

garde nationale de Paris s'organisait, toute
anxiété cessa, et la France entière comprit qu'il
fallait imiter cet exemple, afin d'assurer des
garanties au maintien de la tranquillité publique. Dans diverses circonstances la garde nationale a donné et donnerait encore, si cela était
nécessaire, de nobles et fortes preuves de la nécessité de son existence : mais lorsque tout sera
rentré dans l'ordre, elle recommencera à avoir
besoin de repos, et il faut lui en faciliter les
moyens, afin de la retrouver entière au moment
du danger ; c'est sous ce point de vue que j'ai
dû porter votre attention sur l'utilité de l'organisation d'une réserve qui dans ma pensée,
doit remplacer, même immédiatement, l'organisation lente, difficile et vexatoire des bataillons
actifs de garde nationale, telle qu'elle vous est
présentée dans la deuxième section du titre VIII.

En suivant à la lettre les dispositions de ce
projet, on serait entravé par mille difficultés à
chaque instant renaissantes : les délégations, les
remplacements, etc., entraîneraient des lon-
gueurs interminables, et avant que toutes les
réclamations eussent traversé les conseils de recensement, les jurys de recensement et le conseil de révision, l'ennemi aurait dix fois le temps
d'arriver au centre de la France, tandis qu'on
délibérerait encore sur les éléments de la force
destinée à le repousser.

On a pensé peut-être qu'il fallait jeter en avant le projet de gardes nationales mobiles comme un épouvantail destiné à prévenir les projets que les puissances étrangères auraient pu concevoir contre l'indépendance de la France? Moyen usé, Messieurs, politique mesquine, bonne tout au plus pour effrayer des enfants; la France est assez forte par elle-même pour n'avoir pas besoin d'employer de pareils moyens. La meilleure garantie pour la conservation de la paix, c'est d'abord l'accord parfait des chambres législatives avec le Gouvernement du Roi; c'est le maintien de la Charte et de toutes nos institutions constitutionnelles, c'est la loyauté et la fermeté dans nos communications diplomatiques; c'est surtout enfin la confiance que doit inspirer le noble caractère du Roi que la France s'est choisi. Ce sont ces paroles si loyales, si patriotiquement nationales que tous les jours il adresse aux divers députés de la France, avec cette franchise chevaleresque et cette aménité toute française qui le distinguent; paroles qui sont répétées avec des commentaires d'enthousiasme jusques dans les plus petites chaumières, et y font germer un dévouement d'autant plus sincère qu'il est fondé sur l'intime persuasion que Louis-Philippe seul pouvait assurer en France les institutions constitutionnelles, que seul il pouvait réunir par son caractère et ses antécédents les opinions les plus divergentes, et que seul enfin il pouvait ce que depuis le commencement du Monde on n'aurait jamais cru possible, fonder une monarchie républicaine.

Voyez ces gardes nationales se réunissant spontanément autour du prince héréditaire, digne héritier de la grace et de l'éloquence franche et persuasive de son auguste père; croyez-vous que dans un cas extraordinaire toute cette population ne se lèverait pas en masse pour conserver à la France un Gouvernement et un Roi selon son cœur? Ne paralysez pas, Messieurs, ce juste enthousiasme par de mesquines combinaisons. On dira qu'il faut bien établir des règles pour les désignations dans le cas où la formation de ces bataillons éprouverait une opposition quelconque. Messieurs, si la guerre est juste, elle sera nationale; et dans ce cas la France se lèvera en masse pour défendre son indépendance ; s'il existait des germes généraux d'opposition, ce serait une preuve que la guerre ne serait pas nationale; alors, à tout prix, il faudrait faire la paix.

Lorsqu'après la campagne désastreuse de 1815, Napoléon demanda à la France de nouveaux sacrifices; on le pria à genoux de s'engager, en cas de succès, à ne pas dépasser le Rhin; il ne voulut pas le promettre, et dès ce moment son avenir fut perdu !... Il en résulte une conséquence bien rationelle: c'est que, soit en paix, soit en guerre, tant que le Gouvernement marchera de concert avec l'opinion de la France, il sera toujours fort, et la France sera invincible.

Avec une armée permanente respectable, avec une réserve plus respectable encore, s'il est possible, le gouvernement sera toujours en mesure de repousser toute attaque imprévue; mais enfin si une nouvelle coalition menaçait la France, le Gouvernement et les chambres feraient un appel à la garde nationale dans le sens du décret du 21 juin 1791, afin qu'elle fournisse le nombre de bataillons qui seraient jugés nécessaires; ce nombre serait fixé par la loi, parce qu'en pareil cas l'enthousiasme national, s'il n'était régularisé, irait au-delà des besoins ainsi que des ressources possibles. Les gardes nationaux choisiraient eux-mêmes tous leurs officiers, sans en excepter même les chefs de bataillons, alors ces bataillons seraient composés d'une force vraiment nationale! Et croyez bien, Messieurs, que dans un cas extraordinaire, tel que celui que je suppose, on n'aurait besoin ni de désignation, ni de règles pour les remplacements; les conseils de recensement et le jury n'auraient à prononcer que sur les réclamations de ceux qui se plaindraient de n'en pas faire partie; c'est ainsi qu'est fait le caractère français; il résistera à l'exigence, mais il se dévouera avec enthousiasme lorsque la France entière se confiera à son patriotisme.

Alors, messieurs, plus de mesures vexatoires qui ressembleraient à une seconde conscription, et vous aurez de valeureux bataillons.

C'est sur-tout pour la garde et la défense des places fortes que les bataillons de volontaires nationaux seraient en grande partie destinés; alors l'armée active, composée de l'armée permanente ordinaire et de la réserve qui aurait été nécessairement mise en activité, deviendrait entièrement disponible pour tenir la campagne, prête à s'élancer contre l'ennemi extérieur, avec le courage dévoué dont elle a eu tant d'exemples dans les sanglantes et glorieuses campagnes, où la plupart de ceux qui composent encore notre armée ont valeureusement combattu; d'un autre côté, les bataillons de volontaires, formant un mur national derrière les remparts matériels des places fortes, compléteraient un parfait système de défense qui rendrait la France d'autant plus invincible que, fidèle à son système de non-intervention, elle a acquis le droit d'exiger la même réciprocité des puissances étrangères, et qu'une première infraction de leur part deviendrait une injuste provocation, qui, en rendant notre défense toute légitime et toute nationale, doublerait par l'indignation le courage des défenseurs de la France.

Je me réserve, lors de la discussion des articles, de proposer des amendements dans le sens des principes que je viens de manifester.

(*Séance du 11 décembre 1830.*)

M. Salverte. C'est une idée très sage que celle qui est consacrée dans le projet, de mobiliser la garde nationale pour l'envoyer en détachements dans des communes ou des départements voisins en cas de troubles, ou aux frontières en cas d'invasion. Toutefois, je ferai observer que l'usage que l'on pourra faire de détachements de la garde nationale dans un département, demande que ces détachements ne soient composés que de nationaux. C'est encore une des raisons que j'avais à donner contre l'admission des étrangers. Mais je ne partagerai pas l'opinion d'un honorable député de la Mayenne, qui a cru que rien ne serait plus pernicieux, plus contraire à l'esprit de notre gouvernement, que d'envoyer les gardes nationaux d'un département réprimer des troubles dans un département voisin, et qui a pensé que des soldats seraient plus propres à ce but.

Pour prouver qu'il est dans l'erreur, je dirai : Si les soldats sont meilleurs que les gardes nationaux pour comprimer une insurrection, les étrangers seront meilleurs encore; car ils n'auront aucune espèce d'affection. Il a dit que les soldats seraient meilleurs, parce que, selon lui, ils forment une espèce de peuple à part. Non, Messieurs, non; ainsi que vous l'a dit M. le ministre de la guerre, l'armée n'est qu'une émanation de la garde nationale ; jamais nous ne regarderons les soldats français comme formant un peuple à part dans notre nation.

On a dit aussi que l'emploi de la garde nationale présentait peu d'avantages pour repousser l'ennemi. Messieurs, je crois que nous devons organiser la nation de manière que, dans le cas d'une invasion, l'ennemi trouve à combattre non pas une troupe bien exercée, bien disciplinée, mais la nation armée. Avec une pareille précaution vous n'aurez pas à craindre les étrangers qui voudraient s'immiscer dans votre gouvernement. Mais ici s'applique encore la réflexion que j'ai faite sur l'impossibilité d'admettre les étrangers au service de la garde nationale ; car si les détachements que l'on enverrait contre les étrangers comptaient des hommes qui ne seraient pas Français, comment ces hommes pourraient-ils joindre leurs efforts à ceux de nos concitoyens.

(*Séance du* 13 *décembre* 1830.)

M. *Allent, commissaire du Gouvernement.* Je crois que la définition du mot *détachement* est nécessaire dans le troisième paragraphe ; car il faudra des circonstances extraordinaires pour que le Gouvernement demande une loi, et forme des corps détachés qui exigent une organisation toute particulière et des cadres spéciaux. Au contraire, il peut arriver souvent qu'un simple détachement suffise, et ce détachement peut être indispensable dans beaucoup de cas. Ainsi le décret du 24 décembre 1811, sur le service des places, a prévu le cas où le départ subit d'une garnison obligée de se porter sur la frontière, exige que les gardes nationaux de l'arrondissement fournissent un détachement pour la remplacer. On sent qu'il peut arriver aussi une descente, une invasion subite qui nécessite une réunion momentanée des gardes nationaux. Dans ce cas, de simples détachements suffisent; les gardes nationaux marchent avec leurs cadres, avec leurs officiers et sous-officiers, et ne marchent que pour un temps très limité. Il ne faut pas séparer cette disposition des dispositions subséquentes de la loi qui déterminent, comme l'a déjà fait remarquer M. le rapporteur, le temps pendant lequel les détachements peuvent être mis en activité, temps qui est nécessairement très court, beaucoup plus court que celui pendant lequel doivent agir les corps détachés. (*Séance du 28 décembre* 1830.)

ARTICLE 131.

M. Gillon (Jean-Landry). L'indemnité, c'est-à-dire la solde en argent à laquelle on propose de restreindre le droit du garde national qui est en service public pendant plus de vingt-quatre heures, est d'une parcimonie intolérable. Le soldat de la troupe de ligne reçoit le pain en outre de sa solde. La garde nationale ne sera certainement pas traitée moins bien que le soldat, lui qui se détache de son foyer et qui délaisse ses intérêts de fortune. La loi de 1791, sur les logements militaires, assure aux troupes en route le feu et la lumière dans la maison à laquelle la charge du logement est imposée. Pour rendre toutes ces idées et exprimer tous ces droits, je propose d'ajouter, au mot *indemnité*, ceux-ci : *et les prestations en nature*. (Appuyé ! appuyé !)

M. le général Demarçay. Il est certain qu'en ne mettant que l'*indemnité allouée*, etc. Cela prêtera à équivoque ; qu'on pourra se contenter de donner l'indemnité sans donner la ration de pain. Il vaudrait mieux dire : « Jouiront des mêmes avantages dont jouissent les troupes en route. »

M. le président. M. Gillon réunit-il son amendement à celui de M. le général Demarçay ?

M. Gillon. Non, M. le président, je persiste dans le mien, et je le soutiens parce qu'une partie de la chambre me semble l'accueillir avec bienveillance. (L'amendement de M. Gillon est adopté.)   (*Séance du 28 décembre* 1830.)

ARTICLE 133.

M. le comte d'Ambrugeac. La loi présentée à
la chambre des députés ne contenait aucunes
dispositions relativement à la discipline de la
garde nationale, par une bonne raison, c'est que
dans le projet du Gouvernement, la garde nationale devait être scindée en deux portions, en
garde nationale mobile et en garde nationale sédentaire. Le service de détachement, ainsi que
celui des corps détachés pour le service de
guerre, était exclusivement fourni par la garde
nationale mobile.

Ces corps détachés et ces détachements étaient
alors soumis à la discipline militaire. Votre commission a cru devoir procéder autrement; de
même que la chambre des députés avait, avec
toute raison, établi des différences entre le service des détachements et celui des corps détachés, il a été essentiel de s'occuper de la discipline de ces corps détachés.

La commission n'a pas cru voir dans cette portion de la garde nationale une assimilation complète avec les troupes de ligne; il a paru juste à
la commission d'affaiblir les peines de discipline prononcées par les lois et réglements militaires. C'est dans ce système et cette vue de
douceur, et en même temps de justice, qu'ont
été conçus les amendements soumis à votre discussion.   (*Séance du 24 février 1831.*)

ARTICLE 134.

M. le comte d'Ambrugeac. Nous avons supprimé le conseil de discipline pour ce cas. En
effet, dans ces sortes de détachements, des fractions de détachement peuvent être éparpillés et
placés dans des postes fort éloignés les uns des
autres. Si une faute est commise dans un de ces
sous-détachements assez éloignés du principal
corps de détachement, il n'y aurait pas de ré_
pression possible. (*Séance du 24 février 1831.*)

ARTICLE 138.

M. *le comte d'Ambrugeac.* Messieurs, je desire
être court et je le serai autant que possible. Pourtant si la chambre n'a pas besoin d'éclaircisse-
ment, je renonce à la parole. (Non, non. Parlez,
parlez.) Nous sommes arrivés aux amendements
les plus graves et les plus importants de tous
ceux qui vous ont été présentés par votre commission. Jusqu'à ce moment, vous les avez accueillis avec une confiance dont elle s'honore.
Ici, elle vous prie de vous mettre en garde contre cette confiance et de n'obéir qu'à votre conviction, conviction qui est au fond du cœur
de tous les membres de la commission, parce
qu'elle croit que tous les amendements qu'elle
vous présente, peuvent être une cause de gran-

deur, de prépondérance pour la France , et peut-
être même un moyen de salut.

Je me hâte d'abord de traiter la question pré-
judicielle. On a dit que nous faisions une loi de
recrutement. L'Assemblée nationale en a pensé
tout autrement en 89. Elle a dit que la force publique, considérée dans son ensemble , consistait
dans la réunion de la force de tous les citoyens ;
passant à la force armée , elle a dit : L'armée est
un service habituel extrait de la force publique ,
et essentiellement destinée à agir contre l'ennemi
extérieur ; passant à la garde nationale , elle disait : C'est une force armée extraite aussi de la
force publique , et essentiellement destinée à agir
pour le maintien de l'ordre et de la sûreté publique. Ainsi, l'armée n'est autre chose qu'un détachement, qu'une fraction de la force publique ,
et la garde nationale est cette force elle-même ,
puisqu'elle comprend tous les citoyens depuis 20
ans jusqu'à 60. En 92 , l'Assemblée nationale alla
plus loin, et prévoyant le cas qui pouvait nécessiter
le concours d'un plus grand nombre de citoyens,
a dit dans son article 4 , qu'en cas de danger,
quand la liberté serait menacée , tous les citoyens
seraient obligés de s'armer pour la protection des
intérêts les plus chers, leurs institutions ; c'est en
partant de ce principe proclamé par l'Assemblée
nationale , que votre commission, à l'exemple du

Gouvernement et de la chambre des députés, vous a proposé les amendements sur lesquels vous allez délibérer.

Le Gouvernement, dans le projet de loi présenté à la chambre des députés, avait institué une garde nationale sédentaire et une garde nationale mobile. Il ne s'agissait que de prendre dans cette garde nationale mobile la quantité d'hommes que la loi jugera nécessaire pour la défense du pays. Il fallait établir une séparation exacte, précise. Le projet du Gouvernement a dit : on prendra d'abord les moins âgés, puis les célibataires, puis les veufs sans enfants, puis les mariés sans enfants, puis les mariés avec enfants. Vous voyez que le projet de la commission a de l'analogie avec celui du Gouvernement; la seule exception, c'est que nous avons expliqué, complété ce que le Gouvernement ne faisait qu'indiquer, en disant que les moins âgés seraient les premiers désignés pour composer les corps détachés de la garde nationale. La chambre des députés en a jugé autrement. Elle a, selon nous, trop diminué cette force imposante, cette force si nécessaire, en voulant que la garde nationale destinée à former des corps détachés fût prise dans les départements les plus voisins des frontières menacées. Nous n'avons pu nous résoudre à adopter un système aussi étroit, je dirai presque aussi égoïste , qui prive en faveur des départements qui avoisinent les frontières , ceux de centre de prendre une part active dans une guerre de défense et de salut public. C'est même un des grands motifs de nos amendements. Nous avons donc écarté cette disposition première de la chambre des députés ; nous avons étendu à la France entière l'obligation de concourir à former cette réserve citoyenne de garde nationale , qui doit mettre les troupes de ligne en état d'agir toujours en campagne contre l'ennemi commun. Remarquez que nos grands revers de 1813 et de 1814 furent dus à l'oubli d'une mesure semblable ; et que si en 1813 on n'avait pas envoyé l'élite de la garde nationale aux barrières placées sur le Rhin, et même plus tard , si vos forteresses du Rhin avaient été occupées par de forts détachements de la garde nationale, l'Empereur n'aurait pas été obligé d'y jeter une grande partie de ses troupes , et forcé de lutter avec des forces inférieures.

En 1815 , même imprévoyance , même résultat. Ce mot imprévoyance m'a échappé, et je me hâte de le rétracter ; car il y eut impossibilité d'une organisation assez prompte pour occuper nos villes frontières.

C'est donc dans le dessein de rendre l'armée active entièrement mobile , que nous vous proposons les amendements de la commission avec confiance, parce que nous croyons que le salut du pays y est attaché. En un mot, votre commission a eu en vue la défense, et jamais la conquête; c'est sous ce point de vue qu'elle vous recommande ces amendements.

M. le maréchal Soult, ministre de la guerre. Messieurs, je suis trop persuadé de l'impression produite par le préopinant, pour chercher à entrer dans aucuns des développements qu'il a présentés. J'adhère moi-même à toutes les observations qu'il vous a soumises, elles sont fortes, elles sont vraies : j'ajoute seulement que le seul moyen d'augmenter la force de l'armée est de lui donner un auxiliaire aussi puissant que la garde nationale; c'est non-seulement le seul moyen de rendre sa force plus prépondérante, mais aussi de diminuer les dépenses du Trésor. C'est ainsi que le Trésor ne sera pas nécessairement chargé d'une armée permanente et forte, qu'on pourra en réduire le nombre, quand les apparences de guerre diminueront. Le Gouvernement approuvant, adoptant tous les amendements proposés par la commission, les croyant nécessaires, il ne peut que porter la chambre à les adopter.

(Séance du 24 février 1831.)

48

ARTICLE 139.

M. Ch. Dupin, rapporteur. Dans la discussion générale M. Blin de Bourdon avait déjà présenté un grand nombre d'objections contre le système des *corps détachés* de la garde nationale, et je crois y avoir pleinement répondu.

Actuellement notre honorable collègue vous demande que dans aucun cas le roi ne puisse lever des corps détachés, les envoyer au secours du territoire menacé, avant qu'il ait assemblé les chambres, si elles ne sont pas réunies en ce moment. Rappelons-nous d'abord les termes même de la Charte : « Le Roi est le commandant » des forces de terre et de mer. » Nous lui confions d'abord le commandement de toutes les forces militaires ; mais lorsque l'emploi de ces forces est insuffisant, lorsqu'une invasion soudaine a lieu avec des forces extrêmement considérables, il faut savoir si, quand les chambres ne sont pas assemblées, le Gouvernement peut, sous la responsabilité des ministres, lever des corps détachés ? Il nous semble que lorsque la question sera bien examinée, il est impossible de conserver le moindre doute à cet égard.

Remarquez-bien, Messieurs, que c'est avec raison que la loi dit que les corps détachés ne peuvent être levés que pour aller au secours des frontières. Par conséquent, lorsque le territoire

n'est pas menacé, elles ne peuvent être requises.
Du moment où le territoire n'est plus menacé,
le ministre manquerait au texte de la loi, il encourrait la responsabilité la plus grave, s'il ne
renvoyait pas les corps détachés dans leurs
foyers.

Puisque la garde nationale est préposée par le
premier article à la défense des frontières, on
doit donner au Roi le moyen d'appeler ces forces
au secours des points menacés. C'est pourquoi
il faut que la garde nationale puisse être mise en
action sans délai. Le moindre délai pourrait
compromettre fa sûreté du pays, et donner à
une invasion le temps de faire des progrès difficiles peut-être alors à arrêter.

(L'amendement de M. Blin de Bourdon n'est
pas adopté.)

M. de Berbis. Je ne viens pas m'opposer à l'amendement de la commission, mais seulement
vous proposer d'y faire une addition que je crois
nécessaire. Je crois qu'il faudrait commencer
l'article par ces mots : *en cas de guerre.*

Cette addition ne me paraît laisser aucun
doute sur le but qu'on se propose ; tandis que
l'omission de ces mots pourrait donner prétexte
de mobiliser la garde nationale, sans que les
motifs fussent clairement exprimés.

M. Paixhans. Si on adoptait la proposition de
M. de Berbis, on rendrait plus grave encore le

défaut qui existe dans le projet. En effet, ce projet ne prévoit que le cas de paix parfaite ou celui de guerre déjà existante. Il y a un instant dans toutes les guerres où on est encore en paix, et où cependant le Gouvernement a besoin, dans l'incertitude où il est lui-même, de prendre quelques précautions indispensables à la sûreté de l'Etat.

Si l'article passe tel qu'il est, il mettra le Gouvernement dans la fausse position que je viens de signaler.

On parle dans la loi d'envoyer les gardes nationales combattre aux frontières. Quand la garde nationale aura ce grand devoir à remplir, elle saura le remplir et se dévouer; mais ce n'est pas son **premier devoir** : celui qui doit se battre le premier contre l'ennemi, c'est le soldat. Le premier devoir de la garde nationale, c'est de remplacer l'armée dans les places fortes. C'est ainsi que l'armée tout entière pourra tenir la campagne, sans que le service intérieur soit en souffrance.

Je ne veux pas improviser un amendement. Je viens demander le renvoi de l'article à la commission.

M. le rapporteur. Il est essentiel que la chambre sache dans quel esprit la commission lui a présenté cet article, qui est très grave. Nous n'avons pas prétendu que cette partie immense de la poulation qui compose la garde nationale fût tellement à la disposition du Gouvernement qu'il pût s'en servir, tandis qu'il aurait une autre force disponible. Nous avons pensé que, dans les circonstances ordinaires, la guerre doit être faite par les troupes régulières, par les troupes soldées. Nous n'avons regardé les corps détachés que comme un secours extraordinaire qui devait venir quand déjà les moyens ordinaires de la guerre étaient épuisés, en un mot, comme un secours très rare.

Si on voulait employer souvent ce moyen, on éprouverait ce qui est arrivé au Gouvernement impérial, qui, pour avoir employé trop souvent ses moyens, a fini par se trouver sans ressources, et par périr faute de moyens. Nous voulons que la garde nationale serve pour une guerre défensive, et non pour offrir des facilités au Gouvernement de faire une guerre offensive. Le but de notre article est d'empêcher le Gouvernement d'avoir l'esprit de conquête.

Nous maintenons l'article de la commission.

M. de Berbis. Les explications que vient de donner M. le rapporteur me rassurent. Je retire mon amendement.

M. Sébastiani, ministre des affaires étrangères. Il faut s'entendre sur le mot de *guerre défensive.* Ce mot n'a pas été suffisamment compris par la chambre. Il arrive des occasions où la défense

exige l'initiative de l'attaque. Il faut que, dans
ces grandes occasions, le Gouvernement ait les
moyens d'aller trouver l'ennemi pour l'empêcher d'arriver chez nous et d'y porter le trouble
et le désordre.

(L'amendement de la commission est adopté.)
(*Séance du* 22 *décembre* 1830.)

ARTICLE 141.

M. *le comte d'Ambrugeac.* La Charte nouvelle
a dit que les enrôlements volontaires pourraient
être pris parmi les citoyens âgés de dix-huit ans,
à la condition que les années de service seraient
comptées en défalcation du service obligé. Cet
amendement a pour objet d'ôter cette faveur aux
jeunes gens de dix-huit ans qui feraient leur service dans la garde nationale. Au premier coup
d'œil, cet amendement peut paraître grave ; mais
il a paru à votre commission injuste de compter
ce temps en déduction, parce que le service de
l'armée était bien plus pénible et plus périlleux
que celui de la garde nationale mobile. Il eût
sans doute été plus populaire de laisser subsister
la disposition du projet ; mais, législateurs, nous
avons dû calculer autrement dans l'intérêt de l'E-
tat.   (*Séance du* 24 *février* 1831.)

ARTICLE 143.

M. *le duc de Praslin.* Il y a dans cet article un

éfaut de rédaction. Il semble résulter de cet
inéa : *Seront considérés comme célibataires*,etc.,
u'un jeune homme qui se serait marié avant 23
as, serait encore, à l'âge de 3o à 35 ans, consi-
éré comme célibataire, quoiqu'il pût avoir
éjà un grand nombre d'enfants.

M. Allent, commissaire du Gouvernement.
'explication est fort simple. Il résulte que les
eunes gens de 20 à 23 ans, mariés, seront classés
la suite des célibataires du même âge. Ainsi
'on classera d'abord tous les célibataires de 20
23, et ensuite les gens mariés du même âge.

(Séance du 10 mars 1831.)

ARTICLE 145.

M. le marquis de Mortemart. Il me semble qu'il
serait plus convenable de mettre *les aînés d'orphelins* les derniers, au lieu de les mettre les premiers. Nous n'avons pas voulu le supprimer,
mais en réalité il nous a paru n'avoir aucune importance.

M. *de Saint-Aulaire.* La commission n'a pas
attaché une grande importance à cette classification, parce qu'à moins de supposer la fin du
monde, on ne peut penser qu'on arrive jusqu'à
ces classes.

M. *le comte Belliard.* Je demande la suppression de la première phrase.

.M. *le ministre de la guerre.* Je demande le maintien de l'article : ce qui est inutile ne nuit pas ; je ne vois pas pourquoi on le ferait disparaître , alors qu'il peut être utile un jour.

(*Séance du 24 février 1831.*)

ARTICLE 147.

M. le comte d'Ambrugeac La chambre des pairs a pensé qu'il valait mieux préciser la taille ; la chambre des députés, au contraire, a cru préférable d'adopter celle qui sera fixée par la loi de recrutement de l'armée. Deux motifs nous avaient décidés : d'abord , c'est que pour le service des corps détachés de la garde nationale , la taille exigée pour la troupe de ligne n'est pas essentielle ; ensuite, c'est que la loi du recrutement n'est pas encore votée, et que, dans ce moment-ci ; elle est fixée à 4 pieds 8 pouces.

(*Séance du 10 mars 1831*)

ARTICLE 151.

Un membre. Je demande que l'on ajoute que les remplaçans devront être munis d'un certificat de bonne conduite.

M. Cillon (Jean-Landry). Il est entendu que par le mot *agréé.* Le conseil a le pouvoir discrétionnaire d'exiger toutes les garanties de bonne moralité, et par conséquent le certificat ; ainsi l'amendement est inutile.

(Cet amendement n'est pas appuyé.)

(*Séance du* 31 *décembre* 1830.)

ARTICLE 162.

M. le président. M. Dumeilet avait proposé de
terminer la loi par un article ainsi conçu :

« Toutes les dispositions des lois sur les gardes nationales, antérieures à la présente, sont
abrogées. »

D'accord avec la commission, M. Dumeilet
retire son amendement et consent à la rédaction
suivante, présentée par la commission :

« Art. dernier. Sont et demeurent abrogées
toutes les dispositions de lois, décrets et ordonnances, relatives à l'organisation et à la discipline des gardes nationales.

« Sont et demeurent abrogées les dispositions
relatives au service et à l'administration des
gardes nationales, qui seront contraires à la présente loi. »

M. le rapporteur. Il est facile de voir pourquoi nous avons été obligés de diviser en deux
parties l'amendement de M. Dumeilet. Dans la
première partie, qui concerne l'organisation et
la discipline, nous avons déclaré toutes les dispositions des lois antérieures, abrogées sans
distinction, tandis que dans l'autre, et sur-tout
pour ce qui regarde le service, nous n'avons pu
abroger que ce qui serait contraire à la loi ac-

tuelle. Il existe encore dans les lois antérieures
un certain nombre de dispositions qui, étant
communes à d'autres corps et à la garde nationale, ont dû rester dans les lois auxquelles elles
appartenaient. Néanmoins, de concert avec M. le
commissaire du gouvernement, nous avons repris ces lois, ordonnances et arrêtés législatifs,
afin d'en extraire tout ce qui pouvait affecter en
quelque chose la garde nationale. Cet extrait
sera remis au ministre de l'intérieur, et s'il lui
paraît convenable de le publier à la suite de la
loi, il y aura cet avantage, qu'alors dans chaque
commune, les gardes nationaux posséderont
toutes les mesures absolument propres à la garde
nationale, et celles qui sont dans la loi, et celles
qui sont relatives aux rapports de la garde nationale avec la force publique avec les citoyens,
avec l'administration, avec la gendarmerie.
Nous avons cru, par ce travail, compléter celui
que nous avions fait sur la garde nationale, et
faire une chose utile et à la garde nationale et à
l'autorité.

M. Isambert établit dans une opinion développée la nécessité de supprimer, sans exception,
toutes les lois et actes de l'autorité, relatifs à la
garde nationale. Il présente l'historique de cette
législation. (*Un grand nombre de membres* élèvent la voix et invitent l'orateur à se renfermer
dans la question.)

M. Allent, *commissaire du roi.* Messieurs,
l'article final de M. Dumeilet, amendé par votre
commission, renferme deux dispositions différentes.

Le premier paragraphe abroge toutes les dispositions des lois, décrets et ordonnances, relatives, soit à l'*organisation*, soit à la *discipline* de
la garde nationale, et, sur ces deux points, l'a-
brogation peut être entière et sans restriction,
parce que la loi, telle qu'elle est rédigée, renferme les dispositions essentielles de l'organisation et de la discipline, et n'oblige de recourir à
aucune loi antérieure.

Mais la loi que vous discutez ne renferme pas
toutes les dispositions de l'*administration* et du
service de la garde nationale, et, sur ces deux
points, l'article qui vous est proposé abroge les
lois et décrets antérieurs, seulement en ce qu'ils
ont de contraire à la présente loi.

Ici se présente une première réponse à faire au
reproche de l'honorable préopinant, sur la con-
trariété de ces lois et décrets avec la loi nouvelle. Par la rédaction même de l'article, tout
ce que l'ancienne législation aura de contraire à
la nouvelle loi, sera et demeurera abrogé.

Il n'y aura donc de maintenu que les dispositions des lois et décrets antérieurs qui ne seront
pas contraires à la présente loi; et ces dispositions, Messieurs, renferment des règles d'*ad-*

ministration ou de *service*, nécessaires, importantes, et sans lesquelles la législation de la garde nationale, resterait incomplète et défectueuse.

Les lois administratives, par exemple, renferment des dispositions sages et applicables, soit à l'*administration*, soit au *régime* des gardes nationales, que vous ne pouvez ni abroger ni transcrire dans la loi actuelle. Ainsi, pour ne citer qu'un seul exemple, la loi du 20 août 1790 règle avec sagesse les rapports des autorités administratives et des gardes nationales. Cette loi défend aux gardes nationales de s'immiscer dans l'administration municipale, et de délibérer sur les objets relatifs à l'administration générale. Réciproquement, elle défend à l'autorité civile d'exercer sur les corps militaires une autre action que celle des réquisitions légales, et d'intervenir dans la police intérieure, la discipline et l'ordre du service.

Le *service* de la garde nationale, sur lequel la loi que vous discutez ne renferme qu'un petit nombre de règles générales, est régi, dans une foule de cas particuliers et même dans le service habituel, par des articles de lois ou de décrets législatifs que vous ne pouvez abroger, ni transcrire dans la loi actuelle, à moins de l'étendre beaucoup, et d'en ajourner l'adoption.

Le service de la garde nationale, dans les places

de guerre et les postes militaires, est régi par la loi du 10 juillet 1791 et par le décret du 24 décembre 1811. L'honorable préopinant croit que ce décret a abrogé la loi de 1791; mais l'art. 50 du décret et plusieurs autres se réfèrent expressément à cette loi, et se bornent à la modifier. M. Isambert cite une loi de l'an 5 qui autorisait à mettre en *état de siége des villes ouvertes.* Mais cette loi révolutionnaire est depuis long-temps abrogée. L'*état de siége* n'est régi que par la loi du 10 juillet 1791, et par le décret du 24 décembre 1811. Cette loi et ce décret ne s'appliquent qu'aux *places de guerre* et aux *postes militaires.* Je l'ai déjà dit, l'acte qui appliquerait l'état de siége à une ville ouverte, serait illégal.

Mais, dans ces places, mêmes et dans ces postes militaires, M. Isambert est effrayé de voir que l'*état de siége* place la garde nationale sous les ordres du gouverneur. Ce n'est pas seulement la garde nationale, c'est l'autorité civile elle-même que la loi du 10 juillet 1791 (titre Ier, art. 10) et le décret du 24 décembre 1811 (art. 101) subordonnent au gouverneur d'une place en état de siége. Ce pouvoir dictatorial du gouverneur est indispensable pour qu'il puisse répondre à l'état de la place qui lui est confiée. Pouvez-vous jeter dans la loi que vous discutez, ou abroger par cette loi un système de législation compliqué, nécessaire, consacré par l'expérience de

tous les tems, et dont l'abrogation compromettrait, dans les états de paix, de guerre et de siége,
le service, la sûreté, la défense des places de
guerre?

J'arrive maintenant au service de la garde nationale, dans l'intérieur et dans tous les points
qui ne sont pas régis par la législation des places
de guerre.

Abrogerez-vous la loi du 18 décembre 1790,qui
renferme les principes constitutifs de la force
publique dont la garde nationale forme le corps
le plus considérable? Abrogerez-vous ces dispositions qui portent que la force publique est essentiellement obéissante; que nul corps armé ne
peut exercer le droit de délibérer; qu'aucun
citoyen armé ou en uniforme ne peut exercer
le droit de suffrage dans les assemblées politiques?

Abrogerez-vous la loi du 3 août 1791, relative
à l'action de la force publique contre les attroupements, et dont les nombreux articles règlent
les cas et les formes des réquisitions temporaires
et permanentes, déterminent les circonstances
où la force publique peut agir pour sa propre
défense; ceux où elle ne doit agir qu'après des
sommations faites aux rassemblements, et les
formes dans lesquelles ces sommations doivent
être faites par les officiers civils? Abrogerez-vous
enfin l'article de cette loi qui, dans l'intérieur,

subordonne le pouvoir militaire au pouvoir civil!

La loi même du 14 octobre 1791 contient, sur les fonctions des citoyens servant en qualité de gardes nationales, des règles que la loi nouvelle ne reproduit pas et dont la sagesse est incontestable. Telles sont celles qui défendent aux gardes nationaux et à leurs chefs de discuter les réquisitions écrites de l'autorité civile, et leur interdisent les délibérations. Telle est encore celle qui défend d'incorporer dans les troupes de ligne les corps ou détachements des gardes nationales.

Enfin, Messieurs, la loi du 14 germinal an 6, sur la gendarmerie, renferme un chapitre entier qui règle non pas des préséances, comme le croit l'honorable préopinant, mais les rapports de la garde nationale avec la gendarmerie; dans tous les cas où l'intervention de la garde nationale est indispensable pour maintenir ou rétablir la paix publique, la sûreté des personnes ou des propriétés.

Cette énumération suffit, Messieurs, pour justifier l'article de M. Dumeilet, amendé par votre commission.

Ajouter ces nombreuses dispositions à la loi que vous discutez, c'est l'étendre, c'est l'ajourner plus que ne le permet l'importance et la nécessité de cette loi.

Abroger ces dispositions en général et sans réserve, ce serait effacer ou mettre en ruine des branches essentielles de votre législation militaire et civile, et vous ne pourriez le faire qu'après un long et mûr examen.

Qu'y a t-il donc de plus sage que l'article qui vous est proposé ?

Votre loi sur la garde nationale est complète sur *l'organisation* et sur *la discipline* : sur ces deux points abrogez sans réserve la législation antérieure.

Votre loi ne règle que sur un petit nombre de points, *l'administration* et *le service* : abrogez encore, mais seulement ce qui sera contraire à la nouvelle loi ; laissez subsister les lois et décrets antérieurs dans ce qui n'est pas contraire à la nouvelle législation.

(Séance du 6 janvier 1831.)

PARTIE

RÉGLEMENTAIRE.

Cette *partie réglementaire* contient toutes les ordonnances
du roi, circulaires, instructions et ordres du jour publiés
pour l'exécution et l'interprétation de la loi sur la garde nationale.

Celles de ces pièces imprimées ici, qui sont d'une date antérieure à la promulgation de la loi du 22 mars 1831, étant
en harmonie avec cette loi, conservent leur utilité, et M. le
ministre de l'intérieur en autorise l'exécution actuelle et à
venir, en adoptant et confirmant leur contenu par la présente
publication.

Toutes lesdites pièces sont classées par ordre de date, on
les retrouvera dans la table analytique à leur ordre alphabétique de matières.

PARTIE RÉGLEMENTAIRE.

ORDONNNANCES DU ROI, CIRCULAIRES, INSTRUCTIONS
ET ORDRES DU JOUR,

POUR L'EXÉCUTION ET L'INTERPRÉTATION DE LA LOI.

GARDE NATIONALE DE PARIS.

ORDRE DU JOUR SUR L'UNIFORME.

Paris, le 12 août 1830.

Le Général en chef, après avoir pris les ordres du Roi, a arrêté ce qui suit, pour l'habillement, équipement, coiffure et armement de la Garde nationale parisienne.

ETAT-MAJOR GÉNÉRAL.

Habit. Bleu, boutonné droit avec neuf boutons; collet rouge ouvert par devant, sans aucune broderie; parements rouges, patte blanche à trois pointes, avec trois boutons; doublure et retroussis bleus, avec grenades blanches brodées sur drap rouge; liséré rouge; boutons en métal blanc, avec coq au milieu, et autour la légende : *Liberté, ordre public.*

Pantalon d'été. Blanc, tombant sur le coude-pied; sous-pieds en cuir noir.

Pantalon d'hiver. Bleu sans liséré ; sous-pieds en cuir noir.

Coiffure. Chapeau à trois cornes, sans plumet, galons ni autres ornements ; gance à torsades d'argent ; cocarde nationale.

Chaussure. Petites bottes avec éperons en métal blanc.

Armement. A cheval, épée ou sabre, *ad libitum* ; à pied, épée, ancien modèle de la Garde nationale ; coq entouré de drapeaux sur la coquille.

Nota. Les aides-de-camp seuls porteront au bras gauche un brassard tricolore sans frange.

OFFICIERS SUPÉRIEURS DES LÉGIONS.

Habit. Semblable à celui des gardes nationaux des légions, mais avec boutons à coq. Le reste de l'habillement, de l'armement et coiffure, comme l'état-major général.

LÉGIONS.

GRENADIERS.

Habit. Bleu, revers bleus ; collet rouge ouvert par devant ; parements rouges ; patte blanche à trois pointes et à trois boutons ; doublure et retroussis rouges, avec grenades blanches ; poches en long à trois pointes figurées par un passe-poil rouge, avec un bouton sur chaque pointe ; boutons en métal blanc avec grenade au milieu, et autour la légende : *Liberté, ordre public*. Epaulettes rouges.

Pantalon d'été. Blanc, tombant sur le coude-pied.

Pantalon d'hiver. Bleu , sans liséré.

Coiffure. Bonnet à poil sans cordons ni tresses ; plaque à grenade avec le numéro de la légion ; plumet (1) tricolore, droit, de 11 pouces de hauteur.

Equipement. Buffleterie blanche sans grenade ; giberne avec grenade au milieu.

Armement. Fusil d'infanterie avec bretelle de buffle blanchie ; sabre-briquet, sans dragonne ni manchette ; épinglette blanche de onze pouces de long, attachée au troisième bouton de l'habit ; fourreau de la baïonnette en cuir noir, garni en cuivre par le bout.

Bonnet de police. Bleu, passe-poil rouge, gland de laine aux trois couleurs, et une grenade blanche sur le devant du bonnet.

Chaussure. Souliers ; guêtres blanches pour l'été, noires pour l'hiver.

Officiers. (Comme la troupe.)

Hausse-col avec un coq ; sabre d'officier d'infanterie.

------

(1) Le plumet a été remplacé généralement par une aigrette en crin rouge.

CHASSEURS.

Habillement, Équipement et Armement.

Comme les grenadiers, à l'exception des cors-de-chasse blancs pour ornement des retroussis d'habit; et au lieu de grenades, cor-de-chasse sur les boutons et sur le milieu de la giberne.

Epaulettes. Rouges, avec le corps vert.

Coiffure. Schakos en feutre noir, haut de huit pouces six lignes; dessus en cuir verni, du diamètre de neuf pouces neuf lignes. Bord supérieur du schakos garni d'un velours noir uni, de seize lignes de large; bord inférieur garni d'un cuir verni de douze lignes. Visière en cuir verni, bordée d'un métal argenté de trois lignes de large. Plaque : cor-de-chasse de métal blanc, découpé sur le fond noir, avec le numéro de la légion au milieu. Largeur totale du cor-de-chasse, quatre pouces et demi; hauteur, deux pouces neuf lignes, et hauteur du numéro, neuf lignes. Jugulaires en métal argenté, d'une seule pièce, et frappées de manière à représenter des écailles, avec un cor-de-chasse sur les attaches. Cocarde nationale au-dessus de la plaque. Le schakos n'aura d'autre ornement qu'un plumet (1) formé de plumes de coq tricolores et tombantes.

____

(1) Le plumet a été remplacé généralement par une aigrette en crin vert ou bleu à la base, et rouge dans la partie supérieure.

Nota. En petite tenue , au lieu du plumet: pompon en boule de laine rouge, avec flamme de quatre pouces de longueur , en laine bleue et blanche. Pour les grenadiers, bonnet à poil sans plumet (1).

TAMBOURS.

Habit. Comme les chasseurs, mais boutonné droit par-devant, avec neuf boutons; un galon blanc de huit lignes de large, au collet, au parement, et en écusson sur la taille de l'habit. Le reste de la tenue comme les compagnies auxquelles ils appartiennent.

TAMBOURS-MAÎTRES.

Comme les tambours : galon d'argent, au lieu de laine, et insignes du grade.

Coiffure. Kolback, avec flamme tricolore, et plumet ordinaire.

Epaulettes de laine rouge; une rangée de franges et une torsade d'argent.

Le tambour-major comme le tambour-maître, à l'exception d'un panache à trois grandes plumes tricolores; nids d'hirondelles blancs; sabre, et baudrier rouge de fantaisie; pantalon comme la troupe, à l'exception du bleu, qui aura deux galons de huit lignes chaque. — Petites bottes.

---

(1) Des compagnies de voltigeurs ayant été formées, elles ont pris l'uniforme de grenadier sauf les différences ci-après : le bonnet est sans plaque , les boutons , retroussis et giberne , portent une grenade dans un cor-de-chasse, l'aigrette est en crin jaune à la base et rouge dans la partie supérieure, les épaulettes sont rouges avec le corps jaune.

MUSIQUE.

Frac bleu comme l'état-major, avec boutons à coq; parements et collet rouges, avec un galon d'argent de huit lignes; trèfle en argent; pantalon comme la troupe, à l'exception d'un galon d'argent de huit lignes sur le pantalon bleu.

Coiffure. Schakos et plumet comme les chasseurs, avec galon d'argent en haut.

CHEFS DE MUSIQUE.

Epaulettes d'adjudant.

OBSERVATION GÉNÉRALE.

Col noir avec liséré blanc, sans col de chemise; point de cordon de montre.

MM. les Chefs de Légion s'adresseront à l'état-major pour les détails qui auraient pu être oubliés.

Signé LAFAYETTE.

Pour copie conforme :

Le Colonel CARBONEL.

GARDES NATIONALES DU ROYAUME.

INSPECTION GÉNÉRALE DES GARDES NATIONALES DU ROYAUME.

Transmission du modèle d'uniforme des Gardes nationales rurales.

Paris, le 7 septembre 1830.

Le Lieutenant-général, Inspecteur-général, à monsieur le Préfet du département d

Monsieur le Préfet,

Je m'empresse de vous transmettre dix exemplaires du modèle colorié de l'uniforme que M. le commandant général a définitivement réglé pour les gardes nationales rurales du royaume (1).

Vous remarquerez que ce modèle consacre, comme base de l'uniforme rural, la *blouse gauloise*, dont une grande unanimité de vœux demandait l'adoption.

Monsieur le commandant général souhaite vivement que cet uniforme, dont toutes les parties ont été discutées et choisies dans des vues de stricte économie, avec l'intention qu'il soit à la portée des communes les moins aisées, soit promptement répandu et généralement adopté.

Dans ce but, il vous prie,

1° De faire passer à chacun de MM. les sous-préfets un exemplaire colorié, avec invitation d'engager spécialement MM. les maires des communes de venir en prendre connaissance au chef-lieu de la sous-préfecture ;

2° D'envoyer également un exemplaire de ce modèle à chacun de MM. les principaux commandants des gardes nationales de votre département, afin qu'ils mettent sur-le-champ cet uniforme à l'ordre du jour, et qu'ils en donnent

---

(1) Ce modèle a été dessiné et gravé par M. Ambroise Tardieu, graveur des gardes nationales du royaume et rédacteur de ce manuel. On peut s'adresser à lui pour se le procurer.

communication aux gardes nationales sous leurs ordres.

M. le commandant général vous prie de faire réimprimer la légende qui se trouve à la partie gauche du modèle, et de la faire passer à tous les maires de votre département.

Il vous prie également d'engager ces fonctionnaires à user de leur influence sur les gardes nationales de leurs communes pour en déterminer le plus grand nombre possible à faire les frais de l'uniforme rural.

MM. les commandants des gardes nationales recevront de vous les mêmes exhortations. C'est tout particulièrement sur les moyens d'encouragement que le zèle et le patriotisme leur suggéreront, que le commandant général compte pour l'adoption et le succès de l'uniforme rural. Il les secondera de toute son autorité, et à la fois de toutes les incitations qu'ils réclameront de son concours et de sa sollicitude pour tout ce qui inéresse les gardes nationales du royaume.

Recevez, monsieur le préfet, l'assurance de ma considération distinguée.

Le Lieutenant général, Inspecteur général des gardes nationales du royaume,

Mathieu Dumas.

LÉGENDE EXPLICATIVE

DU MODÈLE DE L'UNIFORME RURAL.

———

SCHAKOS.

	Mètres.	pou.	lig
La forme en tissu de coton teint en noir.			
Hauteur, par devant.	0,162	6	»
idem, sur le côté.	0,146	5	5
idem, par derrière.	0,141	5	3
Le calot en carton, recouvert d'une perkale cirée.			
Diamètre.	6,213	7	»
Enfoncement au milieu.	0,020	»	9
Galon du haut, en laine rouge, largeur.	0,024	»	11
Galon du bas, en velours de coton, largeur.	0,018	»	8
Cocarde tricolore, en fer blanc peint, diamètre.	0,067	2	6
Chaque couleur forme une auréole, de la largeur de	0,011	»	5
Le bleu étant dans le milieu, forme un cercle de	0,022	«	10
Plaques en fer blanc frappé, portant en relief le Coq gaulois.			
Grenades pour les grenadiers, diamètre	0,049	1	10
Flamme de la grenade, hauteur.	0,029	1	1
Cor de chasse pour les chasseurs, grande largeur.	0,101	3	9
Hauteur.	0,067	2	6
Visière en cuir verni dessus noir, dessous vert.			
Largeur, au milieu.	0,063	2	4
idem, au quart.	0,054	2	»
idem, au sixième (près la rosace).	0,020	»	9
Bordure en fer blanc, de la largeur de	0,006	»	3

Mètres. pou. lig.

Jugulaires en fer blanc, à écailles mobiles mon-
tées sur un carton, recouvert de basane noire.

	Mètres	pou.	lig.
Rosace, avec grenade ou cor : largeur.	0,040	1	6
Largeur du cuir, près la rosace.	0,038	1	5
Largeur de l'écaille près la rosace.	0,033	1	3
idem de la dernière écaille inférieure.	0,018	»	8
La longueur y compris la rosace.	0,216	8	»

Elles sont terminées par un ruban de fil noir
de la longueur de.   0,135   5   »

Pompon en boule de laine rouge, avec flamme
en laine bleue et blanche, serrée par un
anneau en laine rouge.

	Mètres	pou.	lig.
La boule a de diamètre.	0,067	2	6
La flamme a de longueur.	0,108	4	»
L'anneau qui la serre a de diamètre.	0,033	1	3
Fil de fer qui supporte la boule, longueur.	0,081	3	»

Coiffe du schakos en basane noire dentelée, et
se serrant à volonté.

CEINTURE.

En tissu de laine tricolore avec boucles en métal
blanc, doublée en forte toile écrue.

Les deux extrémités garnies de bandes en cuir
noir, pour supporter les boucles et les la-
nières, ayant de largeur.   0,074   2   9

	Mètres	pou.	lig.
Longueur.	0,893	33	»
Largeur.	0,090	3	4

Le bleu en bas 13 lignes, le blanc au milieu 14 lignes.

Le rouge en haut 13 lignes.

	Mètres	pou.	lig.
Boucles, largeur.	0,038	1	5
Hauteur.	0,033	1	3

BLOUSE.

En toile de chanvre ou de lin bleue, employant
pour les grandes tailles 2 mètres, 40 centimètres ; pour les tailles moyennes, 2 mètres ;

Mètres. pou. lig.

20 centimètres ; pour les petitites tailles , 2 mètres.

	Mètres.	pou.	lig.
Hauteur de la blouse (pour la plus haute taille).	0,956	35	4
Circonférence à la base.	2,110	78	
Le collet, en serge rouge, a de hauteur.	0,074	2	9

Il est doublé en serge rouge à ses deux extré-mités sur une lageur de   0,121   4   6

Le milieu est doublé en toile bleue, il se ferme au moyen d'une agrafe en métal bronzé.

La fente du devant descend jusqu'à la ceinture ; elle se ferme au moyen de 3 boutons en corne noire fondue , ayant de diamètre   0,011   »   5

La blouse se serre au-dessus des hanches, au moyen d'une coulisse dans laquelle est passé un ruban de fil noir, portant en largeur   0,027   1   »

de manière à former au-dessus et au-dessous, des plis gracieux ; à 16 lignes de la base est cousu un galon en laine rouge, de la largeur de   0,033   1   3

Des attaches en galon rouge , de 8 lignes de largeur , sont placées sur les épaules, ainsi qu'un bouton pareil à ceux du devant, pour retenir l'épaulette.

Les manches larges par le baut , sont terminées par un parement rond, doublé en toile bleue, garni au bord supérieur d'un liseré en galon rouge de 3 lignes de largeur , ce parement est fendu sur le côté en dehors, et fermé par 2 boutons en corne noire fondue.

ÉPAULETTES.

Elles sont en laine rouge , pour les grenadiers, Pour les chasseurs, la patte est en laine verte ; les torsades et la frange sont en rouge. Pour les officiers , elles sont en argent et cou-

formes à celles des divers grades de l'armée (1).

La patte est doublée en drap bleu, formant
jusqu'à la première torsade un liseré de 1/2
ligne de large ; elle a dans toute sa largeur
3o lignes ; sa longueur est de 5 pouces, 5 lignes ; la première torsade a 2 lignes 1/2 de
diamètre ; la deuxième a 3 lignes 1/2 ; la
frange a 27 lignes de hauteur.

GIBERNE ET BAUDRIER DE SABRE.

La giberne, en cuir noir ciré, a la largeur de   0,249   9   3
                 la hauteur de   0,175   6   6
Le porte giberne et le baudrier de sabre sont
en buffle uni, de 3o lignes de largeur ; le
fourreau de baïonnette en cuir noir, avec
bout en cuivre ; sa longueur varie suivant que
la baïonnette dépend d'un fusil de grenadier,
de chasseur ou de voltigeur.

---

(1) Les officiers porteront au schakos, le galon du hau
en argent, la plaque et les jugulaires en doublé d'argent.

COMMANDEMENT GÉNÉRAL
DES GARDES NATIONALES DU ROYAUME.

INSPECTION GÉNÉRALE.

CIRCULAIRE No 4.

ANALYSE SOMMAIRE.

Deuxième envoi de modèles coloriés de l'uniforme rural.
Moyens propres à en encourager l'adoption.

Paris , le 30 septembre 1830.

L'Inspecteur-général des Gardes nationales du royaume, à monsieur le préfet du département
d

Monsieur le Préfet,

De plusieurs points de la France , M. le général Lafayette est informé que les dix exemplaires coloriés de *l'uniforme rural* qu'il a eu l'honneur de vous adresser, sont insuffisants à la grande publicité qu'exige une mesure si générale.

En conséquence, il s'est déterminé, indépendamment du premier envoi qui vous a été fait , à vous expédier encore autant de modèles coloriés qu'il existe de justices de paix dans l'étendue de votre département.

Vous recevrez donc avec cette lettre......... modèles coloriés de l'uniforme rural.

Pour que ce second envoi tourne d'autant plus sûrement au profit des progrès de l'habillement,

M. le commandant général a pensé qu'il était à propos de l'accompagner de quelques instructions où votre expérience trouvera sans doute à ajouter d'utiles développements.

1° Il est à désirer que vous transmettiez sur-le-champ à chacun de MM. les maires des chefs-lieux de canton l'exemplaire du modèle colorié qui lui est destiné dans le présent envoi.

2° Cette expédition pourrait être suivie de l'invitation particulière que vous adresseriez aux maires des communes chefs-lieux de canton, d'appeler près d'eux les maires des communes les plus voisines de la justice de paix, pour conférer sur les meilleurs moyens d'en déterminer le plus grand nombre à adopter l'uniforme rural. MM. les maires des petites communes seraient chargés d'en faire comprendre aux citoyens des campagnes l'économie, les avantages et la simplicité.

3° Il serait à propos qu'un pareil soin fût d'abord, de préférence, confié aux maires et aux commandants des gardes nationales du chef-lieu de canton, ou communes environnant ce chef-lieu, les plus influents et à-la-fois les plus empressés pour les progrès de l'organisation, afin que de premiers et indubitables succès pussent servir d'exemple dans le département.

4° M. le commandant général pense que, pour faire fructifier ce concours de moyens horta-

toires, il pourrait devenir l'objet d'une correspondance spéciale ouverte entre MM. les sous-
préfets avec MM. les commandants des gardes
nationales et MM. les maires des chefs-lieux de
canton; il serait nécessaire alors que vous enga-
geassiez MM. les sous-préfets à vous rendre un
compte périodique et raisonné des obstacles, que
vous vous appliqueriez à vaincre par toutes les
considérations de zèle et de patriotisme qu'exci-
tent si énergiquement les nouvelles circonstances.

5° Après avoir donné par les sous-préfets cette
impulsion jusque dans les cantons et les communes, c'est près de vous, monsieur le préfet, où
existent plus d'aisance, plus de moyens réels, et
un sentiment plus vif des bienfaits d'une prompte
organisation, qu'il serait particulièrement utile
de donner aux yeux un premier exemple, qui
porterait progressivement son autorité dans toutes
les parties du département. Cet exemple consisterait à déterminer une ou plusieurs compagnies
des cantons les plus voisins de vous, à adopter
le plus promptement possible l'uniforme rural.
Cet uniforme, ainsi produit aux exercices et aux
revues, aurait un effet bien plus immédiat que
toute autre mesure. Ce serait un premier pas fait
contre les objections que rencontrent ordinairement les applications nouvelles, même lorsque
leur utilité est le mieux démontrée.

6º Enfin, il importerait de bien faire comprendre que l'uniforme, quoique ayant la dénomination de *rural*, n'est point, par cela seul, relégué aux petites communes; qu'il faut au contraire tendre à l'introduire même dans les villes chefs-lieux de département, d'arrondissement et de canton, au profit de tous les citoyens qui préféreraient son économie et sa simplicité à la dépense qu'occasione l'autre uniforme. Dans cette vue, il serait bien à désirer que quelques citoyens aisés donnassent l'exemple de l'adoption de l'uniforme rural, afin d'en écarter les idées de distinction que de faux esprits pourraient y attacher.

Vous penserez avec M. le commandant général que l'ensemble de ces dispositions exige une volonté, des soins et une direction qui doivent partir de vous pour se communiquer à MM. les sous-préfets, à MM. les commandants des gardes nationales et à MM. les maires.

Je vous prie de remarquer et de vouloir bien faire observer que, bien que d'après le modèle officiel, les boutons adaptés à l'uniforme rural doivent être en *corne*, il a été consenti par M. le général Lafayette qu'ils pussent également être exécutés en *métal argenté uni*, pensant bien que cette tolérance n'est pas de nature à rien ajouter au prix de 24 francs, auquel on offre d'expédier

dans les départements de grandes quantités d'uniformes.

Agréez, monsieur le préfet, l'assurance de
ma considération distinguée.

MATHIEU DUMAS.

GARDES NATIONALES DU ROYAUME.

CIRCULAIRE N° 6.

ANALYSE.

Explications relatives au rang à conserver entre les diverses
armes de la Garde nationale ; Artillerie, Sapeurs-
Pompiers, Infanterie et Cavalerie.

Le Lieutenant-général, Inspecteur-général, à
monsieur le préfet du département d

Paris , le 24 octobre 183o.

Monsieur le préfet,

Le commandant général est informé que dans
un grand nombre de localités , des doutes se sont
élevés et s'élèvent encore sur le rang et la place
que doivent occuper dans la garde nationale les
compagnies d'artillerie et de sapeurs-pompiers.

Désirant de voir cesser un état de choses dont
l'effet ne peut être que préjudiciable à l'institution des gardes nationales , il a jugé nécessaire
que je vous communiquasse les instructions spéciales qu'il convient de suivre provisoirement à

l'égard de ces compagnies d'élite, jusqu'à ce que
la loi générale ait définitivement fixé ce point de
l'organisation.

Dans les lois, décrets ou ordonnances rendus
à différentes époques concernant la garde nationale, les diverses armes, telles que sapeurs-pompiers, canonniers, gardes à cheval, ont toujours
été assimilés pour le rang à conserver entre elles,
aux corps du génie, de l'artillerie, de la cavalerie, et de l'armée de ligne. Cette disposition spéciale sera très vraisemblablement consacrée par la
loi nouvelle, ainsi que vous avez pu le voir, article 58, du titre 5, du projet de loi que M. le Ministre de l'intérieur vient de présenter tout récemment à la Chambre des députés. Il y est
également dit, article 57, que les compagnies de
sapeurs-pompiers et de canonniers volontaires,
quoique faisant partie intégrante de la garde nationale, ne seront pas comprises dans la formation
des bataillons de cette garde, mais qu'elles formeront des corps particuliers sous les ordres du commandant de la garde communale ou cantonnale.

Sans se permettre de présumer le sort du projet
de loi après sa discussion dans les Chambres, il
est désirable, néanmoins, de se tenir rapproché
de son esprit et de préparer d'autant mieux son
exécution. Or, dans l'armée de ligne, les armes
spéciales ne prennent point rang dans les ba-

taillons ; elles marchent séparément en tête et en avant de la colonne. Les sapeurs-pompiers et les canonniers de la garde nationale qui sont à cette garde ce que sont le génie et l'artillerie à l'armée de ligne, doivent donc observer rigoureusement cet ordre rationnel de marche et de bataille. Il n'y a point là de préséance, parce qu'il ne saurait y en avoir dans une armée composée toute de ci-toyens égaux en titres comme en droits. Il n'y a de différence que dans la nature du service et des fonctions.

Je vous prie, Monsieur le Préfet, de vouloir bien communiquer sans délai ces instructions provisoires du commandant général à MM. les chefs de légions et de bataillons de gardes na-tionales organisées dans votre département, afin qu'ils aient à se conformer aux dispositions qui y sont renfermées.

Agréez, Monsieur le Préfet, l'assurance de ma considération distinguée.

GARDES NATIONALES DU ROYAUME.

CIRCULAIRE N° 7.

ANALYSE.

Les Uniformes actuels n'éprouveront aucun changement.

Le Lieutenant-général, Inspecteur-général, à monsieur le préfet et à messieurs les sous-préfets.

Paris, le 4 novembre 1830.

Messieurs,

L'article 55 du nouveau projet de loi récemment présenté aux Chambres, et qui n'a point encore subi l'épreuve de la discussion, dispose que :

» L'uniforme et les signes distinctifs des gardes » nationales seront déterminés par des ordonnan- » ces du Roi. »

Des lettres qui me parviennent depuis quelques jours de différentes parties du royaume, me donnent lieu de craindre, que dans quelques cantons cet article du nouveau projet de loi n'ait été interprété de manière à propager la fausse opinion que des changements immédiats ou très prochains auraient lieu dans les uniformes actuellement réglés et généralement adoptés.

C'est là une erreur dont on ne saurait trop se hâter d'arrêter les conséquences. Il n'a pu entrer et il n'est point entré dans la pensée du Gouvernement, que les dépenses d'habillement faites jusqu'à ce jour avec un si louable et un si généreux empressement par les gardes nationales pour s'habiller conformément aux modèles réglés et adoptés pour la garde nationale de Paris , et les gardes nationales rurales, dussent être considérées comme non avenues. Tout porte à croire , au contraire , Messieurs , sans préjuger en rien quel sera le sort de l'article 55 du projet de loi , lors de la prochaine discussion à la tribune , que l'uniforme actuel sera conservé et maintenu. La raison indique suffisamment qu'il y aurait injustice à exiger de nouveaux sacrifices de citoyens dévoués , qui n'ont consulté que leur patriotisme, pour imposer volontairement des dépenses très onéreuses à un grand nombre d'entre eux.

Vous apprécierez , Messieurs , combien il est urgent de combattre une présomption qui nuirait infailliblement au développement de l'institution de la garde nationale. Vous atteindrez certainement ce but en en faisant l'objet d'une déclaration que vous donnerez l'ordre d'insérer dans le recueil des actes administratifs de votre département. Cette mesure pressante aura , je n'en doute pas, pour résultat , d'affermir , d'une part , la bonne volonté, et de l'autre , de presser l'habillement, objet si important à obtenir au moment où le Gouvernement s'occupe de développer les moyens d'armement.

Agréez, Messieurs, l'assurance de ma considération distinguée.

> *Le lieutenant général inspecteur géné-*
> *ral des gardes nationales du royaume.*
>
> MATH. DUMAS.

GARDES NATIONALES DU ROYAUME.

CIRCULAIRE Nᵒ 9.

Don d'un drapeau par le roi aux chefs-lieux d'arrondisse-
ment. Drapeau-Modèle pour les autres localités.

**Le Lieutenant-général , Inspecteur-général , à
monsieur le préfet du département.**

Paris, le 10 novembre 1830

Monsieur le Préfet,

Vous avez déjà été informé par Mʳ le ministre
de l'intérieur , de la généreuse résolution prise
par sa majesté de donner un drapeau aux gardes
nationales de chaque chef-lieu d'arrondissement.
C'est un hommage que le roi aurait voulu rendre
commun à chacun des nombreux bataillons que
la France a vu s'organiser avec tant de dévouement et de patriotisme.

Rien, en effet, n'eût pu mieux servir les affections toutes civiques du roi que de doter lui-
même du drapeau tricolore tous les bataillons
sans exception de la garde nationale, et de resser-

rer , par ce gage éclatant de sa bienveillance , le lien qui l'unit déjà si étroitement à la nation dont il tient sa couronne. Ce vœu était celui de son cœur ; mais la multitude de bataillons déjà formés sur tous les points de la France ; ceux que la volonté d'affermir nos institutions et de maintenir la paix publique y multiplie encore chaque jour, n'ont pas permis au roi d'obéir à cette première impulsion ; sa munificence s'est trouvée dépassée par le nombre, et il a fallu qu'il se résignât à en étendre les effets , seulement aux gardes nationales des chefs-lieux d'arrondissement. Toutefois , S. M. a pensé que le drapeau offert par elle à ces principales localités se trouverait encore assez rapproché des gardes nationales des chefs-lieux de canton , pour que toutes voulussent bien y trouver un témoignage de l'affection commune qu'elle leur porte. C'est un vœu que S. M. a chargé M. le commandant général de faire parvenir à ses frères d'armes et dont il s'estime heureux d'être ici l'interprète. Vous aurez, monsieur le préfet, à le leur faire entendre vous-même avec cette cordialité dont le roi aime à leur donner des preuves.

S. M. dans l'impossibilité d'offrir un drapeau à chaque bataillon a du moins voulu que le drapeau fût le même pour tous ; qu'il ne différât ni dans la forme ni dans les dimensions , ni dans les

accessoires ; en conséquence , M. le général Lafayette a dû régler un drapeau-modèle selon lequel devront être confectionnés ; 1° les drapeaux
que S. M. fera adresser aux chefs-lieux d'arrondissement ; 2° les drapeaux que les chefs-lieux de
canton seront dans l'intention de faire établir à
leurs frais.

En observant ces deux divisions , voici les
dispositions que M. le commandant général a
cru devoir arrêter.

1° Drapeau offert par le roi.

Il en sera établi et il vous en sera envoyé un
nombre égal aux arrondissements que compte
votre département , à moins que déjà quelque
chef-lieu d'arrondissement n'ait obtenu précédemment cette faveur, ce dont vous auriez à me
prévenir immédiatement.

Dans chaque chef-lieu d'arrondissement, le
drapeau ainsi offert par le roi, appartiendra de
droit, savoir :

Dans les villes où il y aurait plusieurs légions,
au premier bataillon de la première légion ;

Dans les villes où il y aurait deux ou plusieurs
bataillons, au premier bataillon.

Dans toute autre circonstance , le drapeau
offert par le roi , appartiendra nécessairement au
bataillon unique du chef-lieu d'arrondissement.

Il vous sera agréable, M. le préfet , en faisant

tenir la lettre ci-jointe à M. le commandant du bataillon qui doit, pour le chef-lieu du département, recevoir le drapeau offert par S. M.; il vous sera agréable, dis-je, de lui exprimer comment ce drapeau, quoique remis spécialement aux mains des gardes nationales de son bataillon, sera pourtant un dépôt placé sous la protection du civisme et de la bravoure de tous les bataillons de l'arrondissement. Je fais directement la même disposition pour les autres chefs-lieux d'arrondissement, en en confiant l'exécution aux soins de MM. les sous-préfets.

2° Drapeau à établir aux frais des chefs-lieux de canton (qui ne sont pas chefs-lieux d'arrondissement) ou aux frais des communes rurales formées en bataillon.

J'ai l'honneur de vous envoyer un exemplaire du modèle selon lequel devra être, de tous points, établi ce drapeau; il est le même que celui d'après lequel seront confectionnés les drapeaux offerts par le roi. Je vous envoie également un exemplaire de la lettre que j'adresse pour cet objet, à tous les commandants des gardes nationales des chefs-lieux de canton, par l'entremise de MM. les sous-préfets.

Monsieur le commandant général me charge de vous prier de prendre connaissance de cette lettre; de la rendre publique par la voie du recueil des actes de votre administration, et de vouloir bien veiller, en ce qui vous concerne, à l'exécution des dispositions qu'elle contient.

Monsieur le commandant général vous prie également de remarquer combien il est désirable que le drapeau de chaque bataillon soit ainsi ramené à l'uniformité ; et combien aussi il est à souhaiter que les gardes nationales soient partout encouragées dans le vœu qu'elles pourraient émettre, de prendre les mesures nécessaires à se procurer, dans chaque canton, le drapeau dont vous avez ci-joint le modèle. Vous jugerez, sans doute, à propos, de donner dans ce but, à MM. les maires des chefs-lieux de canton, les instructions spéciales que vous croirez nécessaires.

Vous remarquerez, M. le préfet, qu'au moyen des dispositions qui précèdent, tout ce qui se rapporte aux réclamations de drapeaux se trouve définitivement réglé. M. le ministre de l'intérieur et M. le commandant général, après s'être rendus de concert auprès du roi les organes des vœux dont les drapeaux ont été l'objet, auraient à regretter de ne pouvoir désormais, dans cette circonstance, que s'en référer aux dispositions que je viens d'avoir l'honneur de vous faire connaître.

Recevez, M. le préfet, l'assurance de ma consideration distinguée.

MATHIEU DUMAS.

La circulaire ci-dessus fut en outre adressée à MM. les sous-
préfets et à MM. les commandants des bataillons déjà organisés
dans chaque département, avec une circulaire spéciale pour
les officiers supérieurs dans laquelle il faut remarquer les passages ci-dessous.

———

J'ai l'honneur de vous transmettre, à cet effet,
au nom de M. le commandant général, le modèle
colorié du drapeau qu'il desire voir adopter dans
chaque bataillon des gardes nationales.

L'empressement et le zèle que, dans plusieurs
bataillons, on a mis à se procurer un drapeau,
a produit, dans les dimensions, dans la forme
et dans les accessoires, des dissemblances notables. C'est un inconvénient que vous apprécierez.
Il est urgent, il est nécessaire de ramener à
l'unité le drapeau national, et d'en déterminer
toutes les parties et toutes les proportions d'après
un modèle uniforme : c'est un vœu qu'on a fait
entendre de toutes parts.

Une seconde nécessité était d'établir le drapeau
de manière à ce qu'il fût mis à la portée des cantons les moins aisés. Le commandant général a
cherché à concilier, dans cette intention, l'économie nécessaire aux gardes nationales, qui ont
déjà fait de si généreux sacrifices, avec l'éclat
qu'il importe pourtant de conserver aux couleurs
tricolores, autour desquelles doit se rallier la
force civique.

Beaucoup de bataillons ont déjà leur drapeau. Ceux-là devront, ou le conserver provisoirement, ou chercher à le ramener, autant qu'on le pourra, aux proportions, aux formes et aux inscriptions du modèle colorié que je vous transmets au nom du commandant général.

Il importe que vous vouliez bien prendre connaissance de toutes les parties dont se compose le modèle ci-joint, et vous bien pénétrer de tous les détails qui s'y rapportent.

Il est à souhaiter que chaque chef-lieu de canton, quel que soit maintenant l'effectif des gardes nationales organisées, se procure le drapeau-modèle, puisqu'il sera également celui des gardes nationales rurales, que la loi doit appeler incessamment à former de nouvelles compagnies sous le même bataillon cantonnal.

Dans ce but, vous pouvez vous concerter avec l'autorité municipale, seule compétente pour délibérer, et faire voter légalement sur les dépenses communales, selon les formes réglées par M. le ministre de l'intérieur. C'est aux municipalités qu'il appartient de consulter le préfet sur l'emploi des fonds qui seraient disponibles, ou sur la convenance et l'unité d'un vote spécial.

Dans tous les cas, il est nécessaire que vous communiquiez sur-le-champ la présente lettre et le modèle du drapeau, 1° à M. le maire du chef-lieu de canton, 2° à MM. les chefs de bataillon, vos collègues , si le canton compte plusieurs bataillons. Vous exprimerez particulièrement à M. le maire l'intérêt avec lequel M. le général Lafayette apprendrait que ce magistrat ait bien voulu concourir, par les moyens municipaux dont il dispose, à doter le bataillon cantonnal du drapeau, qui constitue l'une des parties essentielles de son organisation.

MM. les préfets et sous-préfets sont directement informés de l'envoi que j'ai l'honneur de vous faire, et des communications dont il est l'objet.

Recevez, M. le commandant, l'assurance de ma considération distinguée.

Le Lieutenant général Inspecteur général des gardes nationales du royaume.

MATHIEU DUMAS.

LÉGENDE

DU MODÈLE OFFICIEL DU DRAPEAU,

ADOPTÉE PAR M. LE GÉNÉRAL LAFAYETTE POUR CHAQUE BATAILLON DES GARDES NATIONALES DU ROYAUME.

La Lance, de 0,297 m. ou 11 pouces de hauteur sur 0,189 m. ou 7 pouces dans sa plus grande largeur, est en cuivre doré à l'or moulu ; le modèle en a été gravé exprès pour le Drapeau des Gardes nationales du royaume, dont il forme le caractère distinctif.

La Couronne, de 0,162 m. ou 6 pouces de diamètre extérieur tenant à la lance, est aussi en cuivre doré, et destinée à recevoir la cravatte.

Le Bâton, de 2,435 m. ou 7 pieds 6 pouces de longueur, sur 0,036 m. ou 16 lignes de diamètre, est en bois peint en bleu, son extrémité inférieure est garnie d'un bout en cuivre doré de 0,081 m. ou 3 pouces de hauteur.

L'Étoffe aux trois couleurs, de 1,434 m. ou 4 pieds 5 pouces de largeur sur 1,190 m, ou 44 pouces de hauteur, est composée de trois bandes de soie (Gros de Naples) d'égale largeur, réunies au moyen d'une couture rabattue; la bande bleue doit toujours tenir au bâton. Elle est entourée des trois côtés d'une frange en argent mi-fin de 0,045 m. ou 20 lignes de hauteur.

Lettres de la face, de 0,108 m. ou 4 pouces de hauteur sur 0,081 m. ou 3 pouces de largeur, sont peintes en or. Cette inscription est invariable pour tous les Drapeaux.

Lettres du revers, de 0,094 m. ou 3 pouces 6 lignes de hauteur sur 0,0,81 m. ou 3 pouces de largeur, aussi peintes en or. Les mots qui sont restés non dorés dans le modèle colorié, sont variables et changent ainsi que le chiffre, suivant le chef-lieu de canton qui donne son nom à un seul ou à plusieurs bataillons.

La Cravatte, de 1,190 m. ou 44 pouces de longueur, sur 0,270 m. ou 10 pouces de largeur, est en soie (Gros de Naples) tricolore, les deux extrémités sont garnies d'une frange en argent mi-fin, partie à torsades et partie à graines, 0,081 m. ou 3 pouces de hauteur, montée sur un galon d'argent de 0,009 m. ou 4 lignes de largeur.

Le drapeau est cloué au bâton avec des clous à tête argentée, sur un galon lamé en argent mi-fin.

Nota. D'après les évaluations les plus éclairées, il a été constaté que le Drapeau établi conformément au modèle ci-dessus, pourrait être confectionné dans les principales villes de France, au prix moyen de 160 francs; en observant toutefois que la seule partie du Drapeau, la Lance dorée et la Couronne, qui forme le caractère distinctif et essentiel de l'uniformité du

Drapeau des Gardes nationales du royaume, a exigé la gravure d'un moule officiel exécuté en acier par M. Ambroise Tardieu, à qui l'on peut s'adresser pour en avoir des épreuves en cuivre doré.

Ce modèle a été , d'après les ordres de M. l'Inspecteur-général Mathieu Dumas, dessiné et gravé par Ambroise Tardieu, graveur des Gardes nationales du royaume , à Paris , rue du Battoir-Saint-André-des-Arts , n. 7 (1).

GARDES NATIONALES DU ROYAUME.

ANNEXE DE LA CIRCULAIRE N° 9.

Concession d'un drapeau faite par le roi aux Gardes nationales de chaque chef-lieu d'arrondissement.

Le Lieutenant-général , Inspecteur-général , à monsieur le commandant de la Garde nationale d   département d

Paris , le 10 novembre 1830.

Monsieur le commandant ,

Le roi , en informant le commandant général que sa volonté était d'acorder un drapeau aux gardes nationales de chaque chef-lieu d'arron-dissement , a exprimé le regret de ne pouvoir étendre directement cette faveur aux nombreux bataillons qui se sont élevés sur tous les points de la France.

Le général Lafayette s'estime heureux , Mon-

---

(1) Voir à la fin du volume le prospectus indiquant les prix des Drapeaux , Etendards , Fanions et accessoires.

sieur le commandant, que ce nouveau témoignage de la bienveillance royale, auquel il se félicite de n'être point resté étranger, soit concédé à la brave garde nationale que vous commandez.

Il y voit un nouveau lien qui attache plus étroitement au monarque citoyen, ses braves frères d'armes, dont le civisme est si dignement apprécié. Vous comprendrez, Monsieur le commandant, toute l'importance d'une pareille concession, qui vous fait en quelque sorte l'intermédiaire du prince et de vos concitoyens, en vous confiant l'honneur de placer ce drapeau dans vos rangs.

Cette faveur de sa majesté appliquée à votre bataillon, n'en est pas moins commune à tous les bataillons de l'arrondissement. En l'accordant, le vœu du roi a été qu'elle fût considérée comme la récompense des sentiments patriotiques qui les animent tous.

C'est donc sous la sauve garde de toutes les gardes nationales de votre arrondissement qu'il place ce drapeau, certain qu'au jour du danger, elles viendraient toutes indistinctement se ranger autour de cet étendard national, et le protéger de leur courage et de leur dévouement.

Le commandant général a assez fait connaître combien il est pénétré de cette idée toute généreuse de sa majesté, en établissant que le drapeau, destiné aux communes rurales et aux cantons qui ne sont point chefs-lieux, ne différerait en rien de celui que vient de concéder la munificence royale. Vous serez ultérieurement averti par une lettre spéciale de l'expédition du drapeau offert par sa majesté.

Recevez, Monsieur le commandant, l'assurance de ma considération très-distinguée,

MATHIEU DUMAS.

COMMANDEMENT GÉNÉRAL
DES GARDES NATIONALES DU ROYAUME.

Aux mains de qui doit être déposé le drapeau de chaque bataillon. Dans quel ordre chaque compagnie a droit à l'honneur de l'escorte.

Paris, le 25 novembre 1830.

Le Lieutenant-général, Inspecteur-général des Gardes nationales du royaume, à Monsieur le préfet du département d

Monsieur le préfet,

Les progrès obtenus jusqu'à ce jour pour la formation de la garde nationale, dans le plus grand nombre de cantons et de communes, permettent d'espérer que l'organisation sera bientôt générale, et chaque bataillon incessamment en mesure de la compléter par la possession d'un drapeau.

En attendant que la loi, soumise en ce moment aux Chambres, et dont la discussion ne saurait être éloignée, vienne régler tous les points qui donnent encore lieu à diverses interprétations, il en est deux essentiels sur lesquels, en s'appuyant de la loi de 1791, il est permis de pressentir l'opinion générale, ainsi que celle des Chambres, et prendre une décision commandée par l'intérêt du service.

L'article 19 du titre III de la loi de 1791, porte : « *Le drapeau demeurera déposé chez le commandant du bataillon.* »

Quelque positive que soit cette disposition, elle a été diversement comprise, et pourtant elle est conçue en termes qui ne doivent laisser aucun doute à cet égard.

Le seul cas où il soit permis de s'en départir est celui où le domicile du commandant serait établi hors la ville ou le canton ; alors la sûreté du drapeau confié aux mains des gardes nationales du bataillon exigerait qu'on le déposât à l'hôtel de la mairie. Lorsque plusieurs bataillons sont formés en légion, c'est chez le chef de cette légion, que doivent être déposés tous les drapeaux.

Le général Lafayette a été informé également que, de toutes parts, les gardes nationales, à quelque arme ou quelque compagnie qu'elles appartinssent, manifestaient le désir de partager l'honneur d'escorter le drapeau.

Le commandant général ne peut qu'applaudir

à d'aussi louables sentiments; et c'est dans le but de satisfaire à ce vœu général qu'il a cru devoir arrêter que *désormais chaque compagnie, à quelque arme qu'elle appartienne, prise de la droite à la gauche du bataillon*, sera successivement et à tour de rôle, désignée par le commandant pour servir d'escorte au drapeau.

L'effet de cette mesure sera d'attacher davantage à la bannière nationale les compagnies du même corps, et d'entretenir, parmi des hommes ayant tous les mêmes droits, comme ils sont tous animés des mêmes sentiments, cet esprit d'union qui doit ajouter une nouvelle force à cette belle institution, sauve-garde de la liberté et de l'ordre public.

Je vous engage, Monsieur le préfet, à communiquer cette lettre, par l'intermédiaire de Messieurs les sous-préfets, à Messieurs les maires et les commandants des gardes nationales de chaque bataillon, afin que les dispositions qu'elle renferme tiennent désormais lieu de règle, et préviennent toute espèce de contestation sur ces deux points importants de l'organisation.

Agréez, Monsieur le préfet, l'assurance de ma considération distinguée.

Le Lieutenant général, Inspecteur général des gardes nationales du royaume,

MATHIEU DUMAS.

COMMANDEMENT GÉNÉRAL
DES GARDES NATIONALES DU ROYAUME.

INSPECTION GÉNÉRALE.

CIRCULAIRE N° 11.

*Etats nominatifs à établir, dans chaque commune, des
Gardes nationales armées par l'Etat. Compte à rendre
à ce sujet au commandant-général. Estampille aux
lettres P. D. L. destinée à faire reconnaître les fusils
appartenant à l'Etat (1).*

Paris, le 1er décembre 1830.

Le Lieutenant-général, Inspecteur-général des
Gardes nationales du royaume, à monsieur le
préfet du département d

Monsieur le Préfet,

Depuis les mémorables événements de juillet
et la réorganisation spontanée de la garde nationale, près de 500,000 fusils ont été tirés des arsenaux et confiés aux mains des gardes nationaux.

De nouvelles et importantes distributions se
préparent, et tout porte à croire que dans le courant de 1831 l'armement des gardes nationales
sera fort avancé.

Une mesure aussi vaste exige de la part du

______

(1) Cette instruction a été confirmée par une lettre de
M. le ministre de l'intérieur, adressée à MM. les préfets, le
12 janvier 1831, laquelle est imprimée ci-après à son ordre
de date.

Gouvernement des sacrifices considérables qu'il n'hésite pas à faire, puisqu'il s'agit de consolider une institution nationale qui doit imposer du respect au dehors et assurer le maintien de l'ordre et de la tranquillité dans l'intérieur.

MM. les gardes nationaux n'ignorent pas que les armes qui leur sont confiées sont une propriété de l'Etat remise à leur loyauté, et qui doit être, de leur part, l'objet des plus grands soins, et de la plus grande surveillance de la part de l'autorité.

La loi de 1791 veut que le nombre des armes confiées à chaque citoyen soit constaté par l'autorité municipale, et que les gardes nationaux qui en seront dépositaires soient tenus d'en faire la représentation tous les *trois mois* en bon état, et toutes les fois qu'ils en seront requis, ou d'en payer la valeur. Certes, la loi nouvelle ne déviera pas de cet excellent principe.

Tous les bons résultats obtenus pour la conservation des armes sont de véritables économies pour le budget de l'État, et à-la-fois des moyens préparés à la défense du pays et au maintien de la sûreté publique.

Si une surveillance mérite d'être réglée et soumise à des comptes périodiques, c'est assurément celle de l'armement.

Il est donc urgent de déterminer les formes de

cette surveillance dans les points qui intéressent l'autorité municipale, les gardes nationaux et les comptes à rendre à M. le Commandant général.

Tel est le but de cette lettre.

J'ai l'honneur de vous adresser, en conséquence,

1° Le modèle n° 1 d'un contrôle nominatif qui, d'ici au 1ᵉʳ janvier, devra être dressé par les soins du maire de chacune des communes de votre département armées en totalité ou en partie.

Vous remarquerez qu'il est indispensable que les nom, prénoms et surnoms, ainsi que le domicile du garde national armé par l'État, soient bien et clairement établis.

Que la signature du dépositaire ou le signe qui la représentera (s'il ne sait pas écrire), ainsi que la date précise de la délivrance et la nature de l'arme, soient nettement énoncés sur cet état, qui doit servir de titre à l'autorité.

Les mutations à intervenir doivent être mentionnées avec le plus grand soin, afin qu'en cas de décès, d'exemption, de changements de résidence ou de radiation du contrôle, pour quelque cause que ce soit, on puisse toujours être en mesure de réclamer avec certitude l'arme qui appartient à l'État.

Il peut arriver qu'un garde national change de

GARDES NATIONALES DU ROYAUME.

INSPECTION GÉNÉRALE.

ARMEMENT.

ÉTAT N° 1.

DÉPARTEMENT d

ARRONDISSEMENT d

CANTON d

COMMUNE d

ÉTAT NOMINATIF des Citoyens qui, au titre de Garde national, ont reçu, en dépôt, des Fusils, Mousquetons ou Sabres provenant des Arsenaux de l'État, et qui sont tenus de les représenter à la première réquisition de l'Autorité municipale.

NOMS des gardes nationaux qui ont reçu une arme provenant des arsenaux de l'État.	PRÉNOMS et sobriquets.	DOMICILE du garde national armé.	NATURE DES ARMES que chaque garde national a reçues.			DATE de la délivrance de l'arme appartenant à l'État.	MUTATIONS OU CAUSES POUR LESQUELLES LES ARMES ONT ÉTÉ RESTITUÉES à l'autorité municipale.						SIGNATURE pour récépissé de chaque garde national.	OBSERVATIONS.
			Fusils ou Mousquetons.	Modèle de l'arme.	Sabres.		DÉCÈS.	EXEMPTION ET RADIATION.		CHANGEMENT DE RÉSIDENCE.		DATE de la remise de l'arme.		
								Motifs de l'exemption.	Motifs de la radiation.	Date du départ du garde national.	Lieu de la nouvelle résidence.			Cette colonne doit contenir, comme renseignements et par commune, le nombre des gardes nationaux inscrits sur les contrôles, et qui ne sont pas encore armés. Elle doit indiquer aussi le nombre des gardes nationaux armés à leurs frais. Elle doit indiquer enfin le nombre des gardes nationaux armés par les communes.

résidence, et néglige de rendre son arme à l'autorité municipale ; dans ce cas, il faudra immédiatement s'informer du lieu de sa nouvelle résidence, et écrire aux autorités pour réclamer cette arme, laquelle doit toujours revenir au chef-lieu de l'arrondissement qui en aura fait la délivrance ; l'exécution de cette mesure nécessitera des soins ; M. le Commandant général compte sur votre zèle à cet égard.

2° Le modèle n° 2, destiné à établir l'état trimestriel de la situation de l'armement de votre département par arrondissement, canton et commune. M. le Commandant général vous prie de faire dresser cette situation de manière à ce qu'elle lui parvienne, par votre entremise, les 1er janvier, 1er avril, 1er juillet et 1er octobre de chaque année, très régulièrement ; il sera nécessaire, pour cela, que les états particuliers des arrondissements, cantons et communes, vous soient adressés partiellement du 1er au 15 du mois qui précède l'échéance de chaque trimestre, afin que vous puissiez faire rédiger, pour l'époque déterminée, l'état général et trimestriel que M. le Général Lafayette désire recevoir.

Je vous prie de donner une attention particulière à la contexture de ces états, et de prescrire qu'on en conserve partout les formes.

A la réception de cette lettre, il sera nécessaire

que vous adressiez des instructions spéciales à
MM. les Sous-préfets et aux Maires de votre département.

Immédiatement après avoir préparé le modèle
n° 1, il faudra que chaque maire convoque individuellement les gardes nationaux qui ont reçu
de l'Etat des fusils, mousquetons ou sabres, à
l'effet de reconnaître l'état des armes dont chaque
garde national est dépositaire, et d'en tirer un
récépissé à la colonne ouverte à cet effet, en faisant signer ceux qui savent écrire, et en faisant
apposer à l'émargement une croix à ceux qui ne
savent pas signer; dans ce cas, l'identité de l'individu devra être certifiée par l'un des officiers
de la compagnie à laquelle il appartient.

M. le Commandant général pense qu'il est
indispensable que les commandants des gardes
nationales désignent par compagnie un officier
intelligent, et de bonne volonté, pour être spécialement chargé du détail de l'armement; il
veillera sur-tout à ce que les fusils ne soient ni
rognés ni détériorés, et à ce qu'ils soient toujours
tenus en bon état.

M. le Général Lafayette désire que cette disposition ait pu recevoir partout son exécution
avant la fin de décembre.

Le modèle n° 2 est celui que je vous prie de
me faire parvenir le 1er avril 1831, au plus tard;

GARDES NATIONALES DU ROYAUME.

ARMEMENT.

INSPECTION GÉNÉRALE.

ÉTAT N.º .

DÉPARTEMENT
d

ÉTAT TRIMESTRIEL de la situation de l'armement du département
d
à l'époque du

ARRONDISS.	CANTONS.	COMMUNES.	NOMBRE de Gardes nationaux armés par l'État.		RESTITUTIONS des armes appartenant à l'État, qui ont été faites depuis le par suite de à l'autorité municipale.								TOTAL des armes rentrées par suite de mutations ou radiations.		des armes dont on n'a pas encore obtenu la rentrée par suite de mutations ou radiations.		TOTAL des armes restant entre les mains des gardes nationaux de chaque commune du département, ou		TOTAL général, égal au nombre des armes délivrées et provenant des arsenaux de l'État.		NOMBRE d'armes achetées aux frais des Gardes nationaux.		NOMBRE d'armes qui appartiennent aux communes et qui sont entre les mains des Gardes nationaux.		OBSERVATIONS.
			Décès.		Réformes.		Radiations.		Changement de résidence.																
1.	2.	3.	Fusils. 4.	Sabres. 5.	Fusils. 6.	Sabres. 7.	Fusils. 8.	Sabres. 9.	Fusils. 10.	Sabres. 11.	Fusils. 12.	Sabres. 13.	Fusils. 14.	Sabres. 15.	Fusils. 16.	Sabres. 17.	Fusils. 18.	Sabres. 19.	Fusils. 20.	Sabres. 21.	Fusils. 22.	Sabres. 23.	Fusil. 24.	Sabres. 25.	26.

Les colonnes numérotées 6, 8, 10, 12, 14, 16 et 18 doivent, en les additionnant, présenter, pour les fusils ou mousquetons, le total porté dans la colonne 4; par conséquent le total de la colonne 20 doit être le même que celui de la colonne 4.

Les colonnes numérotées 7, 9, 11, 13, 15, 17, 19 doivent, en les additionnant, présenter, pour les sabres, le total porté dans la colonne 5; par conséquent le total de la colonne 21 doit être le même que celui de la colonne 5.

Le nombre des armes portées dans les colonnes numérotées 20, 21, 24 et 25 ne doit jamais être compris dans les colonnes 4 et 5, qui sont spécialement destinées à indiquer les fusils et sabres tirés des arsenaux de l'État et confiés aux Gardes nationaux.

Les armes qui sont la propriété des Gardes nationaux (colonnes 22 et 23), leur restent lorsqu'ils quittent le département.

Les armes qui sont la propriété des communes (colonnes 24 et 25), doivent, par les soins du maire, rentrer à la mairie lorsque les Gardes nationaux quittent la commune.

La colonne d'observations doit indiquer les motifs qui ont empêché la rentrée des fusils ou mousquetons et sabres, dont le nombre est mentionné dans les colonnes numérotées 16 et 17, et les mesures prises pour obtenir la rentrée de ces armes.

Enfin cette colonne d'observations doit aussi indiquer si les communes ont des armes disponibles, et dans ce cas, quel est leur nombre.

Il est bien entendu que la situation trimestrielle doit être établie par bataillon et par compagnie.

il vous sera facile de le faire établir, d'après les renseignements que vous chargerez MM. les Sous-préfets de vous adresser, comme résultat du dépouillement de l'état n° 1 ci-dessus.

Afin d'assurer l'exécution de ces mesures d'ordre que M. le Général Lafayette recommande à toute votre sollicitude pour les intérêts de l'État, vous recevrez, en même temps que cette lettre, une estampille qu'il a donné l'ordre de fabriquer, et qui est empreinte des lettres *P. D. L.* (Propriété de l'Etat) (1). Celle-là est destinée au chef-lieu du département.

Un timbre semblable devra être confectionné par vos ordres, et déposé à la mairie de chacune des communes armées de votre département ; c'est une dépense légère, que les communes n'hésiteront point à faire, non plus que vous à ordonner, pour un si grave et si important intérêt.

Tout fusil ou mousqueton sorti des arsenaux de l'État, et qui se trouve entre les mains des gardes nationaux, sera frappé, dans le plus bref délai possible, de cette estampille, qu'il vous sera facile de tirer de Paris, ou de faire fabriquer dans le département.

---

(1) Les poinçons destinés à cet estampille ont été fabriqués par M. Tardieu, rédacteur de ce Manuel, voir à la fin du volume la manière de s'en servir.

Il est bien entendu que les fusils et mousquetons appartenant aux communes, ou qui ont été
achetés aux frais des gardes nationaux, sont
exemptés de cette mesure.

Il est à souhaiter que les dispositions qui font
l'objet de cette lettre soient très promptement et
simultanément connues des autorités municipales
et des commandants des gardes nationales ; que
vous régliez toutes les mesures nécessaires pour
que l'opération soit complète, et effectuée avec
tout l'ordre et tout l'ensemble désirables ; enfin,
que vous la motiviez sur les hautes considérations
de défense intérieure et d'économie , que le bon
esprit et le patriotisme des gardes nationales ne
sauraient manquer d'apprécier.

M. le Commandant général compte sur votre
zèle et vos sentiments patriotiques pour faire
comprendre à ses braves frères d'armes ce que
leur loyauté leur impose d'empressement à se
conformer aux ordres que vous donnerez pour
cette grande et importante opération.

Je n'ai pas besoin de vous faire remarquer ,
M. le Préfet, qu'il vous appartient personnelle-
ment d'ordonner les mesures que vous jugerez
convenables pour la conservation des armes qui
peuvent être la propriété particulière des communes.

Je me réserve de vous envoyer incessamment

des instructions détaillées sur les moyens d'entretenir les armes et sur les précautions à prendre pour empêcher leur dégradation.

Je vous prie de vouloir bien m'accuser la réception de cette lettre, et de me faire connaître ce que vous aurez prescrit pour l'exécution des dispositions qu'elle contient.

Agréez, Monsieur le Préfet, l'assurance de ma considération très distinguée.

MATHIEU DUMAS.

———

Dans la circulaire adressée dans le même but à MM. les commandants des bataillons, ces officiers devront remarquer les passages ci-dessous.

———

Il convient d'abord que, par vos soins, et de concert avec MM. les Maires, un contrôle nominatif par compagnie des gardes nationales armées soit établi d'ici au 1er janvier, et déposé à la mairie de la commune à laquelle chaque compagnie appartient.

M. le Sous-préfet de votre arrondissement engagera M. le Maire de votre commune à vous communiquer, avec le modèle de cet état, des instructions détaillées, pour que vous puissiez concourir à sa formation claire et précise.

M. le Commandant général compte sur votre zèle et vos soins pour faire en sorte qu'il soit fait mention, avec la plus scrupuleuse exactitude, des mutations qui auront lieu par décès, changement de résidence ou de radiation du contrôle pour quelque cause que ce soit, afin qu'on puisse toujours être en mesure de réclamer, avec certitude, l'arme qui appartient à l'Etat.

Il peut arriver qu'un garde national change de résidence et néglige de rendre son arme à l'autorité municipale; dans ce cas, il faudra en donner promptement connaissance au maire, afin qu'il écrive immédiatement aux autorités pour réclamer cette arme, laquelle doit toujours revenir au chef-lieu de l'arrondissement qui en aura fait la délivrance. L'exécution de cette mesure est très importante, et mérite toute votre attention.

Indépendamment du contrôle nominatif dont il est parlé ci-dessus, un état trimestriel de la situation de l'armement sera dressé par bataillon ou compagnie, pour être envoyé à des époques fixes, par M. le Maire de la commune, à la sous-préfecture de votre arrondissement.

M. le Sous-préfet fera connaître à MM. les Maires l'époque précise de l'envoi de cet état, en leur adressant des instructions sur la manière de le préparer.

Je ne puis trop vous recommander d'apporter une attention particulière à la contexture de cet état, et de veiller à ce que chaque Commandant

de compagnie contribue à en conserver les formes,
que M. le Sous-préfet déterminera d'après les instructions que je lui ai fait parvenir.

Immédiatement après la réception des instructions de M. le Sous-préfet, les gardes nationaux
qui ont reçu de l'Etat des fusils, mousquetons
ou sabres, seront, par votre entremise, convoqués
individuellement à la mairie de leur commune,
à l'effet de reconnaître, en présence de l'autorité
municipale, l'état des armes dont ce garde national est dépositaire, et d'en retirer un récépissé,
en faisant signer ceux qui savent écrire, et en
faisant apposer à l'émargement de l'état ceux qui
ne savent pas signer; dans ce cas, l'identité du
garde national devra être certifiée par l'un des
officiers de la compagnie à laquelle il appartient.

GARDES NATIONALES DU ROYAUME.

RAPPORT A M. LE GÉNÉRAL LAFAYETTE, COMMANDANT
GÉNÉRAL DES GARDES NATIONALES DU ROYAUME.

Paris, le 15 décembre 1830.

Les armes confiées aux gardes nationales sont
une propriété de l'Etat.

Le nombre qui en a déjà été délivré aux citoyens et le nombre bien plus grand encore qu'ils
pourront successivement recevoir commandent

les plus grands soins pour la conservation et l'entretien de cet important matériel.

La valeur représentative des armes déjà remises aux mains des gardes nationales n'est pas moindre de vingt millions. Dans un système d'armement complet, elle pourrait s'élever par la suite à plus de soixante millions : c'est une richesse de l'Etat confiée à la loyauté des gardes nationales.

On ne peut douter de la part d'empressement et de bonne volonté que chaque citoyen est disposé à consacrer à la conservation et à l'entretien de son arme ; mais cet empressement et cette bonne volonté ont besoin d'être guidés par des règles certaines et éprouvées par une longue expérience.

Ces règles sont tracées depuis long-temps dans une instruction officielle rédigée par le comité d'artillerie de la guerre, approuvées par les ministres de ce département, enseignées dans les régiments de ligne par les officiers d'armement, et mises en pratique par tous les soldats, sous la direction de leurs sous-officiers.

Dans cette instruction sommaire, à la portée du sous-officier et du soldat, on trouve très-soigneusement énumérés la nomenclature des différentes armes, et les dessins qui en indiquent jusqu'aux moindres parties, les moyens d'entretenir ces armes en bon état, les soins à prendre pour ne les point dégrader, etc.

Si de telles précautions ont été reconnues indispensables à l'entretien de la quantité d'armes qu'emploie l'armée de ligne, à plus forte raison, ces précautions doivent-elles être exigées pour le nombre beaucoup plus considérable qui sera confié aux gardes nationales. C'est un devoir de l'autorité de les prescrire; c'est un devoir des gardes nationaux de s'y soumettre.

Il est donc indispensable de faire observer strictement par les légions, bataillons, escadrons et compagnies de gardes nationales, les règles contenues dans les instructions officielles dont une longue expérience a démontré l'efficacité.

Dans ce but, quelle que soit l'exiguité des ressources que comporte le crédit supplémentaire voté pour les quatre derniers mois de l'exercice de 1830 pour l'organisation des gardes nationales du royaume, j'ai l'honneur de proposer à M. le commandant général de décider qu'il sera imprimé et envoyé à MM. les préfets, pour être distribués à titre d'encouragement, dix mille exemplaires du Manuel ci-joint de l'armement des gardes nationales du royaume, comprenant 48 pages in-16 d'impression avec trois planches; ledit *Manuel* tiré du *Supplément au Manuel de l'infanterie*, approuvé le 24 septembre 1826 par le ministre de la guerre.

Ces exemplaires devront être placés de préférence aux mains de MM. les officiers spécialement chargés du détail de l'armement, comme plus à même d'apprécier et de propager les notions contenues au *Manuel;* SAVOIR :

La nomenclature des armes ;

Les moyens de les entretenir ;

Les précautions à prendre pour ne pas les dégrader :

Les principes du tir ;

La manière de faire des cartouches.

En faisant cet envoi à MM. les préfets, et en leur faisant connaître le regret qu'éprouve M. le commandant général de ne pouvoir mettre le *Manuel de l'armement* aux mains de chacun de ses frères d'armes, on leur exprimera qu'il serait désirable que, dans chaque compagnie, il fût formé un fonds de cotisations volontaires ayant pour objet de procurer à chaque garde national armé un exemplaire du *Manuel de l'armement* des gardes nationales du royaume, dont le prix peut s'établir, avec les planches, à 40 centimes, soit que MM. les préfets le tirent de Paris, soit qu'ils jugent plus commode ou plus économique de le faire réimprimer dans les départements.

On pense que, jusqu'à ce qu'un réglement complet d'inspection et de surveillance de l'armement des gardes nationales intervienne, nulle mesure n'est provisoirement plus propre à intéresser chaque citoyen à la conservation de son arme, et à propager dans les rangs les notions de détail qui y sont indispensables.

Indépendamment de l'instruction répandue et enseignée dans les troupes de ligne, pour la conservation des armes, sous le titre de *Supplément d'un Manuel de l'infanterie*, un *Extrait* des dispositions les plus importantes qu'il contient, réduit aux dimensions ordinaires d'une affiche, est constamment placardé dans les chambrées, afin que les soldats et les sous-officiers aient toujours sous les yeux les principes d'entretien, de nettoiement et de précautions à prendre pour ne pas dégrader les armes à feu.

On pense qu'une affiche semblable peut être très utilement placée dans les divers postes occupés par les gardes nationales, ainsi qu'au siége de la mairie de chaque commune où se trouvent des citoyens armés. J'ai l'honneur de présenter le modèle de cette affiche à M. le commandant général, qui jugera sans doute à propos d'engager MM. les préfets à la faire réimprimer et placarder, au nombre d'exemplaires suffisant pour que la plus grande publicité soit donnée aux moyens d'entretien et de conservation des armes.

Le lieutenant-général, Inspecteur-général des gardes nationales du royaume,

Signé Math. Dumas.

Approuvé, Lafayette.

Pour copie conforme :

Le Secrétaire-général de l'Inspection générale des gardes nationales du royaume,

Ymbert.

GARDES NATIONALES DU ROYAUME.

CIRCULAIRE N° 12.

Envoi d'exemplaires du Manuel de l'armement des Gardes nationales. — *Mesures à prendre pour les répandre et les propager.*

Le Lieutenant-général, Inspecteur-général, à monsieur le préfet du département.

Paris, le 24 décembre 1830.

Monsieur le Préfet,

Votre sollicitude aura déjà apprécié combien il serait malheureux que par ignorance, ou par défaut de soins, les armes qui déjà ont été mises aux mains des gardes nationales de votre département et celles qui leur seront confiées en plus grand nombre encore, fussent détériorées, altérées , et par la suite presque entièrement perdues pour l'Etat à qui elles auront coûté de si énormes sacrifices.

De concert avec M. le Ministre de l'intérieur, M. le Commandant général a arrêté les mesures qui ont paru les plus propres à assurer provisoirement l'entretien et la conservation des armes.

Ces mesures sont exprimées dans le rapport ci-joint que j'ai présenté à M. le commandant-général, après l'avoir concerté avec M. le Ministre de l'intérieur, et dont l'un et l'autre vous prient de prendre une entière connaissance.

Vous y trouverez indiqué l'usage que vous devez faire des exemplaires du manuel d'armement que j'ai l'honneur de vous transmettre. Votre but doit être 1° de les distribuer d'abord aux officiers d'armement qu'une juste prévoyance, indépendamment des instructions que j'ai données par ma circulaire du 10 décembre courant, aura fait créer dans chaque bataillon ou compagnie; 2° de distribuer le surplus des exemplaires, s'il y en a, aux officiers ou sous-officiers qui réuniraient aux notions les plus spéciales , le plus de zèle et le plus de volonté de répandre parmi leurs frères d'armes les connaissances et les principes du *Manuel de l'armement.*

C'est peu que le nombre d'exemplaires que je vous adresse, pour arriver au résultat général qu'il importe d'atteindre; mais nos ressources ne permettaient pas de faire davantage; c'est un exemple et un encouragement que le commandant général a voulu donner.

Il appelle donc toute votre attention sur la partie du rapport ci-joint qui a pour objet d'exhorter chacun de MM. les gardes nationaux à se procurer le *Manuel de l'armement* : il n'y a que votre influence, celle de MM. les sous-préfets et vos rapports avec MM. les officiers supérieurs qui puissent conduire à ce résultat, auquel je concourrai moi-même autant que je le pourrai faire. Il serait à propos que les cotisations fussent encouragées, et que vous consentissiez à les faire centraliser au chef-lieu du département. Vous examineriez s'il convient mieux de faire réimprimer le *Manuel de l'armement* sous vos yeux, avec les planches qui en forment la partie la plus utile ; ou bien s'il serait plus facile ou plus économique de tirer ce *Manuel* de Paris. Dans ce cas, après avoir rassemblé les demandes, vous pourriez, pour éviter des frais, les adresser sous le couvert de l'inspection générale, d'où les envois vous seraient expédiés pour être répartis par vos soins entre les localités qui auraient formé des demandes; mais à frais égaux, il serait plus simple et plus désirable que vous puissiez faire réimprimer au chef-lieu du département.

A l'appui de cette mesure, **M.** le Commandant général a cru devoir ajouter celle qui se pratique avec tant de succès dans les troupes de ligne, et qui consiste dans une affiche ou placard placé dans toutes les chambrées : cette affiche contient sommairement les principales dispositions de la conservation et de l'entretien des armes. Je vous envoie dix exemplaires de cette affiche. Il est à désirer que vous puissiez la faire réimprimer, et que vous en exigiez le placardage au siége de toutes les mairies et de tous les corps-de-garde des communes armées. Quelque légère que soit cette dépense, le commandant général n'a aucun moyen de vous en indemniser si vous n'aviez pas de fonds pour la faire ; vous la jugerez peut-être d'une utilité assez grande pour engager **M.** le Ministre de l'intérieur à vous indiquer les moyens d'y pourvoir. Aujourd'hui que la loi en discussion va vous placer à la tête de tout ce qui se rapporte à l'organisation des gardes nationales, vous mettrez sans doute l'armement et sa conservation au premier rang des graves intérêts dont cette loi vous attribue la direction.

Agréez, Monsieur le Préfet, l'assurance de ma considération distinguée.

M**ATHIEU** D**UMAS**.

INSTRUCTION

SUR L'ENTRETIEN ET LA CONSERVATION DES ARMES PORTATIVES.

(Extrait du Manuel de l'infanterie du 24 septembre 1826.)

ENTRETIEN DES ARMES ENTRE LES MAINS DES GARDES NATIONALES.

Ordre suivant lequel on doit démonter un fusil pour le nettoyer à fond.

1. La baïonnette... 2. La baguette... 3. Les deux grandes vis... 4. Le porte-vis... 5. La platine... 6. La goupille du battant de sous-garde... 7. Le battant de sous-garde... 8. Le pontet... 9. L'embouchoir... 10. Le ressort de l'embouchoir (1)... 11. La grenadière... 12. Le ressort de la grenadière (1)... 13. La vis de culasse... 14. La capucine... 15. Le ressort de la capucine (1)... 16. Le canon... 17. La culasse (2)... 18. La vis de l'écusson... 19. L'écusson... 20. La vis de la détente... 21. La détente... 22. La goupille du ressort de baguette (1)... 23. Le ressort de baguette (1)... 24. Les vis de la plaque de couche (1)... 25. La plaque de couche.

---

(1) On ne doit déplacer cette pièce que lorsque la rouille ne permet pas de la nettoyer en place.

(2) Cette pièce ne doit être démontée que par un armurier

On doit remonter le fusil dans un ordre inverse, c'est-à-dire en commençant par les numéros 25, 24, 23, etc.

Pour démonter le fusil modèle de 1777 corrigé, on suit le même ordre, excepté qu'après avoir ôté le pontet n° 8, on doit ôter la goupille de la détente et la détente, avant d'ôter l'embouchoir n° 9, et qu'après avoir ôté l'écusson n° 19, on ôte de suite la goupille du ressort de baguette n° 22.

On observe les mêmes différences en remontant le fusil, c'est-à-dire qu'après avoir remis le ressort de baguette, on remet de suite l'écusson, et qu'après avoir remis l'embouchoir, on remet la détente et la goupille de détente avant de remettre le pontet.

Ordre suivant lequel on doit démonter la platine
avec le nouveau monte-ressort.

Il faut commencer par abattre le chien.

1. La vis du grand ressort... 2. Le grand ressort. (On l'ôte à l'aide d'une pression qu'on fait avec le monte-ressort; on le remet par une opération inverse, quand il s'agit de remonter la platine.)... 3. La vis du ressort de gâchette. (Avant de la retirer entièrement, on frappe sur le cul du ressort, de manière à faire sortir le pivot de son encastrement.)... 4. Le ressort de gâ-

chette... 5. La vis de gâchette... 6. La gâchette... 7. La vis de bride... 8. La bride...
9. La vis de noix... 10. La noix. (Il faut la repousser avec un poinçon qui entre facilement
dans le trou destiné à recevoir sa vis.)... 11. Le
chien... 12. La vis de la batterie. (On fait aupa-
ravant une pression sur le ressort de la batterie
avec le monte-ressort.)... 13. La batterie...
14. La vis du ressort de batterie... 15. Le ressort de batterie... 16. La vis du bassinet...
17. Le bassinet... 18. La vis du chien... 19.
La mâchoire.

On doit remonter la platine dans un ordre inverse, c'est-à-dire en commençant par les numéros 19, 18, 17, etc.

Pour reconnaître les vis de la platine, on obser-
vera que la vis du chien a la tête percée, celle du
bassinet a la tête fraisée, celle de la noix a la tête
d'un plus grand diamètre que les autres. Les six
autres vis suivent cet ordre de longueur, en commençant par la plus courte.

1. Vis du grand ressort... 2. Vis du ressort
de gâchette... 3. Vis de bride... 4. Vis du ressort de batterie, à peu près égale en longueur à
la précédente... 5. Vis de gâchette... 6. Vis de
batterie.

Les deux grandes vis doivent être égales en
longueur comme en grosseur.

Il n'y a que trois grosseurs différentes pour toutes ces vis :

La première et la plus forte, pour la vis du chien ;

La deuxième, pour les deux grandes vis et la vis de batterie ;

La troisième, pour toutes les autres vis.

Dans la platine modèle 1777 corrigé, les grosseurs des vis présentent un plus grand nombre de différences.

Les deux grandes vis ne sont pas égales en longueur ; celle du milieu est un peu plus longue que l'autre.

L'ordre de grandeur qui vient d'être indiqué est le même pour toutes les autres vis, et il peut servir également pour les faire reconnaître.

Avant de replacer les vis, il faut mettre une petite goutte d'huile à chaque trou , ou sur l'extrémité de chaque tige ; il faut avoir la même précaution pour les trous qui reçoivent l'axe et le pivot de la noix. Quand la platine est remontée, il faut également mettre un peu d'huile entre les branches mobiles des ressorts et le corps de platine , ainsi que sur la griffe et les crans de la noix. Il faut s'assurer si les vis ne sont pas trop serrées, et si les pièces rodent bien, c'est-à-dire si elles tournent ou se meuvent d'une manière uniforme.

Nettoiement des armes à feu.

Lorsque les pièces d'armes seront fortement rouillées, on emploiera, pour les nettoyer, de l'émeri bien pulvérisé et de l'huile d'olive. On se servira, pour les frotter, de carettes de bois tendre et de brosses rudes. A défaut d'émeri pour enlever les grosses taches, on se servira de grès pulvérisé, tamisé et humecté d'huile. Quand les armes seront légèrement rouillées, on se servira seulement de brique brûlée, pulvérisée, tamisée, et également humectée d'huile.

Lorsqu'on opérera sur le canon, il faudra, pour l'empêcher de se courber sous l'effort que l'on fera, le poser à plat sur un banc ou sur une table.

Les gardes nationales feront usage d'un linge pour essuyer toutes les pièces; mais celles de l'intérieur de la platine devront conserver un peu d'onctuosité. On essuiera le bois avec un linge propre, pour qu'il ne graisse pas les vêtements. Avant de remonter les différentes pièces des armes, on aura l'attention de ne pas laisser dans les trous des vis de l'émeri, de la brique, ni d'autres substances.

Les pièces en cuivre se nettoient avec du tripoli ou de la brique bien pilée et du vinaigre. Si on les graissait ensuite, elles seraient promptement couvertes d'oxyde, toutes les substances grasses agissant sur le cuivre comme l'eau, les acides, etc.

Entretien des sabres.

Tout ce qui a été dit relativement au nettoiement des parties en fer et en cuivre des armes à feu, s'applique également aux parties du même métal des armes blanches. On ajoutera toutefois les observations suivantes :

Lorsque l'huile ou la graisse qu'on a mise sur une lame s'est desséchée dans le fourreau, il ne faut employer pour l'enlever que de l'huile nouvelle, qu'on laisse sur la tache pendant quelque temps, après quoi on enlève le tout en frottant avec un linge.

Lorsqu'un fourreau en cuir a été mouillé, il faut en retirer la lame, et le faire sécher sans le chauffer, après quoi on frotte la lame avec un linge légèrement imprégné d'huile, avant de la remettre dans son fourreau.

On aura soin également de graisser les lames avant de mettre les armes en magasin ; car, si on les laissait rouiller fortement, elles deviendraient trop minces, et par conséquent hors de service, après quelques nettoyages. Enfin, il serait bon de graisser légèrement les fourreaux en cuir, particulièrement sur la couture.

PRÉCAUTIONS A PRENDRE POUR NE PAS DÉGRADER LES ARMES A FEU PORTATIVES.

L'ordre qu'on vient d'indiquer pour démonter et remonter un fusil est essentiel à suivre, principalement en ce qui concerne les pièces de la platine, plus susceptibles que les autres parties de l'arme de se détériorer; mais, indépendamment de l'observation de cet ordre, il convient de prendre les précautions suivantes, sans lesquelles l'arme entre les mains du soldat se dégraderait bientôt.

Pour repousser les goupilles, il faut se servir du chasse-goupille ou d'un poinçon cylindrique, dont le diamètre soit un peu moindre que celui des goupilles. Les clous et les autres instruments dont on fait quelquefois usage, agrandissent les trous, ce qui est très nuisible.

Lorsqu'on fait sortir la grenadière et la capucine, il faut, autant que possible, n'avoir recours à aucun outil pour les frapper ; elles ne devraient être retenues que par leur ressort, et elles devraient céder à l'effort des deux mains, lorsqu'on exerce avec le pouce une pression sur ces ressorts.

Il faut éviter avec soin de trop serrer les vis, sur-tout celles de la batterie, parce qu'il en résulte des frottements qui diminuent l'action des ressorts, et par conséquent l'effet de la platine.

On ne doit jamais remettre le grand ressort de platine au feu, comme on le fait quelquefois, dans l'intention de le rendre moins dur. Cette pratique est très nuisible; elle détruit l'effet de la trempe, et fait perdre au grand ressort l'activité dont il a besoin pour communiquer le mouvement aux autres pièces de la platine. Le chien s'abat lentement, la pierre ne frappe plus la batterie avec assez de force; celle-ci ne découvre plus le bassinet, et ne donne pas de feu.

La batterie ne doit s'enlever qu'avec l'aide d'un monte-ressort. Lorsqu'on fait usage, pour cette opération, de la pointe de la baïonnette, on dégrade le bassinet; lorsqu'on se sert de la baguette, on s'expose à la casser.

La baguette se rompt aussi très facilement lorsqu'on cherche à la faire plier, parce que la trempe, qui lui donne de l'élasticité, la rend en même temps cassante.

Il est extrêmement nuisible de limer le canon vers la bouche, dans l'intention de faire résonner l'arme, ou de placer plus facilement la baïonnette. Cette altération de l'épaisseur du canon, qui s'augmente encore par le balottement de la douille de la baïonnette, peut mettre bientôt l'arme dans le cas d'être réformée.

Il est très important que les crans de la noix, la griffe du grand ressort, le pied de la batterie, et généralement toutes les articulations de la platine, soient fréquemment humectées avec de l'huile fraîche; sans cette précaution, une arme dont on se sert journellement est promptement dégradée.

On doit faire beaucoup d'attention à la manière de placer la pierre entre les mâchoires du chien. Le biseau doit être en dessus, et le tranchant parallèle à la face de la batterie; car s'il était incliné par rapport à cette face, on sent que la pierre ne frapperait que sur une très petite étendue, et qu'il n'en résulterait que très peu de feu, qui pourrait, en outre, n'être pas porté au milieu du bassinet.

Quand la pierre est émoussée, elle ne peut que très faiblement détacher de la batterie les particules d'acier que le frottement doit enflammer pour mettre le feu à la poudre; il faut, dans ce cas, rétablir le tranchant en frappant sur le bord du biseau supérieur. Il ne faut pas frapper trop fort, afin de ne point détacher de gros éclats, ce qui contribuerait à détruire la pierre en peu de temps.

Lorsqu'une pierre est assez usée pour ne dépasser que d'environ 7 millimètres (3 lignes) les mâchoires du chien, il faut l'avancer, s'il est possible, ou bien la remplacer.

Le plomb qui enveloppe la pierre ne doit jamais déborder les mâchoires du chien ; car, si la pierre était usée, ce plomb pourrait frapper la face de la batterie, ce qui occasionerait des ratés.

Il faut éviter, autant que possible, de démonter les culasses, et il ne faut jamais essayer de le faire en frappant dessus avec un marteau ; car les queues de culasse restant marquées par les coups de marteau, elles perdent leur pente, et font ensuite éclater le bois. On ne doit démonter la culasse que pour retirer une balle qui se trouverait forcée dans le canon ; et, dans ce cas, cette opération ne doit être exécutée que par un armurier, qui se sert d'un étau et d'un tourne-à-gauche.

On évitera également, autant que possible, de démonter l'écusson, la goupille du battant, le bassinet et la goupille de la détente, dans le modèle de 1777.

Toutes les fois que l'on cesse de tirer avec un fusil, il est nécessaire que le canon soit lavé. Pour laver le canon, on prend une baguette en fer, à laquelle on attache un morceau de chiffon ; on la fait entrer dans le tube, après l'avoir rempli d'eau, et l'on frotte jusqu'à ce que l'eau, qu'on renouvelle plusieurs fois, sorte claire. Alors on passe un linge sec dans ce canon, et ensuite un autre humecté d'huile.

Pour ne pas dégrader le bois lorsqu'on en sépare le canon, il faut opérer de la manière suivante:

Toutes les garnitures et la vis de culasse étant ôtées, saisir le bois et le canon, sans serrer avec la main gauche, à six pouces au-dessus de la tranche du derrière; le canon étant renversé, la bouche vers la terre, à environ un pouce du sol, frapper avec la main droite sur la poignée, jusqu'à ce que le canon soit dégagé de son canal; au moment où il se dégage, les doigts de la main gauche le maintiennent, jusqu'à ce que la main droite vienne l enlever tout-à-fait.

Le poli brillant que l'on exige ordinairement des armes, demande de fréquents nettoyages. Cette opération, qui n'est pas toujours faite avec les attentions convenables, fausse souvent et use presque toujours le canon, au point de le mettre hors de service avant le terme de sa durée. Pour éviter, au moins en partie, cet inconvénient grave, il ne faut jamais, après avoir nettoyé un fusil, et l'avoir essuyé avec un linge, frotter les pièces en fer, et sur-tout le canon, avec de la cendre, de la craie, ou d'autres matières mordantes.

MINISTÈRE DE L'INTÉRIEUR.

DIVISION DES GARDES NATIONALES DU ROYAUME ET DES
AFFAIRES MILITAIRES.

*Confirmation des mesures sur l'estampille et le Manuel
d'armement.*

Paris, le 12 janvier 1831.

Monsieur le préfet, peu avant de déposer le commandement général des gardes nationales, M. le général Lafayette vous avait chargé, dans l'intérêt de la conservation des armes et de leur entretien, de deux mesures dont je me suis fait rendre compte.

La première, datée du premier décembre dernier, consistait à faire frapper les armes remises, jusqu'à ce jour, aux gardes nationales, d'une estampille aux lettres P. D. L. (Propriété de l'État), et à dresser, par trismestre, un état de mutation, dont vous avez reçu les modèles.

La seconde, datée du 24 décembre dernier, consistait à employer les moyens propres à répandre, et à mettre aux mains de chaque garde national, un Manuel d'armement, dont vous avez reçu des exemplaires.

Je ne puis que confirmer ces deux mesures pour toutes les dispositions qu'elles contenaient, et vous engager à en assurer l'exécution, dont vous aurez à me rendre compte, selon les formes et dans les délais qui vous avaient été indiqués par M. le commandant général.

Recevez, M. le préfet, l'assurance de ma considération distinguée.

Le ministre, secrétaire d'état au département de l'intérieur.

Signé, Montalivet.

Pour expédition :

Le maître des requêtes chef de la division des gardes nationales et des affaires militaires.

Ymbert.

MINISTÈRE DE LA GUERRE.

Le Ministre secrétaire d'État au département de la guerre, à MM. les Lieutenants généraux commandant les divisions militaires, et à MM. les Intendants militaires. (*Administration, Bureau de la Solde, de l'Habillement et des Revues.*)

Paris, 8 février 1831.

Dispositions relatives aux Gardes nationaux appelés à faire un service extraordinaire.

Messieurs,

J'ai été consulté sur la question de savoir quelles sont les dispositions législatives qui doivent être observées, lorsque les circonstances mettent l'autorité compétente dans le cas de re-

quérir la garde nationale pour un service extraordinaire.

Depuis les mémorables événements du mois de
juillet, la garde nationale a été réorganisée, dans
toute la France, d'après les bases fixées par la loi
du 14 octobre 1791; et c'est cette même loi, à laquelle se rattachent quelques dispositions postérieures, qui doit servir de règle jusqu'à la
promulgation de la loi nouvelle.

Ainsi, en consultant les articles 3, 8, 10 et 13,
section 3ᵉ de cette loi, et les articles 11 et 12 de
l'ordonnance du 17 juillet 1816, on reconnaît
que la garde nationale est habituellement sédentaire, mais que, dans les circonstances extraordinaires et en cas d'insuffisance de toute autre
force publique, elle peut être requise de faire le
service d'activité hors de son territoire, et que,
dès ce moment, elle doit être traitée comme la
troupe de ligne. La loi du 3 août 1791 avait placé
la garde nationale sous les ordres de l'autorité
administrative, et l'ordonnance du 30 septembre
1818 a consacré de nouveau ce principe. Le droit
de requérir la garde nationale doit être en conséquence exercé par MM. les préfets, sous les conditions prescrites par la loi; et les autorités militaires doivent se concerter avec ces magistrats
toutes les fois que les circonstances leur paraissent
de nature à exiger de semblables réquisitions.

Il résulte enfin de ces diverses dispositions

que la garde nationale peut , au besoin, être appelée à faire un service actif; que c'est à l'autorité civile qu'il appartient de la requérir , et que
lorsque les gardes nationaux , ainsi requis, se
portent sur un point distant de plus d'une journée de marche de leurs foyers , ils ont droit, suivant leur arme et leur grade, à la solde , aux ra-
tions de pain et au logement, comme la troupe
de ligne, sauf la prime journalière d'entretien
de la masse individuelle.

Je vous prie, Messieurs, de vous conformer
à ces explications en ce qui peut vous concerner.

Recevez, etc.

RAPPORT AU ROI.

Sire ,

La légion d'artillerie de la garde nationale parisienne, dont vous avez ordonné la prompte
réorganisation, s'était constituée au milieu des
nombreuses créations provisoires qu'une loi nouvelle est appelée à régulariser. Ces formations
spontanées ont, pour la plupart, cherché leurs
principes constitutifs dans la législation de 1791.
Cette législation exigeait , comme condition première de l'inscription, la qualité de citoyen actif, la résidence continuée depuis un an; elle
excluait les étrangers qui n'avaient point des qualités requises pour devenir citoyens français.

Toute fondée sur le principe municipal, elle prescrivait sur-tout l'inscription des citoyens à leur mairie respective, et leur organisation par quartier; la loi actuellement en discussion consacre scrupuleusement les mêmes principes. On regrettait cependant de ne les point retrouver dans la réorganisation provisoire de l'ancienne légion d'artillerie. J'ajouterai qu'indépendamment de ces vices essentiels d'organisation, des causes de dissolution, d'une autre nature, avaient dû attirer l'attention de votre majesté.

Toutefois, votre majesté n'a point voulu attendre la nouvelle loi pour recomposer un corps spécial, nécessaire au complément de l'organisation des gardes nationales parisiennes; mais elle a souhaité que cette réorganisation fût mise, autant que possible, en harmonie avec la législation antérieure, qui a servi de guide à la généralité de ces créations civiques, et de type à la législation à intervenir.

Tel est l'objet de l'ordonnance que j'ai l'honneur de soumettre à l'approbation de votre majesté. Elle fait du domicile réel, de l'impôt personnel et de la qualité de Français, des conditions nécessaires; elle prescrit l'inscription aux mairies respectives; enfin elle consacre l'organisation par quartier, si conforme au principe municipal sur lequel se fonde virtuellement l'organisation des gardes nationales.

En attachant chaque compagnie d'artillerie à la légion d'infanterie de l'arrondissement, l'ordonnance a eu pour but de composer l'artillerie de la garde nationale de manière à compléter l'organisation des légions, à entretenir avec elle ces rapports, ces points de contact et de ralliement qui manquaient à l'ancienne organisation, et d'où résultent la bonne intelligence et l'émulation dans le service.

Il était, toutefois, indispensable que ce mode d'organisation municipale se prêtât aux combinaisons qu'exigent les progrès de l'instruction et des manœuvres. L'ordonnance a pourvu à cet intérêt par la réunion toujours prompte et facile de trois compagnies pour former un escadron, de toutes les compagnies pour former la légion, et par la création d'un état-major de cette légion.

Votre majesté reconnaîtra enfin que l'ensemble des dispositions que consacre l'ordonnance doit avoir pour effet, en conservant à l'artillerie parisienne son caractère de corps distinct, de la rattacher, cependant, aux autres légions par sa composition et par son service, et de la préparer ainsi à recevoir plus facilement la sanction de la loi nouvelle, qui doit incessamment apporter des règles fixes et invariables à toutes les organisations provisoires.

Je suis avec respect, sire, de votre majesté le très obéissant et très fidèle sujet,

Le pair de France, ministre secrétaire d'état au département de l'intérieur,

MONTALIVET.

ORDONNANCE DU ROI.

LOUIS-PHILIPPE, roi des Français,

A tous présents et à venir, salut.

Vu l'art. 2 de notre ordonnance du 31 décembre, portant qu'il sera procédé immédiatement à la réorganisation du corps d'artillerie de la garde nationale de Paris;

Vu les listes ouvertes dans chaque arrondissement de Paris pour l'inscription des citoyens qui ont déjà fait partie ou qui désirent faire partie de ce corps.

Sur le rapport de notre ministre secrétaire d'état au département de l'intérieur,

Nous avons ordonné et ordonnons ce qui suit :

Organisation.

Art. 1er. Il sera créé une compagnie d'artillerie dans chacun des douze arrondissements de Paris : cette compagnie sera attachée à la légion d'infanterie, d'où elle tirera ultérieurement les moyens de recrutement, elle prendra le numéro de la légion d'infanterie.

Les 1re, 2e et 3e compagnies d'artillerie formeront le 1er escadron d'artillerie de la garde nationale parisienne.

Les 4e, 5e et 6e compagnies formeront le 2e escadron.

Les 7e, 8e et 9e compagnies, le 3e escadron ; les 10e, 11e et 12e, le 4e escadron.

Les 1er, 2e, 3e et 4e escadrons réunis formeront la légion d'artillerie de la garde nationale parisienne.

2. Deux pièces de canon seront affectées à chaque compagnie d'artillerie.

3. La composition de chacune des douze compagnies d'artillerie demeure fixée de la manière suivante :

Capitaine commandant................... 1

Lieutenant en premier................ 1

Lieutenant en second.................. 1

Officiers.... 3

Maréchaux-des-logis chef.............. 1

Maréchaux-des-logis 4

Fourrier 1

Brigadiers 8

Canonniers (24 par pièce)............ 48

62

4. L'état-major de la légion est fixé ainsi qu'il suit :

Colonel... 1
Lieutenant-colonel............................ 1
Chefs d'escadron............................. 4
Major.. 1
Adjudants-majors............................ 4
Officier payeur............................... 1
Porte-étendard............................... 1
Capitaine-rapporteur du conseil de disci-
pline.. 1
Lieutenant suppléant........................ 1
Lieutenant-secrétaire du conseil........ 1
Médecin... 1
Chirurgien-major............................ 1
Chirurgiens aides-major.................. 4
                                                        ———
Total de l'état-major de la légion...... 22

Un secrétaire d'état-major et un secrétaire du
conseil de discipline seront, en outre, attachés
à l'état-major.

Le major et le secrétaire d'état-major seront
soldés comme dans les légions d'infanterie.

5. Indépendamment du personnel déterminé
par les articles ci-dessus, il sera créé un *détachement soldé*, appliqué à l'entretien du matériel, à
l'instruction du corps d'artillerie et composé
comme suit :

Officier commandant le détachement.... 1
                                                        ———
Adjudant-sous-officier comptable...... 1

3 1

Mode d'admission.

6. Aussitôt la promulgation de la présente ordonnance , il sera institué, au siége de chaque
mairie , une commission composée :

Du maire , président ;

De quatre des membres du conseil de recensement, désignés par le maire dans chacun des
quartiers de l'arrondissement ;

De quatre officiers de la légion d'infanterie de
l'arrondissement, dont deux officiers supérieurs
et deux officiers du grade de capitaine , ou autre,
tous quatre désignés par notre ministre secrétaire-d'état au département de l'intérieur.

Cette commission sera chargée de procéder,
d'après les règles ci-après , aux désignations des
citoyens admis à faire partie de la compagnie
d'artillerie de l'arrondissement.

7. Nul ne pourra être admis comme artilleur,

1° S'il n'est âgé de dix-huit ans , Français ou
naturalisé Français,

2° S'il n'est imposé, ou ses père et mère , à la
contribution personnelle ;

3° S'il ne justifie pas de son domicile réel dans l'arrondissement de la compagnie d'artillerie dont il demande à faire partie, sauf l'exception portée à l'article 9 ci-après.

8. Parmi les citoyens qui se sont fait inscrire jusqu'au 17 janvier 1831, pour concourir à la nouvelle formation du corps de l'artillerie de la garde nationale, et qui justifieront des qualités requises par l'art. 7 ci-dessus, la commission d'admission procédera aux désignations dans l'ordre ci-après.

Elle admettra de préférence, et sans condition de taille, en restant toutefois chargée d'apprécier l'aptitude de chaque candidat,

1° Tous les citoyens qui prouveront qu'ils ont déjà fait partie des artilleries de terre ou de mer ;

2° Sans condition de taille, si le nombre des inscrits n'excède point le complet de la compagnie, tous les citoyens qui ont fait partie de l'artillerie de la garde nationale ;

3° Les citoyens qui, n'ayant servi ni dans l'artillerie de terre ou de mer, ni dans l'artillerie de la garde nationale, ont été inscrits sur les contrôles ouverts jusqu'au 17 janvier 1831 ; ceux-ci devront avoir au moins la taille de 5 pieds 3 pouces (1 mètre 707 millimètres.)

9. Dans le cas où pour quelque arrondissement l'ensemble de ces ressources ne suffirait pas, la

commission d'admission est autorisée, pour cette
première fois seulement, à faire des désignations
complémentaires de l'effectif de 62 artilleurs
parmi les ressources d'excédent de l'arrondissement et du quartier le plus voisin, toujours
d'après les règles et l'ordre de préférence établis
dans les articles précédents.

10. Les désignations à faire par chacune des
douze commissions d'admission, en exécution
des articles qui précèdent, devront être terminés,
dans chaque mairie, le 5 mars.

Immédiatement après, il sera dressé une liste
nominative composée de 62 artilleurs, définitivement désignés par la commission d'admission
de l'arrondissement. Cette liste comprenant les
noms, prénoms, professions, âges et domiciles des
citoyens admis, sera imprimée et affichée pendant
huit jours, dans l'étendue de l'arrondissement.

Cadre de remplacement.

11. Ceux des anciens artilleurs de la garde nationale qui s'étant fait inscrire pour concourir à
la nouvelle formation, et réunissant d'ailleurs
les conditions voulues par l'art. 7, n'auront pu
y être reçus immédiatement faute de place, serons admis, pendant six mois, à partir de la
promulgation de la présente ordonnance, à occuper les places qui viendront à vaquer dans la

compagnie d'artillerie dont ils ressortiront par le lieu de leur domicile réel.

A cet effet, il sera dressé dans chaque mairie , un tableau nominatif et par rang de taille, de ces anciens artilleurs.

Leur admission successive aux places vacantes, aura lieu d'après les règles établies ci-dessus pour la nouvelle formation.

Le commandant-général de la garde nationale parisienne réglera la part que devront prendre au service de la garde nationale de Paris les anciens artilleurs compris au cadre de remplacement de chaque arrondissement.

Elections.

12. Aussitôt les huit jours écoulés pour la publication des listes des citoyens appelés à faire partie de la nouvelle formation , chaque maire convoquera , à la municipalité, les soixante-deux artilleurs de son arrondissement , afin qu'il soit par eux procédé en sa présence , à l'élection ,

Du capitaine-commandant,

Du lieutenant en premier,

Du lieutenant en second.

Ces officiers pourront être élus :

1° Parmi tous les artilleurs appelés dans les douze arrondissements à la nouvelle formation ;

2° Parmi les anciens artilleurs des armées de

:erre ou de mer, sans condition de taille ou d'instruction préalable. Ils seront élus au scrutin individuel et secret, et à la majorité absolue des suffrages.

13. Dans la même séance, on procédera à l'élection,

Du maréchal-de-logis chef,

Des quatre maréchaux-des-logis,

Du fourrier,

Des huit brigadiers.

Les sous-officiers ne pourront être élus que parmi les artilleurs appelés à faire partie de la compagnie d'artillerie de l'arrondissement. Ils seront élus au scrutin individuel et secret, et à la majorité relative des suffrages.

14. Il sera immédiatement pourvu aux vacances que laisseront dans le cadre des artilleurs les élections des officiers dont il est question à l'article 12 ci-dessus, par des désignations supplémentaires faites conformément aux règles établies dans la présente ordonnance.

Formation de l'état-major de la légion.

15. Le chef de chaque escadron sera choisi par les officiers et les maréchaux-des-logis chefs des trois compagnies formant l'escadron, et devra être élu parmi les officiers de la légion d'artillerie.

Les officiers et maréchaux-des-logis chefs se-

ront , à cet effet , convoqués à l'Hôtel-de-Ville,
au jour fixé par le préfet de la Seine, pour procéder , en sa présence , à l'élection des quatre
chefs d'escadron , au scrutin individuel et secret,
et à la majorité absolue des suffrages.

16. Dans la même séance les chefs d'escadron,
les capitaines et lieutenants , procéderont , sous
la présidence du préfet , au scrutin individuel et
secret , et à la majorité absolue des suffrages , à
l'élection du colonel et du lieutenant-colonel ,
pris parmi les officiers de la légion.

17. Le ministre de l'intérieur , sur la présentation du commandant-général de la garde natio
nale parisienne , proposera à notre nomination le
major, les quatre adjudants-majors, le porte-
étendard , le médecin , le chirurgien-major et les
chirurgiens aides-major.

18. Les nominations faites en vertu des articles
15, 16 et 17 , seront considérées comme provisoires jusqu'à la promulgation de la loi actuellement en discussion sur la garde nationale. Après
la promulgation de cette loi , elles devront être
renouvelées conformément à ses dispositions.

Service.

19. La Légion d'artillerie sera exclusivement
occupée des exercices et des manœuvres pendant
six mois de l'année , du 1er avril au 1er octobre ,

56

sauf le poste à entretenir à la garde du parc.

20. Du 1er octobre au 31 mars de l'année suivante, les compagnies d'artillerie concourront proportionnellement à leur force, au service de la garde nationale.

21. Notre ministre secrétaire-d'état au département de l'intérieur est chargé de l'exécution de la présente ordonnance.

Donné à Paris, le 10 février 1831.

LOUIS-PHILIPPE.

Par le roi,

Le ministre secrétaire-d'état au département de l'intérieur, MONTALIVET.

MINISTÈRE DE L'INTÉRIEUR.

DIVISION DES GARDES NATIONALES ET DES AFFAIRES MILITAIRES.

CIRCULAIRE N° 9.

Demande d'un état unique de situation de l'organisation actuelle des Gardes nationales, par arme, en cadres de compagnies, bataillons et légions.

Paris, 1er mars 1831.

Monsieur le préfet,

Je viens appeler tout particulièrement votre attention sur un travail qui doit avoir pour objet de bien fixer le passage de l'état provisoire de l'organisation actuelle des gardes nationales à l'état définitif où va l'amener incessamment une législation nouvelle.

Par une circulaire du 2 septembre 1830, mon prédécesseur avait fixé le modèle de compte selon lequel vous deviez lui faire connaître les progrès de l'organisation provisoire. Les questions posées dans cette circulaire et les chiffres que demandait le modèle y annexé, avaient un intérêt éventuel auquel vos communications ont suffisamment satisfait; mais, depuis, les créations provisoires ont acquis plus de consistance et pris une forme plus régulière : l'organisation militaire, l'habillement, l'équipement, ont reçu des développements que le Gouvernement a secondés par la délivrance d'un certain nombre d'armes, bien inférieur encore aux besoins, mais que des distributions successives pourront élever au niveau des nécessités du service et de l'instruction.

Vous reconnaîtrez, monsieur le préfet, qu'au point où l'organisation est parvenue, il est nécessaire qu'elle me soit connue par un état de situation où puissent entrer, sous les formes militaires qu'elles ont reçues, toutes les créations diverses que l'événement a produites.

Ce besoin de fixer d'une manière précise l'état du provisoire actuel se fait d'autant plus sentir, que la loi nouvelle, en autorisant l'organisation par bataillons, et, selon les lieux, en légions,

laissé au Gouvernement la faculté de maintenir,
jusqu'au 1er janvier 1832, celles de ces formations qui existent déjà, et qui ne seraient pas
conformes aux dispositions législatives. Dans
mes communications avec les chambres, j'ai souvent eu l'occasion de reconnaître l'insulfisance
des notions qui m'ont été fournies sur ce point,
et la nécessité de vous en demander de plus complètes.

Vous n'aurez plus à m'adresser l'état demandé
par ma circulaire du 2 septembre, mais je vous
invite à faire dresser, avec le plus grand soin, et
à me faire parvenir au plus tard le 10 avril prochain, la situation de l'organisation actuelle, selon la nouvelle forme qu'il m'a paru utile d'a-
dopter.

A cet effet, je vous transmets,

1° . . . . . feuilles d'un *modèle explicatif*, dont
les colonnes sont remplies par des chiffres qui,
au moyen d'une fiction, appliquent, dans un
canton, toutes les combinaisons d'organisation
qui peuvent exister.

2° . . . . . feuilles de tête et . . . feuilles intercalaires toutes préparées, et sur lesquelles sera
établie la situation que j'attends de vous.

J'ai fait imprimer ces feuilles de tête et ces
feuilles intercalaires avec l'intention d'obtenir de
l'uniformité dans le travail et de le rendre d'un

exécution plus prompte et moins dispendieuse.

Je vous prie de donner une attention personnelle au mécanisme et aux combinaisons du modèle explicatif que je vous transmets, afin que
vous puissiez diriger vous-même, d'une manière
sûre et uniforme, le travail qu'il a pour objet.
Vous voudrez bien adresser à chacun de MM. les
sous-préfets un état modèle, deux feuilles de tête
et deux feuilles intercalaires. Vous recommanderez à MM. les sous-préfets de rassembler, le
plus promptement possible, en les demandant
aux maires, les matériaux qui leur manqueraient.

Le modèle explicatif indique suffisamment
qu'il ne s'agit plus d'établir, pour chaque commune, un chiffre d'inscrits, c'est à dire un nombre de recensés. La situation que je demande est
toute d'organisation en cadres de compagnies ou
subdivisions de compagnies, de bataillons, et de
légions. MM. les sous-préfets n'auront donc à
s'occuper que des citoyens qui sont actuellement
compris dans ces cadres, et, dans ce but, ils obtiendront des maires un état particulier qui fasse
bien connaître :

1º Si la commune a plusieurs compagnies, ou
une compagnie, ou seulement une subdivision
de compagnie de garde nationale, ou enfin si elle
n'a même aucun commencement d'organisation ;

2º Si elle a, en outre, une compagnie ou une

subdivision de pompiers, ou d'artillerie, ou de cavalerie ;

3° L'effectif, pour chaque arme, en officiers, sous-officiers et soldats ;

4° Le chiffre indiquant combien de citoyens, sur l'effectif de chaque arme, sont armés, habillés et équipés ;

5° Combien d'armes sont aux mains des gardes nationales, soit qu'elles aient été fournies

par { l'état, / les communes, / les citoyens ;

6° Si les compagnies de gardes nationales (à l'exception des canonniers, pompiers, cavaliers) sont comprises dans l'organisation d'un bataillon ;

7° Si le bataillon est, ou n'est pas compris dans l'organisation d'une légion.

Je ne me dissimule pas, monsieur le préfet, que ce travail, conséquence de la réorganisation spontanée des gardes nationales, doit vous nécessiter de neuveaux soins ; mais en vous le demandant bien complet, et en réclamant votre concours pour que le modèle explicatif, exactement suivi, ne puisse donner lieu à aucun renvoi pour rectification, mon intention est d'éviter qu'il vous en soit demandé aucun autre, jusqu'à ce que la loi nouvelle ayant fourni les moyens de régulariser les créations provisoires, et d'étendre l'organisation à toutes les communes, il devienne indispensable de soumettre les comptes à rendre à un mode périodique et régulier.

Agréez, monsieur le préfet, l'assurance de ma considération distinguée.

> *Le pair de France, ministre secrétaire d'état de l'intérieur,*
>
> MONTALIVET.

Pour expédition :

> *Le maître des requêtes chef de la division des gardes nationales et des affaires militaires,*
>
> YMBERT.

P. S. J'appelle particulièrement aussi votre attention sur les observations importantes que vous trouverez au deuxième verso du modèle explicatif.

MINISTÈRE DE L'INTÉRIEUR.

DIVISION DES GARDES NATIONALES DU ROYAUME ET DES AFFAIRES MILITAIRES.

1er BUREAU. — ORGANISATION.

CIRCULAIRE N° 3.

Paris, 25 mars 1831.

Monsieur le Préfet,

La loi sur la garde nationale est promulguée. Je suis heureux d'avoir à vous la transmettre, et de satisfaire ainsi au vœu de ces populations dont le zèle a devancé la loi. Dès que j'ai été appelé à l'administration de l'intérieur, j'ai mis au nombre des devoirs les plus importants que m'impose la confiance du Roi, l'honorable mission d'affermir ou de développer cette institution des gardes nationales, à laquelle se rattachent les glorieux souvenirs de 1789, si heureusement confondus aujourd'hui avec ceux de notre révolution de 1830.

C'est jusqu'à présent au seul dévouement des citoyens, à cet instinct national qui, avant tout, veut l'ordre et le maintien de la paix publique, que nous sommes redevables de ces nombreuses et formidables organisations provisoires qui, sans règles et sans législation fixes, se sont déjà formées, instruites et disciplinées avec une promptitude et une perfection à laquelle applaudit notre armée.

Sous ce régime d'organisation spontanée, les gardes nationales ont été vues partout où la tranquillité publique, la répression des troubles, les tentatives désespérées des ennemis de l'ordre, exigeaient leur présence ; ces formations subites et volontaires ont admirablement suppléé à l'absence des forces soldées, et résolu le problème d'une grande armée civique qui ne demande que des armes à l'Etat.

Une loi seule manquait à tant de zèle et de

patriotisme. J'aime à vous annoncer qu'elle vient de recevoir la sanction royale.

Ma tâche sera de faire rentrer, dans la vaste et régulière organisation que nous sommes appelés à fonder, les formations déjà accomplies ; d'y rattacher les portions du territoire qui pour s'organiser, ont voulu attendre les conditions légales ; d'ouvrir les emplois des états-majors aux officiers de cette vieille armée, qui apporteront dans nos milices citoyennes et cette expérience militaire et ces souvenirs de gloire dont la France aime à s'énorgueillir ; ma tâche sera enfin, en préparant sur-tout nos bataillons nationaux pour le maintien de la paix intérieure, de les disposer aussi pour la guerre, si des agressions injustes autant qu'imprévues la rendaient jamais nécessaire.

En effet, Monsieur le Préfet, lorsque tout récemment quelques citoyens ont tenté de créer une association destinée à défendre la révolution et la patrie, ils n'ont pas réfléchi que cette association existait déjà, plus forte, plus nombreuse, plus disponible. Cette association, c'est la garde nationale ; mais celle-là tient sa mission de la loi, et c'est de la main du Roi qu'elle a reçu ses drapeaux.

Des instructions se préparent, en exécution de la loi nouvelle, sur l'organisation, l'administration, le service et la discipline. Les chefs les recevront par l'intermédiaire des autorités civiles et municipales, appelées à intervenir dans les intérêts d'une institution qui ne tire que de ces autorités sa force et son action.

En substituant, selon les lieux, l'organisation par bataillons à l'organisation par compagnies, je n'aurai qu'à accomplir des promesses déjà faites, et à satisfaire aux nécessités d'une organisation plus complète. La saison favorable aux exercices va s'ouvrir : je m'appliquerai à seconder le zèle que, sous ce rapport et sur tous les points du royaume, manifestent les compagnies. Enfin je veillerai à ce que les ressources de l'Etat continuent à pourvoir à l'armement, et suffisent à l'étendre même aux communes rurales, dont le patriotisme en éprouve aussi le besoin.

Voilà quels seront mes soins ; ceux des commandants seront d'entretenir parmi leurs frères d'armes cet amour de l'ordre et de la discipline, si nécessaire au repos du pays, et de les convaincre que si la garde nationale est principalement fondée pour assurer la tranquillité intérieure, elle est tout ensemble une institution de paix et de guerre, qui doit toujours être prête à remplir sa double vocation.

Je desire, Monsieur le Préfet, que ces idées

se répandent chaque jour davantage , et qu'elles demeurent toujours présentes , soit à l'autorité qui organise , soit à l'autorité qui commande. Je vous prie de donner à cette circulaire la plus grande publicité ; et je desire même qu'elle soit mise à l'ordre de toutes les gardes nationales du département dont l'administration vous est confiée.

Agréez , Monsieur le Préfet , l'assurance de ma considération distinguée.

Le Président du Conseil, Ministre Secrétaire d'état au département de l'intérieur,

CASIMIR PÉRIER.

Pour expédition : ...

Le Maître des requêtes, chef de la division des gardes nationales et des affaires militaires ,

YMBERT.

———

MINISTÈRE DE L'INTÉRIEUR.

DIVISION DES GARDES NATIONALES DU ROYAUME ET DES AFFAIRES MILITAIRES.

Ier BUREAU. — ORGANISATION.

CIRCULAIRE N° 4.

Rapport demandé à M. le préfet, sur celles des dispositions transitoires et exceptionnelles autorisées par le titre I V de la loi sur la Garde nationale , qui doivent être appliquées à son département.

Paris , le 31 mars 1831.

Monsieur le préfet , la loi qui vient d'être promulguée sur la garde nationale renferme des dispositions transitoires et exceptionnelles, sur l'application desquelles il importe au gouvernement d'être très promptement fixé.

Art. 125. Est-il avantageux de maintenir tout ou partie des organisations actuelles, dans votre département, au-delà du temps strictement nécessaire pour procéder aux recensements, aux autres opérations préliminaires et à la division des citoyens entre le service ordinaire et la réserve ?

Art. 123. Y a-t-il convenance ou nécessité, dans les localités où les organisations actuelles ne devraient pas être maintenues, de suspendre cependant les réélections des officiers, sous-officiers et caporaux?

La conservation des organisations actuelles et la suspension des réélections devront-elles être ordonnées pour tout, ou seulement partie des délais fixés par les articles 125 et 123 ?

Art. 124. Parmi les communes de votre département où il n'y a eu aucun commencement d'organisation, ou seulement qu'un commencement d'organisation, quelles sont celles où vous pensez que le roi devra user du droit de suspendre l'organisation, et pour combien de temps ?

Telles sont les principales questions qui appellent solution.

Ce qui importe sur-tout, c'est que la nouvelle

organisation s'opère sans causer aucune interruption de service.

Les officiers, sous-officiers et caporaux actuels doivent être maintenus dans l'exercice de leurs fonctions et de leur autorité, jusqu'au jour, quel qu'il soit, où les compagnies seront rassemblées pour reconnaître leurs nouveaux officiers, conformément à l'article 59.

Dans les localités où il a été formé des corps spéciaux de gardes à cheval, d'artilleurs, de sapeurs-pompiers, ils doivent être maintenus jusqu'au moment où ils pourront être remplacés par des organisations conformes à la loi.

Ces diverses nécessités résultent de la nature même des choses, et n'exigent aucune autorisation particulière. En effet, il faut que l'état présent subsiste tout le temps nécessaire à l'exécution des opérations préliminaires qui doivent faire passer à l'état nouveau.

Il ne peut donc être question, en fait d'autorisation emportant ordonnance royale ou décision spéciale du gouvernement, que de la conservation des organisations actuelles, ou de la suspension des réélections et des organisations non encore commencées, au delà du moment où, dans chaque localité, les contrôles du service ordinaire et de la réserve ayant été formés par les conseils de recensement, il sera possible d'arrêter

la nouvelle formation des compagnies, des bataillons et des légions, et de procéder aux élections.

Vous devez déjà, M. le préfet, avoir formé
votre opinion sur ce qu'il convient de faire sous
ces divers rapports.

Dans le cas où il resterait à réunir quelques
renseignements, il est nécessaire que vous les
demandiez sur-le-champ, en consultant, au
besoin, les sous-préfets, les maires, et les autres
agents de l'autorité dans votre département.

Je vous recommande de donner à vos propositions tout le développement qui me permettra
de les bien apprécier, et de me les adresser, soit
avec l'état demandé pour le 10 avril prochain,
par la circulaire du 1er mars, soit au moins très
peu de jours après l'envoi de cet état.

Vous trouverez à rattacher ces notions et propositions à l'état du 10 avril, l'avantage de pouvoir insérer dans la colonne d'observations les
motifs de vos propositions relatives aux diverses
localités ou à ceux des corps spéciaux formés
dans les communes; et vous n'auriez de travail
séparé à faire que pour celles de vos propositions
qui concerneraient ou des fractions de votre département plus grandes que les localités portées
dans l'état, ou même votre département tout
entier.

Vous allez recevoir des instructions sur le

recensement général, qui est la première des opérations dans l'ordre de celles qui doivent amener l'organisation définitive. Le recensement aura lieu dans toutes les communes indistinctement, soit qu'on y doive procéder ensuite à une organisation, soit qu'on doive la suspendre, soit que les organisations actuelles y soient maintenues, ou qu'il y ait lieu de les remplacer en tout ou en partie, soit enfin qu'il ait été jugé utile d'y différer les réélections. L'opération du recensement ne sera donc aucunement modifiée par les décisions que je présenterai à l'approbation du roi sur les propositions que j'attends très promptement de vous, et qui font l'objet de la présente lettre.

Agréez, monsieur le préfet, l'assurance de ma considération distinguée.

Le président du conseil, ministre Secrétaire d'état au département de l'intérieur,

CASIMIR PÉRIER.

Pour expédition :

Le maître des requêtes chef de la division des gardes nationales et des affaires militaires,

YMBERT.

MINISTÈRE DE L'INTÉRIEUR.

DIVISION DES GARDES NATIONALES ET DES AFFAIRES MILITAIRES.

1er BUREAU. — ORGANISATION.

CIRCULAIRE No 5.

Premières instructions pour l'exécution de la loi du 22 mars sur la Garde nationale. Recensement des Français de l'âge de vingt à soixante ans.

Paris, le 2 avril 1831.

Monsieur le préfet, vous avez reçu la loi du 22 mars sur la garde nationale, et le *Moniteur* du 28 vous a déjà fait connaître mes instructions à M. le préfet de la Seine, sur les recensements de la capitale.

Les mesures indiquées par ces instructions, dont je joins ici un exemplaire, s'appliquent aux autres villes du royaume ; les mêmes moyens de recensement y existent ; les listes des recensés doivent être les mêmes. Il importe que ces listes contiennent les mêmes indications ; les percepteurs des contributions personnelles doivent être tenus de fournir aux maires les mêmes états de toutes les personnes inscrites sur leurs rôles ; enfin, les maires doivent de même se faire promptement remettre les listes, et les faire convertir en *bulletins individuels*.

Vous aurez remarqué combien le concours des

officiers, sous-officiers et caporaux de la garde
nationale, actuellement en fonctions, accélérera
dans Paris et contribuera à rendre les recensements complets.

MM. les officiers, sous-officiers et caporaux
de la garde nationale de votre département feront
preuve du même zèle et du même dévouement;
partout on a le même intérêt à completter les
contrôles du *service ordinaire* et de la *réserve ;* le
désir de voir tous les citoyens contribuer au
maintien de l'ordre public et de l'honneur français
est partout aussi vif. Il est donc certain que ceux
de vos administrés qui font actuellement partie
de la garde nationale s'empresseront, en imitant
le noble exemple que donnent leurs frères d'armes de Paris, de faciliter aussi par leur concours
l'opération des recensements, et de lui donner
toute la perfection dont elle est susceptible.

Vous êtes ainsi à même, Monsieur le Préfet,
de faire procéder sur-le-champ aux recensements
dans les diverses villes de votre département et
dans toutes les communes qui, ayant une moindre population, vous paraîtront cependant présenter les mêmes facilités.

Les communes d'une faible population, dont
les compagnies se sont, dans un même canton,
formées en bataillons, celles qui n'ont pas encore fait, mais qui sont susceptibles de faire aussi

la réunion de leurs compagnies en bataillons cantonnaux, peuvent également prêter, pour leurs
recensements, le secours efficace des officiers et
sous-officiers de leur garde nationale. Vous vous
attacherez à les y faire concourir; le grand intérêt de généraliser la garde nationale sera senti
par eux, et ils veilleront à ce qu'on n'omette personne.

Quant aux communes qui n'ont point encore
de garde nationale, ou qui en ont seulement
commencé l'organisation, il y a lieu de croire que
la faiblesse de leur population et le peu de difficulté ou de travail que semblent y présenter les
recensements permettront aux maires d'y suffire.

S'il en est autrement, il faut examiner quelles
communes, à raison du voisinage et des sympathies, peuvent se grouper avec d'autres communes
qui, ayant une compagnie ou une subdivision
de compagnie, se réuniraient facilement pour
former un bataillon cantonnal.

On pourrait, dans ce cas, utiliser pour le recensement, dans les communes sans garde nationale, l'expérience et le zèle des officiers et
sous-officiers des communes voisines qui ont
formé la leur, et qui seront jugés propres à cette
opération par le sous-préfet et les maires, en
leur adjoignant, parmi les habitants des communes sans organisation, les personnes à qui la

même mission pourrait être confiée. C'est ainsi que, par l'impulsion d'un intérêt commun, on aura la certitude d'arriver à des recensements complets.

Il ne restera plus à faire désigner par les sous-préfets d'agents spéciaux pour les recensements qu'à l'égard d'un petit nombre de communes d'une faible population, et placées de manière à ne pouvoir entrer dans la formation d'un bataillon cantonnal.

Dans ces petites communes, le maire pourra sans doute dresser facilement sa liste de recensement : il connaît tous les habitants de la commune, et, parmi eux, sur-tout, ceux qui ont de légitimes motifs d'absence, ou qui se trouvent dans les cas particuliers que la loi a prévus. Il peut, d'ailleurs, se faire aider par son adjoint, le conseil municipal, le greffier, et consulter les registres de l'état civil.

Mais s'il en était autrement (et c'est particulièrement pour ce cas), il y aura lieu à désigner pour les recensements des agents spéciaux. Le même agent pourra être chargé de plusieurs communes. Il se procurera, près du maire, de l'adjoint, du conseil, du greffier, et de tout autre habitant bon à consulter, tous les renseignements qui doivent être recueillis sur chacun des citoyens à inscrire au registre-matricule de la garde nationale.

Vous trouverez, dans ma lettre ci-jointe au préfet de la Seine, la série des indications que doivent présenter les listes de recensement.

Vous devrez faire imprimer et fournir à chaque chargé de recensement, le cadre des listes qu'il aura à dresser; je ne vous en prescris pas non plus le modèle, par le motif déjà donné à Monsieur le préfet de la Seine, que ces listes partielles ne sont que les éléments des listes générales de chaque mairie, et que je dois vous laisser la faculté d'ajouter aux indications que je viens de vous présenter celles que vous jugeriez encore devoir demander.

Afin que chaque citoyen qui se prétendra dans l'un des cas d'exception puisse être prêt à se présenter aux conseils de recensement, dès qu'ils seront convoqués, il sera nécessaire de donner à chaque chargé du recensement une instruction qu'il communiquera aux réclamants, et qui leur indiquera les justifications à faire pour chaque cas devant ces conseils.

Tandis que l'on procédera aux recensements partiels, il sera d'une grande importance de faire fournir aux maires, pour qu'ils les soumettent ensuite aux conseils de recensement, des états, par commune, de toutes les personnes inscrites aux rôles des contributions personnelles de leurs arrondissements respectifs. Ces états devront être sur-le-champ demandés aux percepteurs, et vous tiendrez la main à ce que, sous aucun prétexte, les percepteurs n'en retardent la délivrance.

Une partie des citoyens paient par eux, ou leur père, mère, grand-père ou grand'mère, la contribution personnelle ailleurs que dans la commune où ils résident; ainsi, les états dont il vient d'être question ne suffiront pas pour faire connaître tous ceux qui doivent être affectés au *service ordinaire* de la garde nationale. Vous indiquerez aux maires et aux chargés de recensement les moyens qui vous paraîtront propres à faire connaître, sous le rapport du paiement de la contribution personnelle, ceux des citoyens qui ne figureront point aux états des percepteurs.

Les maires veilleront à ce qu'au fur et à mesure de la confection, par les chargés de recensement, des listes partielles de leur circonscription, ces listes leur soient remises sans aucune perte de temps. Ils les feront aussitôt convertir en *bulletins individuels* contenant, sur chaque citoyen, toutes les indications portées aux listes partielles, et s'aideront, par ce travail, s'ils le jugent nécessaire, des agents spéciaux qui auront été chargés des recensements. Ces *bulletins individuels* se prêteront ensuite à tous les classements qu'exigera successivement la formation

des registres-matricules, des contrôles pour le
service ordinaire et la réserve, des rôles des
compagnies, et des listes sur lesquelles s'opérera
le tirage des jurés de révision.

D'autres instructions seront consacrées, Monsieur le Préfet, au serment des officiers actuellement en fonctions, à la formation des conseils
de recensement, à leurs opérations, aux registres-matricules, à la division des citoyens entre
le service ordinaire et la réserve, enfin à tout ce
qui doit précéder les réélections.

Vous remarquerez, Monsieur le Préfet, combien les recensements auxquels vous allez procéder vous offriront d'utilité pour l'exécution du
recensement général de votre population, qui,
vient d'être prescrit par la circulaire du ministre
du commerce et des travaux publics, en date
du 25 mars.

Je me flatte en outre que le résultat des investigations que vous allez faire, et leur conversion
immédiate en *bulletins individuels*, fourniront
d'utiles et précieux éléments aux listes des citoyens appelés incessamment à former le corps
électoral de nos institutions municipales.

Ces considérations vous indiqueront assez
quel prix j'attache à l'opération dont cette
lettre vous trace les formes et les moyens d'exécution.

Agréez, Monsieur le Préfet, l'assurance de ma considération distinguée.

Le président du conseil, ministre secrétaire d'état de l'intérieur.

CASIMIR PÉRIER.

Pour expédition :

Le maître des requêtes, chef de la division des gardes nationales et des affaires militaires,

YMBERT.

MINISTÈRE DE L'INTÉRIEUR.

DIVISION DES GARDES NATIONALES ET DES AFFAIRES MILITAIRES.

1ᵉʳ BUREAU. — ORGANISATION.

ANNEXE DE LA CIRCULAIRE Nᵒ 5.

Premières instructions pour l'exécution de la loi du 22 mars sur la Garde nationale.

COPIE DE LA LETTRE DU MINISTRE DE L'INTÉRIEUR AU PRÉFET DE LA SEINE.

Paris, 27 mars 1831.

Monsieur le Préfet,

La loi sur la garde nationale a été promulguée. Au premier rang de ses dispositions se présente le serment des officiers actuellement en fonctions. La loi veut, article 59, qu'ils aient prêté ce serment dans le mois de sa promulgation. Les termes *actuellement en fonctions*, la brièveté du délai,

et l'impossibilité de faire en un mois les recensements, la révision par les conseils, les registres-
matricules, la division des citoyens inscrits entre
le *service ordinaire* et la *réserve*; et, à la suite de
tous ces préliminaires indispensables, les réélections, ne sauraient laisser aucun doute : c'est bien
des officiers qui font partie de l'organisation actuelle, que le serment doit être reçu dans le mois.
Quant aux officiers que les réélections feront entrer dans les nouvelles organisations, ils prêteront
le serment au moment même où ils seront reconnus par les compagnies, les bataillons et les légions.

Le serment des officiers actuellement en fonctions sera l'objet d'une instruction séparée qui
vous parviendra sous peu.

L'opération des recensements n'est pas moins
urgente. Il importe de s'occuper avant tout de
ceux de la capitale. Ceux de la banlieue présen-
tant plus de facilité, feront, comme le serment,
l'objet d'une instruction spéciale.

Le 30 août dernier, M. votre prédécesseur avait
prescrit, pour un recensement général, des mesures qui ont sans doute produit de bons éléments:
des délégués de chaque administration municipale, choisis, de concert avec le colonel de chaque légion, parmi les citoyens faisant déjà partie
de la garde nationale, se sont transportés dans

chaque maison , et ont fait des recensements qui ont dû être fort utiles.

Toutefois, il est certain que les résultats n'ont pas été partout uniformes et également complets: on peut en juger par les différences sensibles que présentent entre eux les corps, soit légions, soit bataillons, soit compagnies, eu égard aux populations respectives.

Et ce qui, plus encore que le besoin de réparer de nombreuses omissions dans l'inscription des citoyens soumis au *service ordinaire* de la garde nationale, exige de nouveaux recensements, c'est l'obligation d'immatriculer aussi tous les autres Français de l'âge de vingt à soixante ans qui sont à classer dans la *réserve*.

La section 1re du titre II de la loi a désigné tous les cas d'inscription aux registres-matricules de la garde nationale, ainsi que tous ceux d'incompatibilité, de dispense, d'exemption, d'interdiction, d'exclusion.

Le soin de procéder aux nouveaux recensements est confié aux maires ; mais ceux de Paris ne pourraient les exécuter en personne, et moins encore s'en charger seuls. L'expérience acquise par l'application des instructions de votre prédécesseur, du 30 août dernier, vous indiquera sans doute par qui les maires de la capitale seront plus efficacement secondés : outre les employés extraordinaires que la circonstance pourra exiger, les maires devront sur-tout utiliser ceux des officiers, sous-officiers et gardes nationaux qui déjà ont coopéré aux précédents recensements, ainsi que tous ceux dont le zèle si bien connu sera disposé à aider l'autorité municipale dans une opération qui intéresse la généralité des citoyens.

Entre autres mesures, MM. les caporaux actuels (à défaut de ceux qui en seront empêchés, MM. les sergents, fourriers-sergents et sergents-majors) doivent être priés de se charger, chacun pour ses escouades, de faire le recensement de tous les citoyens de l'âge de vingt à soixante ans, de ceux mêmes se déclarant non Français, qui habitent dans les diverses maisons de la circonscription de leurs escouades. Vous leur ferez recommander de n'excepter personne, quelque motif qui soit allégué, et de se borner à mentionner, à l'article de chaque inscrit aux listes, les réclamations sur lesquelles auront ensuite à statuer les conseils de recensement.

Les mêmes recommandations devront être faites aux autres personnes que les maires chargeront aussi d'opérer les recensements, et qu'ils choisiront de préférence parmi les gardes nationaux de bonne volonté faisant actuellement le service.

Les maires de Paris devront se concerter, pour ces choix, avec les chefs de légion, qui, par eux-

mêmes et par les rapports des chefs de bataillon ,
des officiers des compagnies et des officiers d'état-
major, sont en état d'indiquer les meilleurs choix
à faire. L'expérience a fait connaître qu'un certain
nombre de propriétaires , de principaux locataires , et sur-tout de concierges , se prêtent à ne
point déclarer une partie des locataires. Les résistances céderont partout à des recherches faites
avec intelligence.

Vous inviterez les maires à remettre à chacun
des chargés de recensement une déclaration, servant de mandat, à l'effet de procéder au recensement dans la circonscription qui lui sera donnée.

Les listes à dresser par chacun des chargés de
recensement devront contenir , autant que possible, sur chaque inscrit, les indications suivantes:

Le nom, les prénoms ;

La date de naissance , ou l'âge , à défaut de
date précise ;

La demeure;

L'emploi ou la profession ;

Si l'inscrit est réputé non Français ;

Si l'inscrit, ou son père, ou sa mère, ou ses
grands père et mère paient ou non la contribution
personnelle ;

S'il est déjà de la garde nationale ; sa compagnie, son bataillon ;

S'il est habillé ;

Le détail de son équipement;

Celui de son armement;

Sur sa déclaration d'honneur, les armes dou-bles (de guerre), qui seraient en ses mains;

S'il est dans l'intention de s'habiller;

S'il désire entrer dans l'une des armes spécia-les, celle qu'il choisit;

Ses services militaires, les grades, les corps, la durée du service;

Enfin, s'il est, ou déclaré être dans un cas d'exception, de dispense, d'exclusion, et la dé-signation de ce cas.

Il sera nécessaire de faire imprimer et de four-nir à chaque chargé de recensement le cadre des listes qu'il devra dresser. Je ne vous en prescris pas le modèle, par le double motif que ces listes partielles ne seront que les éléments des listes générales de chaque mairie, et que je dois vous laisser la faculté d'ajouter aux indications que je viens de présenter celles que vous jugeriez en-core devoir demander.

Je vous prie de me faire connaître dans quel délai vous pensez que les recensements partiels pourront être exécutés. Leur extrême subdivision permettra d'abréger beaucoup ce délai. Plus il sera court et plus tôt on arrivera au moment im-patiemment attendu où pourra s'effectuer la réé-lection des officiers, sous-officiers et caporaux.

Afin que chaque citoyen qui prétendra être dans l'un des cas d'exception puisse être prêt à se présenter aux conseils de recensement dès qu'ils seront formés et convoqués, il sera nécessaire de donner à chaque chargé de recensement une instruction qu'il communiquera aux réclamants, et qui leur indiquera les justifications à faire pour chaque cas devant ces conseils.

Tandis que l'on procédera aux recensements partiels, il sera d'une grande importance de faire fournir aux maires, pour qu'ils les soumettent ensuite aux conseils de recensement, des états de toutes les personnes inscrites aux rôles des contributions personnelles de leurs arrondissements respectifs. Ces états devront être, sur-le-champ, demandés aux percepteurs, et vous tiendrez la main avec fermeté à ce que, sous aucun prétexte, les percepteurs n'en retardent la délivrance.

Je n'ignore pas qu'une partie des citoyens paient par eux, ou leurs père, mère, grand-père ou grand'mère, la contribution personnelle ailleurs que dans l'arrondissement où ils logent habituellement ; et qu'ainsi les états dont il vient d'être question ne suffiront pas pour faire connaître tous les Français qui, par cela seul qu'ils paient ou que leurs pères et mères paient la contribution personnelle, doivent être affectés au *service ordinaire* de la garde nationale ; mais du moins il est certain que tous ceux qui figureront sur ces états appartiendront à ce service ; et, quant à ceux qui n'y figureront pas, on continuera dans chaque mairie d'exiger d'eux les certificats du bureau central des contributions établi à l'hôtel-de-ville.

Les maires veilleront à ce qu'au fur et à mesure de la confection par les chargés de recensement des listes partielles de leur circonscription, ces listes leur soient remises sans aucune perte de temps. Ils les feront aussitôt convertir dans leurs bureaux en *bulletins individuels* contenant, sur chaque citoyen, toutes les indications portées aux listes partielles. Ces *bulletins individuels* se prêteront ensuite à tous les classements qu'exigera successivement la formation des registres-matricules, des contrôles du service *ordinaire* et de la *réserve*, des rôles des compagnies, ainsi que l'établissement des listes sur lesquelles s'opérera le tirage des jurés de révision.

Une seconde instruction sera consacrée, Monsieur le Préfet, aux recensements dans la banlieue, à la formation des conseils de recensement, à leurs opérations, aux registres-matricules, à la division des citoyens entre le *service ordinaire* et la *réserve*, enfin à tout ce qui doit précéder les réélections, et aux mesures à prendre pour en rapprocher le moment autant que cela sera possible.

Agréez, Monsieur le Préfet, etc.

MINISTÈRE DE L'INTÉRIEUR.

DIVISION DES GARDES NATIONALES ET DES AFFAIRES

MILITAIRES.

4me BUREAU. —— DISCIPLINE.

ANALYSE.

Nécessité et mode de procéder sur-le-champ à l'institution des conseils de discipline, conformément à la nouvelle loi du 22 mars 1831.

Paris, 5 avril 1831.

MONSIEUR LE PRÉFET, parmi les dispositions de la nouvelle loi, celles que le vœu général appelait avec le plus d'impatience se rapportent aux *con-seils de discipline*, dont l'existence était si in-certaine et si équivoque à l'état transitoire d'où nous sortons. En effet, le dévouement et le zèle ont seuls et trop long-temps supporté le poids de l'honorable dette que la garde nationale a si généreusement et si courageusement acquittée. Il était temps qu'un code disciplinaire intervînt pour mettre fin au régime d'une législation vieil-lie et contestée, sous l'empire de laquelle l'indif-férence et la mauvaise volonté pouvaient équi-valoir à des causes d'exemption. Voici enfin le moment où va cesser un scandale dont s'inqui était justement le civisme de nos bataillons.

Vous avez vu, par ma circulaire du 31 mars dernier que nulle part l'action de la réorganisation ne doit avoir pour effet de détruire prématurément ce qui existe. La circulaire précitée vous a déjà fait connaître les conditions sous lesquelles le provisoire peut ou doit subsister, et la nature des propositions que vous avez à me faire à cet égard ; mais, quelque délai qu'entraînent les solutions à vous donner, le service ne peut être suspendu ; la garde nationale doit continuer de subsister sous la forme actuelle jusqu'à sa réorganisation ; et ce serait méconnaître le but de la loi que de ne pas exécuter immédiatement celles de ses dispositions qui ne sont pas subordonnées à l'accomplissement de conditions préliminaires ou à l'expiration de certains délais. De ce nombre sont les articles relatifs à l'institution et à la mise en action des conseils de discipline, qui font l'objet spécial de cette instruction.

La loi admet des combinaisons différentes suivant l'étendue des cadres d'organisation.

1° Dans les villes où il existe une ou plusieurs légions, il y a un conseil spécial pour juger les officiers supérieurs et d'état-major qui ne sont pas justiciables des conseils de bataillon (art. 95). Ce conseil est composé de sept juges, tous officiers (art. 98), d'un rapporteur et d'un secrétaire également officier ; de plus , dans les villes ayant plusieurs légions, il doit y avoir par conseil un rapporteur et un secrétaire-adjoint (101).

2. Chaque bataillon communal ou cantonnal a un conseil de sept juges (art. 94 et 97), avec un rapporteur et un secrétaire , mais point d'adjoints, àmoins que.la ville ne comprenne une ou plusieurs légions (101).

3 D ans les communes qui ont une compagnie ou plusieurs compagnies non réunies en bataillon , le conseil se compose de cinq juges. Il en est de même pour les compagnies formées des gardes nationaux de plusieurs communes (96) , et, dans ce dernier cas , la commune la plus populeuse est le siége du conseil (99). Il y a aussi un rapporteur et un secrétaire qui peuvent être pris entre les sous-officiers (101, 102).

La composition des conseils de bataillons et de compagnies se modifie lorsqu'ils ont à juger des officiers, attendu que deux officiers du grade de l'inculpé doivent y prendre séance (100). Ces juges extraordinaires sont désignés , par la voie du sort, dans le canton, l'arrondissement ou le département (102).

Les rapporteurs et secrétaires sont nommés par les sous-préfets , sur des listes de trois candidats , que présente , pour chaque emploi, l'officier commandant (103). Lorsque les sous-préfets demanderont aux officiers les listes de propositions, ils auront soin de les rendre attentifs à l'importance du travail qui est confié aux rapporteurs et aux secrétaires. Les premiers reçoivent les plaintes, font citer les inculpés, requièrent la convocation des conseils, y exposent les faits, et provoquent l'application de la loi (111, 113). Les secrétaires enregistrent les pièces, en donnent lecture au conseil (111, 118). Il entre aussi dans leurs fonctions d'écrire les jugements sous la dictée du président, et d'en délivrer les expéditions. L'exercice de ces attributions exige beaucoup de soin, et suppose une instruction particulière : il est donc essentiel de ne les confier qu'à des hommes dont la capacité soit connue.

Les personnes aptes à siéger, comme juges, dans les conseils de discipline, sont désignées par le président du conseil de recensement, assisté par l'officier du grade le plus élevé, ou, à égalité de grade, par celui qui commande. Ce sont, en premier lieu, tous les officiers, sous-officiers et caporaux élus par leurs concitoyens, et ensuite des gardes nationaux, en nombre double, pris sur le contrôle du service ordinaire (105). Le président du conseil de recensement, dans les communes qui ne forment pas plus d'un canton, est le maire; dans les villes composées

jeurs cantons, les conseils de recensement
ésidés, l'un par le maire, les autres par
oints ou par les conseillers municipaux
élègue (13). Ces fonctionnaires font la
ar grade et par rang d'âge, des personnes
es, soit de droit, à raison de leurs grades,
r désignation. Dans le choix des gardes
ux, qui est laissé au discernement de
té locale, il faudra préférer ceux qui,
t consacrer à ce service une partie de leur
, possèdent une instruction suffisante, et
se concilier plus particulièrement l'estime
nfiance de leurs concitoyens. Le tableau,
me au modèle ci-joint, présentera autant
nnes qu'il y a de grades, et une de plus
s simples gardes nationaux ; il sera déposé
lieu des séances du conseil de discipline
5).
ligation de prendre les gardes nationaux
contrôle du service ordinaire serait un
e à la formation immédiate des *conseils de*
ne, s'il était nécessaire que ce contrôle
alablement dressé dans les formes pres-
art. 19) ; mais il est évident que la loi,
nettant de proroger les organisations ac-
(125) et les pouvoirs des officiers et sous-
s (123), a reconnu à tous les chefs et
nationaux composant les corps dont l'exis-

fets demanderont aux officiers les li:
propositions, ils auront soin de les ren
tentifs à l'importance du travail qui es!
aux rapporteurs et aux secrétaires. Les p
reçoivent les plaintes, font citer les in
requièrent la convocation des conseils,
sent les faits, et provoquent l'applicatio
loi (111, 113). Les secrétaires enregist
pièces, en donnent lecture au conseil (111
Il entre aussi dans leurs fonctions d'éc:
jugements sous la dictée du président,
délivrer les expéditions. L'exercice de ce
butions exige beaucoup de soin, et supp
instruction particulière : il est donc esse
ne les confier qu'à des hommes dont la
soit connue.

Les personnes aptes à siéger, comme
dans les conseils de discipline, sont d
par le président du conseil de recensem
sisté par l'officier du grade le plus élevé
égalité de grade, par celui qui comma
sont, en premier lieu, tous les officier:
officiers et caporaux élus par leurs conci
et ensuite des gardes nationaux, en nom:
ble, pris sur le contrôle du service c
(105). Le président du conseil de recen:
dans les communes qui ne forment pas p
canton, est le maire ; dans les villes co

de plusieurs cantons, les conseils de recensement
sont présidés, l'un par le maire, les autres par
ses adjoints ou par les conseillers municipaux
qu'il délègue (13). Ces fonctionnaires font la
liste, par grade et par rang d'âge, des personnes
appelées, soit de droit, à raison de leurs grades,
soit par désignation. Dans le choix des gardes
nationaux, qui est laissé au discernement de
l'autorité locale, il faudra préférer ceux qui,
pouvant consacrer à ce service une partie de leur
temps, possèdent une instruction suffisante, et
ont su se concilier plus particulièrement l'estime
et la confiance de leurs concitoyens. Le tableau,
conforme au modèle ci-joint, présentera autant
de colonnes qu'il y a de grades, et une de plus
pour les simples gardes nationaux ; il sera déposé
dans le lieu des séances du conseil de discipline
(art. 105).

L'obligation de prendre les gardes nationaux
sur le contrôle du service ordinaire serait un
obstacle à la formation immédiate des *conseils de
discipline*, s'il était nécessaire que ce contrôle
fût préalablement dressé dans les formes prescrites (art. 19) ; mais il est évident que la loi,
en permettant de proroger les organisations actuelles (125) et les pouvoirs des officiers et sous-
officiers (123), a reconnu à tous les chefs et
gardes nationaux composant les corps dont l'exis-

tence sera ainsi consacrée , la capacité de remplir les devoirs et d'exercer les droits qui résultent de ses dispositions. Elle considère , comme
formant les contrôles du service ordinaire , les
contrôles actuels des compagnies et bataillons ,
et elle admet même à y rester ceux qui , sans
remplir les conditions qu'elle a fixées pour l'a-
venir, voudront continuer le service qu'ils ont
fait postérieurement au 1ᵉʳ août 1830 (19). Rien
ne s'oppose donc à ce que les contrôles des organisations actuellement existantes, lesquelles
doivent subsister par la nature même des choses
jusqu'au moment où elles feront place à de nouvelles organisations , et qui d'ailleurs pourront
être provisoirement confirmées, servent à la
composition des *conseils de discipline*.

Les juges sont pris sur le tableau d'après l'ordre de leur inscription (107), et renouvelés tous
les quatre mois en totalité, lorsque le nombre
des officiers du même grade le permet (104). En
conséquence, le président du conseil de recensement devra notifier à l'officier appelé à exercer
le premier la présidence, soit comme le seul du
grade le plus élevé, soit comme le plus âgé de
ceux du grade supérieur, que le tableau est déposé au lieu des séances, et que, sur la réquisition du rapporteur, il pourra convoquer le
conseil dans l'ordre et suivant la composition

indiquée par la loi (art. 95 , 96, 97 , 98, 100).

Les corps spéciaux, artillerie, sapeurs-pompiers et cavalerie, sont justiciables des mêmes conseils que les autres gardes nationaux de leurs communes ; et leurs officiers, sous-officiers, caporaux et simples gardes sont portés au tableau de roulement dans les mêmes proportions ; à moins qu'ils ne soient formés en légion , bataillon ou escadron , ce qui, sur la proposition de MM. les Préfets , leur donnerait le droit d'avoir un conseil particulier , à la composition duquel ils concourraient seuls. Dans les villes qui ont plusieurs bataillons , les compagnies spéciales sont rattachées, pour la discipline, à celui que désigne le préfet (106).

Je ne vous entretiendrai pas des dispositions relatives à l'instruction , aux jugements , aux peines : la loi contient tous les développements nécessaires; il suffira de la mettre entre les mains des présidents et des rapporteurs, qui , pénétrés de l'importance de leurs fonctions , auront à cœur de les remplir avec autant de zèle que d'impartialité.

Aussitôt la réception de cette lettre , vous devrez transmettre aux sous-préfets et aux maires les instructions nécessaires pour la formation immédiate des nouveaux *conseils de discipline* partout où des légions, bataillons ou compagnies sont organisées. Vous ferez en sorte que ces conseils puissent être mis en action au plus tard le 1er mai prochain , plus tôt s'il est possible, et que le dépôt du tableau dressé en exécution de la loi , du nombre de gardes nationaux susceptibles d'être appelés aux fonctions de juge , soit affiché dans tous les lieux de réunion des conseils de discipline. J'attendrai donc de vous , le 1er mai , un *compte spécial et détaillé* des résultats de cette organisation.

Il sera nécessaire que je reçoive , par la suite , un compte périodique , mais rare , du mouvement des condamnations prononcées par les *conseils de discipline*. Rien ne sera plus propre à bien faire juger de l'esprit des gardes nationales de chaque département. Je me réserve de régler la forme de ce compte , dont vous recevrez le modèle.

Veuillez bien, Monsieur le Préfet, m'accuser la réception de cette lettre.

Agréez , etc.

———

DÉPARTEMENT
d

GARDE NATIONALE
d

TABLEAU

DES OFFICIERS, SOUS-OFFICIERS, CAPORAUX ET GARDES NATIONAUX

Qui sont appelés à former dans la commune d . . . . *le conseil de discipline d* . . . .

(Indiquer ici si le conseil de discipline est de compagnie, de bataillon ou de légion.)

CHEFS DE LÉGION.	CHEFS DE BATAILLON.	CAPITAINES.	LIEUTENANTS.	S.-LIEUTENANTS	SERGENTS.	CAPORAUX.	GARDES NATIONAUX.	OBSERVATIONS.
								Nota. La dernière colonne, celle des Gardes nationaux, doit contenir deux fois autant de noms que toutes les autres ensemble. Les officiers, sous-officiers, caporaux et Gardes nationaux doivent être classés par rang d'âge dans chacune des colonnes où ils sont appelés à figurer (art. 105 de la loi.) On supprimera les deux premières colonnes dans les communes où il n'y a point de bataillon, et la première seulement dans celles où il n'y a point de légion.

MINISTÈRE DE L'INTÉRIEUR.

DIVISION DES GARDES NATIONALES ET DES AFFAIRES
MILITAIRES.

Ier BUREAU. — ORGANISATION.

CIRCULAIRE N° 9.

Mesures à prendre pour la prestation du serment exigé des officiers actuels de la Garde nationale, dans le mois de la promulgation de la loi du 22 mars.

Paris, le 6 avril 1831.

Monsieur le Préfet,

L'article 59 de la loi du 22 mars sur la Garde nationale, veut que les officiers de tout grade, *actuellement en fonctions*, prêtent, dans le mois de la promulgation de la loi, serment de fidélité au Roi, à la Charte constitutionnelle et aux lois du royaume.

Dans l'ordre d'urgence des opérations, celle de la prestation légale du serment, se présente donc comme l'une des premières à régler.

La loi s'exprime, dans toute la contexture de l'article 59, de manière à permettre de penser que le serment des officiers doit être reçu par la même autorité qui est chargée de les faire reconnaître.

C'est aux maires, pour les communes dont la Garde nationale n'est réunie avec celle d'aucune autre commune, et aux sous-préfets ou à leurs délégués, pour les communes dont les Gardes nationales se sont réunies pour former ensemble, soit des compâgnies, soit des bataillons ou des légions, qu'elle attribue la formalité de la reconnaissance, et, par conséquent, c'est à eux qu'elle défère aussi l'honneur de recevoir le serment.

Afin de ne pas multiplier, sans avantage ou sans nécessité, les rassemblements généraux de garde nationale, il suffira de convoquer MM. les officiers actuels devant les sous-préfets et les maires ; ces fonctionnaires devront faire dresser la liste des officiers qui se présenteront et qui prêteront le serment en leurs mains. Le jour de l'expiration du mois de la promulgation de la loi, ils clôront leurs listes respectives. Ils dresseront un procès-verbal de cette opération, y annexeront les listes qu'ils auront dûment certifiées, et le déposeront aux archives de leurs mairies ou sous-préfectures.

Je vous recommande de donner à cette mesure la plus grande publicité, et dès qu'elle aura reçu son entière exécution dans votre département, de m'adresser un dépouillement des procès-verbaux.

Agréez, etc.

MINISTÈRE DE L'INTÉRIEUR.

DIVISION DES GARDES NATIONALES ET DES AFFAIRES
MILITAIRES.

2me BUREAU. — ADMINISTRATION.

CIRCULAIRE N° 8.

Il ne sera rien changé à l'Uniforme actuel.

Paris, le 6 avril 1831.

Monsieur le préfet,

L'article 68 de la loi du 22 mars porte :

« *L'uniforme des gardes nationales sera dé-*
» *terminé par une ordonnance du roi. Les signes*
» *distinctifs des grades seront les mêmes que ceux*
» *de l'armée.* »

Je suis informé que, dans l'attente d'une prochaine ordonnance à ce sujet, quelques gardes nationaux diffèrent de s'habiller, et que plusieurs de ceux qui déjà ont fait des frais, craignent que des changements inopportuns ne viennent leur imposer de nouveaux sacrifices.

Il est facile de concevoir que le gouvernement ne peut être dans l'intention de changer l'ancien et honorable uniforme que les gardes nationales ont spontanément repris à l'occasion de la révolution de juillet. Si une plus longue expérience devait, par la suite, y faire introduire quelques variations, ce ne pourrait être qu'après avoir consulté, long-temps à l'avance, le vœu des citoyens.

Il importe donc que MM. les commandants de gardes nationales de toutes les localités expliquent positivement à leurs frères d'armes l'intention du gouvernement de maintenir les uniformes actuels, et qu'ils dissipent les doutes qui se seraient élevés sur ce point, en mettant cette lettre à l'ordre du jour.

Agréez, etc.

MINISTÈRE DE L'INTÉRIEUR.

DIVISION DES GARDES NATIONALES ET DES AFFAIRES MILITAIRES.

2me BUREAU.

Création d'un Journal officiel des Gardes nationales du royaume. *Invitation de concourir à le fonder et à le répandre.*

Paris, le 10 avril 1831.

Monsieur le Préfet,

J'ai approuvé, le 6 avril, qu'à l'exemple du *Journal militaire* destiné à la publication des actes du département de la guerre, il soit également publié un *Journal officiel des gardes nationales du royaume*, lequel contiendra les lois, ordonnances, règlements, instructions, décisions, circulaires, modèles d'états, promotions et nominations, relatifs à l'exécution de la loi du 22 mars dernier.

Il m'a paru qu'au moment de la mise en action d'une loi de laquelle doivent découler tant

d'actes réglementaires qui intéressent l'organisation, l'administration, le service et la discipline, rien n'était plus utile que d'ouvrir à ces
actes un recueil périodique, destiné à les rassembler pour former un corps de jurisprudence
)ù les autorités et les citoyens eux-mêmes pus-
ent chercher sûrement des lumières dont la
ispersion livre trop souvent les droits et les
evoirs réciproques au vague et à l'arbitraire.
Le *Journal militaire* offre cet avantage qu'une
ícision quelconque de l'autorité y tient lieu
: notification pour tout fonctionnaire à qui
n exécution est attribuée. Mon intention est
faire arriver au même but le *Journal officiel*
: *gardes nationales*, attendu qu'il en pourra
ulter par la suite une grande réduction dans
frais d'impression du ministère.
usque-là, j'attends de votre empressement
vous concourrez avec moi à fonder et à ré-
lre cette utile création, en appelant à s'y
ner MM. les sous-préfets, MM. les maires
rincipales villes, MM. les colonels des lé-
, chefs de bataillon, et sur-tout MM. les
res des conseils d'administration et des
s de discipline.
aider, autant qu'il peut dépendre de
la fondation du *Journal officiel des*
nationales du royaume, je suis disposé,
qu'il ne contiendra que les actes de

d'actes réglementaires qui intéressent l'organisation, l'administration, le service et la discipline, rien n'était plus utile que d'ouvrir à ces actes un recueil périodique, destiné à les rassembler pour former un corps de jurisprudence où les autorités et les citoyens eux-mêmes pussent chercher sûrement des lumières dont la dispersion livre trop souvent les droits et les devoirs réciproques au vague et à l'arbitraire.

Le *Journal militaire* offre cet avantage qu'une décision quelconque de l'autorité y tient lieu de notification pour tout fonctionnaire à qui son exécution est attribuée. Mon intention est de faire arriver au même but le *Journal officiel des gardes nationales*, attendu qu'il en pourra résulter par la suite une grande réduction dans les frais d'impression du ministère.

Jusque-là, j'attends de votre empressement que vous concourrez avec moi à fonder et à répandre cette utile création, en appelant à s'y abonner MM. les sous-préfets, MM. les maires des principales villes, MM. les colonels des légions, chefs de bataillon, et sur-tout MM. les membres des conseils d'administration et des conseils de discipline.

Pour aider, autant qu'il peut dépendre de moi, à la fondation du *Journal officiel des gardes nationales du royaume*, je suis disposé, attendu qu'il ne contiendra que les actes de l'autorité, à permettre qu'il vous soit adressé sous le couvert du département de l'intérieur, pour être, également par vos soins, envoyé aux fonctionnaires qui consentiraient à s'y abonner. Dans ce but, vous pourrez aussi, après avoir réuni les adhésions qui vous parviendraient, employer la même voie, qui présente un moyen naturel d'économie.

Je verrai avec plaisir, Monsieur le Préfet, que vous donniez des soins particuliers au succès de ce recueil, dont je désire que vous fassiez connaître et apprécier toute l'utilité.

Agréez, etc.

MINISTÈRE DE L'INTÉRIEUR.

DIVISION DES GARDES NATIONALES ET DES AFFAIRES MILITAIRES.

1er BUREAU. — ORGANISATION.

CIRCULAIRE N° 12.

Relevé sommaire des recensements pour la Garde nationale, à dresser par commune. Tableau général qui en présentera au ministre les résultats pour chaque département.

Paris, le 12 avril 1831.

Monsieur le Préfet,

Il est nécessaire que les résultats du recensement qui s'opère, dans toute la France, pour l'organisation définitive de la garde nationale, soient constatés et centralisés de manière à fournir au gouvernemeut tous les éléments de la complète exécution de la loi. Afin que ces résultats soient recueillis d'une manière uniforme, je vous transmets le modèle du relevé qui doit les présenter.

Si, contre mon attente, vos listes de recensement et vos bulletins individuels ne contenaient pas toutes les notions du cadre que je vous adresse, vous ne perdriez aucun moment pour les prescrire. C'est dans ce résumé que les conseils de recensement trouveront la base première des compositions de compagnies et de subdivisions de compagnies. Les réunions qui pourront en être faites pour les communes voisines, ou liées par des sympathies, faciliteront les propositions que vous serez dans le cas de me faire, de bataillons cantonnaux, aux termes des articles 4 et 45 de la loi du 22 mars. Le tableau que vous en dresserez pour votre département, et que vous subdiviserez par sous-préfecture et canton, remplira un objet non moins essentiel, celui de fixer le gouvernement sur le nombre des Français gardes nationaux, dans l'ordre de leur classification; par les art. 143, 144, 145 et 150 de la même loi. A la réception de cette lettre, vous donnerez vos ordres d'exécution; vous y prescrirez la date à laquelle chaque maire devra nous avoir fourni une copie de son relevé numérique; vous tiendrez la main à ce que cette date ne soit pas dépassée ; vous ferez classer, dans l'ordre al-

phabétique des cantons et des sous-préfectures,
l'ensemble de ces relevés, pour en former le tableau général sommaire, par canton et par sous-
préfecture, que vous me ferez passer dans les
dix jours de la date fixée pour les maires.

Je vous prie de m'accuser réception de cette
lettre, et de me faire connaître l'époque positive
où me parviendra le travail qui en est l'objet.

Agréez, etc.

RAPPORT AU ROI.

Sire,

La saison des exercices vient de s'ouvrir, et
sur tous les points de la France les gardes nationales, jalouses de remplir dignement le but de
leur institution, n'épargnent aucun sacrifice de
temps ou d'argent pour s'équiper et acquérir
l'instruction qui leur est indispensable. Beaucoup d'entre elles peuvent déjà rivaliser avec la
troupe de ligne pour la tenue et pour l'ensemble
des mouvements, et dans plusieurs villes, confondues dans les mêmes rangs, elles participent
aux mêmes exercices avec cet esprit de concorde
et de confraternité, qui doit resserrer à jamais
les liens qui unissent les citoyens et l'armée.

Votre Majesté ne voudra point qu'aucune atteinte soit portée à cette heureuse assimilation.
Formés pour un même but, le maintien de la

ARRONDISSEMENT
d

CANTON
d

COMMUNE
d

RELEVÉ numérique, ou résumé sommaire des listes de recensements de la Garde nationale.

(L'objet de ce relevé n'étant pas de connaître divisément et séparément le nombre des Gardes nationaux du service ordinaire et ceux de la réserve, il comprendra la totalité des Gardes nationaux de la commune.)

AGES ENTRE LESQUELS se subdivisent le nombre total des inscrits.	NOMBRE DES INSCRITS SUR LES LISTES DE RECENSEMENTS qui sont :						TOTAL des INSCRITS.	NOMBRE DE CEUX DES INSCRITS déjà portés aux colonnes ci-contre, qui sont :							OBSERVATIONS.
	Célibataires.	Veufs sans enfants.	Ayant fourni pour le recrutement un remplaçant.	Mariés sans enfants.	[Pères de mineurs, ... enfants au-dessous de dix ans, ... des pères de famille nombreuse, etc.]	Veufs et mariés avec enfants.		Faisant déjà partie de la garde nationale organisée.	Habillés.	Dans l'intention de s'habiller.	Armés.	Équipés.	Anciens militaires.	Déclarés dans un cas d'exemption, d'exemption, etc.	
	Observations. Ne point porter dans ces quatre colonnes ceux des inscrits qui pourraient y appartenir, mais qui seraient en même temps dans l'une des positions pour lesquelles est ouverte la colonne suivante.														
De l'âge de 20 ans															
— de 21															
— de 22															
— de 23															
— de 24															
— de 25															
— de 26															
— de 27															
— de 28															
— de 29															
— de 30															
— de 31															
— de 32															
— de 33															
— de 34															
— de 35															
— de 36 à 60 ans															
TOTAUX															

paix intérieure et la défense du territoire, elle voudra, sans doute, que les bataillons de la garde nationale, comme ceux de l'infanterie de ligne, parcourent tous les degrés de l'instruction militaire, et puissent concourir avec l'armée à faire respecter notre indépendance.

J'ai donc l'honneur de proposer à Votre Majesté d'autoriser le département de la guerre à délivrer sur mes demandes, et dans les proportions qui seront reconnues indispensables au bien du service, les munitions nécessaires pour les exercices à feu des différents corps de la garde nationale. Je prie Votre Majesté, de déterminer pour base des distributions à faire, le nombre de soixante cartouches à poudre et trois pierres à fusil par homme. Quant aux cartouches à balles, pour le tir à la cible, je ne pense pas qu'il y ait encore nécessité d'en faire emploi.

Le cas est différent pour l'artillerie. Elle ne peut rendre aucun service utile si elle n'est point encore exercée au tir à la cible. Il sera donc nécessaire de suivre à son égard, dans toute leur étendue, les proportions fixées par les réglements pour l'artillerie de ligne.

Il est bien entendu que les distributions de munitions ne seront faites qu'à ceux des corps de la garde nationale dont l'instruction sera jugée assez avancée pour mériter d'être admis aux

exercices à feu, et que ces exercices n'auront lieu
que sous la surveillance de l'autorité militaire,
et avec les précautions convenables.

Il résultera, sans doute, pour le Trésor public, une dépense considérable des consomma-
tions qui vont avoir lieu ; mais elles seront faites
dans un but d'utilité générale, et je ne doute
pas qu'elles ne contribuent encore à développer
le zèle dont les gardes nationaux ont déjà donné
tant de preuves.

Ecrit de la main du Roi.

Approuvé.

ORDONNANCE DU ROI.

LOUIS-PHILIPPE, Roi des Français,
A tous présents et à venir, salut.

Sur le rapport de notre président du conseil,
ministre secrétaire - d'état au département de
l'intérieur,

Nous avons ordonné et ordonnons ce qui
suit :

Art. 1er. Notre ministre secrétaire d'état au
département de la guerre est autorisé à mettre à
la disposition de notre ministre secrétaire-d'état
au département de l'intérieur, les munitions de
guerre nécessaires pour les exercices à feu des
différents corps de la garde nationale.

2. Les distributions seront faites seulement
aux corps dont l'instruction dans les manœuvres

et le maniement des armes seront assez avancés pour comporter leur admission aux exercices à feu, conformément aux ordres et instructions qui seront donnés à cet égard par notre ministre secrétaire-d'état au département de la guerre.

3. Les exercices à feu auront lieu sous la surveillance de l'autorité militaire, en se conformant aux réglements prescrits en pareil cas.

4. Nos ministres secrétaires-d'état de la guerre et de l'intérieur sont chargés de l'exécution de la présente ordonnance.

Donné à Paris, le 12 avril 1831.

LOUIS-PHILIPPE.

Par le Roi :

Le président du conseil, ministre secrétaire-d'état au département de l'intérieur,

CASIMIR PÉRIER.

———

MINISTÈRE DE L'INTÉRIEUR.

DIVISION DES GARDES NATIONALES ET DES AFFAIRES MILITAIRES,

2me BUREAU. — ADMINISTRATION.

CIRCULAIRE N° 13.

MM. les membres des conseils généraux sont appelés à voter sur les dépenses de réorganisation des Gardes nationales.

Paris, le 14 avril 1831.

Monsieur le préfet,

La réorganisation des gardes nationales et les

recensements généraux qu'elle nécessite, vont occasioner dans votre département des dépenses d'impression et de publication que vous vous efforcerez , sans nul doute , de resserrer dans les limites de l'économie la plus étroite.

J'ai pensé que, dans la vue de suffire aux opérations d'ordre que votre département doit exécuter, vous ne vous adresseriez pas en vain à MM. les membres des conseils généraux qui , par la nature de leurs fonctions , sont de si dignes et de si justes appréciateurs des services que la garde nationale est appelée à rendre pour le maintien de la paix et de l'ordre public.

Il est des espèces de dépenses que les conseils généraux croiront sans doute devoir supprimer ou affaiblir ; il en est d'autres, au contraire, qui surgissent comme une conséquence de nos institutions : l'organisation de la garde nationale doit être , dans l'ordre de ces nécessités , placée en première ligne.

C'est par les budgets des dépenses départementales que sont supportés les frais des listes annuelles du jury; c'est aussi sur ces dépenses que sont imputés les frais d'impression des listes électorales et de tenue des colléges électoraux. MM. les membres des conseils généraux ne considéreront pas comme d'un moindre intérêt départemental , l'urgence de pourvoir aux dépenses extraordinaires de recensement , d'impression et de publication, qu'exige l'institution fondamentale des gardes nationales. Il n'échappera à aucun d'eux que ces recensements offrent un point de connexité très intime avec les recensements à exécuter pour fonder nos diverses institutions électorales. Plusieurs préfets ont si vivement apprécié les rapports et les analogies de ces divers recensements , qu'à la faveur des *bulletins individuels* prescrits par ma circulaire du 2 avril , ils effectuent ceux de la garde nationale de manière à les faire servir à la fois de matrice à la formation des listes du jury et des élections municipales.

Vous mettrez ces considérations sous les yeux de MM. les membres des conseils généraux , et vous vous appliquerez à fournir à leur vote toutes les lumières dont il doit être entouré. Comme leur vœu naturel , leur vœu le plus constant est d'alléger les charges des départements , vous les préviendrez en calculant sur les plus strictes nécessités l'allocation que paraîtront exiger les opérations préparatoires de la réorganisation des gardes nationales. Je vous engage à rassembler et à leur fournir, à cet égard, tous les renseignements qu'ils pourront souhaiter , et à faire en sorte qu'aucune notion d'expérience ou d'utilité ne manque à la délibération qu'ils pourront prendre.

Je vous prie de communiquer cette lettre à

MM. les membres du conseil général , aussitôs
qu'ils auront été légalemnt convoqués , et de
me faire connaître la résolution dont cette communication aura été suivie.

Agréez , etc.

MINISTÈRE DE L'INTÉRIEUR.

DIVISION DES GARDES NATIONALES ET DES AFFAIRES
MILITAIRES.

CIRCULAIRE Nᵒ 13.

*Envoi du tableau d'organisation de la division des Gardes
nationales et des Affaires militaires.*

Paris , le 15 avril 1831.

A messieurs les Préfets et Sous-Préfets.

Messieurs ,

Au moment où commence la mise en action
de la loi nouvelle, j'ai dû arrêter et j'ai l'honneur de vous transmettre le tableau de l'organisation et des attributions de la *Division des
Gardes nationales et des affaires militaires.*

Vous êtes, comme moi, convaincus qu'une
bonne et nette délimitation des attributions des
bureaux où doit s'exercer l'action centrale est de
nature à faciliter les relations et les rapports à
établir avec les départements.

Je désire que vous vouliez bien vous pénétrer

de la classification d'attributions par bureau, que contient le tableau ci-joint.

Toutes les fois qu'il y aura lieu de correspondre avec moi relativement à la Garde nationale, vous aurez à reconnaître s'il s'agit d'un intérêt d'*organisation*, ou d'*administration*, ou *de service*, ou enfin *de discipline*. Selon que la lettre appartiendra, par son objet, à l'une de ces quatre parties d'exécution de la loi nouvelle, elle devra porter à l'analyse le nom du bureau où l'examen du tableau ci-joint vous donnera lieu de présumer qu'elle doit être mise au travail.

Je vous prie d'éviter soigneusement qu'aucune lettre traite à la fois d'objets qui devraient fournir un travail à deux ou plusieurs bureaux. C'est une des causes les plus ordinaires des retards et des embarras dans l'expédition des affaires.

Vous devez tendre, Messieurs, à ce que les relations de MM. les maires et commandants des Gardes nationales avec vous se règlent, autant que possible, d'après la division de travail que contient l'organisation comprise au tableau ci-joint ; les affaires qui se rapportent à la Garde nationale recevront, je pense, de cette division de travail observée par tous, une direction facile, prompte et favorable aux progrès de l'institution.

Agréez, etc.

MINISTÈRE DE L'INTÉRIEUR.

TABLEAU

DE L'ORGANISATION ET DES ATTRIBUTIONS DE LA DIVISION
DES GARDES NATIONALES ET DES AFFAIRES MILITAIRES.

Bureau de l'organisation. (1ᵉʳ Bureau.)

Formation des listes de recensement et des registres-matricules. — Composition des Conseils de recensement. — Inscriptions, radiations et mutations annuelles aux registres-matricules. — Pièces justificatives à produire à cet effet. — Formation du contrôle de service ordinaire et du contrôle de réserve. — Questions relatives aux qualités civiles qui rendent susceptible d'être admis dans les gardes nationales. — Citoyens non susceptibles d'y être appelés.—Exemptions. — Dispenses.—Exclusions du service ordinaire. Eléments d'après lesquels se forme le contrôle du service ordinaire.—Inscriptions et radiations aux contrôles ordinaire et de réserve.—Composition des jurys de révision cantonnaux. — Tirage au sort des Jurés. — Leur renouvellement tous les six mois. — Attributions du jury de révision.—Remplacements. — Examen des infirmités par le Conseil de recensement, et appels devant le Jury de révision. — Organisation par subdivisions de compagnie, compagnie, bataillon et légion. — Organisation et création des

corps spéciaux d'artillerie, cavalerie, sapeurs-
pompiers, et compagnies d'ouvriers marins. —
Rangs et préséances. — Ordonnances du Roi
pour la formation de compagnies d'artillerie
dans les lieux autres que les places de guerre et
les cantons voisins des côtes.—Recrutement des
corps spéciaux , et qualités requises pour en faire
partie.—Formation des états-majors de bataillon
et de légion, et fixation du cadre. — Lieux où
peuvent être formés des compagnies d'élite dans
les bataillons.—Election des officiers , sous-officiers et caporaux. — Procès-verbaux d'élection.
— Réclamations à ce sujet jugées par les Jurys
de révision. — Nomination des chefs de légion
et lieutenants-colonels par le Roi. — Présentation au Roi des nominations de majors , adjudants – majors chirurgiens – majors et aides-
majors.—Contrôle de ce personnel. — Règles à
suivre pour la nomination des adjudants-sous-
officiers, du capitaine d'armement et de l'officier
payeur. — Reconnaissance des officiers par l'entremise du maire et des commandants.—Réélection par vacance d'emploi. — Nomination des
commandants supérieurs par le Roi. — Ordonnances du Roi qui fixent la composition de l'état-
major du commandant supérieur.— Serment des
officiers.

Lois et ordonnances sur la formation des

CORPS DÉTACHÉS pour le service de guerre. — Inscriptions volontaires pour ces corps. — Opérations du Conseil de recensement et des Jurys de révision pour les désignations. — Conseils de révision chargés de juger l'aptitude. — Exemptions. — Remplacements. — Organisation par bataillon d'infanterie, escadron ou compagnie pour les autres armes. — Ordonnances du Roi déterminant l'organisation, le nombre et le grade des officiers. — Election des sous-officiers et officiers jusqu'au grade de lieutenant inclusivement.—Présentation, par les capitaines de gardes nationales, des fourriers, sergents-majors, maréchaux-des-logis-chefs et adjudants-sous-officiers. —Nomination, par le Roi, des officiers comptables et adjudants-majors.

Bureau de l'administration. (2ᵉ Bureau.)

Dépenses de l'organisation des gardes nationales.— Ordonnances du Roi sur les uniformes. —Délivrance des armes. — Poinçonnage et numérotage. — Parties d'entretien de l'armement à la charge de la commune et des gardes nationaux.—Comptabilité des armes en partie double. — Responsabilité, à cet égard, des communes et des gardes nationaux. — Comptes périodiques à rendre à ce sujet par les Préfets. — Abonnement des communes avec les armuriers. — Officiers d'armement.—Salles d'armes.—Transports d'armes.—Correspondance avec le ministère de la guerre à ce sujet.—Application des réglements militaires à l'entretien et à l'inspection des armes.—Distributions de cartouches et munitions. — Habillement, équipement, harnachement. — Surveillance et comptabilité des dépenses de la garde nationale.— Conseils d'administration par légion ou bataillon appartenant à la même commune. — Conseils d'administration des bataillons formés de l u sieurs communes. — Commandants de la garde nationale faisant fonctions de conseils d'administration pour les communes non réunies en bataillon. — Présentation des budgets communaux des dépenses annuelles. — Réglement des dépenses ordinaires et extraordinaires. — Formes du budget et pièces justificatives des dépenses. — Etablissements de postes et corps-de-garde.—Emploi à donner aux amendes résultant de l'application des peines. — Etablissement des revues de solde, d'indemnités de route et de prestations en nature des gardes nationaux formés en détachements. — Revues mensuelles pour le paiement de la solde des majors et adjudants-majors. — Compte général annuel des dépenses des gardes nationales du royaume.

Bureau du service. (3ᶜ Bureau.)

Réglement pour les villes et communes , relatifs au service ordinaire , aux revues et aux
exercices. — Echange des tours de service. —
Réglement spécial pour les places de guerre. —
Autorités qui doivent concourir à ces réglements.
— Comptes à rendre sur cet objet. — Attributions du commandement dans les réunions, fêtes
et cérémonies. — Revues annuelles. — Époques
fixées par les préfets pour ces revues. —Suspension de ces revues et des exercices par les
préfets, en rendant compte au Ministre de l'intérieur.—Manœuvres et Exercices à feu.— Contrôle des jours de service de chaque garde national , dressé, dans chaque commune , par le
sergent-major. — Même contrôle dans les bataillons par l'adjudant-major. — Formation des
détachements pour escorte de fonds, conduite des
accusés , répression de troubles , etc: — Dans
quelle étendue ils peuvent agir, et qui a droit de
les requérir.— Ordonnances du Roi pour agir
hors du département. —Parmi quels gardes nationaux doivent être formés les détachements.—
Durée du service des détachements. — Comptes
généraux sur les progrès de l'instruction des
gardes nationales.

Bureau de la discipline. (4ᵉ Bureau.)

Officiers déclarés démissionnaires, s'ils ne sont point armés, équipés et habillés, après deux mois d'élection.—Suspension de la garde nationale par le Roi et les préfets. — Suspension des Officiers sur arrêté du préfet.— Prolongée par ordonnance du Roi. — Peines et discipline applicables au service ordinaire.— Celles qui sont infligées par le chef du poste.—Par les Conseils de discipline. —A défaut de prison, amendes d'une journée à dix journées de travail. — Prévenus déférés aux tribunaux correctionnels en cas de vente d'armes appartenant à l'État. — Composition et formation des Conseils de discipline par compagnie composée de plusieurs communes, par commune ayant une ou plusieurs compagnies, par bataillon communal ou cantonnal. — Conseil de discipline spécial pour les officiers supérieurs et officiers d'état-major. —Capitaines rapporteurs, secrétaires, leurs adjoints dans les villes où se trouvent plusieurs légions.— Choix et désignation des capitaines rapporteurs, rapporteurs adjoints, secrétaires et secrétaires adjoints. — Leur révocation par le préfet. — Formation du tableau général, par grade et par rang d'âge, des gardes nationaux susceptibles de faire partie du Conseil de discipline. — Radiation du tableau

servant à former le conseil de discipline.—Pourvois suspensifs devant la Cour de cassation. —
Peines et discipline particulières aux gardes nationaux formés en détachement. — Comptes périodiques et statistiques du mouvement des
condamnations.

Section spéciale. (Dépendance du 1er Bureau.)

Secours et pensions aux gardes nationaux
blessés en service ordinaire. — Décorations et
récompenses honorifiques aux gardes nationales.
— Drapeaux. — Exécution de la loi du 13 décembre sur les récompenses nationales. — Recrutement et autres affaires militaires dans leurs
rapports avec le ministère de l'intérieur.— Garde
municipale de Paris.—Sapeurs-pompiers.

MINISTÈRE DE L'INTÉRIEUR.

DIVISION DES GARDES NATIONALES ET DES AFFAIRES
MILITAIRES.

Ier BUREAU. — ORGANISATION.

CIRCULAIRE N° 16.

SUITE DES OPÉRATIONS D'EXÉCUTION DE LA LOI DU 21 MARS
SUR LA GARDE NATIONALE.

*Opérations des conseils de recensement. — Formation des
compagnies et subdivisions de compagnies : Grenadiers ;
Voltigeurs ; Compagnies du centre ; Corps spéciaux,
cavalerie, artillerie, sapeurs-pompiers volontaires, marins,
ouvriers marins.*

Paris , le 17 avril 1831.

MONSIEUR LE PRÉFET,

Mes circulaires du 31 mars et des 2, 5 , 6 et 12 de
ce mois, vous ont donné les premières instructions
que réclamait l'exécution de la loi du 22 mars sur
la garde nationale. Elles ont eu pour objet les dispositions transitoires et exceptionnelles autorisées
par le titre IV ; les recensements, l'institution et
la composition des conseils de discipline ; enfin
le serment des officiers actuellement en fonctions.
Dans l'ordre des opérations, nous avons à nous
occuper aujourd'hui de l'organisation des conseils
de recensement, de leurs attributions et de leurs
opérations.

Composition des conseils de recensement.

Dans chaque commune rurale et chacune des villes qui ne forment pas plus d'un canton , un seul conseil de recensement suffit. Il se compose du conseil municipal présidé par le maire. (*Art. 15 de la loi.*)

Dans chaque ville formant plusieurs cantons, deux facultés sont accordées au conseil municipal : l'une, de s'adjoindre un certain nombre de personnes ; l'autre, de se subdiviser en plusieurs conseils de recensement. Les conditions de cette double faculté sont déterminées par *le* même art. 15.

Dans tous les lieux qui ne doivent avoir qu'un conseil de recensement , et où le conseil se compose uniquement du conseil municipal, son existence est permanente. C'est la conséquence des articles 18, 29, 36, 38, 39, 40, 41 et 143 de la loi.

Mais , dans les villes formant plusieurs cantons , il suffit que les diverses subdivisions des conseils de recensement subsistent le temps nécessaire pour les opérations de la première exécution de la nouvelle loi; pour celles qui, d'après l'article 17, doivent avoir lieu au mois de janvier de chaque année , et enfin pour celles de la désignation des gardes nationaux à former en corps détachés pour le service de la guerre. Immédiatement après la clôture de ces opérations , toutes ces subdivisions du conseil de recensement ne présentent plus aucun avantage; il convient donc qu'elles cessent leurs fonctions, de manière que, dans chaque ville, subsiste seulement le conseil de recensement formé du conseil municipal.

Attributions des conseils de recensement. — Ire PARTIE. Répartition des citoyens entre le service ordinaire et la réserve.

Les conseils de recensement sont une juridiction du premier degré.

Ils sont chargés du classement, entre le service ordinaire et la réserve, de tous les Français de l'age de vingt à soixante ans.

Ils statuent sur toutes les réclamations relatives au domicile réel (*art. 9 de la loi*).

Ils appellent au service ceux des étrangers qui doivent faire partie de la garde nationale (*art.* 10).

Ils reconnaissent quels citoyens sont dans une position d'incompatibilité (*art.* 11); quels sont ceux qui n'appartiennent point à la garde nationale (*art.* 12), ou qui sont exemptés d'en faire le service (*art.* 13); à quels individus ce service est interdit (*même article*), ou quels individus en sont exclus (*ibidem*); si, parmi les citoyens imposés à la contribution personnelle, il en est pour qui le service habituel serait une charge trop onéreuse, et qui, pour ce motif, doivent être inscrits au contrôle de la réserve (*art.* 19);

et quels individus doivent être portés au même contrôle comme domestiques attachés au service de la personne (*art.* 20).

Ce sont eux qui reçoivent les déclarations des gardes nationaux qui veulent être aussi portés au contrôle de la réserve, soit comme remplacés dans le service ordinaire de la garde nationale, par leurs parents et alliés des degrés déterminés par la loi (*art.* 27), soit comme étant dans l'un des cas où elle permet de se dispenser du service ordinaire (*art.* 28), soit enfin comme ayant une infirmité qui met hors d'état de faire ce service (*art.* 29).

Ils statuent sur toutes les dispenses temporaires du service ordinaire demandées pour cause de service public, ou pour absence (*même article*).

Nécessité de la constitution immédiate des conseils de recensement.

Il importe de constituer sur-le-champ tous les conseils municipaux en conseils de recensement et de faire procéder, dans les villes qui renferment plusieurs cantons, par les conseils municipaux, à la subdivision des conseils de recensement.

Décisions qu'ils ont à prendre.

Les recensements doivent être fort avancés. Chaque conseil ou subdivision de conseil s'en fera remettre la liste pour sa commune ou fraction de commune. Il se fera remettre aussi les bulletins individuels qui en auront été extraits, en exécution de ma circulaire du 2 de ce mois. Il procédera immédiatement à la révision de cette liste et des bulletins.

Il s'assurera qu'on a recensé sans aucune exception, tous les Français âgés de vingt à soixante ans, résidant dans la commune ou fraction de commune, et les étrangers auxquels il jugera que doit s'appliquer l'article 10.

L'une des dispositions auxquelles il devra attacher le plus d'importance est celle du domicile réel. Trop d'exemples prouvent que des personnes qui résident presque toujours dans les villes, où elles ont des emplois ou leurs principaux moyens d'existence, s'y dispensent du service habituel, sous prétexte d'un domicile réel à la campagne, et ne contribuent pas davantage aux charges de la garde nationale dans le lieu de ce domicile, sous prétexte de leur absence habituelle.

On doit s'attacher à cette idée, que le service de la garde nationale impose un devoir personnel dont on doit s'acquitter au lieu où l'on est domicilié réellement et non point fictivement.

Il n'est pas moins nécessaire d'appeler particulièrement l'attention des conseils sur l'usage à faire de la faculté que leur donnent les trois derniers paragraphes de l'article 19 de la nouvelle loi

Ceux des gardes nationaux faisant actuellement le service et habillés, qui ne sont point imposés à la contribution personnelle , doivent tous être portés sur le contrôle du service ordinaire , à moins qu'ils ne veuillent pas le continuer. Il en est de même des gardes nationaux , non encore habillés , qui font le service ordinaire depuis le mois d'août dernier.

Hors ces deux cas , les citoyens non imposés à la contribution personnelle doivent tous être portés au contrôle de la réserve. En vous le rappelant , je dois vous faire remarquer que la loi du 26 mars dernier, qui a posé de nouvelles règle sur la contribution personnelle, en fait réagir l'exécution jusqu'au 1ᵉʳ janvier de la présente année. Il en résultera que bien peu de Français seront exempts de cette contribution.

Cette circonstance mettra les conseils de recensement dans la nécessité d'user , envers un plus grand nombre de citoyens , de la faculté de les classer dans la réserve, comme hors d'état de supporter la charge du service ordinaire.

Une autre recommandation est à faire aux conseils de recensement : c'est d'être non moins sévères que justes dans celles de leurs décisions qui accorderont, soit les dispenses du service ordinaire pour infirmités, suivant l'article 28 , soit les dispenses temporaires pour cause de service public, d'après l'article 29; l'abus de ces dispenses péserait intolérablement sur les citoyens dévoués, qui se trouveraient surchargés de service, et attaquerait dans ses bases l'institution de la garde nationale.

Les conseils de recensement ne perdront pas de vue que le service habituel de la garde nationale n'exige pas les mêmes forces et les mêmes qualités physiques que celui de l'armée, et que la plupart des infirmités qui font réformer dans les corps de la ligne ne s'opposent point à l'accomplissement des devoirs d'un garde national.

Aucune exception pour cause de petite taille n'est permise par la loi du 22 mars, si ce n'est lorsque la garde nationale est appelée pour le service de la guerre. Les conseils de recensement devront donc ne dispenser du service ordinaire, pour cette cause, qu'avec la plus extrême circonspection.

Quant aux dispenses temporaires, pour cause de service public, les conseils devront n'en accorder pour aucune des fonctions permanentes que la loi n'a point littéralement comprises dans les cas de dispense. Ce n'est que lorsqu'un citoyen sort de ses fonctions habituelles pour être momentanément employé d'une manière si active, qu'on ne pourrait le distraire un seul jour de ses occupations sans nuire au service public, qu'il y a lieu pour lui de réclamer une dispense temporaire.

Hors ce cas, nul citoyen, quel que soit le service public dont il fait partie, si ce service n'a pas été classé par la loi parmi ceux qui donnent lieu à l'exemption du service, n'est en droit de demander aux conseils de recensement une dispense temporaire.

Il peut tout au plus se rencontrer des jours où il soit convenable de passer son tour de service dans la garde nationale, et c'est à ses chefs qu'il s'adressera pour l'obtenir.

Aucune nomenclature n'est donnée par l'art. 11 de la loi, à l'égard des magistrats dont les fonctions sont incompatibles avec le service de la garde nationale; c'est que, sur ce point, aucun doute ne saurait s'élever.

Il pouvait n'en être pas de même à l'égard des citoyens qu'on ne doit pas appeler à ce service ; de ceux qui en sont exempts, ou qui ont le droit de s'en dispenser, et des individus à qui on doit l'interdire ou qui doivent en être exclus : c'est pour cela que la nomenclature s'en trouve dans les articles 12 et 13.

Les trois pouvoirs, de qui émane la loi, ont pris en considération, sur ces divers cas, les dispositions corrélatives des anciennes lois et ordonnances sur la garde nationale , et sur-tout celles des art. 23, 24, 25, 26, 27 et 28 de l'ordonnance du 17 juillet 1816. En supprimant ou modifiant quelques-unes de ces dispositions , ou même en y ajoutant, ils ont posé une limite que rien ne permet d'outre-passer.

L'une des modifications les plus remarquables est celle qui ne dispense plus du service ordinaire de la garde nationale les militaires, de tout grade, des armées de terre et de mer, durant le temps que, se trouvant à la disposition des ministres de la guerre et de la marine, ils sont cependant sans destination. On ne saurait douter que les citoyens, dans ce cas, ne soient exacts à se présenter pour entrer dans la composition des compagnies, des bataillons, des légions, des états-majors, et que les choix ne se portent sur eux, pour les divers grades auxquels les gardes nationaux ont à nommer.

Ma circulaire du 2 de ce mois vous a recommandé de faire indiquer, par les chargés de recensement, à chaque citoyen réclamant l'une des diverses exceptions les justifications qu'il aurait à faire devant son conseil de recensement; cette précaution aura sans doute été prise.

Inscription des décisions des conseils sur les bulletins individuels. — Nomenclature des nécessités de la loi auxquels doivent satisfaire ces bulletins.

Au fur et à mesure de la révision des listes de recensement, les conseils devront annoter chacune de leurs décisions sur ces listes et sur les *bulletins individuels* des citoyens qu'elles comprendront.

S'ils découvrent quelques omis, ils les feront sur-le-champ ajouter aux listes ; et ils feront faire pour chacun un bulletin individuel, contenant aussi l'indication de leur décision.

Les conseils de recensement devront s'assurer que les bulletins individuels contiennent toutes les indications sans lesquelles il serait impossible de satisfaire aux diverses nécessités de la loi.

Il importe de réunir ici le tableau de ces nécessités.

1° La formation d'un registre-matricule comprenant tous les citoyens tenus au service ordinaire ou extraordinaire de la garde nationale. (*Art. 14 de la loi.*)

2° La classification entre ces deux services de tous les inscrits au registre-matricule, et la formation du contrôle du service ordinaire et de celui du service extraordinaire ou de la réserve. (*Art. 19 et suivants.*)

3° La formation des compagnies et subdivisions de compagnies, la répartition entre elles, d'abord de tous les inscrits au contrôle du service ordinaire, et à la suite, comme le veut la loi, de tous ceux du contrôle de la réserve. (*Art. 21, 32 et 46.*)

4° La formation des corps spéciaux, par extraction des compagnies et subdivisions de compagnies du service ordinaire. (*Art. 36, 38, 39, 40 et 41.*)

5° Celle du tableau général (*qui devra n'être dressé qu'après l'organisation des compagnies, mais dont il faut préparer d'avance les éléments*), par grade et par rang d'âge, des officiers, sous-officiers, caporaux, et des gardes nationaux désignés, destinés à composer les conseils de discipline. (*Art.* 105.)

6° L'inscription aux contrôles du service ordinaire, suivant la classification exigée pour la formation éventuelle des détachements de la garde nationale, dans les cas prévus par les articles 127, 128, 129. (*Art.* 130.)

7° L'inscription aux contrôles du service ordinaire et de la réserve, suivant la classification exigée pour la formation, également éventuelle, des corps qui seraient à détacher de la garde nationale pour le service de la guerre. (*Art.* 143, 144, 145 *et* 150.)

8° Enfin, les comptes à tenir par mairie, et à fournir de degré en degré aux sous-préfets, aux préfets et au gouvernement, soit sur les divers points compris aux précédentes indications, soit aussi sur les gardes nationaux habillés armés et équipés.

Si, pour être toujours en mesure de satisfaire à ces nécessités, il fallait, sur chacune d'elles, des tableaux, des registres, des contrôles, des états, des comptes particuliers, ce serait une complication d'écritures qu'on n'obtiendrait que dans une partie des localités, qui ne s'exécuterait point dans le plus grand nombre des communes, et qui serait un embarras partout.

Les bulletins individuels suffiront à tous les besoins.

Classement de la collection des bulletins individuels, par rang d'âge, formant le registre-matricule de chaque mairie.

La collection qui devra en être faite dans chaque mairie sera le registre-matricule général de la mairie.

Cette collection devra être divisée en dix-sept sections. Les seize premières sections comprendront tous les citoyens de l'âge de vingt à trente-cinq ans, et chaque année formera une section dont les bulletins seront classés par rang d'âge. La dix-septième section comprendra, de même par rang d'âge, tous les citoyens ayant plus de trente-cinq ans.

Distribution de la collection des bulletins, par rang d'âge, en deux subdivisions, l'une du service ordinaire, l'autre de la réserve. — Formation du contrôle du service ordinaire.

Après la division en sections et le classement, par rang d'âge, dans chaque section, chaque conseil de recensement devra faire deux grandes subdivisions des bulletins, conservant chacune le classement par section et par rang d'âge. La première subdivision comprendra tous les citoyens appartenant au service ordinaire, et la seconde tous ceux de la réserve. La formation des bulletins individuels s'appliquant à tous les Français de vingt à soixante ans, même à ceux qui seraient dans les divers cas d'exception du service ordinaire, on devra comprendre ces derniers dans le contrôle de la réserve.

Le conseil fera, d'après cette division, former par section, en commençant par celle des citoyens ayant de trente-six à soixante ans, et par rang de date de naissance, en commençant par les plus âgés, le contrôle du service ordinaire et celui de la réserve.

Des feuilles imprimées, contenant, par page, quatre cases en tout semblables aux bulletins individuels, et, par feuille, seize cases, serviront à la formation des contrôles du service ordinaire et de la réserve, ainsi que pour la souche, par chaque compagnie ou subdivision de compagnie, du contrôle matricule particulier à établir par chaque sergent-major.

Après avoir porté aux contrôles les bulletins des citoyens ayant de cinquante-neuf à soixante ans, le conseil fera laisser un certain nombre de cases en blanc pour recevoir l'inscription des citoyens de cet âge qui pourraient venir habiter la commune, ou dont l'omission serait ultérieurement découverte. Il en sera de même pour ceux de l'âge de cinquante-huit à cinquante-neuf ans, et, ainsi de suite, d'année en année, en observant de faire laisser plus de cases en blanc à mesure que chaque contrôle s'avancera vers les plus jeunes années.

Ce mode de commencer les contrôles par l'âge à l'expiration duquel on cesse d'appartenir à la garde nationale, et de les finir par l'âge où l'on commence à en faire partie, est celui qui se prêtera avec le plus de facilité au renouvellement annuel de la masse inscrite sur chacun des deux contrôles, par la radiation, en tête des contrôles, de l'âge de soixante ans, et l'inscription à la fin des contrôles, de celui de vingt ans.

Numéros d'ordre à donner aux bulletins individuels.

Les citoyens ainsi inscrits par rang d'âge, aux contrôles du service ordinaire et de la réserve, y recevront, au fur et à mesure de leur inscription, un numéro d'ordre, qui devra être aussi placé sur leur bulletin individuel. Chaque contrôle aura sa série particulière de numéros d'ordre.

Suite des opérations des conseils. — IIe PARTIE. Formation des compagnies et subdivisions de compagnies.

Afin d'accélérer autant que possible les opérations, le conseil de recensement n'attendra point, pour procéder à la formation des compagnies et subdivisions de compagnies, que l'on ait établi, outre le contrôle du service ordinaire, celui de la réserve.

Distribution, en trois parties, des bulletins individuels du service ordinaire, classés par rang d'âge, 1o grenadiers; 2o voltigeurs; 3o compagnies du centre.

Dès que le contrôle du service ordinaire sera dressé, le conseil s'occupera d'un nouveau classement des bulletins individuels des citoyens qu'on y aura portés. Ce nouveau classement, qui devra toujours conserver la division, par section d'âge, et par rang de naissance, dans chaque âge, distribuera en trois parties la masse des citoyens du service ordinaire. Elles comprendront : la première, ceux qui déjà sont d'une compagnie de grenadiers, ou qui, voulant y passer, prendront l'engagement de s'habiller dans un délai de deux mois ; la seconde, les voltigeurs, ou désirant l'être, avec le même engagement; la troisième, tous les autres citoyens du service ordinaire.

Grenadiers et voltigeurs. — Application de l'art. 126 de la loi.

Ici se présente une difficulté, qui pourrait embarrasser, et qui, par cela même, exige une solution.

Les compagnies de grenadiers et de voltigeurs sont défendues, par la nouvelle loi, dans les bataillons cantonnaux composés de gardes nationaux de plusieurs communes ; et il n'est permis par bataillon communal, qu'une compagnie de grenadiers et qu'une aussi de voltigeurs, dont l'effectif, au maximum, ne doit point dépasser deux cents hommes.

Cette double prescription de la loi devra recevoir sa stricte exécution, aussitôt qu'elle pourra se combiner avec l'intérêt des citoyens, qui, ne la prévoyant pas, ont, les uns, formé des compagnies de grenadiers et de voltigeurs où il ne doit pas y en avoir, les autres, composé ces compagnies de plus de deux cents hommes.

Les localités où, par ces motifs, il y aurait des changements à faire pour rentrer dans les combinaisons légales, seront maintenues dans leur état actuel, quant à leurs grenadiers et voltigeurs, tout le temps qui peut être accordé comme conséquence de l'article 126 de la loi du 22 mars.

Mais, dans ces mêmes localités, les conseils de recensement n'admettront aucun autre citoyen à faire partie des grenadiers et des voltigeurs.

Pour chaque bataillon, les grenadiers et les voltigeurs peuvent être pris dans toute la circonscription territoriale du bataillon.

Compagnies du centre. — Subdivisions de compagnies.

Tous ceux des citoyens du contrôle du service ordinaire, qui ne seront point des compagnies de grenadiers et de voltigeurs, composeront la masse à répartir entre les compagnies du centre. Cette masse comprendra donc tous les citoyens déjà cavaliers, artilleurs, sapeurs-pompiers, marins, ouvriers-marins de la garde nationale, ainsi que ceux qui demanderont à le devenir, en observant toutefois qu'ils ne seront pas comptés dans le nombre de deux cents hommes, qui doit être le maximum de chaque compagnie.

Prescriptions de la loi, sur la force et la circonscription territoriale des compagnies et des bataillons communaux.—Moyens d'y conformer les différences actuelles.

Le conseil de recensement, suivant l'effectif de cette masse, et eu égard à la quantité des citoyens qu'il devra en tirer pour la formation des corps spéciaux de la garde nationale, la divisera, autant que possible, en compagnies d'égale force. Il déterminera la circonscription territoriale de chaque compagnie du centre, de manière qu'à moins d'impossibilité absolue, toutes les parties de chaque circonscription se touchent, sans trop s'éloigner de leur centre, et forment ainsi un arrondissement, où les rappels soient faciles, autant que les localités le permettront.

Tel est le sens du second paragraphe de l'article 31 de la loi.

Il ne peut y avoir à s'en écarter que des inconvénients; et ces inconvénients ne sauraient que devenir insurmontables, si, par condescendance pour des habitudes prises par une partie, plus ou moins faible, de la population, on ne saisissait pas le moment de la réorganisation générale pour y remédier.

Demander le maintien provisoire des vicieuses circonscriptions qui se font remarquer dans quelques villes, c'est résister au vœu du plus grand nombre des citoyens, en faveur de quelques convenances qui n'ont certainement rien de blâmable, mais qui doivent céder au texte de la loi et aux conseils de la raison. Et d'ailleurs, quel terme fixerait-on au maintien de ce provisoire? Quand et comment exécuterait-on mieux qu'en ce moment le passage d'un provisoire, évidemment défectueux, à l'état définitif, qui ne saurait être trop tôt consacré?

Les communes qui compteront seulement cinq cents gardes nationaux dans leurs compagnies d'infanterie et dans leurs corps spéciaux, devant cependant former un bataillon, n'auront que quatre compagnies, et présenteront le minimum de l'effectif des compagnies réunies en bataillon.

A Paris, chaque arrondissement est divisé en quatre quartiers. Chaque quartier a eu son bataillon dans l'organisation provisoire ; mais trois circonstances doivent amener un changement : 1º quelques quartiers ont plus de seize cents gardes nationaux du service ordinaire, et le maximum de l'effectif d'un bataillon, qui ne peut avoir plus de huit compagnies de deux cents hommes chaque , ne doit pas dépasser ce nombre de seize cents hommes ; 2o il ne peut y avoir plus d'une compagnie de grenadiers de deux cents hommes par bataillon, et il existe en ce moment des compagnies dont l'effectif dépasse trois cents. hommes ; 3° le vœu de la loi serait qu'à Paris les bataillons ne fussent que de mille hommes. En effet, l'article 43 n'y considère les bataillons plus forts que comme formant une exception pour laquelle on est dans la nécessité d'affecter un chef de bataillon de plus.

Il est peut-être des villes qui, sous ces rapports , sont dans la même situation que Paris. Dans ces villes, ainsi que dans la capitale, tout sera concilié si , dans les quartiers qui ont , soit plus de seize cents gardes nationaux , soit plus de trois cents grenadiers ou de trois cents voltigeurs, on forme deux bataillons. Dès-lors, on attribuera à chaque bataillon une circonscription séparée ; et les compagnies de grenadiers et voltigeurs se dédoubleront.

Dans quelques villes , comme Rouen , c'est une situation opposée. On a formé , dans chaque bataillon, quatre compagnies de grenadiers ou de voltigeurs ; mais chaque compagnie y est au-dessous de cent hommes. Il y sera donc facile de réunir deux compagnies en une seule. C'est ainsi que chaque bataillon n'aura qu'une compagnie de grenadiers et une de voltigeurs.

Corps spéciaux. — Cavalerie, artillerie, sapeurs-pompiers volontaires, marins, ouvriers-marins.

Les conseils de recensement devront, au fur
et à mesure de la répartition des citoyens du
service ordinaire, en compagnies et subdivisions
de compagnies, désigner pour les corps spéciaux,
d'abord ceux qui en font actuellement partie, et
ensuite ceux qui demanderont à y entrer, si,
d'ailleurs, ils réunissent les conditions requises ;
s'ils présentent aussi les garanties désirables, enfin, s'ils prennent l'engagement de s'habiller dans
les deux mois. Cette portion de la garde nationale
sera nécessairement armée. Les conseils de recensement devront donc apporter une attention particulière à sa composition.

Aucune autorisation préalable n'est à donner
pour les formations des corps spéciaux de cavalerie, de sapeurs-pompiers volontaires, d'artillerie dans les places de guerre et les cantons
voisins des côtes, de marins et d'ouvriers-marins
dans les ports maritimes et les ports de commerce.
La loi renferme, à cet égard, toutes les autorisations nécessaires dans ses articles 36, 37, 38, 39,
40, 41.

On n'aura point non plus d'autorisation à demander pour des corps d'artillerie de garde nationale, dans les villes où la formation en a déjà
été prescrite par des ordonnances royales.

Quant aux villes pour lesquelles les formations actuelles d'artillerie n'ont pas encore été autorisées par ordonnance du Roi, les conseils de recensement en maintiendront provisoirement la composition, ou la modifieront, suivant qu'ils le jugeront nécessaire. Vous me ferez parvenir sur-le-champ votre rapport sur les motifs qui auront déterminé les conseils de recensement ; vous y joindrez votre avis , et je présenterai au Roi les ordonnances d'autorisation. Il en sera de même pour les villes qui n'ont pas encore d'artilleurs gardes nationaux , et où il serait jugé utile et possible d'en organiser. Les conseils de recensement pourront, dès à présent , recevoir les offres des citoyens qui voudront entrer dans cette organisation , et en tenir note sur les bulletins individuels. Jusqu'au jour où l'autorisation du Gouvernement sera donnée (*article* 38 *de la loi*), ces citoyens feront le service dans les compagnies ordinaires, et se tiendront prêts à passer dans un corps spécial d'artillerie.

Quelques questions ont été faites sur les sapeurs-pompiers volontaires. On doit considérer comme tels tous ceux des corps de pompiers qui se sont organisés d'après la circulaire du 6 février 1815, pourvu que , des réglements qui les ont formés , on fasse disparaître tout ce qui n'est pas entièrement conforme à la loi du 22 mars ; qu'ils rentrent dans les proportions d'officiers,

de sous-officiers, etc., qui se trouvent prescrites par les art. 33 et suivants; et qu'à l'égard de la
force totale à donner à ces corps, on consulte
non pas seulement les goûts, mais encore le nombre des pompes à servir, les véritables besoins
et les moyens qu'ont les villes et les communes
pour supporter les dépenses attachées nécessairement à ce service.

Annotation aux bulletins individuels de la compagnie pour laquelle chaque citoyen sera désigné.

A mesure de leur répartition et de leurs désignations, les conseils de recensement inscriront
successivement sur les bulletins individuels la
destination qu'ils auront donnée à leurs gardes
nationaux, c'est-à-dire, la compagnie ordinaire,
ou le corps spécial, pour lesquels ils les auront
désignés.

Distribution des bulletins, par rang d'âge, dans l'ordre des
diverses compagnies, subdivisions de compagnies et corps
spéciaux, pour la formation, par les sergents-majors, des
contrôles-matricules particuliers de ces compagnies, subdivisions et corps.

Dès que les conseils auront terminé leurs annotations sur les bulletins individuels, ils feront
la distribution de ces bulletins entre les compagnies et corps spéciaux pour lesquels les gardes
nationaux auront été désignés.

Dans ce nouveau classement, les bulletins afférents à chaque compagnie, ou corps spécial, conserveront le rang d'âge qui leur aura été donné dans les classements précédents.

Les bulletins ainsi classés seront la souche des contrôles-matricules particuliers des compagnies et subdivisions de compagnies qu'auront à dresser les sergents-majors. (Les subdivisions n'ont point de sergent-major, mais l'un des sergents en fait les fonctions.) Ils demeureront déposés aux mairies, pour y être à la disposition des sergents-majors, durant le temps nécessaire à la formation de leurs contrôles. C'est de ces contrôles-matricules particuliers que les sergents-majors extrairont le contrôle, pour l'ordre du service prescrit par l'article 76 de la loi.

Distribution des mêmes bulletins, par rang d'âge, et dans l'ordre des compagnies, subdivisions de compagnie et corps spéciaux entre les six classes prescrites par les articles 130, 143, 144, 145 et 150 de la loi.

Les sergents-majors devront d'abord distribuer les bulletins individuels des citoyens désignés pour leurs compagnies ou subdivisions de compagnies (grenadiers, voltigeurs, compagnies du centre et corps spéciaux de toutes armes) en six classes, comme le veulent les articles 130, 143, 144, 145 et 150 de la loi :

La première, des célibataires ;
La seconde, des veufs sans enfants ;
La troisième, des citoyens remplacés à l'armée ;

La quatrième, des mariés sans enfants;

La cinquième, des aînés de mineurs orphelins de père et de mère; fils uniques ou aînés de fils, ou à défaut de fils, petits-fils ou aînés de petits-fils de femmes actuellement veuves, ou de pères aveugles, ou de vieillards septuagénaires;

La sixième, des veufs ou mariés avec enfants.

Formation, par classe et rang d'âge, des contrôles-matricules des compagnies, subdivisions de compagnies et corps spéciaux.

Après cette classification les sergents-majors établiront le contrôle-matricule de leur compagnie ou subdivision de compagnie, en conservant le rang d'âge dans chaque classe.

Rétablissement des bulletins dans l'ordre du contrôle général du service ordinaire de la garde nationale. — Transcription sur ce contrôle de toutes les annotations portées aux bulletins individuels.

Immédiatement après que les sergents-majors auront dressé leur contrôle-matricule particulier, les conseils de recensement feront réunir les bulletins individuels des compagnies de grenadiers et voltigeurs, des compagnies du centre et des corps spéciaux de la garde nationale; ils les feront rétablir, par un seul et même classement, dans l'ordre du contrôle général du service ordinaire, et ils feront transcrire sur ce con-

trôle toutes les annotations contenues aux bulletins.

Répartition des bulletins individuels de la réserve, dans l'ordre
des six classes et par rang d'âge dans chaque classe. —Distribution des citoyens de la réserve entre les compagnies et
subdivisions de compagnies.— Formation du contrôle général
de la réserve de chaque mairie.

En même temps que toutes ces opérations s'ef-
fectueront, les conseils de recensement veilleront à la formation du contrôle de la réserve, et
à la transcription sur ce contrôle de toutes les
annotations qu'ils auront fait porter sur les bulletins individuels des citoyens de la réserve.

Ils feront, pour les bulletins individuels des
citoyens appartenant à la réserve, la même distribution en six classes qui vient d'être prescrite
pour ceux du service ordinaire, en ayant soin de
conserver toujours dans chaque classe le rang
d'âge. C'est dans l'ordre des classes, par chaque
année, en commençant par l'âge de 60 ans, et
en finissant par celui de 20, et par rang d'âge dans
les six classes de chaque année, que devra être
faite l'inscription au contrôle de la réserve.

Les bulletins de la réserve ainsi classés, seront,
comme je l'ai expliqué pour ceux du service ordinaire, déposés aux mairies, pour être, par les
sergents-majors, inscrits à la suite de leur contrôle-matricule particulier, d'après la répartition
qu'en auront faite les conseils de recrutement.

Mode de constater les deux premières parties des opérations de
conseils de recensement.

Le président du conseil de recensement certi-
fiera, par sa signature sur chaque case des contrôles généraux du service ordinaire et de la
réserve, la décision du conseil.

Dépôt, aux mairies, 1° de la collection des bulletins individuels
du service ordinaire et de la réserve, formant, avec une table
alphabétique, le registre-matricule de chaque mairie; 2° des
contrôles généraux du service ordinaire et de la réserve;
3° d'une copie des contrôles-matricules des sergents-majors.

Lorsqu'enfin les conseils de recensement auront terminé l'organisation des compagnies, ainsi
que la formation des deux contrôles généraux,
ils déposeront la collection des bulletins individuels, classés par rang d'âge, aux archives de
chaque mairie, pour y former le registre-matricule ; et ils y joindront les deux contrôles. Au
même moment les sergents-majors déposeront
aussi à leur mairie un double de leur contrôle-
matricule.

Comptes numériques de ces diverses opérations.

Dans les dix jours de ce dépôt, les maires devront vous adresser trois relevés NUMÉRIQUES ; le
premier, des citoyens portés au contrôle du service ordinaire; le second, des citoyens inscrits
au contrôle de la réserve ; le troisième , des citoyens appartenant à chaque compagnie et sub-

division de compagnie, tant de la garde nationale ordinaire que des corps spéciaux. Vous ferez classer dans l'ordre alphabétique des communes, des cantons et des sous-préfectures, l'ensemble de ces relevés. Vous formerez, pour chacun des trois relevés, le tableau général de votre département, totalisé par canton et par sous-préfecture, avec une récapitulation générale, pour le département, des totaux par sous-préfecture, et vous m'adresserez les trois tableaux généraux dans les quinze jours de la date fixée pour les maires.

Modèles.

Vous allez recevoir les modèles, 1° d'une table alphabétique destinée à former, avec la collection complète des bulletins individuels, le registre-matricule de chaque mairie; 2° des contrôles-généraux du service ordinaire et de la réserve; 3° des contrôles-matricules particuliers des compagnies et subdivisions de compagnies et des corps spéciaux; 4° des trois relevés qui devront en être extraits, et que les maires auront à vous adresser.

Annonce de la suite des instructions.

L'instruction qui va suivre celle-ci aura pour objet la réunion des compagnies en bataillons et légions, les élections dans les compagnies, bataillons et légions et dans les corps spéciaux. Viendront ensuite les instructions sur les jurys de révision et leurs opérations, et sur la suite des opérations des conseils de recensement.

On ne saurait se dissimuler la multitude des détails qu'exige l'exécution de la loi du 22 mars; mais, en se pénétrant de toutes les circonstances qu'embrasse cette exécution, de tous les intérêts qu'elle doit servir et conserver, les citoyens et les fonctionnaires comprendront combien il importe qu'aucun de ces détails ne soit négligé. Quel inconvénient ne serait-ce pas si, par quelque indifférence, des localités ne constataient pas, sur leurs véritables ressources, les notions qui doivent servir à équilibrer les charges du service ordinaire, et, ce qui n'est pas moins essentiel, à donner une juste base de répartition pour les appels des corps détachés que le service de l'armée viendrait à réclamer?

En présence de si grands intérêts, les citoyens, les maires, les conseils municipaux, les sous-préfets, les préfets, rivaliseront de zèle pour qu'aucun des développements qui doivent compléter l'exécution de la loi ne soit sacrifié à de faibles considérations.

Je vous prie de m'accuser réception de cette lettre, et de me fixer sur l'époque où l'ensemble des dispositions qu'elle indique aura reçu son exécution.

Agréez, etc.

MINISTÈRE DE L'INTÉRIEUR.

DIVISION DES GARDES NATIONALES ET DES AFFAIRES
MILITAIRES.

Ier BUREAU. — ORGANISATION.

CIRCULAIRE N_o 22.

*Invitation au Préfet d'adresser les numéros du Recueil des
actes administratifs de son departement qui contiennent
des dispositions relatives à la Garde nationale.*

Paris, le 22 avril 1831.

Monsieur le Préfet,

Au moment où l'application de la loi nouvelle
sur la garde nationale nécessite que je vous adresse
une série non interrompue d'instructions pour la
mise à exécution de ses dispositions générales
dans les diverses localités de votre département,
il importe que j'acquière une connaissance exacte
des mesures que vous aurez prescrites de votre
côté pour leur donner tous les développements
nécessaires. Vous me mettrez à même de parvenir à ce but, en m'envoyant régulièrement chacun des numéros du Recueil des actes administratifs de votre département, où vous consignerez
des dispositions relatives à la garde nationale.

Vous voudrez bien, en conséquence, me
transmettre, par le plus prochain courrier, ceux
des numéros de votre Recueil qui ont rapport

aux diverses circulaires sur la garde nationale
que je vous ai adressées depuis le 25 mars dernier.

Vous veillerez à ce que ces numéros subséquents de votre Recueil qui seraient également
relatifs à la garde nationale me parviennent successivement. Vous aurez soin de rappeler en
marge de vos lettres d'envoi qu'elles sont destinées pour la division de la garde nationale et
des affaires militaires.

De cette manière, la classification s'en fera
tout naturellement dans mon ministère , et ce
dépouillement n'éprouvera pas le moindre retard.

Agréez , etc

____

RAPPORT AU ROI.

Sire,

Votre majesté sait d'après quels principes l'artillerie de la garde nationale parisienne a été
réorganisée.

Cette réorganisation prescrite par ordonnance
du 10 février, n'a pu être complétée avant la
promulgation de la loi nouvelle, qui a trouvé
déjà élus les sous-officiers, lieutenants et capitaines, mais non encore les chefs d'escadron, le
lieutenant-colonel et le colonel.

Dès lors, il a paru convenable d'arrêter les
opérations à ce degré d'élection , pour rentrer

dans les conditions de la loi qui va régir désormais la généralité des corps de la garde nationale, tous empressés à se soumettre aux règles qu'elle a prescrites.

Toutefois, il y a lieu d'examiner si les élections auxquelles a donné lieu la réorganisation de l'artillerie parisienne, opérées en vertu d'une simple ordonnance, ne pourraient pas être utilement maintenues en vertu de l'article 123 de la loi nouvelle, qui dispose que le gouvernement pourra suspendre pendant un an la réélection des officiers dans les localités où il le jugera convenable.

Les élections des officiers et sous-officiers de l'artillerie de la garde nationale sont si récentes, qu'il semblerait naturel de leur appliquer le bénéfice de l'article ci-dessus, et de les maintenir pendant un an, à dater de la promulgation de la présente loi; mais, d'une part ils se trouveraient commandés par des officiers supérieurs qui, n'ayant pas été élus sous le régime de l'ordonnance du 10 février, vont et doivent l'être sous les conditions de la loi nouvelle; d'autre part, ces derniers, institués pour trois ans, auraient alors à commander à des officiers dont l'existence légale ne présenterait qu'un an de durée; c'est une irrégularité qu'il importe peut-être de faire disparaître, en présence sur-tout de la réélection générale qui va avoir lieu.

En conséquence, j'ai l'honneur de proposer à votre majesté, en maintenant, conformément à l'article 38 de la loi nouvelle, le mode d'organisation réglé par l'ordonnance du 10 février, de décider que l'artillerie de la garde nationale parisienne procédera aux élections de ses officiers et sous-officiers aussitôt après les recensements, et selon la forme et les dispositions de la loi du 22 mars dernier.

Je suis avec respect, etc.

Approuvé à Paris, ce 22 avril 1831.

LOUIS-PHILIPPE.

ORDONNANCE DU ROI.

LOUIS-PHILIPPE, roi des Français,

A tous présents et à venir, salut.

Vu l'art 15 de l'ordonnance du 28 février 1831, relative à la création de 60 compagnies d'artillerie gardes-côtes de la garde nationale;

Vu l'art. 68 de la loi du 22 mars dernier et sur le rapport de notre ministre secrétaire-d'état de l'intérieur,

Nous avons ordonné et ordonnons ce qui suit:

Art. 1er. Les nouvelles compagnies d'artillerie de garde nationale dont la formation a été autorisée par l'ordonnance du 28 février dernier, dans tous les départements maritimes du royaume, porteront l'uniforme et l'équipement affectés à l'artillerie de la garde nationale de Paris et des départements.

2. Notre ministre secrétaire-d'état au département de l'intérieur est chargé de l'exécution de la présente ordonnance.

Donné au palais-Royal, le 22 avril 1831.

LOUIS-PHILIPPE.

RAPPORT AU ROI (1).

Sire,

Les compagnies de canonniers gardes-côtes, dont le nombre fut porté jusqu'à cent, sous l'Empire, pour le littoral de l'ancienne France, ont été licenciées en 1814.

Depuis cette époque la garde des principaux points des côtes a été confiée à treize compagnies de canonniers sédentaires, formées et alimentées par des vétérans de l'artillerie.

Ce petit nombre de défenseurs des côtes est maintenant fort au-dessous des besoins de la surveillance qu'elles exigent; et il est de mon de-

---

(1) Ce rapport au Roi et l'ordonnance qui le suit ayant été oubliés à leur ordre de date, trouveront ici naturellement leur place à la suite de l'ordonnance précédente qui les rappelle.

voir de présenter à Votre Majesté les moyens de suppléer à cette insuffisance.

Votre Majesté trouvera naturellement ces moyens dans les developpements que peut recevoir cette artillerie nationale qui s'est déjà spontanément formée sur une multitude de points du royaume.

J'ai pensé, avec M. le ministre de la guerre, que les départements maritimes si étroitement intéressés à la défense des côtes, trouveraient facilement, dans l'institution de la garde nationale, les éléments nécessaires à la formation de compagnies spéciales d'artillerie destinées à suppléer l'insuffisance des treize compagnies de canonniers vétérans.

Il serait créé dans les cantons maritimes des compagnies d'artillerie de la garde nationale des côtes, mises en rapport, par leur effectif, avec les ressources locales et tirées du sein même de la garde nationale.

Ces compagnies seraient particulièrement exercées à la manœuvre des pièces d'artillerie de côtes, et au besoin, à la manœuvre de l'artillerie de campagne. On assignerait aux compagnies ou subdivisions de compagnie, les points de la côte qu'elles seraient chargées de défendre, et les batteries qu'elles devraient construire et servir. Ces batteries ordinairement confiées à la garde permanente du détachement des compagnies de canonniers sédentaires, seraient, en cas d'alerte, secourues par les artilleurs de la garde nationale des côtes. Enfin on tirerait de ces mêmes compagnies sédentaires, les instructions nécessaires aux compagnies d'artillerie de la garde nationale.

En proposant à Votre Majesté de faire ce nouvel appel au patriotisme de la garde nationale des départements maritimes, je ne dois pas dissimuler à Votre Majesté que les citoyens du littoral de la France, qui ne doivent généralement leurs moyens d'existence qu'à la profession laborieuse et pénible de pêcheur, ne sauraient supporter les sacrifices d'habillement, d'équipement et de temps, dont le reste de la France donne de si généreux exemples.

Il est donc nécessaire que pour favoriser l'organisation spéciale que je propose à Votre Majesté, le gouvernement consente à venir au secours de ceux des citoyens du littoral qui ne pourraient s'habiller, s'équiper à leurs frais, ni consacrer, sans indemnité, à la défense active des côtes, une partie du temps qu'ils doivent à l'existence de leur famille.

Votre Majesté trouvera équitable que l'État se charge, dans ce cas, de pourvoir à l'habillement et à l'équipement des artilleurs de la garde nationale des côtes. Elle approuvera encore que, dans les circonstances où ils seraient appelés à un service actif, ils reçoivent une solde assez élevée pour les dédommager d'un temps enlevé à leur profession, pour être éventuellement consacré à la construction, à la manœuvre et au service des batteries.

Le projet d'ordonnance ci-joint a pour objet de satisfaire à ces divers intérêts.

Je ne doute pas, Sire, que cette organisation spéciale, toute fondée sur le principe municipal des lois qui régissent la garde nationale, ne soit pour les citoyens des départements maritimes, une nouvelle occasion de faire éclater le zèle et le dévoûment dont ils ont déjà donné tant de preuves.

Je suis avec respect,

Sire,

De Votre Majesté,

Le très humble et très fidèle sujet,

Le pair de France, ministre secrétaire-d'état au département de l'intérieur,

MONTALIVET.

ORDONNANCE DU ROI.

LOUIS-PHILIPPE, Roi des Français,

A tous présents et à venir, salut.

Nous avons ordonné et ordonnons ce qui suit :

Dispositions générales.

Art. 1er. Il sera formé, dans tous les départements maritimes, des *compagnies d'artillerie* tirées de la garde nationale des cantons, dont se compose le littoral de ces départements, ou des cantons les plus voisins.

2. Ces compagnies seront destinées à la construction et au service des batteries des côtes; elles seront particulièrement exercées à la manœuvre des pièces d'artillerie des côtes, et au besoin à celle de l'artillerie de campagne.

3. Le nombre de compagnies d'artillerie à organiser dans les cantons littoraux de chaque département, en exécution de la présente ordonnance, demeure fixé conformément au tableau ci-joint.

Organisation.

4. Le complet de chaque compagnie d'artillerie de gardes nationales des côtes ne pourra excéder *cent hommes*, et devra, autant que possible, être de *cinquante*.

La composition en officiers, sous-officiers, brigadiers et trompettes, est fixée ainsi qu'il suit :

64

Compagnie de 5o *et au-dessous.*

Capitaine......................   1
Lieutenant.....................   1
Maréchal-des-logis-chef........   1
Maréchaux-des-logis............   4
Brigadiers.....................   8
Trompette......................   1

Compagnie au-dessus de 5o, *ou au maximum
de* 100.

Capitaine......................   1
Lieutenant en premier..........   1
Lieutenant en second...........   1
Maréchal-des-logis-chef........   1
Maréchaux-des-logis............ 6 à 8
Brigadiers..................... 12 à 16
Trompette...................... 1 à 2

5. Aussitôt la promulgation de la présente ordonnance, le préfet civil, le préfet maritime et
le directeur d'artillerie de la direction d'où ressort
chaque département se concerteront :

1° Pour déterminer les communes du littoral
qui devront fournir le nombre de compagnies
d'artillerie de gardes nationales des côtes fixée
au tableau ci-joint;

2° Pour régler quelles communes du même
canton seront appelées à former une seule et
même compagnie;

3° Pour fixer de la manière la plus conforme aux ressources locales le complet de cette compagnie.

Ces dispositions préparatoires devront être terminées le 5 avril prochain.

Mode d'admission.

6. Il sera formé, d'après les instructions et à la diligence du préfet, dans chacun des cantons appelés à organiser une compagnie d'artillerie de garde nationale des côtes, une commission d'admission composée :

Du maire du chef-lieu de canton, président.

Des maires des diverses communes appelées à former une même compagnie.

D'un nombre égal d'officiers ou sous-officiers désignés par le sous-préfet, et pris dans le canton, soit parmi d'anciens artilleurs de terre ou de mer, faisant partie de la garde nationale, soit, à défaut, parmi des officiers ou sous-officiers de la garde nationale, et si elle n'est point encore organisée, parmi des citoyens susceptibles d'en faire partie.

7. La commission de chaque canton procédera, d'après les règles ci-après, à l'admission des citoyens appelés à faire partie de la compagnie d'artillerie de la garde nationale des côtes.

Nul ne pourra être admis comme artilleur de la garde nationale des côtes :

1° S'il n'est Français ou naturalisé Français ;

2° S'il a moins de 18 ans ou s'il est âgé de plus de 35 ans ;

3° S'il n'est imposé ou ses père et mère à la contribution personnelle ;

4° S'il ne justifie pas de son domicile réel dans l'une des communes du canton appelées à former la compagnie dont il demande à faire partie;

5° S'il ne réunit point les qualités jugées nécessaires au service spécial de la construction des batteries et de manœuvres de l'artillerie des côtes.

8. Parmi les citoyens qui se présenteront pour faire partie des compagnies d'artillerie de la garde nationale des côtes, la commission d'admission accordera la préférence à ceux qui justifieront avoir appartenu aux artilleries de terre ou de mer.

9. Les compagnies d'artillerie de la garde nationale des côtes ne seront pas comprises dans la formation des bataillons de garde nationale; mais elles ne cesseront pas, néanmoins, d'être sous les ordres du commandant de la garde communale ou cantonnale.

Elections.

10. Aussitôt après la désignation des citoyens appelés à former la compagnie d'artillerie de la garde nationale des côtes, le maire du chef-lieu de canton les convoquera à la municipalité, afin

qu'il soit procédé par eux, en sa présence, à l'élection :

Du capitaine ;

Du lieutenant en premier ;

Du lieutenant en second.

Ces officiers pourront être élus parmi les citoyens déjà désignés pour faire partie de la compagnie, ou parmi d'anciens artilleurs de terre ou de mer domiciliés dans le canton pris en dehors de la compagnie. Ils seront élus au scrutin individuel et secret et à la majorité des suffrages.

11. Dans la même séance, on procédera à l'élection :

Du maréchal-des-logis chef ;

Des maréchaux-des-logis ;

Des brigadiers.

Les sous-officiers comme les officiers pourront être élus parmi les citoyens déjà désignés pour faire partie de la compagnie, ou parmi d'anciens artilleurs de terre ou de mer pris en dehors de la compagnie, conformément au 2ᵉ paragraphe de l'article 10. Ils seront élus au scrutin individuel et secret, et à la majorié relative des suffrages.

Instruction.

12. Il sera détaché des treize compagnies de canonniers, gardes-côtes sédentaires, actuellement existantes, le nombre d'anciens artilleurs

nécessaires à l'instruction de chacune des compagnies de nouvelle formation.

Armement, habillement et équipement.

13. Notre ministre de la guerre mettra immédiatement à la disposition de notre ministre de l'intérieur les armes nécessaires à chaque compagnie d'artillerie de la garde nationale des côtes.

14. Tout officier, sous-officier ou brigadier de l'artillerie de la garde nationale des côtes, qui ne pourra se pourvoir, à ses frais, des objets d'habillement et de grand équipement, les recevra par l'entremise du ministre de l'intérieur, aux frais du département de la guerre. Toutefois ces fournitures ne seront remises aux artilleurs de la garde nationale des côtes que pour le service spécial des batteries, les manœuvres en grand ou les revues. Hors de là, les objets d'habillement, de grand équipement et les armes, seront, par les soins des officiers de ces compagnies, déposés à la maison commune, sous la responsabilité du maire.

15. Une ordonnance spéciale réglera l'uniforme de l'artillerie de la garde nationale des côtes.

Solde en cas de service actif.

16. Il sera alloué aux compagnies d'artillerie

de la garde nationale des côtes à titre de solde
ou d'indemnité, aux frais du département de la
guerre, pour chaque journée de rassemblement,
soit pour le service ou les travaux des batteries,
soit pour l'exercice et les manœuvres :

Aux capitaines............ 5 fr.
Aux lieutenants......... 3 fr. 50 c.
Aux maréchaux-des-logis. 1 fr. 50 c.
Aux brigadiers.......... 1 fr.
Aux canonniers......... » 75 c.
Aux trompettes......... » 80 c.

17. En cas de service permanent aux batteries,
pour la défense des côtes, les compagnies d'artillerie de la garde nationale seront traitées
comme les compagnies de canonniers sédentaires
de la ligne.

18. Nos ministres secrétaires d'État de la guerre
et de l'intérieur, sont chargés chacun, en ce qui
le concerne de l'exécution de la présente ordonnance.

Donné à Paris, le 28 février 1831.

LOUIS-PHILIPPE.

*Etat des compagnies d'artillerie des gardes natio-
nales des côtes, à organiser dans les départements maritimes.*

Nombre de compagnies
à organiser.

Nord	1
Pas-de-Calais	2
Somme	1
Seine-Inférieure	4
Calvados	3
Manche	5
Ille-et-Vilaine	1
Côtes-du-Nord	3
Finistère	5
Morbihan	3
Loire-Inférieure	4
Vendée	4
Charente-Inférieure	4
Gironde	4
Landes	1
Pyrénées (Basses)	1
Pyrénées-Orientales	1
Aude	1
Hérault	1
Bouches-du-Rhône	1
Var	9
Corse	1

60

MINISTÈRE DE L'INTÉRIEUR.

DIVISION DES GARDES NATIONALES ET DES AFFAIRES
MILITAIRES.

3me BUREAU. — SERVICE.

CIRCULAIRE N° 21.

Instructions sur les exercices à feu.

Paris, le 23 avril 1831.

Monsieur le Préfet,

Le Roi est instruit de l'honorable empressement avec lequel, sur tous les points de la
France, les gardes nationales s'exercent aux
manœuvres.

Il sait que beaucoup d'entre elles ont acquis
assez d'instruction pour qu'elles puissent rivaliser avec les troupes de ligne, et que dans plusieurs villes, confondues dans les mêmes rangs,
elles participent aux mêmes exercices avec cet
esprit de concorde et de confraternité qui doit
unir à jamais les citoyens et l'armée.

Dans le but de faire parcourir aux gardes nationales tous les degrés de l'instruction militaire, Sa Majesté a voulu qu'elles participassent
aux exercices à feu, dont la saison vient d'amener l'ouverture. Vous apprécierez sans doute,
Monsieur le Préfet, et vous ferez remarquer à
vos administrés, les dépenses que cette décision

du roi doit entraîner pour le trésor public, et vous veillerez à ce que la France en retrouve le prix dans les progrès que feront les gardes nationales de votre département, sous le rapport de l'organisation et des manœuvres. Elles doteront ainsi notre belle patrie d'une armée nouvelle qui n'enlèvera à son agriculture ni à son industrie aucun des bras nécessaires à leur prospérité.

Indépendamment des cartouches attribuées à l'infanterie, le roi accorde également aux compagnies d'artillerie de la garde nationale, les munitions nécessaires aux manœuvres de polygone. Votre département a été compris dans ces diverses allocations pour les quantités ci-après, savoir :

Manœuvres d'infanterie.

— Kil. de poudre, représentant—cartouches.
— Pierres à fusil.

Manœuvres d'artillerie.

— Kil. de poudre, représentant—charges de canon de 4.
— *Idem*.. . . . .—*idem*. . . . . . . de 6.
— *Idem*.. . . . .—*idem*. . . . . . . de 8.

Les boulets nécessaires au tir seront fournis sur votre demande. Je n'en précise pas le nombre, mais il doit être extrêmement restreint, puisque ces boulets doivent, en définitif, se trouver au point de mire, et servir par conséquent à de nouveaux exercices.

Votre sollicitude, Monsieur le Préfet, devra nécessairement s'étendre au mode d'après lequel ces munitions seront distribuées et à leur emploi. Je vais, à cet égard, vous tracer des instructions qui, par la différence des positions, s'écartent en quelques points de celles qui sont prescrites pour les troupes de ligne.

Vous n'admettrez aux exercices à feu que les gardes nationales dont l'instruction sera assez avancée pour qu'elles puissent s'y livrer avec fruit. Il faudra donc choisir dans chaque bataillon les compagnies ou les pelotons qui auront fait le plus de progrès dans les manœuvres, et qui feront avec précision le maniement des armes.

Dans certaines localités, il y aura sans doute de la convenance à ce qu'il soit formé des *pelotons d'exercice* composés d'hommes pris dans plusieurs compagnies. On établira ainsi une juste distinction entre les hommes exacts et zélés aux manœuvres et ceux qui les négligent.

Vous recommanderez aux sous-préfets de vous transmettre des états de situation énonçant les différents degrés d'instruction auxquels seront parvenus les corps de la garde nationale qui existent dans leurs arrondissements. Ces états auront pour but de faire connaître le nombre des citoyens qui pourront être admis aux exercices à feu.

Vous me communiquerez les rapports qui vous auront été faits à ce sujet, et vous exigerez, autant que possible, que ces rapports soient corroborés par le témoignage de l'autorité militaire, juge compétent à cet égard.

La poudre nécessaire aux exercices vous sera remise au poids. Vous la recevrez, en exécution des ordres qui seront transmis à cet égard par M. le ministre de la guerre, des magasins les plus voisins des lieux de consommation, aux époques et de la manière qui seront réglés d'accord entre vous et M. le directeur d'artillerie.

Je vous laisse le soin de déterminer les emplacements où ces poudres devront être emmagasinées, ainsi que les précautions nécessaires à leur conservation et à la sécurité des habitations voisines.

Chaque kilogramme de poudre représente 120 cartouches d'infanterie. Ces cartouches devront être confectionnées par les gardes nationaux qui les consommeront. Le *Manuel de l'armement des gardes nationales du royaume*, dont il vous a été transmis un certain nombre d'exemplaires, indique à cet égard les procédés à suivre, et c'est encore une partie de l'instruction à laquelle doit s'appliquer le zèle des gardes nationaux.

Chaque homme participera à la distribution

générale à raison de 60 cartouches et 3 pierres à feu, pour la saison qui finira au mois d'octobre. Il ne sera délivré, chaque jour d'exercice, que le nombre de cartouches destinées à la consommation du jour. Les capitaines commandant les compagnies présideront à cette délivrance, et donneront aux maires, par les soins desquels elles auront lieu, des récépissés énonçant le nombre des cartouches remises, et le nombre d'hommes entre lesquels elles devront être réparties.

Si, par l'effet de quelques circonstances imprévues, la totalité des cartouches n'a pas été consommée, la partie restante sera réintégrée entre les mains du gardien ou dépositaire de l'approvisionnement.

Les cartouches d'exercices ne pourront être, sous aucun prétexte, employées à un autre usage que celui auquel elles sont destinées, si ce n'est pour le cas de force majeure dûment constaté. L'emploi qui en serait fait contrairement aux dispositions ci-dessus, notamment pour des salves de réjouissance, honneurs funèbres, etc., rendrait le dépositaire responsable des munitions irrégulièrement consommées, et il en paierait le prix à raison de 3 fr. 40 c. le kilogramme.

Ces dispositions sont également applicables aux munitions qui seront attribuées aux compagnies d'artillerie. Pour celles-ci, la charge de poudre doit être du tiers du poids du boulet.

Les lieux affectés aux exercices à feu seront déterminés par les maires, et choisis de manière à ce que leur isolement de toute habitation prévienne les inconvénients et les accidents qui pourraient en résulter.

Vous me transmettrez le 10 de chaque mois, Monsieur le Préfet , un état numérique des gardes nationales qui auront participé aux exercices à feu dans le mois précédent. Il comprendra, pour chaque localité , le nombre des hommes, les numéros de leurs compagnies et bataillons , le nombre de jours d'exercice, et le nombre de cartouches consommées par chacun d'eux ; enfin des notes sur les progrès qui auront été faits, et sur l'ensemble des manœuvres. La collection de ces rapports formera un document intéressant à consulter pour connaître les progrès de la garde nationale. J'en soumettrai le résumé au roi. L'honneur d'y être favorablement inscrit stimulera, je n'en doute pas , le zèle des citoyens, en même temps qu'il sera la récompense de celui qu'ils auront déployé.

Agréez , etc.

MINISTÈRE DE L'INTÉRIEUR.

DIVISION DES GARDES NATIONALES ET DES AFFAIRES
MILITAIRES.

4me BUREAU. — DISCIPLINE.

CIRCULAIRE N° 23.

*Les fautes et condamnations disciplinaires, antérieures à la
promulgation de la loi du 22 mars, sont considérées
comme non avenues.*

Paris, le 25 avril 1831.

Monsieur le Préfet,

Le Roi a décidé, sur ma proposition,

1° Que les condamnations prononcées par les
conseils de discipline de la garde nationale, sous
l'empire de la législation antérieure à la loi du
22 mars dernier, et non exécutées, ne recevront
pas d'exécution ;

2° Qu'il ne sera donné aucune suite aux poursuites qui auraient pu être commencées en vertu
de ces condamnations ;

3° Qu'aucune poursuite n'aura lieu pour fautes
disciplinaires antérieures au jour où la loi du
22 mars est devenue exécutoire ;

4° Qu'aucune condamnation, prononcée en
vertu de l'ancienne législation, ne devra être
prise en considération pour motiver l'application
des peines de la récidive.

Vous voudrez bien notifier cette décision à

MM. les Présidents et Rapporteurs des conseils de discipline de votre département, afin qu'ils en assurent l'exécution, chacun en ce qui le concerne.

Agréez, etc.

______

MINISTÈRE DE L'INTÉRIEUR.

DIVISION DES GARDES NATIONALES DU ROYAUME ET DES AFFAIRES MILITAIRES.

2me BUREAU.— ADMINISTRATION.

Indication de l'uniforme et de l'équipement qui ont été adoptés pour les compagnies d'artillerie gardes-côtes de la Garde nationale. Demande du nombre des officiers, sous-officiers, brigadiers et canonniers, auxquels il sera nécessaire d'en faire la fourniture.

Paris, 27 avril 1831.

Monsieur le Préfet,

J'ai l'honneur de vous informer que le roi, par ordonnance du 22 de ce mois, a décidé que l'uniforme et l'équipement des soixante compagnies d'artillerie de la garde nationale affectées à la garde des côtes, seraient les mêmes que ceux qui généralement ont été adoptés par les compagnies d'artillerie de la garde nationale, et particulièrement par celles de la ville de Paris.

Cet uniforme et cet équipement se composent des effets ci-après désignés, savoir :

Un habit-veste en drap bleu, ne différant de

celui des régiments d'artillerie de l'armée que par les parements qui, au lieu d'être taillés à pointes sont ronds et garnis d'une patte blanche;

Une capote de la même étoffe, assez ample pour être portée par-dessus l'habit, un pantalon en drap bleu avec une double bande rouge dont chacune aura une largeur de 15 millimètres.

Un schakos en carton, recouvert d'un tissu en coton orné de chaque côté d'un chevron en laine écarlate et au milieu sur le devant, deux canons en sautoir.

Un plumet flottant en crin rouge,
Un ceinturon
Une giberne } en cuir noir;
Et un porte-giberne

Conformément aux dispositions de l'article 14 de l'ordonnance du 28 février, qui a prescrit la formation de ces compagnies, les officiers, sous-officiers, brigadiers ou artilleurs qui n'auraient pas les moyens de se pourvoir eux-mêmes de l'uniforme, ainsi que des objets de grand équipement, doivent les recevoir par mon intermédiaire, aux frais du département de la guerre.

Je vous invite, en conséquence, à me faire connaître, aussitôt que la compagnie de votre département aura été organisée, le nombre des officiers, sous-officiers, brigadiers et canonniers qui réclament, soit l'habillement, soit l'équipement complet, soit seulement une partie de ces fournitures, et enfin le nombre des armes qu'il sera nécessaire de leur faire délivrer.

Agréez, etc.

MINISTÈRE DE L'INTÉRIEUR.

DIVISION DES GARDES NATIONALES DU ROYAUME ET DES AFFAIRES MILITAIRES.

2ᵐᵉ BUREAU. — ADMINISTRATION.

CIRCULAIRE N° 26.

Vote des conseils municipaux pour les dépenses de la Garde nationale.

Paris, le 28 avril 1831.

Monsieur le Préfet,

La loi sur la garde nationale, en fondant une si vaste institution, n'a pas voulu qu'elle fût dépourvue des ressources nécessaires aux dépenses qu'exigent diverses parties de son organisation, et elle a eu pour but de les créer par les dispositions qu'elle a consacrées dans les articles 69, 79 et 81.

L'organisation des gardes nationales est encore assez récente pour que, dans beaucoup de communes, on n'ait point acquis une connaissance précise de toutes les dépenses qu'elle doit occasioner.

C'est à vous, Monsieur le Préfet, qu'il appartient d'éclairer à cet égard les votes des conseils municipaux qui, sans guide, pourraient rester au-dessous des prévisions nécessaires, en présence d'une institution nouvelle encore dans beaucoup de localités.

Les limites posées par la loi du 22 mars paraissent étroites au premier coup d'œil; mais si elle n'a spécifié que certaines dépenses inévitables, pour lesquelles des votes doivent être émis par les conseils municipaux, elle n'a abrogé par l'article 162, en matière d'administration, que les lois, décrets ou ordonnances antérieurs qui seraient contraires aux dispositions de cette loi.

Il en résulte donc implicitement la possibilité d'admettre les dépenses précédemment autorisées, qui ne feraient pas partie de la nomenclature nouvelle, et qui, n'étant pas interdites par la loi du 22 mars dernier, ne dépasseraient pas d'ailleurs les limites qu'autorisent les lois de finances.

Toutefois, Monsieur le Préfet, en vous indiquant quel développement peuvent comporter les votes des conseils municipaux, je dois vous inviter à les restreindre dans les bornes d'une juste nécessité. Nombre de communes ont des revenus qui suffisent à peine à leurs dépenses courantes, et c'est avec difficulté qu'elles pourront parvenir à couvrir les dépenses spéciale-

ment communales, auxquelles donnera lieu l'organisation par compagnies. A plus forte raison
éprouveront-elles des obstacles pour fournir leur
part afférente aux dépenses qu'entraînera la formation des bataillons : cette difficulté se produira sur-tout dans les communes rurales.

Vous aurez , Monsieur le Préfet , à examiner
si , pour ces insuffisances , il vous sera possible
de disposer de quelques ressources sur certaines
parties des fonds communs , lorsque le zèle des
habitants aisés n'aura pu y suppléer par des cotisations volontaires, dont la recette et l'emploi
doivent toujours être soumis à des formes régulières, propres à prévenir les abus ; vous me fe-
riez alors la demande des autorisations qui pourraient vous être nécessaires.

Je crois utile de rappeler ici la nomenclature
des dépenses que la loi du 22 mars met à la
charge des communes.

L'article 81 classe parmi les dépenses *ordinaires,*

1° Les frais d'achat de drapeaux , de caisses
de tambours et de trompettes ;

2° La partie d'entretien des armes qui ne sera
pas à la charge individuelle des gardes nationaux;

3° Les frais de registres , papiers , contrôles ,
billets de garde, et tous les menus frais qu'exigera le service de la garde nationale.

L'entretien des armes est un objet important, et sur lequel il est essentiel d'attirer toute l'attention des conseils municipaux.

Pour l'assurer d'une manière complète, je me propose d'attacher, dans chaque département, un ancien officier d'artillerie retraité, et un contrôleur, à l'inspection, à la conservation et à la réparation des armes. Leur traitement, qui sera fixé sur des bases très modiques, devra être supporté par les communes, ainsi que les frais d'abonnement qu'il y aura lieu de consentir avec des armuriers pour les réparations occasionées par le service.

Une instruction spéciale, dont les dispositions ont été préparées d'accord avec M. le Ministre de la guerre, à l'instar de celles qui sont en vigueur pour les troupes de ligne, vous sera incessamment adressée sur cet objet. Je ne vous en parle aujourd'hui que pour signaler la nécessité d'engager les conseils municipaux à comprendre dans leurs prévisions les dépenses qui seront le résultat de cette inspection.

Quant aux frais d'impression, ma circulaire du 14 de ce mois, n° 13, vous a signalé leur importance, et il conviendra d'examiner jusqu'à quel point les communes pourraient être appelées, au besoin, à concourir à la dépense qu'occasioneront les impressions exécutées aux chefs-lieux de départements ou d'arrondissements.

Les dépenses *extraordinaires* comprennent :

1° Les frais d'indemnités pour dépenses in-dispensables du commandant supérieur et de son état-major dans les villes où des commandants supérieurs seront nommés ;

2° Les appointements des majors, adjudants-majors et adjudants-sous officiers, dans les communes et cantons où seront formés des bataillons ou légions, si ces fonctions ne peuvent être exer-cées gratuitement ;

3° L'habillement et la solde des tambours et trompettes.

Les conseils municipaux doivent juger de la nécessité de ces dépenses, ainsi que celles qui sont considérées comme ordinaires.

Mais, pour les unes comme pour les autres, la loi veut, article 80, que l'état de ces dépenses soit préalablement remis au maire. Ce soin est confié, dans les communes où la garde nationale est réunie en bataillon ou en légion, à un conseil d'administration nommé par le préfet, et dans celles où la réunion des citoyens n'est opérée que par compagnie, au commandant de la garde nationale. Quant aux dépenses résultant de la formation des bataillons cantonnaux, c'est au sous-préfet que le conseil d'administration doit en présenter l'état.

L'exécution de ces dispositions , qui doivent précéder le vote des conseils municipaux, pourra n'être pas praticable dans toutes les communes, attendu l'époque très rapprochée où la session des conseils municipaux va s'ouvrir. Il est en outre des localités où il n'y a point encore de garde nationale organisée, et où cependant il est nécessaire de prévoir pour l'organisation.

Il faudra , Monsieur le Préfet , pourvoir à ces éventualités en chargeant MM. les maires des communes où il n'aura été nommé ni conseil d'administration ni commandant , de dresser eux-mêmes l'état des dépenses de toute nature qu'ils devront soumettre au vote des conseils municipaux. MM. les sous-préfets vous remettront aussi directement l'état des dépenses approximatives résultant de la formation des bataillons cantonnaux , quand il n'existera pas de conseils d'administration qui puissent dresser ces états.

Il est à remarquer qu'une assez grande partie des formations à faire , n'étant encore qu'à l'état de propositions, contenues, ou qui doivent l'être, dans la situation générale prescrite par ma circulaire du 1er mars dernier , MM. les sous-préfets et maires seraient hors d'état d'éclairer le vote des conseils municipaux , si vous ne preniez dans ce cas l'initiative à leur égard. En effet, vous seul connaissez les communes qu'il est désirable

de réunir en bataillons : comme il est à présumé
que vos propositions à ce sujet seront accueillies
il en résulte aussi que les dépenses qui-doiven
en être la suite , ne peuvent être appréciées e
indiquées que par vous, pour la partie afférente à
chaque commune , en vertu de l'art. 81 de la loi.

Je ne doute pas , Monsieur le Préfet , de l'empressement que vous mettrez à seconder l'application des vues que je viens de vous exposer.
Veuillez , lorsque la session des conseils municipaux sera terminée, me faire connaître le résultat
de leurs votes relativement à la garde nationale ;
vous m'adresserez , dans ce but, un état indiquant, par commune et en un seul total , le montant des dépenses de toute nature qui auront été
votées dans chacune d'elles.

Vous ajouterez à ce document l'indication du
vote qui aura été consenti par le conseil général
du département pour le même intérêt.

Agréez , etc. ‹

INSTRUCTION

POUR L'USAGE DU POINÇON DESTINÉ A ESTAMPILLER, COMME PROPRIÉTÉ DE L'ÉTAT , LES FUSILS DÉLIVRÉS AUX GARDES NATIONALES DU ROYAUME (1).

La crosse du fusil devra être posée bien à plomb sur un billot en bois. Le poinçon, après avoir été passé sur une chandelie allumée, pour le garnir de noir de fumée , sera appliqué bien perpendiculairement sur le bois et tenu fortement ; puis d'un seul coup d'un marteau du poids de trois à quatre livres , on le frappera en évitant de le doubler.

______

(1) Ce poinçon, dont l'usage a été ordonné par la circulaire du 1er décembre 1830 et prescrit par l'art. 69 de la loi du 22 mars 1831 , est fondu sur des moules gravés par M. Ambroise Tardieu , auquel on peut s'adresser pour se le procurer au prix de 5 francs , ainsi que des collections de poinçons pour le numérotage, au prix de 12 francs.

TABLEAU DU PRIX

DES DRAPEAUX, ÉTENDARDS, FANIONS, GUIDONS, ÉCHARPES
DE MAIRES, LANCES ET COURONNES POUR DRAPEAUX, COQS
GAULOIS, GRAVURES, ETC., QUI SE TROUVENT CHEZ
AMBROISE TARDIEU, GRAVEUR DES GARDES NATIONALES
DE FRANCE, A PARIS, RUE DU BATTOIR, N° 7.

Drapeau suivant le modèle adopté par le
général Lafayette. . . . .   160 fr.   c.

Le même avec tous les ornements en argent
fin   300

Drapeau semblable à ceux distribués par le
roi aux chefs-lieux de département et d'arrondissement.   200

Le même avec tous les ornements en argent
fin   340

Modèle du drapeau adopté par M. le général Lafayette et adopté par M. le ministre
de l'intérieur pour chaque bataillon des
gardes-nationales du royaume, gravure
coloriée   1   25

Modèle de l'uniforme des gardes nationales
des communes rurales, adopté par le général Lafayette et approuvé par M. le ministre de l'intérieur.   1

Etendards pour les escadrons de garde
nationale à cheval, avec les ornements
en argent demi-fin.   120

Avec les ornements en argent fin   200

Fanions tricolores, pour les communes et les compagnies ; le prix en varie depuis 20 fr. jusqu'à 160 fr., suivant qu'ils sont faits en serge, mérinos, drap ou soie, et
garnis de franges en argent fin ou demi-fin.

Guidons en serge rouge ou verte, ornés d'une grenade
ou d'un cor de chasse peints, avec lance en cuivre et
s'ajustant dans le canon du fusil, 6 à 10 fr.

Echarpes de Maire, en soie tricolore, garnies d'une frange en or demi-fin, ou en soie . . . . 24 fr.   c.

Garnies d'une frange en or fin. 5o

La lance et la couronne qui surmonte le drapeau, estampées sur les moules officiels, gravés par M. Tardieu pour les gardes nationales de France, dorées à l'or moulu. 45

Dorées au vernis 35

Le culot du bâton, en cuivre doré à l'or moulu. 55o

Le même, doré au vernis anglais. 4

Coq gaulois avec couronne, doré à l'or moulu 15o

Le même, doré au vernis anglais. 7o

Le même, sans couronne, doré 9o

Le même,   vernis. 5o

Le même, petit modèle pour étendard, doré. 5o

Le même,   verni.. 35

Baudrier de porte-drapeau en maroquin. . 20

Le même en mouton maroquiné 9

Le même en buffle. 9

Le même en tissu tricolore. 10

Nota. Les frais d'emballage et du port sont toujours en sus des prix indiqués ci-dessus qui sont ceux des objets pris à Paris.

———

Modèle officiel de la Croix de Juillet, conforme à la description contenue dans l'ordonnance du 3o avril 1831, et donnée par le Roi des Français, sur la désignation de la commission des récompenses nationales ; gravure coloriée. 1 fr.

BIBLIOGRAPHIE.

OUVRAGES UTILES A L'INSTRUCTION DES GARDES NATIONAUX.

LIBRAIRIE ENCYCLOPÉDIQUE DE RORET,
RUE HAUTEFEUILLE.

NOUVEAU MANUEL COMPLET DES GAR-DES NATIONAUX, Contenant l'Ecole du soldat et du peloton, l'extrait du service dans les places, l'entre-tien des armes, etc. ; précédé de la nouvelle loi de 1831 sur la garde nationale, l'état-major, le modèle de drapeau, l'ordre du jour sur l'uniforme en général, et celui pour les communes rurales. Adopté par le général en chef. Par M. L... R... Vingt-quatrième édition, ornée d'un grand nombre de figures représentant les différents uniformes de la garde nationale, et toutes celles nécessaires pour l'exercice et les manœuvres. Un gros volume in-18. Prix, 1 fr. 25 c., et franc de port, 1 fr. 75 c. On ajoutera 50 c. pour recevoir le même ouvrage avec tous les unifor-mes coloriés.

LOI SUR LA GARDE NATIONALE, 25 c.

INSTRUCTION de M. le ministre de l'Intérieur sur les opérations des conseils de recensements, pour l'exécu-tion de la loi du 22 mars 1831, sur la garde nationale; indispensable à tous les maires, membres des conseils de recensement, officiers et sergents-majors. 50 c.

Chez Ambroise Tardieu, rue du Battoir n° 7.

LIBRAIRIE MILITAIRE D'ANSELIN, RUE DAUPHINE, N° 9.

ORDONNANCE du 4 mars 1831, sur l'exercice et les ma-nœuvres de l'infanterie, avec 64 planches; 3 vol. in-18; imprimée sous la direction des membres de la commission de manœuvres. 6 fr.

La même, les planches moins grandes, 3 v. in-32. 4 f. 50 c.

Livret de commandements, ou tableaux synoptiques d'après la même ordonnance, 1 vol. in-8°. 5 f.

Manuel des Gardes nationales de France, contenant l'école du soldat et de peloton, d'après l'ordonnance du 4 mars 1831, le service dans les postes, la loi sur l'organisation de la Garde nationale, celle sur les attroupements, etc., avec 14 planches. 1 f. 25 c.

Ecole de bataillon d'après l'ordonnance du 4 mars 1831, in-18, avec 24 planches. 2 f. 50 c.

Idem, in-32, avec 24 planches, d'une plus petite dimension. 2 fr.

Fonctions des guides dans les manœuvres, d'après l'ordonnance du 4 mars 1831. 50 c.

Manuel d'armement. 40 c.

Loi sur l'organisation de la Garde nationale, du 22 mars 1831, in-12 et in-18. 20 c.

Consignes des corps-de-garde de la Garde nationale. Loi sur les attroupements, etc. in-18. 30 c.

Manuel du Garde national à cheval, contenant l'école du cavalier, du peloton et de l'escadron à cheval; extrait de l'ordonnance sur l'exercice et les évolutions de la cavalerie, du 6 décembre 1829, etc., 1 vol. in-18, avec 25 planches et sonneries. 2 fr. 50 c.

Manuel du sapeur-pompier par le baron de Plazanet, ex-commandant des sapeurs-pompiers de Paris, 1 vol. in-18 avec 6 planches. 1 fr. 50 c.

Manuel de l'artilleur de la Garde nationale, par M. Levasseur, officier d'artillerie, instructeur en chef des batteries de la Garde nationale. 1 vol. in-18. 1 fr. 50.

Instruction officielle sur les manœuvres et exercices de l'artillerie de la Garde nationale, contenant l'école du canonnier à pied, l'école de peloton à pied, l'exécution complète des manœuvres des bouches à feu, toutes les manœuvres de force, les manœuvres de batteries attelées, la confection des munitions de guerre, rédigée par M. Levasseur. 1 vol. in-18. 1 fr. 75 c.

Planches de l'instruction ci-dessus, 1 vol. in-18. 2 fr. 50 c.

LIBRAIRIE DE LEVRAULT, RUE DE LA HARPE, N° 81.

Ordonnance du Roi, du 6 Décembre 1829, sur l'exercice et les évolutions de la cavalerie.
3 vol., avec 130 planches, jointes, brochés. 6 fr.
—   — *idem*, cartonnés avec étui. 7 fr.
— avec les planches à part en un cahier *idem*. 7 fr.
— reliés en basane *idem*. 8 fr. 50 c.
— reliés en maroquin rouge *idem*. 15 fr.

Extrait de ladite ordonnance pour sous-officiers, 2 vol. avec planches. 2 fr. 50 c.
Le même, sans planches. 1 fr. 50 c.

Extrait de la même, à l'usage des brigadiers, 1 vol., avec planches. 1 fr. 80 c.
Le même, sans planches. 1 fr.

Instruction provisoire sur le service des bouches à feu, du 25 mai 1830, et les manœuvres de batteries, du 11 mai 1820, 1 vol., avec planches et sonneries, cartonné. 1 fr.

Aide-mémoire portatif à l'usage des officiers d'artillerie, contenant :
    L'artillerie de campagne, en station, en route, sur le champ de bataille ;
    L'artillerie de montagne ;
    L'artillerie dans les siéges, ses parcs, ses travaux préparatoires, ses travaux d'attaques ;
    L'artillerie dans les places ;
    L'artillerie sur les côtes. 1 vol. in-18. 5 fr.

TABLE DES MATIÈRES.

PARTIE RÉGLEMENTAIRE.

FIN DE LA TABLE DES MATIÈRES.

AVIS.

SUITE AU MANUEL LÉGISLATIF ET ADMINISTRATIF DE LA
GARDE NATIONALE.

Tous les mois M. Tardieu fera paraître une ou plusieurs feuilles contenant les Ordonnances, Ordres du jour, Circulaires et Instructions concernant la Garde Nationale.

Cette publication sera du même format que ce Manuel, en fera la continuation, et formera un journal mensuel des documents officiels sur la Garde Nationale.

PRIX 3 FRANCS PAR AN.

Adresser son abonnement à l'avance, franc de port, à M. Tardieu, rue du Battoir, nº 7, à Paris.